Literatur nach der Digitalisierung

Gegenwartsliteratur –
Autoren und Debatten

Literatur nach der Digitalisierung

—

Zeitkonzepte und Gegenwartsdiagnosen

Herausgegeben von
Elias Kreuzmair und Eckhard Schumacher

DE GRUYTER

Der Sammelband ist im Rahmen des Forschungsprojekts „Schreibweisen der Gegenwart. Zeitreflexion und literarische Verfahren nach der Digitalisierung" entstanden, gefördert durch die Deutsche Forschungsgemeinschaft (DFG) – Projektnummer 426792415.

Die Open-Access-Publikation wurde durch die Universität Greifswald gefördert.

ISBN 978-3-11-075843-6
e-ISBN (PDF) 978-3-11-075860-3
e-ISBN (EPUB) 978-3-11-075866-5
ISSN 2567-1219
DOI https://doi.org/10.1515/9783110758603

Dieses Werk ist lizenziert unter einer Creative Commons Namensnennung - Nicht-kommerziell - Keine Bearbeitung 4.0 International Lizenz. Weitere Informationen finden Sie unter http://creativecommons.org/licenses/by-nc-nd/4.0/.

Library of Congress Control Number: 2021944008

Bibliografische Information der Deutschen Nationalbibliothek
Die Deutsche Nationalbibliothek verzeichnet diese Publikation in der Deutschen Nationalbibliografie; detaillierte bibliografische Daten sind im Internet über http://dnb.dnb.de abrufbar.

© 2022 bei den Autoren und Autorinnen, Zusammenstellung © 2022 Elias Kreuzmair, Eckhard Schumacher, publiziert von Walter de Gruyter GmbH, Berlin/Boston
Dieses Buch ist als Open-Access-Publikation verfügbar über www.degruyter.com.

Umschlagfotos: © Magdalena Pflock
Satz: Integra Software Services Pvt. Ltd.
Druck und Bindung: CPI books GmbH, Leck

www.degruyter.com

Inhalt

Elias Kreuzmair, Eckhard Schumacher
Literatur nach der Digitalisierung. Zeitkonzepte und Gegenwartsdiagnosen – Einleitung —— 1

Eckhard Schumacher
Gegenwartsvergegenwärtigung. Über Zeitdiagnosen, literarische Verfahren und Soziale Medien —— 7

Elias Kreuzmair
Futur II (Horn / Röggla / Nassehi / Randt / Ja, Panik / Avanessian /   ) —— 33

Eva Stubenrauch
Mahnung, Distanz, Resignifizierung. Textverfahren der Digitalisierungskritik —— 57

Karin Krauthausen
Fern des Gleichgewichts. Zur Poetik gegenwärtiger Literatur (Zeitpfeil und Zeitverlust) —— 83

Klaus Birnstiel
Gleitzeit. Zu einem literarischen Lebensgefühl der Gegenwart —— 111

Lilla Balint
Rhythmus, Form, Kritik. Kathrin Rögglas *wir schlafen nicht* —— 125

Philipp Ohnesorge
„nicht eingefroren, sondern vital u. lebendig". Glitches als Heimsuchung in Juan S. Guses *Miami Punk* —— 147

Simon Sahner
Ein Blick zurück in die Gegenwart. Marius Goldhorns *Park* im Spiegel des technischen Fortschritts —— 173

Ann-Marie Riesner
„Dem mitnehmbaren Internet heimlich einsagen, was ich mir wirklich denke". Dokumentarisches Echtzeit-Erzählen und fiktionale Devianz bei Stefanie Sargnagel —— 195

Magdalena Pflock
„nicht NUR Twitter & nicht NUR das Internet". Prozesshaftes Schreiben mit und auf Sozialen Medien am Beispiel von Sarah Berger —— 215

Elias Kreuzmair, Johannes Paßmann
Ständige Selbst- und Fremdbeobachtung. Ein E-Mail-Wechsel über Twitter —— 245

Liste der Beiträger*innen —— 263

Namensregister —— 267

Elias Kreuzmair, Eckhard Schumacher
Literatur nach der Digitalisierung
Zeitkonzepte und Gegenwartsdiagnosen – Einleitung

Digitale Medien und weltweite Vernetzung verändern die Wahrnehmung und Reflexion von Gegenwart und Aktualität, Form und Modus von Zeitdiagnosen wie auch die Möglichkeiten und den Status von Gegenwartsliteratur. Ziel des vorliegenden Bandes, der aus dem DFG-Forschungsprojekt „Schreibweisen der Gegenwart. Zeitreflexion und literarische Verfahren nach der Digitalisierung" hervorgegangen ist, ist eine Bestandsaufnahme und Analyse der Schreibweisen, mit denen unter den Bedingungen der Digitalisierung Gegenwart reflektiert, veranschaulicht und profiliert wird. Ausgehend von der These, dass Begriff und Verständnis von Gegenwart auch Ergebnis je spezifischer Schreibweisen sind,[1] sollen zeitdiagnostische und literarische Texte aus den letzten 15–20 Jahren im Zusammenhang untersucht und vor dem Hintergrund medien- und kulturwissenschaftlicher Zeitreflexion aufeinander bezogen werden. Dabei gilt es, Semantiken der Gegenwart und literarische Verfahren als Formen der Zeitreflexion in Auseinandersetzung mit digitalen Medien und digitaler Kultur zu untersuchen.

Seit Mitte der 2000er Jahre erscheinen im Umfeld der Kultur- und Medienwissenschaften auffallend viele Texte, die Veränderungen in der Auffassung von Zeit konstatieren und diese Verschiebung kausal mit dem Phänomen ‚Digitalisierung' in Verbindung bringen. Im Modus einer Zeit- bzw. Gegenwartsdiagnostik, die sich als hybride Wissensform zwischen fachwissenschaftlichen und allgemeinen Diskursen bewegt, wird dabei Gegenwart als dominante Zeitform und dominantes ‚Thema' ins Zentrum gerückt.[2] Schon eine knappe Auflistung der relevanten Schlagworte zeigt, dass die zum Teil deutlich divergierenden Ansätze gleichwohl einen Zusammenhang bilden: „breite Gegenwart",[3] „infinite digital

---
[1] Vgl. dazu Eckhard Schumacher: *Gerade Eben Jetzt. Schreibweisen der Gegenwart.* Frankfurt a.M. 2003.
[2] Vgl. Eckhard Schumacher: „Present Shock. Gegenwartsdiagnosen nach der Digitalisierung". In: *Merkur* 72 (März 2018), S. 67–77, sowie ausführlich ders.: „‚Wenn alles jetzt passiert'. Gegenwartsdiagnosen nach der Digitalisierung". In: Thomas Alkemeyer u. a. (Hg.): *Gegenwartsdiagnosen. Kulturelle Formen gesellschaftlicher Selbstproblematisierung in der Moderne.* Bielefeld 2019, S. 63–79.
[3] Hans Ulrich Gumbrecht: *Unsere breite Gegenwart.* Übers. v. Frank Born. Berlin 2010.

now",[4] „present shock",[5] „extreme present",[6] „postcontemporary",[7] „Gegenwartszentrismus",[8] „transitory present",[9] „[p]ermanente Gegenwart",[10] „absolute Gegenwart",[11] „endlose Gegenwart".[12] An diesen Gegenwartsdiagnosen fällt auf, dass sie bei dem Versuch, gegenwärtige Veränderungen der Zeit- und Weltwahrnehmung mit einem neuen Konzept von ‚Gegenwart' zu fassen, selbst häufig mit rhetorischen und literarischen Verfahren arbeiten, das Feld der Gegenwartsliteratur für ihre Zeitdiagnosen aber weitgehend ausblenden und Beispiele eher aus dem Bereich audiovisueller Medien und Formen der Netzkommunikation wählen. Ausgeblendet wird damit nicht nur das zeitdiagnostische Potenzial der Gegenwartsliteratur, sondern auch die vielfältigen Formen der Zeitreflexion, der Problematisierung der Zeitwahrnehmung und die Arbeit am Begriff der Gegenwart, die auch und gerade auf der Ebene literarischer Verfahren zu beobachten sind.

Der Sammelband setzt hier an, indem er zeigt, inwiefern literarische Verfahren Gegenwartskonzepte neu konturieren oder hervorbringen und Gegenwartsliteratur so als wichtigen Ort der Zeitreflexion erkennbar werden lassen. Nach der Etablierung des Web 2.0 und des mobilen Internets geschieht dies auf signifikante Weise in der Auseinandersetzung mit jenen medialen Dispositiven, die mit dem Stichwort der Digitalisierung adressiert werden. Ob Blogs und Social Media Publikationsort, Thema oder Strukturelement literarischer Texte sind, sie verändern die Art und Weise, wie ein Text gemacht wird, wie und was erzählt wird – und wie Gegenwart gedacht wird. So gilt es, Schreibprojekte in Blogs, auf Twitter oder Facebook im Zusammenhang mit literarischen Texten zu diskutieren, die auf andere Weise Schreibverfahren und Kommunikationsformen aus den Sozialen Medien aufnehmen, reproduzieren oder problematisieren.

Dabei ergeben sich nicht nur Verbindungen zu den Gegenwartsdiagnosen der letzten Jahre, sondern auch zu verschiedenen Ansätzen in den Kulturwissen-

---

4 William Gibson: „Dead man sings". In: Ders.: *Distrust That Particular Flavor*. New York 2012, S. 49–53, hier S. 53.
5 Douglas Rushkoff: *Present Shock. Wenn alles jetzt passiert*. Übers. v. Gesine Schröder/Andy Hahnemann. Freiburg 2014.
6 Shumon Basar/Douglas Coupland/Hans-Ulrich Obrist: *The Age Of Earthquakes. A Guide to the extreme Present*. New York 2015.
7 Armen Avanessian u. a.: *Der Zeitkomplex. Postcontemporary*. Berlin 2016.
8 Roberto Simanowski: *Die Facebook-Gesellschaft*. Berlin 2016, S. 52.
9 Vgl. Boris Groys: *In the flow*. London/New York 2016.
10 Felix Stalder: *Kultur der Digitalität*. Berlin 2016, S. 149.
11 Marcus Quent (Hg.): *Absolute Gegenwart*. Berlin 2016.
12 *Springerin* 3/2016 (Schwerpunkt: „Endlose Gegenwart?") sowie NÖ Festival und Kino GmbH (Hg.): *Endlose Gegenwart*. Krems 2018.

schaften, über die der Zeitbegriff ‚Gegenwart' als ein relevanter Forschungsgegenstand neu entdeckt worden ist. Einen Schwerpunkt bilden dabei begriffs- und kulturgeschichtliche Studien zur Genealogie der Gegenwart, die an die etablierte Fokussierung auf eine ‚Verzeitlichung der Zeit' im Zuge der Sattelzeit anschließen und zugleich von ihr abrücken. Nun wird die „Geburt der Gegenwart" auf das 17. Jahrhundert vordatiert, wird nach „literarischen Gegenwartsbezügen *vor* der Sattelzeit" gefragt und es wird grundsätzlich die zuvor häufig ausgeblendete Frage nach Begriff und Geschichte der Gegenwart aufgeworfen.[13] Vergleichsweise selten wird dabei aber Gegenwartsliteratur in den Blick genommen – dies gilt für Aleida Assmanns kulturwissenschaftlich orientierte Studie zu „Aufstieg und Fall des Zeitregimes der Moderne"[14] wie für die jüngste Konjunktur populärwissenschaftlicher Bücher zum Thema ‚Zeit'.[15] In Arbeiten, die sich Fragen von Zeitwahrnehmung und Zeitbewusstsein in der Literatur oder dem Verhältnis von Zeit und Narration widmen, werden Konzepte von Gegenwart und Prozesse der Digitalisierung häufig nicht explizit reflektiert.[16] Wenn von „der absoluten Gegenwart der Internetindustrie" gesprochen oder das „Zeitmuster der neuen Medien" als „Delirium präsens" bezeichnet wird, geht es zumeist um andere Medien und nicht mehr um Literatur.[17] Wenn Gegenwartsliteratur explizit auch mit Blick auf Konzepte von Gegenwart diskutiert wird, kommt die Auseinandersetzung mit digitalen Medien bislang meist nur am Rande vor,[18] während Studien

---

13 Vgl. Achim Landwehr: *Geburt der Gegenwart. Eine Geschichte der Zeit im 17. Jahrhundert.* Frankfurt a.M. 2014; Stefan Geyer/Johannes F. Lehmann (Hg.): „‚Gegenwart' im 17. Jahrhundert. Schwerpunkt." In: *Internationales Archiv zur Sozialgeschichte der Literatur* (IASL) 42/1 (2017), S. 110–278; Achim Landwehr: „Gegenwart. Erkundungen im zeitlichen Diesseits". In: Thomas Alkemeyer u. a. (Hg.): *Gegenwartsdiagnosen. Kulturelle Formen gesellschaftlicher Selbstproblematisierung in der Moderne.* Bielefeld 2019, S. 43–61; Johannes F. Lehmann/Kerstin Stüssel (Hg.): *Gegenwart denken. Diskurse, Medien, Praktiken.* Hannover 2020.
14 Vgl. Aleida Assmann: *Ist die Zeit aus den Fugen? Aufstieg und Fall des Zeitregimes der Moderne.* München 2013.
15 Vgl. etwa Alexander Demandt: *Zeit. Eine Kulturgeschichte.* Berlin 2015 und Rüdiger Safranski: *Zeit. Was sie mit uns macht und was wir aus ihr machen.* München 2015.
16 Vgl. etwa Anna-Katharina Gisbert/Michael Ostheimer (Hg.): *Geschichte – Latenz – Zukunft. Zur narrativen Modellierung von Zeit in der Gegenwartsliteratur.* Hannover 2017.
17 Vgl. etwa Ralf Kühn: *TempusRätsel zum TempusWechsel. Moderne Zeitdiskurse und Gegenwartsliteratur zwischen Berechnung und Verrätselung der Zeit.* Tübingen, Diss. 2005; Johannes Pause: *Texturen der Zeit. Zum Wandel ästhetischer Zeitkonzepte in der deutschsprachigen Gegenwartsliteratur.* Köln u. a. 2010.
18 Vgl. etwa Valentina Di Rosa/Jan Röhnert (Hg.): *Im Hier und Jetzt. Konstellationen der Gegenwart in der deutschsprachigen Literatur seit 2000.* Köln 2019.

zur ‚Digitalen Literatur' Fragen von Zeitwahrnehmung und Zeitreflexion nicht ins Zentrum rücken.[19]

Mit seinem Fokus auf Phänomene der Gegenwartsliteratur nach der Digitalisierung setzt der vorliegende Band deshalb in mehrfacher Hinsicht neu an. Er lenkt die Aufmerksamkeit auf die zeitgleich zirkulierenden Gegenwartsdiagnosen, nimmt Impulse aus der Medienwissenschaft und der Soziologie auf und situiert Gegenwartsliteratur im Rahmen einer „Kultur der Digitalität".[20] Im Unterschied zu einer ersten Phase der Forschung zu Wechselwirkungen von Literatur und Digitalisierung in den Jahren um 2000, in der das Feld vor der Entwicklung des Web 2.0 sondiert wird,[21] setzt der Band ‚nach der Digitalisierung' an. Er nimmt Reaktionen auf die Konsolidierung digitaler Technologien seit Mitte der 2000er Jahre in den Blick, die mit der Etablierung und Popularisierung von Web 2.0 (ab 2004), Sozialen Medien (Wordpress ab 2003, Facebook ab 2004, Twitter ab 2006, Instagram ab 2010) und mobilem Internet (iPhone ab 2007) einsetzen. ‚Nach der Digitalisierung' büßen die Dichotomien online/offline und digital/analog an Relevanz ein und der Blick für die Parallelität unterschiedlicher Medien wird geschärft.[22] Im Mediendiskurs ist ‚Digitalisierung' dabei gleichsam an die Funktionsstelle getreten, die in den 1990er Jahren vom Konzept der ‚Neuen Medien' besetzt war. Der Fokus liegt nun aber weniger auf jener Innovations- und Revolutionsrhetorik, die den Hypertext-Diskurs der 1990er Jahre geprägt hat,[23] zu beobachten ist vielmehr eine Verlagerung zu Praktiken und einer Rhetorik der ‚Remediation'.[24]

So sind nach der Digitalisierung neue Schreibweisen der Gegenwart zu beobachten, werden neue Konzepte von Gegenwart entworfen, zugleich werden aber auch vielfältige Formen der Fortsetzung und Modifizierung eingeführter Rhetoriken, Metaphern und Darstellungsverfahren sichtbar. Bei der Veranschaulichung der Abstrakta ‚Zeit' und ‚Gegenwart' kehren Bildfelder und narrative Muster wie-

---

19 Vgl. etwa Hannes Bajohr (Hg.): *Code und Konzept. Literatur und das Digitale*. Berlin 2016.
20 Vgl. Felix Stalder: *Kultur der Digitalität*. Berlin 2016.
21 Vgl. dazu u. a. Stephan Porombka: *Hypertext. Zur Kritik eines digitalen Mythos*. München 2001; Harro Segeberg/Simone Winko (Hg.): *Digitalität und Literalität. Zur Zukunft der Literatur*. München 2005; Davide Giuriato u. a. (Hg.): *‚System ohne General'. Schreibszenen im digitalen Zeitalter*. München 2006.
22 Vgl. Kathrin Passig/Aleks Scholz: „Schlamm und Brei und Bits. Warum es die Digitalisierung nicht gibt". In: *Merkur* 69 (November 2015), S. 75–81; Florian Cramer: „What is post-digital?" In: *APRJA*. https://aprja.net//article/view/116068, 6.1.2014 [zuletzt eingesehen am 7.6.2021].
23 Vgl. Eckhard Schumacher: „Revolution, Rekursion, Remediation: Hypertext und World Wide Web". In: Albert Kümmel u. a. (Hg.): *Einführung in die Geschichte der Medien*. Paderborn 2004, S. 255–280.
24 Vgl. dazu Jay David Bolter/Richard Grusin: *Remediation. Understanding New Media*. Cambridge, MA 2000.

der, die die Zeitreflexion schon ‚vor' der Digitalisierung geprägt haben – Krisen- und Katastrophenrhetorik, Verfallsgeschichten, Dystopien. Der vorliegende Band nimmt deshalb Neuentwicklungen, die durch Soziale Medien ermöglicht werden, ebenso in den Blick wie Formen der Wiederkehr und Fortführung etablierter Medien, Darstellungsweisen und Diskurse.

Welche Verbindungen sich in diesem Sinn zwischen literarischen Formen der Gegenwartsfixierung und zeitdiagnostischen Diskursen ergeben, verfolgt der Beitrag von Eckhard Schumacher. Inwiefern die Fokussierung auf Gegenwart häufig auch mit weiteren Zeitkonzepten wie „Futur II" oder „Gleitzeit" verknüpft wird, zeigen die Beiträge von Klaus Birnstiel und Elias Kreuzmair. Kontinuitäten und Diskontinuitäten in der literarischen und gegenwartsdiagnostischen Zeitreflexion verdeutlichen im vorliegenden Band etwa die Beiträge von Eva Stubenrauch zu Verfahren der Mahnung, Distanzierung und Resignifizierung in der Digitalisierungskritik und von Simon Sahner hinsichtlich der Verknüpfung von Großstadt- und Beschleunigungserfahrungen. Die Komplexität literarischer Reflexionen von Gegenwart zeigt sich in Kathrin Rögglas komplexen Spielen mit textuellen Verfahren als Verfahren der Kritik, die der Beitrag von Lilla Balint in den Blick nimmt, und in Juan S. Guses Verfahren der Heimsuchung in *Miami Punk*, denen der Beitrag von Philipp Ohnesorge nachgeht. Dass es lohnt, auch das Schreiben über Literatur selbst in seiner Gebundenheit an Zeitkonzepte zu untersuchen, führt Karin Krauthausen am Beispiel von Holger Schulzes Überlegungen zur „ubiquitären Literatur" vor Augen. Mit den Beiträgen von Magdalena Pflock zu Sarah Berger und Ann-Marie Riesner zu Stefanie Sargnagel lenkt der Band die Aufmerksamkeit auf Autor*innen, die sich zwischen dem Schreiben auf Sozialen Medien und der Publikation gedruckter Bücher bewegen. Nach den Besonderheiten des Schreibens auf Twitter und anderen Sozialen Medien wird abschließend auch im Gespräch zwischen Elias Kreuzmair und Johannes Paßmann gefragt.

Die Beiträge des vorliegenden Bandes gehen auf Veranstaltungen und Diskussionen im Rahmen des DFG-Forschungsprojekts „Schreibweisen der Gegenwart. Zeitreflexion und literarische Verfahren nach der Digitalisierung" an der Universität Greifswald zurück, in dem neben den Herausgebern Magdalena Pflock und Philipp Ohnesorge mitarbeiten. Erste Überlegungen wurden im Rahmen des Workshops „Gegenwartsliteratur nach der Digitalisierung. Zeitreflexion und literarische Verfahren" auf dem Germanistentag im September 2019 vorgestellt, an dem unter anderem Lilla Balint, Klaus Birnstiel, Karin Krauthausen und Eva Stubenrauch beteiligt waren. Weitere Workshops im August und Dezember 2020 widmeten sich dem „Miami-Komplex" in der deutschsprachigen Gegenwartsliteratur sowie unter dem Titel „Digitale Lektüren, digitale Texte" Schreibweisen der Gegenwart auf und mit Sozialen Medien. Aus diesen Workshops und weiteren Diskussionen sind die Beiträge von Johannes Paßmann, Ann-Marie Riesner und Simon Sahner hervorgegangen. Ihnen und den übrigen Workshop-Teilnehmer*innen sowie den Teilnehmer*innen des Forschungskolloquiums von Eckhard Schumacher im Wintersemester 2020/21, das sich ebenfalls Fragestellungen aus dem Kontext des Forschungsprojekts widmete, sei für ihre Beiträge und Anregungen herzlich gedankt. Annica Brommann und Hannah Willcox möchten wir für ihre Unterstützung im Rahmen der angesprochenen Veranstaltungen und bei der Arbeit am vorliegenden Band danken.

Eckhard Schumacher
Gegenwartsvergegenwärtigung
Über Zeitdiagnosen, literarische Verfahren und Soziale Medien

1 Realitätsgewitter: „Ergebenheit an die Gegenwart"

„Es wirkt nicht so, als hätte irgendjemand hier draußen wirklich Spaß", realisiert Marla, die Protagonistin von Julia Zanges 2016 erschienenem Roman *Realitätsgewitter*, in einer wenig glamourös fortgeschrittenen Berliner Silvesternacht. Was Marla auf dem Weg zur U-Bahn Kottbusser Tor beobachtet, wird von ihr nicht nur reflektiert, sondern auch reproduziert: „Eine Müdigkeit liegt in der Luft, eine Ergebenheit an die Gegenwart. Die Gesichter sind den Smartphones zugewandt."[1] Müdigkeit, Lähmung und ein alles erfassender Eindruck von Stillstand prägen das Bild, das Marla vermittelt, allerdings ebenso deutlich wie deren vermeintliche Gegenpole – Unruhe, Nervosität, Hyperaktivität. „Manchmal habe ich das Gefühl, dass ich nur aus Gegenwart bestehe",[2] stellt Marla beim Liken, Verlinken und Weiterleiten von Facebook-Videos fest und führt so nicht nur an dieser Stelle vor Augen, dass gerade in der smartphoneunterstützten Engführung von Müdigkeit und Unruhe, von Lähmung und Übersprunghandlung, jene „Ergebenheit an die Gegenwart" hervortritt, die das gesamte Buch prägt.

Die Fokussierung auf die Gegenwart, die den Wahrnehmungshorizont von Marla kennzeichnet, bestimmt auf signifikante Weise auch den Modus des Erzählens, die Schreibweise des Romans. Die Geschichte, die erwartbare Komplikationen im weitreichend internationalisierten und gentrifizierten Berlin der 2010er Jahre zwischen „Facebook-Gruppe", „Genderverwirrung" und „Post-Internet-Art" entfaltet,[3] wird angetrieben durch ständige Statusupdates auf diversen Social-Media-Kanälen. Absehbar wichtiger als die Entwicklung einer Handlung ist der regelmäßige Blick auf MacBook und Smartphone, der im Stakkato der eingehenden Nachrichten nicht zuletzt das entstehen lässt, was im Kontext von Netzkommunikation häufig als ‚Flow' bezeichnet wird.[4] Mit seinen kurzen Sätzen, die hypotaktische Strukturen weitgehend ausblenden, seiner schlichten, aber präzisen Sprache, den Beschleunigungseffekten direkter Rede, einem einfachen Prä-

---

[1] Julia Zange: *Realitätsgewitter*. Berlin 2016, S. 33.
[2] Ebd., S. 89.
[3] Ebd., S. 19 f.
[4] Vgl. Boris Groys: *In the Flow*. London 2016.

Open Access. © 2022 Eckhard Schumacher, publiziert von De Gruyter. Dieses Werk ist lizensiert unter einer Creative Commons Namensnennung - Nicht-kommerziell - Keine Bearbeitung 4.0 International Lizenz.
https://doi.org/10.1515/9783110758603-002

sens und dem Verzicht auf explizite erzählerische Selbstreflexion vermittelt auch der Roman den Eindruck, dass er „nur aus Gegenwart" besteht. So wirkt eine beiläufig erwähnte „Mini-Kamera" am Polo-Shirt-Kragen, die „alle 15 Sekunden ein Foto aus der Perspektive des Trägers" schießt,[5] letztlich ebenso selbstverständlich wie die Tatsache, dass auf den gut 150 Romanseiten mehr als 100 mal das Wort ‚jetzt' verwendet wird. Die titelgebenden „Realitätsgewitter", vermittelt über das Tempo, die Erzählmuster und die Zeitreflexionsschleifen des Präsensromans,[6] finden hier ebenso ihren Grund wie der Eindruck eines weit ausgreifenden und weitgehend ausweglosen Leerlaufs.

Es scheint also einiges dafür zu sprechen, in der Gegenwartsfixierung von Marla einen weiteren Beleg für jenen „present shock" zu identifizieren, den Douglas Rushkoff wenige Jahre zuvor in seinem gleichnamigen Buch als Kennzeichen einer dauervernetzten Gesellschaft ausgemacht hat: „Wir erleben alles im Liveticker, in Echtzeit, *always-on*".[7] Da aber „der Ansturm von allem, was genau jetzt passiert, so gewaltig ist", sorgen, folgert Rushkoff, „neue Technologien und ein veränderter Lebensstil" nicht nur dafür, „dass wir alles immer schneller tun", sie führen zugleich auch zu einem „Bedeutungsverlust von allem, was nicht gegenwärtig ist".[8] Diese Fixierung auf die Gegenwart präsentiert Rushkoff als zentrales Problem der heutigen Gesellschaft, wenn er mit Blick auf die weltweite Vernetzung und das mit ihr verbundene „rigide digitale Zeitregime" einen „neuen Präsentismus" diagnostiziert, der alles auf den „gegenwärtigen Moment" fokussiere, aber gleichwohl „wenig mit Unmittelbarkeit und Gegenwärtigkeit zu tun" habe.[9] Denn die Echtzeittechnologien der Smartphones und der Zustand des *always-on* führen Rushkoff zufolge nicht zu einer intensiveren Fokussierung auf die Gegenwart. Aus seiner Sicht, die sich nicht nur an dieser Stelle als nostalgischer Rückblick auf vermeintlich nicht mehr mögliche authentische Erfahrungen erweist, sorgt der „present shock" vielmehr dafür, dass man die Gegenwart gar nicht mehr als solche wahrnimmt,

---

[5] Zange: *Realitätsgewitter*, S. 19.
[6] Zum Präsensroman vgl. Armen Avanessian/Anke Hennig (Hg.): *Der Präsensroman*. Berlin/Boston 2013.
[7] Douglas Rushkoff: *Present Shock. When everything happens now*. London 2013; zitiert wird im Folgenden nach der deutschen Übersetzung: *Present Shock. Wenn alles jetzt passiert*. Freiburg 2014; vgl. dazu auch Eckhard Schumacher: „Present Shock. Zeitdiagnosen nach der Digitalisierung". In: *Merkur* 72 (März 2018), S. 67–77.
[8] Rushkoff: *Present Shock*, S. 12.
[9] Ebd., S. 13.

sondern nur noch „verzerrte Aufnahmen vom Echten und Unmittelbaren in Form von Tweets und Status-Updates".[10]

So wie es eine Reihe von Anhaltspunkten dafür gibt, Zanges *Realitätsgewitter* auf Rushkoffs Thesen zum „present shock" zu beziehen, bietet der Roman auch Anschlüsse an François Hartogs Überlegungen zum „Regime des Präsentismus", in dem die Gegenwart dazu tendiert, „sich selbst ihr eigener oder einziger Horizont zu werden",[11] an Byung-Chul Hans Thesen zur „Totalisierung der Gegenwart", derzufolge unsere Welt ein „absoluter Vorrang der Gegenwart" kennzeichnet und die Zeit „zu bloßer Abfolge verfügbarer Gegenwart" zerstreut wird,[12] oder an Marcus Quents Beobachtungen zu „Symptomen der absoluten Gegenwart", die sich „den Zeitgenossen als rasanter und beziehungsloser Leerlauf" darstellt, zur „Verabsolutierung des Jetzt", bei der nur noch „dumpfe Kontinuität des Präsens, ununterbrochener Fluss der Aktualität, Au(toma)tismus des Jetzt" bleibt.[13]

Der Versuch, Zanges Roman in diesem Sinn als eine kultur- und medienkritische Gegenwartsdiagnose zu lesen, die den Leerlauf von smartphonefixierter Weltwahrnehmung vor Augen führt, greift aber zu kurz und verfehlt letztlich etwas, das den Roman gleichermaßen kennzeichnet. Die Sozialen Medien fungieren hier weder nur als Marker für den Verlust eines vermeintlich realen Soziallebens noch allein als Symptom einer haltlosen Gegenwartsfixierung. Der Roman ist vielmehr, wie Elias Kreuzmair gezeigt hat, auch insofern „jenseits von simpler Medienkritik, die Vereinsamung durch soziale Medien beklagt, zu verorten", als er digitale Medien zugleich als ein Dispositiv entwirft, das Reflexion ermöglicht und so auch das Potenzial von „Facebook als Reflexionsmedium" in den Blick rückt.[14] Dabei sind es gerade jene Schreibweisen, mit denen sich Zange dem Zeitindex und dem Modus der Daueraktualisierung der Sozialen Medien annähert, die Reflexionen zur Zeitwahrnehmung, zum Status von

---

10 Ebd., S. 16.
11 François Hartog: „Geschichtlichkeitsregime". In: Anne Kwaschik/Mario Wimmer (Hg.): *Von der Arbeit des Historikers. Ein Wörterbuch zu Theorie und Praxis*. Bielefeld 2010, S. 85–90, hier S. 86.
12 Byung-Chul Han: *Im Schwarm. Ansichten des Digitalen*. Berlin 2013, S. 80 f.; vgl. auch ders.: „Südkorea – Eine Müdigkeitsgesellschaft im Endstadium". https://www.matthes-seitz-berlin.de/artikel/byung-chul-han-suedkorea-eine-muedigkeitsgesellschaft-im-endstadium.html, 4.9.2012 [zuletzt eingesehen am 7.6.2021].
13 Marcus Quent: „Vorwort". In: Ders. (Hg.): *Absolute Gegenwart*. Berlin 2016, S. 7–15, hier S. 7; ders.: „Absolute Gegenwart. Die Vereinheitlichung der Zeit". In: Ebd., S. 16–27, hier S. 16.
14 Vgl. Elias Kreuzmair: „Die Zukunft der Gegenwart (Berlin, Miami). Über die Literatur der ‚digitalen Gesellschaft'". In: *Text + Kritik* Heft 152 (Sonderband *Digitale Literatur*) [erscheint Oktober 2021].

Gegenwart und Gegenwärtigkeit in Gang setzen und so weiterprozessieren, dass sie digitalisierungskritische Vereindeutigungen zugleich nahelegen und unterlaufen. Das „Echte und Unmittelbare", das Rushkoff als Marker einer wirklich erfahrbaren Gegenwart vermisst, wird auch bei Zange adressiert, es erscheint aber nicht als einfacher Gegenpol zu Internet, Instagram und Facebook. Der Roman zeigt in seiner hochtourig überdrehten Affirmation der „Ergebenheit an die Gegenwart" vielmehr, dass das vermeintlich Echte und Unmittelbare, wie etwa Marlas Idee einer Verbindung „auf Höhe der Herzen", auch klingen kann „wie ein kitschiger Facebook-Eintrag",[15] während das, was auf dem Bildschirm passiert, als tatsächliches, keineswegs verzerrtes „Realitätsgewitter" lesbar wird.

2 Allegro Pastell: „The Power of Now"

Mit Formen der Überaffirmation, die Brüche und Kippmomente sichtbar machen, von denen aus Denk- und Schreibbewegungen möglich werden, die komplexer ansetzen als die meisten vorliegenden Muster kulturkritischer Medienskepsis, arbeitet auf andere Weise auch Leif Randt in seinem Roman *Allegro Pastell*.[16] Allerdings erscheinen die Verhältnisse in der Liebesgeschichte, die Randt zwischen Jerome Daimler und Tanja Arnheim entfaltet, im Vergleich zu Zanges *Realitätsgewitter* gleichsam spiegelverkehrt: Während Zange konsequent im Präsens schreibt, setzt Randt geradezu überdeutlich auf die Vergangenheitsform; in dem Maß, in dem Zange selbstreflexive Wendungen vermeidet, lässt Randt kaum eine Möglichkeit aus, seine Figuren und deren Erwartungserwartungen hyperreflexiv zu perspektivieren; wo *Realitätsgewitter* sich über eine kaum zu bremsende Akkumulation von ‚jetzt'-Markierungen fortschreibt, konstatiert *Allegro Pastell* in unaufgeregt ausgedehnten Perioden eine „allgemeine Traurigkeit über das Verstreichen der Zeit".[17]

Die Information, dass Jerome „bislang nie ein Fan purer Gegenwart gewesen" war, ist vor diesem Hintergrund nur konsequent, und auch sein vermeintliches Ankommen „in der totalen Gegenwart", das im Roman auf den „2. Oktober 2018" datiert wird,[18] ändert das Bild nicht grundsätzlich. So war es durchaus überraschend, dass in den ersten literaturkritischen Reaktionen auf *Allegro Pastell* gemeldet wurde, der Roman gebe seinen „Hauptfiguren eine merkwürdigerweise

---

15 Zange: *Realitätsgewitter*, S. 152.
16 Leif Randt: *Allegro Pastell*. Köln 2020.
17 Ebd., S. 77.
18 Ebd., S. 108 u. 148.

mitreißende Gegenwärtigkeit",[19] sei die „perfekte Durchdringung der Gegenwart", man werde bei der Lektüre geblendet „als schaute man ohne Sonnenbrille direkt ins Licht der Gegenwart"[20] und schlittere „mit Leif Randt geradewegs ins Herz unserer schrägen Gegenwart".[21] Aber selbst wenn sehr viel mehr dafür spricht, mit Tanja Arnheim das Prinzip „*Vorauseilende Wehmut*" und eine entsprechend reflexiv gewendete Ausrichtung auf die Zukunft als zentrale Momente des Romans zu begreifen,[22] bleiben Gegenwart und Gegenwärtigkeit gleichwohl Fluchtpunkte, die der Roman – wenn auch implizit und indirekt – permanent adressiert. Dies geschieht durch diffuse Verweise auf Eckhart Tolles Spiritualitäts-Bestseller „The Power of Now",[23] vor allem aber durch E-Mail-Nachrichten, Instagram- und Telegram-Messages, die die als zukünftige Vergangenheit distanzierte Gegenwart durch die minutiöse Datierung und den unvermittelten Wechsel ins Präsens gleichsam vergegenwärtigen – allerdings immer nur in jenem Modus, für den Charles Baudelaire Mitte des 19. Jahrhunderts in einem anderen, hier aber nicht nur weit entfernten Zusammenhang die Formel der „représentation du présent" gefunden hat.[24]

Man muss nicht Baudelaire bemühen, um festzustellen, dass eine gleichermaßen affirmative wie reflexiv-distanzierende Fokussierung auf Gegenwart auch schon vor der Digitalisierung möglich war und einen vielfältig ausgebauten Topos der Moderne bildet.[25] Es fällt aber auf, dass sich viele Romane, die in den letzten Jahren Digitalisierung, Netzkommunikation und Soziale Medien thematisieren oder auf der Ebene ihrer Schreibverfahren reflektieren, auf signifikante

---

[19] Judith v. Sternburg: „Leif Randt: ‚Allegro Pastell' – Schon sehr gut auf seine Weise". In: *Frankfurter Rundschau*. https://www.fr.de/kultur/literatur/leif-randt-allegra-pastell-schon-sehr-seine-weise-13572914.html, 4.3.2020 [zuletzt eingesehen am 7.6.2021].
[20] Ijoma Mangold: „Das absolute Jetzt. An diesem Buch kommt kein Millennial vorbei: Leif Randts Roman ‚Allegro Pastell' ist die perfekte Durchdringung der Gegenwart." In: *Die Zeit*. https://www.zeit.de/2020/11/leif-randt-allegro-pastell-rezension-buch-literatur/komplettansicht, 5.3.2020 [zuletzt eingesehen am 7.6.2021].
[21] Jens-Christian Rabe: „Leif Randt ‚Allegro Pastell' –okay". In: *Süddeutsche Zeitung*. https://www.sueddeutsche.de/kultur/leif-randt-allegro-pastell-roman-kritik-1.4834307, 7.3.2020 [zuletzt eingesehen am 7.6.2021].
[22] Randt: *Allegro Pastell*, S. 77; vgl. dazu den Beitrag von Elias Kreuzmair in diesem Band.
[23] Randt: *Allegro Pastell*, S. 7 u. 157.
[24] Charles Baudelaire: „Le Peintre de la vie moderne". In: Ders.: *Oeuvres complètes*. Hg. v. Marcel A. Ruff. Paris 1968, S. 547.
[25] Vgl. etwa Karl Heinz Bohrer: *Ekstasen der Zeit. Augenblick, Gegenwart, Erinnerung*. München/Wien 2003 sowie aus anderer Perspektive ders.: *Jetzt. Geschichte meines Abenteuers mit der Phantasie*. Berlin 2017.

Weise mit Veränderungen der Zeitwahrnehmung auseinandersetzen und dabei nicht zuletzt die Frage aufwerfen, was eigentlich Gegenwart heißt, wie man im literarischen Text Gegenwart thematisieren, repräsentieren oder allererst produzieren kann. Das geschieht teilweise explizit und überdeutlich, wie auf je verschiedene Weise bei Zange und Randt, prägt aber auch Texte wie Juan S. Guses *Miami Punk*,[26] Joshua Groß' *Flexen in Miami*[27] oder Marius Goldhorns *Park*,[28] die den Komplex ‚Gegenwart' eher beiläufig ansteuern, nur punktuell adressieren oder als Hintergrundfolie aufspannen.

So bildet sich derzeit ein Zusammenhang zwischen ganz unterschiedlichen Texten und Autor*innen, der in vielen Hinsichten an eine anders gelagerte, aber durchaus vergleichbare Konstellation aus den späten 1990er Jahren erinnert. Die 1997 und 1998 erschienenen Bücher von Rainald Goetz, Alexa Hennig von Lange, Thomas Meinecke, Andreas Neumeister oder Benjamin v. Stuckrad-Barre, die von der Kritik unter dem Schlagwort ‚Pop-Literatur' zusammengefasst wurden, waren einerseits so unterschiedlich, dass man bei genauerem Hinsehen eher Differenzen denn Ähnlichkeiten bemerken konnte, rückten andererseits aber in ihrem jeweils dezidierten Bezug auf die Gegenwart aneinander, in der Darstellung und Thematisierung von gegenwärtigen Verhältnissen und, wichtiger noch, in dem je verschieden ausgeprägten, aber gleichwohl geteilten Interesse, Gegenwart und Gegenwärtigkeit in den Schreibverfahren zugleich herzustellen und zu reflektieren.[29] Eben das lässt nun, zwanzig Jahre später, auch die ebenfalls sehr verschiedenen Texte und Schreibweisen von Marius Goldhorn, Joshua Groß, Juan S. Guse, Lisa Krusche, Leif Randt, Clemens J. Setz, Julia Zange und einigen anderen aneinanderrücken, die in der Auseinandersetzung mit Sozialen Medien, Cloud-Computing und Video Games Veränderungen in der Auffassung von Gegenwart registrieren und in ihren Schreibweisen reflektieren. Und wie Ende der 1990er Jahre erregen diese zunächst diffus emergierenden Zusammenhänge schnell die Aufmerksamkeit der Literaturkritik – wobei an die Stelle des gemeinsamen Nenners ‚Pop' nun das weniger griffige, aber unübersehbar beliebte und in der Sache durchaus passgenaue Schlagwort ‚Gegenwart' zu treten scheint.

---

26 Juan S. Guse: *Miami Punk*. Frankfurt a.M. 2019; vgl. dazu den Beitrag von Philipp Ohnesorge in diesem Band.
27 Joshua Groß: *Flexen in Miami*. Berlin 2020.
28 Marius Goldhorn: *Park*. Berlin 2020; vgl. dazu den Beitrag von Simon Sahner in diesem Band.
29 Vgl. dazu Eckhard Schumacher: *Gerade Eben Jetzt. Schreibweisen der Gegenwart*. Frankfurt a.M. 2003.

3 Flexen in Miami: „Gegenwartsstress"

„Hier entsteht eine Generation junger Künstler, die eine neue Sprache und neue Formen suchen, um die Gegenwart zu erfassen", kommentiert Insa Wilke im Februar 2019 ein Podiumsgespräch mit Joshua Groß und Lisa Krusche.[30] „Es rumort mal wieder in der jungen Gegenwartsliteratur", meldet Miryam Schellbach im Mai 2020 in der *Frankfurter Allgemeinen Zeitung* und hat dabei ebenfalls Groß' *Flexen in Miami* im Blick, aber auch *Mindstate Malibu*, einige Bücher aus dem Korbinian Verlag, Guses *Miami Punk* und Randts *Allegro Pastell*. Dabei verbindet sie die „absolute Gegenwärtigkeit" der Cloud in *Flexen in Miami* mit einer „eigenen Form der Gegenwartserfahrung", hebt hervor, dass der Roman die „digitale Durchwirktheit der Gegenwart" beschreibt und identifiziert Figuren, die medienbedingt zeitweise unter durch Klicks und Likes „quantifizierbarem Gegenwartsstress" leiden, aber „trotz ihrer allzeit blinkenden Bildschirme keinem Zwang zur Gegenwart verfallen, weder gleichgültig noch zeitlos sind, sondern sich auf eine distinkte Weise abgeklärt durch die Gegenwart bewegen".[31] Wie in den zeitgleich zirkulierenden Zeitdiagnosen wird auch hier dem Wortfeld ‚Gegenwart' einiges aufgelastet, rücken verschiedene Lesarten und Begriffsverwendungen aneinander, überlagern sich der Zeitindex des Präsens und das Paradigma der Präsenz. Formen der Gegenwärtigkeit im Sinne von zeit- wie räumlicher Anwesenheit oder einer „absoluten Gegenwärtigkeit", die Vorstellungen von göttlicher Omnipräsenz aufruft, werden überblendet in die Vorstellung einer „digital durchwirkten" Gegenwart, die uns umgibt, der man „verfallen kann", die bei den Subjekten, die ihr ausgesetzt sind, einerseits „Gegenwartsstress" auslösen kann, durch die man sich andererseits aber auch „abgeklärt" bewegen kann.

Eine vergleichbare Häufung von Gegenwartszuschreibungen stellt *Flexen in Miami* auch schon in seinen Paratexten zur Verfügung. So lässt der Verlag kaum eine Möglichkeit aus, in Kurzcharakterisierungen des Romans das Wort ‚Gegenwart' unterzubringen. Die Umschlagrückseite verspricht „eine Gegenwart, die bis ins Extrem verzerrt ist",[32] dem Klappentext zufolge gelingt es Groß, „klug und humorvoll auszukundschaften, was es bedeutet, in unserer Gegenwart zu leben",[33]

---

30 Insa Wilke, zit. nach Frank O. Rudkoffsky: „Was ist das für 1 Kritik vong Internet her? Joshua Groß, Lisa Krusche und Lars Weisbrod im Gespräch bei lesen.hören 13." https://rudkoffsky.com/2019/02/, 24.2.2019 [zuletzt eingesehen am 7.6.2021].
31 Miryam Schellbach: „Ich glaube, ich habe alles verstanden. Joshua Groß führt mit ‚Flexen in Miami' in eine Gegenwart der schmelzenden Energiebalken". In: *Frankfurter Allgemeine Zeitung* (14.5.2020).
32 Groß: *Flexen in Miami*, Umschlag U4.
33 Ebd., Klappentext.

und der Website des Verlags zufolge erzählt der Roman von „Traps, Glitches und Unsicherheiten in der Realität, die wir unsere Gegenwart nennen".[34] In dem Maß, in dem die Verlagsparatexte der Kritik zentrale Stichworte zur Verfügung stellen, sind sie selbst auch als verschobene Wiederholung der ersten öffentlichen Diskussion über einen Auszug aus dem Roman zu lesen, als Wiederaufnahme von Keywords aus der Jury-Debatte nach der Lesung von Joshua Groß beim Bachmann-Preis 2018. Der Text erzähle „von einem Zeitgefühl, das wir alle kennen", und sei auch insofern eine „Diagnose der Gegenwart", erläutert Insa Wilke, die den Autor zum Wettbewerb eingeladen hatte.[35] Das gegenwartsdiagnostische Potenzial, das sie hervorhebt, sei nicht zuletzt darauf zurückzuführen, dass es sich um „einen sehr gegenwärtigen Text" handele, bekräftigt in vielen Wiederholungsschleifen auch Klaus Kastberger, ebenfalls Juror beim Bachmann-Preis.[36] Um einen Text, der etwas „sehr, sehr Gegenwärtiges" habe, und der, wie Kastberger gegen den Einwand betont, es ginge doch nur um die aus den 1980ern bekannten Simulations-Konzepte, eine „Gegenwart der sozialen Medien" vermittle, eine „Gegenwart des Twitters", einen „Ton aus der Zukunft, der als etwas sehr Gegenwärtiges erlebt wird".[37]

Auch der Roman selbst bringt das hier fokussierte Schlagwort ins Spiel – etwa in einem fiktiven Zitat aus Susan MacHalls „kritischen Nachwort" zu ihrem gleichermaßen fiktiven, für die Fiktion (und für das ‚Ich') aber relevanten Buch „*Bubble Packs and Lean: The Stunning Story of Infamous Rapper Jellyfish P*: „Jellyfish P verarbeitet unsere Gegenwart in seiner luziden Musik, und vielleicht kennt er sogar Auswege."[38] Eine Seite später erfahren wir vom erzählenden ‚Ich', dass es auch selbst jeden Tag erneut versucht, „Gewohnheiten und Muster aufzusprengen, damit diese verseuchte Selbstverständlichkeit, die wir Gegenwart nennen, ein bisschen veränderbarer würde".[39] Hat man diese Sätze im Zuge der Lektüre nicht ohnehin schon auf den Roman selbst zurückgewendet, nicht bereits als poetologisches Programm gelesen, findet man sie in leicht variierter Form auch in verschiedenen Interviews und Gesprächen zum Buch. Besonders explizit entfaltet Groß seine Programmatik in einem Gespräch mit

---

33 Ebd., Klappentext.
34 Vgl. o. A.: „Flexen in Miami". https://www.matthes-seitz-berlin.de/buch/flexen-in-miami-ebook.html, o.J. [zuletzt eingesehen am 7.6.2021].
35 Insa Wilke, zit. nach *43. Tage der deutschsprachigen Literatur – Diskussion Joshua Groß.* https://bachmannpreis.orf.at/v2/stories/2915226/, 2018 [zuletzt eingesehen am 7.6.2021].
36 Klaus Kastberger, zit. nach ebd.
37 Ebd.
38 Groß: *Flexen in Miami*, S. 91.
39 Ebd., S. 92.

Lisa Krusche für die Reihe *Shut down? Read on!* des Literaturforums im Berliner Brecht-Haus, wenn er hervorhebt, es ginge ihm um ein „Anerkennen dessen, was wirklich ist", es ginge darum, „gegenwärtig" zu sein, ihn beschäftige aber vor allem, wie man mit der Sprache „Gegenwart fassen und gleichzeitig sich auch aus ihr herausbewegen" könne.[40]

Die Suche nach Auswegen, den Wunsch, sich aus der Gegenwart herauszubewegen, nimmt Groß auch mit seinem im Frühjahr 2021 erschienenen Prosaband *Entkommen* wieder auf. Während der Klappentext eine „literarische Suche nach den unleugbar notwendigen Möglichkeiten des Entkommens, nach den Öffnungen in unserer Gegenwart" ankündigt, präzisiert der erste Text des Bandes, der bereits 2018 unter dem Titel „Schräg am Schweben" in der *Frankfurter Rundschau* erschienen war, das durch Titel und Klappentext evozierte Bild: „Ich will mich der Gegenwart nicht entziehen, auch nicht in Gedankenexperimenten; ich will mich der Gegenwart aussetzen und in ihr durchlässiger werden."[41]

Wenn Groß diese Programmatik, die den Versuch eines Abtastens, Anerkennens und Ausbrechens aus der Gegenwart zusammenführt, im Frühjahr 2020 in seinem Corona-Tagebuch für den Bayrischen Rundfunk nochmals reformuliert, wird deutlich, dass der Wunsch nach Authentizität, der hier im Sinne eines spirituell aufgeladenen, quasihippiesken Hier-und-Jetzt-Gefühls mitschwingt, gleichermaßen neoromantische Züge trägt, eine Sehnsucht nach unverstellter Präsenz sichtbar macht, aber auch in einen literarisch abgefederten Hallraum absoluter Künstlichkeit eingebettet wird:

> Ich versuche mich aus meiner menschlichen Zeitlichkeitsstruktur zu lösen, ich versuche gegenwärtig zu sein. Ich will über das, was vor sich geht, nicht nur nachdenken im Sinne von ob wir das überhaupt bewältigen können. Ich will wegkommen vom Bewältigen und vom Überwinden. Ich will die Sonnenwärme spüren, wie sie zwischen meinen spärlichen Bartstoppeln in meine Poren hineinwirkt, wie sich das anfühlt, umgeben von Blütenstaub überall, dazu weiße Schokolade, die nach künstlicher Vanille schmeckt und sofort in meinem Mundraum schmilzt.[42]

---

40 Joshua Groß, zit. nach „Shut down? Read on! Joshua Groß & Lisa Krusche: Flexen in Miami". https://lfbrecht.de/mediathek/shut-down-read-on-joshua-gross-lisa-krusche-flexen-in-miami/, 2020 [zuletzt eingesehen am 7.6.2021].
41 Joshua Groß: *Entkommen*. Berlin 2021, Klappentext u. S. 12. Mit den „Twittererzählungen von Jellyfish P" stellt der Band noch weitere Verknüpfungen mit *Flexen in Miami* her, vgl. ebd., S. 103–145.
42 Joshua Groß: „Ich will wegkommen vom Bewältigen und vom Überwinden". https://www.br.de/nachrichten/kultur/joshua-gross-corona-tagebuch,RvTxj02, 08.04.2020, 11:43 Uhr. [zitiert nach einer am 10.04.2020 abgespeicherten Fassung, die nicht mehr verfügbar ist].

4 Corona-Tagebücher: „Matrix eines Alarmismus"

Das Corona-Tagebuch ist für Joshua Groß nur ein Kontext von vielen, in denen er seine Gedankengänge zu Gegenwart und Gegenwärtigkeit diffundieren lässt. Das Format des Corona-Tagebuchs ist für Überlegungen zum Status und zur Wahrnehmung von Gegenwart aber auch über diesen Fall hinaus interessant, da im Frühjahr 2020 zugleich viele andere Autor*innen diese Form genutzt haben, um das eigene Schreiben mit Fragen nach Zeitstrukturen und Formen der Gegenwartsfixierung zu konfrontieren.[43] Das lag auch insofern nahe, als das Coronavirus für eine bemerkenswerte Überlagerung, Verschiebung und Rekonfiguration der Thesen und Debatten gesorgt hat, die sich im zeitdiagnostischen Diskurs zuvor am Prozess der Digitalisierung entzündet hatten. So wurden die einschlägigen Stichworte aus dem Digitalisierungsdiskurs – weltweite Netzwerke der Übertragung, der Zustand des *always-on*, permanente Aktualisierung – wie auch die entsprechende Krisenrhetorik im Diskurs über das Virus auch insofern reproduziert und reanimiert, als das Spannungsfeld von exponentieller Beschleunigung und Stagnation, von Panik, Prognose und Lockdown sich nicht zuletzt auch auf die Wahrnehmung und das Verständnis von Gegenwart ausgewirkt hat.

„In der Krise, die uns alle derzeit so fordert, erleben wir einen Moment enorm verdichteter und beschleunigter Gegenwart", stellt Ende März 2020 der nordrhein-westfälische Ministerpräsident Armin Laschet in einem Zeitungsbeitrag fest und folgert: „Das Jetzt fordert unsere ganze Aufmerksamkeit."[44] Hier werden nun nicht die digitalen Medien, die alles auf die Gegenwart ausrichten,

---

43 Vgl. dazu und zum Folgenden Lena Pflock u. a.: „Tag für Tag festhalten, reflektieren, revidieren – Notizen zur Zeitwahrnehmung in Corona-Tagebüchern". In: *54 books*. https://www.54books.de/tag-fuer-tag-festhalten-reflektieren-revidieren-notizen-zu-zeitwahrnehmung-gegenwart-und-aktualitaet-in-corona-tagebuechern/, 2.5.2020 [zuletzt eingesehen am 7.6.2021]. Auf *54books* war ab März 2020 das kollektive Corona-Tagebuch *Soziale Distanz* zu verfolgen, das auch auf den Zeitindex der Sozialen Medien reagieren sollte: „Der flüchtige und schnelle Diskurs in den sozialen Medien bildet einerseits gesellschaftliche Dynamiken rasch und intensiv ab, andererseits stellt er ein gravierendes archivarisches Problem dar, weil sich die Verläufe kaum nachträglich abbilden lassen. Deswegen soll hier der Versuch unternommen werden, diese Eindrücke (mit Verlinkungen zu eigenen und fremden Tweets) zu sammeln – soziale Distanz und sozialmediale Nähe." https://www.54books.de/soziale-distanz-ein-tagebuch-1/, 17.5.2020 [zuletzt eingesehen am 7.6.2021].
44 Armin Laschet: „Exit-Strategie: Jetzt müssen wir für die Zeit nach Corona planen." In: *Die Welt*. https://www.welt.de/debatte/kommentare/article206868669/Exit-Stratgegie-Jetzt-muessen-wir-fuer-die-Zeit-nach-Corona-planen.html, 28.3.2020 [zuletzt eingesehen am 7.6.2021].

als Verursacher einer Krise identifiziert, der „Moment enorm verdichteter und beschleunigter Gegenwart" wird vielmehr auf ein Virus zurückgeführt, das, wie schon in der Frühphase der Pandemie spekuliert wurde, auf ‚nassen Märkten', zwischen weggespültem Blut und Dreck, von Tieren auf den Menschen übergesprungen sein soll, dann aber schnell mehr oder weniger synchron weltweit zirkulieren konnte.

Da viele darüber im Modus ständig aktualisierter, sich gleichermaßen rasant verbreitender Updates in den digitalen Medien informiert wurden, hat sich eine interessante Vervielfältigung der Topik des Viralen ergeben: Der exponentiellen Ausbreitung des Virus korrespondierte nicht nur die hier besonders treffend als ‚viral' bezeichnete Verbreitung von Nachrichten, Gerüchten und individuellen Statusmeldungen zum Virus, sondern auch die Proliferation der Auffassung, dass die Pandemie unsere Zeitwahrnehmung grundlegend verändert. Verstärkt wurde dieser Eindruck auch dadurch, dass das Coronavirus neu war und seine Aktivitäten wie deren Folgen in vielen Hinsichten unabsehbar erschienen. Selbst diejenigen, die sich professionell mit Viren befassten, wussten vergleichsweise wenig und mussten den zwischenzeitig erreichten Wissensstand permanent revidieren, korrigieren und aktualisieren – was etwa Woche für Woche im „Coronavirus-Update"-Podcast des NDR mit dem Virologen Christian Drosten zu verfolgen war.[45] So ergaben sich auf unerwartete Weise bemerkenswerte Einsichten einerseits in Formen der Wissenschaft und der Wissenschaftskommunikation, die auf permanente Aktualisierung setzen und, wie Julia Encke anmerkt, Interessierte „am komplexen Prozess der Theoriebildung und am Erkenntnisgewinn live teilhaben" ließen, und andererseits in die Routinen einer philosophisch fundierten Zeitdiagnostik, deren „große Theoretiker wie Giorgio Agamben, Peter Sloterdijk oder Slavoj Žižek" in einer völlig neuen Situation „einfach sagten, was sie immer schon gesagt hatten, ihre bekannten Erklärungsmuster nahmen und sie der gegenwärtigen Situation überstülpten, ohne dass etwas Neues daraus hervorging".[46]

Eine andere Dynamik entwickelte sich zeitgleich in der Vielzahl von öffentlich zugänglichen Kanälen, über die der unübersichtlich mehrgleisigen Vervielfälti-

---

[45] Der Podcast wird archiviert unter https://www.ndr.de/nachrichten/info/podcast4684.html [zuletzt eingesehen am 7.6.2021].
[46] jia [= Julia Encke]: „Christian Drosten". In: *Frankfurter Allgemeine Sonntagszeitung* (06.12.2020).

gung viraler Prozesse geradezu massenhaft mit dem Schreiben von Tagebüchern begegnet wurde. Der Rekurs auf ein etabliertes, spätestens seit Samuel Pepys Aufzeichnungen aus dem 17. Jahrhundert zudem epidemieerprobtes Medium[47] ermöglichte es, den global zirkulierenden Bedrohungsszenarien mit einer individuell begrenzten, selbstständig fokussierten Perspektive zu begegnen, die durch die Veröffentlichung auf eingeführten Websites, in Blogs und in den Sozialen Medien aber zugleich den Anschluss an andere und auch an öffentliche Diskurse ermöglichte – über die vermeintlich eigene Filterblase wie über weiter ausgreifende Netzwerke digital vermittelter Kommunikation. Als Medium der Fokussierung auf die Gegenwart, mit dem man das, was aktuell passiert, Tag für Tag festhalten kann, in dem Veränderungen (wie auch deren Ausbleiben) schrittweise notiert, reflektiert und, gegebenenfalls gleich am nächsten Tag, revidiert werden können, wirkt das im Netz veröffentlichte Tagebuch der krisenhaften Situation auf besondere Weise angemessen. Da es zugleich einen Rahmen bildet, in dem ohnehin regelmäßig über Zeitverhältnisse reflektiert wird, insbesondere über die Aporien und Paradoxien der schriftlich vermittelten Gegenwartsfixierung,[48] ergaben sich schnell weitere Interferenzen mit eben der Situation, die durch das Virus entstanden ist. Viele der Corona-Tagebücher thematisierten nicht nur, sondern reproduzierten auch selbst jenes Neben- und Miteinander von Verlangsamung und Beschleunigung, das nicht nur im politischen Diskurs den Eindruck eines „Moments enorm verdichteter und beschleunigter Gegenwart" vermitteln konnte.

Einerseits liegt die „Halbwertszeit vom Neuigkeitswert", wie Kathrin Röggla in ihrem Corona-Tagebuch auf der Website des Literaturhauses Graz feststellt, „bei ca. sechs Stunden",[49] andererseits ist, wie sie nahezu zeit-

---

[47] Auf die Tagebücher von Samuel Pepys wurde entsprechend schon zu Beginn der Epidemie verschiedentlich verwiesen, vgl. etwa Andrea Diener: „Was unsere Seele beschäftigt. Draußen steht das Leben still, doch im Internet läuft es auf Hochtouren weiter. Es gilt schließlich, einen Ausnahmezustand literarisch zu verarbeiten – wie einst Samuel Pepys die Pest in London." In: *Frankfurter Allgemeine Zeitung* (27.3.2020).

[48] Schon gut zwanzig Jahre zuvor, 1998, vor der Entwicklung von mobilem Internet, Smartphones und Sozialen Medien, hat Rainald Goetz mit seinem Netz-Projekt *Abfall für alle*, in dem er über ein Jahr täglich tagesaktuelle Texte publiziert hat, in Form eines öffentlich geführten Tagebuchs im Publikationsmodus einer Tageszeitung den „Kick des Internets" insbesondere „in der Geschwindigkeit, in Gegenwartsmöglichkeit, in Aktivitätsnähe" gesehen, vgl. Rainald Goetz: *Abfall für alle. Roman eines Jahres*, Frankfurt a.M. 1999, S. 357. Ausführlicher dazu Schumacher: *Gerade Eben Jetzt*, S. 111–154.

[49] Kathrin Röggla: „21.3.2020". In: Literaturhaus Graz: *Die Corona-Tagebücher*, Teil 2. http://www.literaturhaus-graz.at/die-corona-tagebuecher-teil-2/ [zitiert nach einer am 05.04.2020 abgespeicherten Fassung, die nur noch in gekürzter Form verfügbar ist; zuletzt eingesehen am 7.6.2021].

gleich in einer Tageszeitung, der *Frankfurter Allgemeinen Zeitung*, ergänzt, „das öffentliche Leben stillgestellt, das Sozialleben eingefroren".[50] „Ich kann nicht Schritt halten, der Diskurs bewegt sich in rasender Geschwindigkeit vorwärts, die Situation kann sich jederzeit ändern. Was heute dementiert wird, ist morgen Realität",[51] reflektiert Röggla eine auch in vielen anderen Corona-Tagebüchern geteilte Wahrnehmung der aktuellen Situation. Wenn sie feststellt, dass „alles auf einmal passiert", sich alles „zu schnell" bewegt und alles „morgen" schon „durch neue Nachrichten" abgelöst wird,[52] beschreibt sie zugleich aber auch den üblichen Aktualisierungsmodus von Tagebuch und Tageszeitung. Der zeigte allerdings unter den Bedingungen der Pandemie, trotz digitaler Vernetzung, geradezu überdeutlich seine Grenzen: „Ich komme also nicht durch zu der Gegenwart der Lesenden", schreibt Röggla angesichts einer fünftägigen Verzögerung bei der Veröffentlichung des Online-Tagebuchs, „bin irgendwie in der Vorzeit zuhause, aus der ich wie hinter dicken Glasscheiben winken kann, während es, kaum dass ich es niedergeschrieben habe, schon heißen kann: ‚Ha, damals, als wir noch diese Probleme hatten!'"[53] Dieses eher redaktionell denn medial verursachte Problem verkompliziert sich nochmals im Blick auf den Zeitindex der Maßnahmen und Prognosen, mit denen der Ausbreitung des Virus begegnet wurde. Da man immer erst ein, zwei Wochen später wissen konnte, was die aktuell durchgeführten Maßnahmen bewirkt haben, war im Prinzip auch die unmittelbare Gegenwart immer schon unzeitgemäß, sodass verspätete Einsichten, verfrühte Aktivitäten oder angemessene Aktualisierungen erst mit beträchtlichen Verzögerungen als solche sichtbar werden konnten.

Röggla hebt noch eine weitere Form dieser Gleichzeitigkeit des Ungleichzeitigen hervor, die auch schon früher zu beobachten war, in der Corona-Krise aber besonders deutlich sichtbar wurde – nicht nur in philosophischen Zeitdiagnosen: „Während immer neue Nachrichten hereinbrechen in immer engmaschigerem Takt, deren Hyperaktualität seltsamerweise noch nicht einmal enervierend wirkt, verhält es sich doch oft so, als würde ich das immer Gleiche lesen."[54] Die monothematische Fokussierung nahezu aller Kommunikationsmedien zeitigte ihre hypnotischen, zugleich enervierenden wie beruhigenden Effekte nicht zuletzt dadurch, dass permanent auf allen Kanälen gesendet wurde, auch wenn es, wie

---

50 Kathrin Röggla: „Im Prognosefieber. Wenn alles auf einmal passiert, schreibt man anders: Was Literatur in diesen Zeiten leisten kann – und muss." In: *Frankfurter Allgemeine Zeitung* (21.03.2020).
51 Ebd.
52 Ebd.
53 Röggla: „21.3.2020".
54 Röggla: „Im Prognosefieber".

häufig, nichts, zumindest nichts Neues zu melden gab. Die vielen Tagebücher und die ungezählten Statusmeldungen in Sachen Corona, die die Timelines der Sozialen Medien zeitweise wie einen monothematisch fokussierten Gruppenchat erscheinen ließen, reflektierten diese Konstellation gewissermaßen in Echtzeit – und setzten sie eben dadurch im Modus der Logik des Viralen fort.

„Kann es sein", fragt sich Thomas Stangl im Grazer Corona-Tagebuch, „dass all das, was uns eben noch als gegenwärtig, aktuell, dringlich erschienen ist, von nun an völlig fremd wird, weil sich einfach das Koordinatensystem geändert hat?"[55] Und Kathrin Röggla schreibt: „Werde ich jetzt eine Springerin zwischen den Zeiten (Gegenwart, Zukunft 1 und Zukunft 2, rasende Vergangenheit)? Zukunft ist durch die drohende Destabilisierung auf heikle Weise wieder vielfältig geworden, die breite Gegenwart beendet. Diese Schwierigkeiten werden uns noch lange begleiten. Es ist nicht abzusehen, was das heißt, dass jetzt eine neue Ära beginnt."[56] Der Vorschlag, den Röggla im Nachdenken über die Rolle von Prognosen aus ihren eigenen Prognosen ableitet, ist so einfach wie komplex und bildet nicht zuletzt einen brauchbaren Gegenentwurf zu der von Paolo Giordano in seinem Corona-Tagebuch zeitnah in Buchform vorgelegten Forderung, „der Epidemie einen Sinn zu geben".[57] Röggla setzt auf das Programm einer Literatur, das auch deshalb angemessen und zeitgemäß wirkt, weil es für viele – auch für Röggla – nur bedingt ein grundlegend neues Koordinatensystem oder den Beginn einer neuen Ära in Aussicht stellt:

> Eigentlich wären Texte ja hilfreich, die versuchen, die Lage zu erkennen, und insofern sich doch der konkreten Beschreibung des Alltags zuwenden, aber eben einer, die nicht auf etwas hinaus will, der Matrix eines Alarmismus genauso wenig wie dem Programm einer Weltrettung folgend, einer der gemischten Realitäten, die dem Nebeneinanderher von neuer Logik, alten Problemen, unerwarteten Auswirkungen der Situation gerecht wird. [...] Es wird ein Arbeiten mit verschiedenen Zeitmodi sein müssen, die Zeitebenen müssen wieder in Kontakt miteinander kommen, und so wird sich Literatur in dieser Situation mehr denn je als Zeitkunst erweisen müssen.[58]

---

55 Thomas Stangl: „16.3.2020". In: Literaturhaus Graz: *Die Corona-Tagebücher*, Teil 2. http://www.literaturhaus-graz.at/die-corona-tagebuecher-teil-2/ [zitiert nach einer im April 2020 abgespeicherten Fassung, die nur noch in gekürzter Form verfügbar ist; zuletzt eingesehen am 7.6.2021].
56 Röggla: „21.3.2020".
57 Vgl. Paolo Giordano: *In Zeiten der Ansteckung. Wie die Corona-Pandemie unser Leben verändert*. Hamburg 2020.
58 Röggla: "Im Prognosefieber".

Mit Blick auf das „Prognosefieber" im Rahmen der Corona-Pandemie aktualisiert Röggla hier poetologische Überlegungen, mit denen sie auch zuvor schon den Schlagworten der „Aktualität" und des „Authentischen" begegnet ist, die sie in ihrem Versprechen einer „vermeintlichen Bewegung auf der vermeintlichen Höhe der Zeit" als „abgenutzten Fetisch unserer Mediengesellschaft" begreift.[59] So wie es gelte, die „Blindheiten" der „Aktualitätssuggestion" literarisch zu „durchkreuzen" und „auszuhebeln", könnten Schriftsteller*innen „Konstellationen" herstellen,[60] mit den „Formen des Authentischen" und den „Effekten des Aktuellen" spielen, um „ihre Arbeitsweise" und zugleich eine irritierende „Gegenwartsverlorenheit" sichtbar zu machen, als „Riss durch die Zeit, als „Ansammlung von Ungleichzeitigkeiten", als eine „eigene Gegenwarts- und Situationsverlorenheit".[61]

5 Instantanes Schreiben: *„twittermäßig gerade eben jetzt"*

Was in den Corona-Tagebüchern erkennbar wird, ist eine Zuspitzung von Konstellationen, die auch früher schon das Nachdenken über Zeitverhältnisse und Formen der Gegenwartsfokussierung im literarischen Schreiben geprägt haben – nicht erst seit, aber besonders ausgeprägt in der Auseinandersetzung mit digitalen Medien. Rögglas Vorschlag, einer „Matrix des Alarmismus" mit einem immer schon mehrfach reflektierten „Arbeiten mit verschiedenen Zeitmodi" zu begegnen, unterscheidet sich dabei durchaus grundlegend von Ansätzen, die nicht, zumindest nicht programmatisch auf reflexive Distanz setzen, sondern auf Formen der Partizipation, der teilnehmenden Beobachtung, des Eintauchens in den ‚Flow'.

---

[59] Kathrin Röggla: „Editorial. Gegenwart vs. Futur zwei." In: *Neue Rundschau* 1 (2016), S. 5–8, hier S. 6.
[60] Eine wichtige Referenz ist für Röggla in dieser Hinsicht Alexander Kluge, der den von Röggla herausgegebenen Schwerpunkt „Gegenwart vs. Futur zwei" in der *Neuen Rundschau* mit „14 Geschichten zum Stichwort ‚Gegenwart'" eröffnet, bei denen sich in der Gegenwart schon insofern „alle übrigen Zeiten tummeln", als Kluge in seinen Geschichten Konstellationen u. a. aus den „letzten Märztagen 2015", „Weihnachten 2015", „5500 v. Chr.", „1932" und „435 v. Chr." direkt nebeneinander rückt und so nicht zuletzt vorführt, was er seinem Text voranstellt: „Die Gegenwart ist ein Angeber." Alexander Kluge: „14 Geschichten zum Stichwort ‚Gegenwart'". In: Ebd., S. 9–21.
[61] Röggla: „Editorial. Gegenwart vs. Futur zwei.", S. 7; vgl. dazu auch den Beitrag von Karin Krauthausen in diesem Band.

Welche Möglichkeiten sich mit der Einführung Sozialer Medien ergeben haben und was sich für das Schreiben in dieser Hinsicht verändert hat, führt Stephan Porombka bereits 2010 vor Augen, wenn er von dem Schreck berichtet, der ihn getroffen hat, als er erst nach einem von ihm geleiteten Seminar über „das Schreiben in der Gegenwart und für die Gegenwart" in das „Facebook-Universum" eingetreten ist.[62] Da die Studierenden, die schon länger mit Facebook vertraut waren, eben dort längst ihre eigenen „Ästhetiken für die Beobachtung der Gegenwart" entwickelt hatten, waren aus seiner Sicht eben diese Facebook-Nutzer*innen die „Experten" für „Gegenwartskulturbeobachtung" – und nicht er als Seminarleiter. Aufbauend auf dieser Einsicht und der These, dass „man diese Medien ausprobieren muss, wenn man es darauf anlegt, auf der Höhe der Gegenwart zu bleiben, um über die Gegenwart zu schreiben", konzipierte Porombka in Facebook ein „soziales Experiment mit der Gegenwart, das in der Gegenwart stattfindet und über das gemeinsam Gegenwart" hergestellt wird.[63] Dabei schlug ihm nicht die „allenthalben in den Feuilletons" konstatierte „Belanglosigkeit" entgegen, es stellte sich nicht der „kulturkritische Reflex" ein, der auch einen Großteil der zeitdiagnostischen Digitalisierungskritik prägt, sondern eine relativ ungebremste Faszination angesichts eines „dialektisch mehrfach durchgewirbelten und sich fortwährend weiterwirbelnden Umgangs mit dem scheinbar Bedeutungslosen, Belanglosen, Alltäglichen, Zufälligen, Hinfälligen, Ephemeren", den man „auf faszinierende Weise durch den Anschluss an den Strom von Neuigkeiten, die im Sekundentakt nach unten weggedrückt wurden, selbst weiterwirbeln konnte".[64] Hingerissen berichtet Porombka von der Erfahrung, dass sich „durch das Posten etwas Neues ergibt", und zieht entsprechend die Register einer technik- und medienaffinen Innovationsrhetorik, die all das, was für Rushkoff den „present shock" zu einem gravierenden Problem macht, ins Positive wendet: ein „Gegenwartseffekt, die Jetztzeit, ein Flow, der eben nicht auf der Stelle bleibt und sich auch nicht im Kreis dreht, sondern das, was ist, immer weiter auf überraschende Weise vorantreibt und für die nächste Anverwandlung und Umwandlung verfügbar macht".[65]

---

[62] Stephan Porombka: „My Secret Little Facebook-Text-Posting-Machine". In: Ders./Mathias Mertens (Hg.): *Statusmeldungen. Schreiben in Facebook*. Salzhemmendorf 2010, S. 201; vgl. ausführlicher dazu Eckhard Schumacher: „Instantanes Schreiben. Momentaufnahmen nach der Digitalisierung." In: Birgit Erdle/Annegret Pelz (Hg.): *Augenblicksaufzeichnung – Momentaufnahme. Kleinste Zeiteinheit, Denkfigur, mediale Praktiken*. Berlin 2021, S. 167–179.
[63] Porombka: „My Secret Little Facebook-Text-Posting-Machine", S. 202f.
[64] Ebd., S. 204.
[65] Ebd., S. 206.

Das Selbstverständnis des Schreibens als „etwas, das gar nicht fertig ist, sondern selbst im Fluss ist", beobachtet Porombka wenige Jahre später auch beim Schreiben auf Twitter, das aber ebenso, wie er hinzufügt, letztlich das Prinzip einer Kunst der Moderne aufruft und fortsetzt, die sich als „ihre eigene Momentaufnahme" präsentiert und zugleich „ihr eigenes Verschwinden im Blick" hat und vorantreibt: „Statt sich selbst in der Gegenwart festzuhalten, entwirft sie sich auf den nächsten Zustand hin."[66] Entsprechend gehe es auch beim „Schreiben unter Strom", wie Porombka an anderer Stelle das einschlägige Bildrepertoire für Soziale Medien aufruft, immer wieder darum, die „Gegebenheiten der Gegenwart" nicht zu ignorieren, mit den „Geräten" zu spielen, um „die Gegenwart zu erkunden und literarisch zu reflektieren", um „neue Möglichkeitsräume" für die Literatur zu entdecken: „Schreiben unter Strom heißt, im emphatischen Sinn *jetzt* zu schreiben".[67] Dass dies auch für ein frühes Paradigma von ‚Twitteratur' gilt, für Alexander Acimans und Emmett Rensins 2009 publiziertes Buch *Twitterature. The World's Greatest Books Retold Through Twitter*, in dem Klassiker der Weltliteratur in das Längenmaß, den Modus und das Format von Twitter übertragen werden,[68] hebt Porombka am Beispiel der Twitter-Übersetzung von Franz Kafkas „Die Verwandlung" hervor. Statt „in der Vergangenheit" werde hier „in der unmittelbaren Gegenwart" erzählt: „Was hier passiert, passiert nämlich twittermäßig gerade eben jetzt."[69]

Auch in diesem Sinn fungiert Twitter häufig als „Metapher für die Revitalisierung vermeintlich toter Literatur", betont Elias Kreuzmair in seinem Essay „Was war Twitteratur?" die nicht nur bei Porombka zu beobachtende „Konnotation des sozialen Netzwerks mit Lebendigkeit, Unmittelbarkeit, Gegenwärtigkeit und Aktualität".[70] In dem Maß, in dem Twitter „als Ort einer vermeintlich unmittelbaren Kommunikation aufgerufen" und „gegen eine vermeintlich tote, vermittelte, vergangenheitsbehaftete – gedruckte – Literatur in Stellung" gebracht wird, erscheint, wie Kreuzmair zeigt, auch ‚Twitteratur' als eine „neue

---

66 Stephan Porombka: „Nachwort". In: Ders. (Hg.): *Über 140 Zeichen. Autoren geben Einblick in ihre Twitterwerkstatt*. E-Book. Berlin 2014, S. 141–147.
67 Stephan Porombka: *Schreiben unter Strom. Experimentieren mit Twitter, Blogs, Facebook & Co.* Mannheim 2012, S. 11 u. 121.
68 Alexander Aciman/Emmett Rensin: *Twitterature. The World's Greatest Books Retold Through Twitter*. London 2009.
69 Porombka: *Schreiben unter Strom*, S. 57.
70 Elias Kreuzmair: „Was war Twitteratur?" In: *Merkur Blog*. https://www.merkur-zeitschrift.de/2016/02/04/was-war-twitteratur/, 4.2.2016 [zuletzt eingesehen am 7.6.2021].

sprachliche Verdichtung der Fantasie, es gäbe eine literarische Form, die die Gegenwart – das Leben – zu fassen vermöge".[71]

Derartige Revitalisierungsbewegungen, die gelegentlich auch vitalistische Züge tragen, richten sich allerdings nicht nur gegen eine vermeintlich tote Literatur, sie wenden sich, wie bei Porombka gesehen, auch gegen die seit Mitte der 2000er Jahre verstärkt hervortretende Digitalisierungskritik, die im Feld der Literatur wie in der zeitdiagnostischen Kulturkritik zu finden ist.[72] Douglas Rushkoffs Warnungen vor der Vergangenheitsvergessenheit des „present shock" wären hier ebenso anzuführen wie Roberto Simanowskis Bedauern angesichts des „Verschwindens der Gegenwart" und des „Verlusts reflexiver Welt- und Selbstwahrnehmung" in der „Facebook-Gesellschaft"[73] oder Hans Ulrich Gumbrechts skeptische Anmerkungen zur „elektronischen Hyperkommunikation", die in einem „sich immer mehr ausweitenden Gegenwartsmoment der Gleichzeitigkeiten" alles verfügbar mache und halte, allerdings auf Kosten des Verlusts von „Präsenz", von „körperlicher Anwesenheit" und des „Gespürs für das, was von Bedeutung ist und was nicht".[74]

Christiane Frohmann wendet sich in ihren Texten wie mit dem Programm des Frohmann Verlags nicht zuletzt gegen solche Positionen, gegen die gängige Annahme, „mit der Digitalisierung ginge etwas kulturell Wesentliches verloren".[75] Eben jene Praxis des Schreibens und Lesens im Netz, die „mitunter als defizitär, weil substanz-, kontext- und verantwortungslos beschrieben" werde,[76] eröffnet aus ihrer Sicht gerade das, was auch Porombka als „neue Möglichkeitsräume" begreift. Den Vorwürfen der Digitalisierungskritik begegnet Frohmann mit ihrem Konzept des „Instantanen Schreibens", in dem sie die in Blogs, auf Twitter und in anderen Sozialen Medien entwickelten Schreib- und Publikationspraktiken zusammenfasst. Meist minutiös datiert, nahezu in Echtzeit publiziert, häufig in chronologischen Timelines kontextualisiert und zumeist auch archiviert, hat der Modus des „Instantanen Schreibens" aus Frohmanns Sicht neue Schreib- und Lektüreweisen wie auch neue Sozialzusammenhänge generiert. Betrachtet man das „Netz als performativen Raum", schreibt Frohmann, zielen die

---

71 Ebd.
72 Zur literarischen Digitalisierungskritik vgl. den Beitrag von Eva Stubenrauch in diesem Band.
73 Roberto Simanowski: *Facebook-Gesellschaft*. Berlin 2016, S. 15.
74 Hans Ulrich Gumbrecht: *Unsere breite Gegenwart*. Berlin 2010, S. 126 f. u. 131.
75 Christiane Frohmann: „Instantanes Schreiben" [Verschriftlichung eines am 29. Mai 2015 am Literaturinstitut Leipzig gehaltenen Impulsreferats]. In: *Leander Wattig*. https://leanderwattig.com/wasmitbuechern/frohmann/2015/instantanes-schreiben-christiane-frohmann-literaturinstitu-leipzig-20150529, 2015 [zuletzt eingesehen am 7.6.2021].
76 Ebd.

kulturkritischen Vorwürfe schon insofern ins Leere, „als dieses neue Schreiben, Lesen und Publizieren befreiend, zugänglich und verbindend, mit einem Wort: lebendig" wirkt.[77]

Ob „lebendig" tatsächlich das Wort ist, in dem sich das Potenzial des „Instantanen Schreibens" zusammenfassen lässt, wäre ebenso zu diskutieren wie die These, man müsse „gar nicht mehr alles rational verstehen wollen, um in diesen Flow einzutauchen".[78] Seit der ersten Vorstellung des manifestartigen Impulsreferats im Mai 2015 hat sich im Netz allerdings so viel verändert, dass davon auszugehen ist, dass Frohmann angesichts von Troll-Terror, Mansplaining und Misogynie in den Sozialen Medien das Schreiben, Lesen und Publizieren vermutlich kaum mehr uneingeschränkt als „befreiend, zugänglich und verbindend" kennzeichnen würde.[79] Insbesondere im Blick auf „soziale Medien mit chronologischer Timeline" zeigt sich aber immer wieder erneut, dass das „Instantane" durchaus als „Unmittelbarkeits-Zeit-Raum" fungieren kann,[80] der spezifische Möglichkeiten des Schreibens, Lesens und Publizierens eröffnet. Und auch der Vorschlag, das Netz als „performativen Raum" zu begreifen, als „Raum für ständig zu aktualisierende Statusmeldungen", bleibt schon insofern relevant, als er immer wieder erneut den Blick für Umgangsweisen mit dem Netz öffnen kann, die nicht dem eingefahrenen Krisendiskurs folgen. So setzt etwa Berit Glanz auch sechs Jahre später noch an diesem Punkt an, wenn sie in ihrem elektronischen Newsletter *Phoneurie* – einer weiteren Form für die Aktualisierung von Statusmeldungen – betont, dass im Netz weiterhin an „völlig verschiedenen Orten [...] unvermutet Räume für neue Formen von Literatur oder für neue Varianten der Literaturrezeption" entstehen.[81]

Dass die Aussicht auf Unmittelbarkeit und Gegenwärtigkeit allerdings immer wieder attraktiver erscheint als distanzierende Reflexionsbewegungen führt Holger Schulze in seinem Buch *Ubiquitäre Literatur* vor Augen, in dem er nicht zuletzt an Frohmanns Thesen zum „Instantanen Schreiben" anknüpft und zugleich jene Bildfelder von Strom, Flow und Verwirbelung aufruft, die auch Porombkas

---

77 Ebd.
78 Ebd.
79 Vgl. dazu Christiane Frohmann: *Präraffaelitische Girls erklären das Internet*. Berlin 2018; vgl. dazu auch den Beitrag von Magdalena Pflock in diesem Band sowie den weiter fortgeführten Twitter-Account Präraffaelitische Girls erklären [@PGexplaining].
80 Frohmann: *Präraffaelitische Girls*, Nr. 136, o.S.
81 Berit Glanz: „Über poetische Youtube-Kommentare, Erotika auf Twitter und literarische Playlists". In: *Phoneurie*. https://beritmiriam.substack.com/p/uber-poetische-youtube-kommentare, 23.5.2021 [zuletzt eingesehen am 7.6.2021].

Zugang zum Schreiben in Sozialen Medien prägen. Für seine „Partikelpoetik" lenkt Schulze die Aufmerksamkeit auf „den breiten Strom, der durch alle Netzwerke und Nachrichtenkanäle fließt", auf das „Unfertige und Skizzenhafte, das Kombinatorische und Materialhafte" eines „allgegenwärtigen" Schreibens, auf „flugs zirkulierende Texte", die er entsprechend als „Allgegenwartsliteratur" konzeptualisiert.[82] Ein Aspekt dieser „Ubiquitären Literatur", der Schulze interessiert und fasziniert, ist ihre „Leichtigkeit, Schnelligkeit und Vielschichtigkeit", die er im Modus einer „Instagrammatologie" als Verwirklichung dessen sieht, was Italo Calvino mit seiner futuristischen Literaturästhetik prognostiziert hatte.[83] Dabei erläutert Schulze nicht nur, inwiefern diese Literatur das Jetzt „verkörpert und schreibt", beobachtet er nicht nur die „Intensitäten" und die „Ekstase des Jetzt", die durch den „Strom", den „Flow", die „Verwirbelung" entborgen werden, kommentiert er nicht nur Frohmanns Konzept des „Instantanen",[84] er nähert seinen Text durch seine Rhetorik, sein Bildrepertoire und die Form der kurzen, pointierten Anmerkung zugleich auch eben den Schreibweisen an, die er beschreibt, macht seinen Text nicht zuletzt auch lesbar als einen Versuch einer performativen Poetik, der sich – wie auf andere Weise auch Porombka – der Gegenstandsebene bewusst annähert. Im Modus teilnehmender Beobachtung wird die beschriebene Fokussierung auf die Gegenwart im eigenen Text in mehrfacher Hinsicht vergegenwärtigt, nicht zuletzt dadurch, dass Schulze als Beispiele für die „Partikelpoetik" wiederholt auch eigene Tweets von seinem Account @mediumflow zitiert und kommentiert.[85]

Was bei der Faszination für „Verwirbelung, „Strom" und „Flow" allerdings häufig übersehen wird, ist die Tatsache, dass das „Instantane Schreiben", das auf Twitter und in anderen Sozialen Medien zu beobachten ist, nicht auf die mit den Schlagworten ‚Unmittelbarkeit', ‚Gegenwärtigkeit' und ‚Aktualität' benannten Verfahren beschränkt bleibt und beschränkt werden kann. So wie der kulturkritische Alarmismus ausblendet, dass im Netz keineswegs alles nur noch „jetzt" passiert, gerät der Faszination für das netzgestützte Schreiben in der „unmittelbaren Gegenwart" leicht aus dem Blick, dass es häufig zugleich, und sei es implizit, die Möglichkeitsbedingungen des Instantanen erkundet, die Vermitteltheit des vermeintlich Unmittelbaren vor Augen führt und dabei nicht zuletzt gängige Auffassungen zum Verhältnis von Vergangenheit, Gegenwart und Zukunft irritieren kann.

---

82 Holger Schulze: *Ubiquitäre Literatur. Eine Partikelpoetik*. Berlin 2020, S. 11–14 u. 19; zu Schulzes Ansatz vgl. auch die Beiträge von Karin Krauthausen und Magdalena Pflock in diesem Band.
83 Schulze: *Ubiquitäre Literatur*, S. 28 u. 143.
84 Ebd., S. 135–142.
85 Vgl. etwa ebd., S. 148–150 u. 166.

6 Mindstate Malibu: „Die Verhandlung der Gegenwart auf breiter Basis ist also möglich"

Angesichts derartiger Irritationen wie hinsichtlich der diversen zirkulierenden Formen der Fokussierung auf Gegenwart spricht einiges dafür, den Hinweis von Marcus Quent im Blick zu behalten, immer auch die „Art und Weise, wie wir uns auf Gegenwart beziehen, wie wir Gegenwart in unseren Beschreibungen Form geben" zu berücksichtigen und die verschiedenen Formen der „Konstruktion der Gegenwart in die Bild- und Formgebung und in die Weisen der Beschreibung" von Gegenwart einzubeziehen.[86] Dies gilt für die kultur- und literaturwissenschaftliche Faszination für Flow und Verwirbelung wie für die zeitdiagnostischen Krisendiskurse und Verfallsgeschichten, die, wie auch Quent betont, durchaus einen Anteil an jener „Totalisierung der Gegenwart" haben, „die sie doch zu beschreiben und zu kritisieren versuchen".[87] Gerade vor diesem Hintergrund erscheint, wie an den oben angeführten Beispielen gezeigt, aber auch der Blick auf die Konstruktion und die Beschreibung von Gegenwart in literarischen Texten und Sozialen Medien aufschlussreich.

Interessant wird es häufig insbesondere dann, wenn unterschiedliche Positionen, verschiedene mediale Konstellationen und verschiedene Praxisfelder zusammengeführt werden – wie in dem 2018 von Joshua Groß, Johannes Hertwig und Andy Kassier herausgegebenen Band *Mindstate Malibu*.[88] So markiert der Untertitel *Kritik ist auch nur eine Form von Eskapismus* nicht nur ein Dilemma der Kritikabsorption einer neoliberal geprägten hyperkapitalistischen Gesellschaft, das sich auf das Phantasma Malibu ebenso gut projizieren lässt wie auf Miami, das im deutschsprachigen Diskurs noch häufiger adressiert wird – auch und gerade im Blick auf „Jetztkult, Geschwindigkeitsemphase, Gegenwartsbeschwörung".[89] Er ruft zugleich die Frage auf, wie sich das Konzept der Kritik zu jenen Prinzipien der „Hyperironie",[90] der „Überaffirmation" und des „Überrealismus"[91]

---

86 Quent: „Vorwort", S. 14.
87 Ebd.
88 Joshua Groß u. a. (Hg.): *Mindstate Malibu. Kritik ist auch nur eine Form von Eskapismus*. Fürth 2018.
89 Vgl. dazu, neben *Flexen in Miami* von Groß und *Miami Punk* von Guse, vor allem Armen Avanessian: *Miamification*. Leipzig 2017, hier S. 53; ausführlicher dazu der Beitrag von Elias Kreuzmair in diesem Band.
90 Charlotte Kraft: „Utopie der ‚Hyperironie'". In: Groß u. a. (Hg.): *Mindstate Malibu*, S. 166–189.
91 Johannes Hertwig: „Grinden wie Delphine im Interwebs". In: Joshua Groß u. a. (Hg.): *Mindstate Malibu*, S. 16–39, hier S. 24 f. u. 33 f.

verhält, mit denen die am Band Beteiligten auf Twitter, Instagram, YouTube oder eben im Buchformat arbeiten und spielen, die Twitter-Start-Up-Bubble um Dax Werner und Startup Claus, der Sprach-, Bild- und Videokünstler Kurt Prödel, der Social-Media-Kunstdiskurs um Andy Kassier, Anika Meier und Signe Pierce, die Musiker*innen Haiyti und MC Smook oder die Autor*innen Joshua Groß, Lisa Krusche, Leif Randt und Clemens Setz.

Die Einschätzung, dass in *Mindstate Malibu* „auf wenigen Seiten eine ganze Gegenwart zusammenfindet" und eine „Gegenwartsdiagnose" entworfen wird, trifft auch dann einen Punkt, wenn sich drei Jahre nach Erscheinen abzeichnet, dass das Buch möglicherweise nicht die Wirkmächtigkeit der Anthologien erlangen wird, die Felix Stephan in seiner Rezension als Vergleich heranzieht: *Menschheitsdämmerung* (1919), *ACID* (1969) und *Tristesse Royale* (1999).[92] Neben divers diffundierenden Reflexionen zu Authentizität, Affirmation, Oberfläche, Nonsense und Pop ist es vor allem das Stichwort ‚Gegenwart', das die Texte und Bilder des Buchs miteinander verknüpfbar macht. „*Mindstate Malibu* ist die Suche nach einer neuen Form, Gegenwart zu beschreiben, zu analysieren und zu kritisieren. Wavy wie Palmen, prickelnd wie Softdrinks, und mit glitzernder Oberfläche wie das Meer", schreibt Johannes Hertwig in seinem manifestartigen Essay „Grinden wie Delphine im Interwebs", der in mehrfacher Hinsicht die Ästhetik, die Programmatik und das Humorverständnis des Bandes vorstellt, indem er Schlüsselbegriffe auftreten lässt, sie in loser Kopplung miteinander verknüpft oder als kryptische Codes gegeneinander ausspielt.[93] Während die von einem „diabolischen Genie" aufgebrachte „Idee mit der Authentizität", die als „Anker, als Rückgriff auf das Echte und Wahre, das Gewohnte" fungieren soll, sich Hertwig zufolge vor dem Hintergrund des im politischen Diskurs ausgeprägten „Demagogen-Shake mit geringem Fakten-Anteil" als „so ungenau und schwammig" erweise, dass das Konzept nur noch „schwerlich für die ernsthafte Diskussion taugt" und entsprechend als „nicht mehr relevant für die Gegenwart" abgetan wird, erscheint die „Verhandlung der Gegenwart auf breiter Basis" in Form von „maximaler Affirmation" durchaus möglich.[94]

---

[92] Felix Stephan: „Performance am Limit. Wie kann man Kritik üben, wenn es nichts Kommerzielleres gibt als eine ‚klare Haltung'? Die Anthologie ‚Mindstate Malibu' ist der bislang beste Beitrag zum Zentraldilemma des digitalen Daseins". In: *Süddeutsche Zeitung* (27.11.2018).
[93] Hertwig: „Grinden wie Delphine im Interwebs", S. 19; zum Titel des Essays vgl. das Interview mit MC Smook in Groß u. a. (Hg.): *Mindstate Malibu*, S. 210–223, sowie das von Kurt Prödel produzierte Video zu MC Smook: „Grinden mit Delphinen". https://www.youtube.com/watch?v=jZU4Ttc-gic&t=82s, 2014 [zuletzt eingesehen am 7.6.2021].
[94] Hertwig: „Grinden wie Delphine im Interwebs", S. 18 u. 29.

Das zentrale Stichwort auch in dieser Hinsicht ist der im gesamten Buch immer wieder beschworene ‚Grind': „Der Grind ist die Gegenwart in einem Wort", dekretiert Hertwig mit postironischem Ernst, die „absolute Gegenwart", in der im Sinne einer „smarten Performance" allein der „Moment" zählt.[95] Es gibt durchaus Gründe dafür, den ‚Grind' hier als „Zähneknirschen des kapitalistisch geprägten Subjekts" zu begreifen,[96] wichtig ist aber, dabei die seit den späten 1990er Jahren vollzogenen Begriffsverwendungsverschiebungen im Blick zu behalten, die das zunächst negativ konnotierte ‚Grinden', das repetitive, tendenziell stumpfsinnige Dauerklicken im Computerspiel oder zwischen Websites, nunmehr auch als affirmativ aufnehmbares Verfahren erscheinen lassen, in dem „Fun und Lust am Spiel", an „Oberfläche", am „Untheoretischen, aber zugleich Nichtnaiven" im Modus der „Überaffirmation" auch von „Nonsense und Sprachabfall" ebenso möglich wird wie ein „Sensibilisieren und Aufzeigen der Mechanismen medialer Spielarten", die Sichtbarmachung einer „überschärften Realität".[97] Ein vergleichbares Mäandrieren von Begriffen, Schlagwörtern und Assoziationen prägt auch Joshua Groß' Beitrag „Die Zauberberg-Bubble", in dem der ‚Grind' als „Abriebserscheinung der Gegenwart" imaginiert wird.[98] Dabei korrespondiert dem Wunsch nach einem Entkommen aus der „abgeschlossenen, vakuumverpackten" und sich zugleich „verlängernden Gegenwart" einerseits die „ständige Anpassung an die mutierende Extremgegenwart", andererseits aber auch eine kritische Sichtung der „Schichtungsverhältnisse der Gegenwart".[99]

Mindstate Malibu vorzuhalten, das Buch vollziehe letztlich nicht mehr als das, was der Untertitel verspricht, präsentiere Kritik als eine „Form von Eskapismus", liegt nahe, greift aber zu kurz. In der überdrehten Reproduktion von gegenwärtigen Diskursen, Bildwelten und Schreibweisen macht es nicht zuletzt sichtbar, in welchem Maß das Stichwort ‚Gegenwart' derzeitig als Signatur einer Gegenwartskultur unter den Vorzeichen der Digitalisierung diskutiert wird. Das führt nicht

---

95 Ebd., S. 21 f.
96 Juliane Prade-Weiss: „Kritik und Kapitulation. Der Sammelband ‚Mindstate Malibu' bemüht sich, den Neoliberalismus in tödlicher Umarmung verschwinden zu lassen". In: *literaturkritik.de* 8 (August 2019). https://literaturkritik.de/public/rezension.php?rez_id=25859 [zuletzt eingesehen am 7.6.2021].
97 Hertwig: „Grinden wie Delphine im Interwebs", S. 25 u. 33.
98 Joshua Groß: „Die Zauberberg-Bubble". In: Ders. u. a. (Hg.): *Mindstate Malibu*, S. 300–309, hier S. 304 f.
99 Ebd., S. 305–307.

nur in die Untiefen der Tautologie, sondern eröffnet, weit über den engeren Zusammenhang des Bandes hinaus, im Panorama der Bemühungen um zitierfähige zeitdiagnostische Begriffsprägungen zwischen ‚Present Shock' und ‚breiter Gegenwart', zwischen der Rekonfiguration von Authentizitätsversprechen und der Reaktion auf digital vermittelte Realitätsgewitter, der Entwicklung neuer Schreibweisen im Kontext neuer sowie nicht mehr ganz neuer Medien und der literaturkritischen Suche nach der nächsten relevanten Entwicklung der Gegenwartsliteratur zugleich weitreichende Einblicke in ganz unterschiedliche, oft gegenläufige, aber immer wieder auch aufeinander verweisende Versuche, Eigenheiten der Gegenwartskultur nach der Digitalisierung zu erfassen.

Dass dabei auch beiläufige Anmerkungen in literarischen Texten als Korrektiv gegenüber den gelegentlich zu beobachtenden Überstrapazierungen des Stichworts ‚Gegenwart' fungieren können, zeigt sich in einer bemerkenswerten Korrespondenz zwischen Guses Roman *Miami Punk* und dessen Rezeption in der Literaturkritik. Während auffallend viele Rezensionen betonen, der Roman sei eine „Zustandsbeschreibung unserer Gegenwart",[100] ein „fabelhaft vertrackter Roman über Sinn und Unsinn der Gegenwart",[101] lasse „analoge und digitale Räume" wie „Gegenwart und Zukunft" ineinander übergehen[102] und vermesse „die eigene Gegenwart unter den nur minimal zugespitzten Bedingungen einer nicht allzu weit entfernten Zukunft",[103] begegnet der Roman schon vorab derartigen Zuschreibungen eines gegenwartsdiagnostischen Potenzials mit einem lakonischen Hinweis,

---

100 Felix Stephan: „Zerstören und verwalten, zerstören und verwalten. Der Roman ‚Miami Punk' erinnert an David Foster Wallace' ‚Unendlicher Spaß' – nur mit Computerspielen. Im Zentrum: eine Gesellschaft, die ihre Bürger in digitale Räume treibt." In: *Süddeutsche Zeitung*. https://www.sueddeutsche.de/kultur/joan-s-guse-miami-punk-rezension-1.4367572, 21.3.2019 [zuletzt eingesehen am 7.6.2021].
101 Anna Fastabend: „Miami am Arsch". In: *Spex*. https://spex.de/juan-s-guse-miami-punk/, 11.3.2019 [zuletzt eingesehen am 7.6.2021].
102 Anja Kümmel: „Alles ist voller Zeichen. Psychedelischer Cyberpunk: Analoge und digitale Räume, Gegenwart und Zukunft, Magie und Realismus gehen in Juan S. Guses Roman ‚Miami Punk' nahtlos ineinander über". In: *Die Zeit*. https://www.zeit.de/kultur/literatur/2019-03/juan-s-guse-miami-punk-roman/komplettansicht, 23.05.2019 [zuletzt eingesehen am 7.6.2021].
103 Michael Watzka: „Lebensinhalt Computerspiel. Die Fiktion als Gratwanderung zwischen Selbsttechnik und Selbsttäuschung: Juan Guses dystopischer Roman ‚Miami Punk'". In: *die tageszeitung*. https://taz.de/Roman-Miami-Punk/!5587564/, 1.5.2019 [zuletzt eingesehen am 7.6.2021].

der sich in dem in *Miami Punk* angeführten Programm eines ‚Poetischen Staates' findet: „Mein Gott, jeder aufmerksame Gang in den Supermarkt erzählt einem doch mehr über unsere Gegenwart und ihren Zustand als die meisten zeitgenössischen Romane, da muss man doch kleine Brötchen backen und nicht so das Maul aufreißen, wenn man für das Feuilleton schreibt."[104]

---

[104] Guse: *Miami Punk*, S. 463.

Elias Kreuzmair
Futur II
(Horn / Röggla / Nassehi / Randt / Ja, Panik / Avanessian /   )

1 Mögliche Zukünfte

Nach der Zukunft, gegen die Zukunft: Manifeste wie das „manifesto of post-futurism" (2009) von Franco „Bifo" Berardi oder das „anti futurist manifesto" (2020) aus dem Kontext der Indigenenbewegung wenden sich explizit gegen westlichen Fortschrittsoptimismus und im Zuge dessen auch gegen emphatische Konzepte von Zukunft.[1] Zwar sind Manifeste und insbesondere ihre Titel als Strategien politischer Positionierung nicht mit einer systematischen Reflexion von Zeitverhältnissen gleichzusetzen. In ihrer Abgrenzung von Konzepten, die als prägend für die westliche Moderne gelten, sind sie jedoch Symptome einer unklaren Lage, die Eva Horn in ihrer Studie *Zukunft als Katastrophe* (2014) wie folgt beschreibt: „Das gegenwärtige Zeitgefühl spürt eine ‚Metakrise' auf sich zukommen, deren schwer überschaubare Faktoren sich unerkannt und unauffällig zu einem Desaster verknüpfen und aufaddieren, das seinerseits in diffuse Bilder zerfällt."[2] Die Spezifität der gegenwärtigen Empfindung von Zeit liegt nach Horn also in einer grundlegenden Verunsicherung nicht nur darüber, was passieren wird, sondern auch darüber, was gerade passiert. Gegenwärtige Zukunftsentwürfe charakterisiert Horn über zwei Aspekte: „Ihr Modus ist das Futur II, ihr Gegenstand *Zukunft als Katastrophe*."[3] Diese beiden Merkmale gegenwärtiger Zukunftsentwürfe ergeben sich aus der Einsicht in die Probleme auf Fortschritt setzender Zukunftskonzepte, die auch die Manifeste thematisieren, das heißt aus der Erkenntnis, „dass genau in diesem Fortschritts- und Wachstumsprogramm die Katastrophe verborgen liegen könnte"[4].

---

1 Vgl. Franco Bifo Berardi: *After the Future*. Hg. v. Gary Genosko/Nicolas Thoburn. Übers. v. Arianna Bove u. a. Oakland u. a. 2011, S. 165 f. u. o.V.: „Rethinking the Apocalypse: An Indigenous Ant-Futurist Manifesto". In: *Indigenous Action*. https://www.indigenousaction.org/rethinking-the-apocalypse-an-indigenous-anti-futurist-manifesto/, 19.3.2020 [zuletzt eingesehen am 7.6.2021]. – Der vorliegende Aufsatz ist im Rahmen des Forschungsprojekts „Schreibweisen der Gegenwart. Zeitreflexion und literarische Verfahren nach der Digitalisierung" entstanden, gefördert durch die Deutsche Forschungsgemeinschaft (DFG) – Projektnummer 426792415.
2 Eva Horn: *Die Zukunft als Katastrophe*. München 2014, S. 378.
3 Ebd., S. 12.
4 Ebd., S. 379.

Im Blick hat Horn mit ihrer Diagnose vor allem die Klimakrise und ihre Folgen, die zu den beiden prägenden Faktoren des gegenwärtigen Zukunftsdenkens gehört. Der zweite Strang sind Computerisierung und Digitalisierung, die in einem gewissen Rahmen noch von ihrem Potential zehrt, Fortschrittsgläubigkeit zu aktivieren. Diese beiden Stränge des Zukunftsdenkens weisen immer wieder Berührungspunkte auf: Zu denken ist etwa an den berühmten Bericht *Die Grenzen des Wachstums* des Club of Rome von 1972, der wesentlich von der digitalen Verarbeitung von Wetterdaten profitierte. Gerade diese Möglichkeiten der Prognose verstärkten die Auflading von Computern mit utopischem Potential, das sie doppelt mit Zukunft verknüpft, „als Gegenstand von Zukunftsvorstellungen und als Mittel, um sie auch herzustellen".[5]

Die Rede von der Digitalisierung als Zukunftsversprechen hat jedoch ihre Kraft verloren, was zu ihrer Neubewertung führt. Im Anschluss an Kim Cascone hat Florian Cramer für diese Situation nach der Popularisierung und Kommerzialisierung des Internets den Begriff ‚post-digital' vorgeschlagen: „‚Post-digital' [...] refers to a state in which the disruption brought about by digital information technology has already occurred"[6]. Diesen Zustand kennzeichnet nicht die Überwindung des Digitalen oder seine Substitution durch einen neuen Begriff im Zukunftsdiskurs, sondern vor allem eine Verschiebung im Diskurs über das Digitale. Cramer charakterisiert den post-digitalen Zustand als einen, in dem ein „disenchantment with ‚digital'" und ein „revival of ‚old' media" zu beobachten sei.[7] Auf den ersten Blick kontraintuitiv kann auch die Nutzung analoger Medien und Materialien als post-digital verstanden werden, wenn diese Nutzung als Positionierung in einem digitalen Kontext geschieht.[8] Aus diesem Grund ist der post-digitale Zustand eher durch ein Nebeneinander und durch Verkettungen von digitalen und analogen Medien gekennzeichnet. Post-digital bezeichnet wie andere „Post-"Begriffe tendenziell nicht die Überwindung oder die Abkehr von einem Zustand, sondern den Eintritt in eine Phase, in der Ausgangsoppositionen wie digital/analog reflexiv kompliziert werden.

Diese Wahrnehmung von Digitalisierung als gebrochenem Zukunftsversprechen wird, wie Eckhard Schumacher gezeigt hat, in auffällig vielen Fällen mit einer Präsentismus-Diagnose verbunden, und rückt ab Mitte der 2000er

---

5 Frank Bösch: „Euphorie und Ängste: Westliche Vorstellungen einer computerisierten Welt, 1945–1990". In: Lucian Hölscher (Hg.): *Die Zukunft des 20. Jahrhunderts. Dimensionen einer historischen Zukunftsforschung.* Frankfurt a.M./New York 2017, S. 221–252, hier S. 250.
6 Florian Cramer: „What is Post-Digital?". In: David M. Berry/Michael Dieter (Hg.): *Postdigital Aesthetics. Art, Computation and Design.* Basingstoke 2015, S. 12–28, hier S. 20.
7 Vgl. ebd., S. 13 f.
8 Vgl. ebd., S. 19–22.

Jahre immer deutlicher in das Zentrum des kulturkritischen Diskurses, ohne dass dort vom Postdigitalen die Rede ist.[9] Ein besonders eindrückliches Zeugnis dieser Bewegung ist *Present Shock. When Everything Happens Now* von Douglas Rushkoff aus dem Jahr 2013. War Rushkoff in den 1990er Jahren einer der Autor*innen, die in Zeitschriften wie *Wired* den digitalen Utopismus befeuerten, zeigt er sich in *Present Shock* geläutert. „I have been looking forward to the twenty-first century",[10] beginnt Rushkoff das erste Kapitel, um fortzufahren: „We were all futurists, energized by new technologies, new theories, new business models, and new approaches that promised not just more of the same, but something different: a shift of uncertain nature [...]."[11] Diese futuristischen Fantasien waren mit der Jahrtausendwende Geschichte: „But then the millenium actually came. And then the stock market crashed. And then down came the World Trade Towers, and the story really and truly broke."[12] Die Computerisierung und im Anschluss an diese die Digitalisierung als Projekt der Zukunft waren deutlich beschädigt, vor allem eine vergangene Zukunft, die zwischen den 1970er und den 1990er Jahren wesentlich an der gesellschaftlichen Imagination von Zukunft beteiligt war. Wenn die Präsentismus-Diagnosen also eine durch digitale Medien induzierte Gegenwartsfixierung feststellen, stellen sie, wenn auch oft nur implizit, Gegenwart auf eine zweite Weise ins Zentrum. Wo vorher die Digitalisierung im Zeitdenken des zeitdiagnostischen Diskurses als utopische oder auch dystopische Zukunft funktionieren konnte, ist jetzt eine Leerstelle – umso mehr liegt der Fokus auf der als krisenhaft empfundenen Gegenwart.

Den Präsentismus-Diagnosen und der Vorstellung einer „Zukunft als Katastrophe" als zentrale Aspekte der gegenwärtigen Zeitschaft, wie Achim Landwehr die je aktuelle Konfiguration des Zeitdenkens bezeichnet,[13] sollen im Folgenden um einen weiteren ergänzt werden, der an beide anschließt, jedoch noch einmal einen neuen Akzent setzt. Eine weitere Konsequenz der angesprochenen Verschiebungen ist eine Konjunktur des Zukunftsdenkens im Modus

---

9 Vgl. Eckhard Schumacher: „Present Shock. Gegenwartsdiagnosen nach der Digitalisierung". In: *Merkur* 72 (März 2018), S. 67–77; Ders.: „‚Wenn alles jetzt passiert'. Gegenwartsdiagnosen nach der Digitalisierung". In: Thomas Alkemeyer u. a. (Hg.): *Gegenwartsdiagnosen. Kulturelle Formen gesellschaftlicher Selbstproblematisierung in der Moderne*. Bielefeld 2019, S. 63–79 sowie Ders.: Instantanes Schreiben. Momentaufnahmen nach der Digitalisierung. In: Birgit Erdle/Annegret Pelz (Hg.): *Augenblicksaufzeichnung – Momentaufnahme. Kleinste Zeiteinheit, Denkfigur, mediale Praktiken*. Berlin 2021, S. 167–179.
10 Douglas Rushkoff: *Present Shock. When Everything Happens Now*. New York 2013, S. 9.
11 Ebd., S. 10.
12 Ebd., S. 17.
13 Vgl. Achim Landwehr: *Die anwesende Abwesenheit der Vergangenheit. Essay zur Geschichtstheorie*. Frankfurt a.M. 2016, S. 281–316.

des Futur II, auch jenseits katastrophischer Szenarien wie sie Horn beschrieben hat. „Futur zwei" (Kathrin Röggla), „Futur 2.0" (Armin Nassehi), „vorauseilende Wehmut" (Leif Randt), „Futur II" (Ja, Panik) und „Zukunftsgenossenschaft" (Armen Avanessian) sind jeweils Teil weitreichenderer Überlegungen und markieren eine bestimmte Wahrnehmung von und einen bestimmten Umgang mit Zukunft. Gemein mit Präsentismus-Diagnosen und der Imagination von Zukunft als Katastrophe ist ihnen die Schwächung der Zukunft als Möglichkeitshorizont und die Bezugnahme auf Digitalisierung und Klimakrise. Im Zuge dessen geht es weniger um die Verwendung der grammatischen Form des Futur II, sondern um den Eindruck, dass Zukunft Gegenwart nicht in Hinblick auf neue Möglichkeiten öffnet. Im Gegenteil: Die Handlungsoptionen in der Gegenwart werden als beschränkt wahrgenommen, weil eine reflexiv vorweggenommene Zukunft als handlungsleitend gesetzt wird. Auf diese Weisen stellen sie nicht zuletzt, wie zu zeigen ist, eine neu gewendete Wiederaufnahme der zuletzt in den 1990er Jahren virulenten Frage nach dem „Ende der Geschichte"[14] dar.

2 Futur zwei (Kathrin Röggla)

„Wann leben wir denn eigentlich?",[15] fragt Kathrin Röggla im Editorial zu einer von ihr herausgegebenen Ausgabe des Literaturmagazins *Neue Rundschau* aus dem Jahr 2016. Diese Frage habe sie den Beiträger*innen zu dieser Ausgabe gestellt. Ihre eigene Antwort gibt sie in verdichteter Form in dem Editorial:

> Im JETZT, lautet eine der vagen Antworten, der kleinste gemeinsame Nenner, einem dem ‚Angriff der Gegenwart auf die übrige Zeit' gänzlich unverwandten Ort. In einer Erregungsgesellschaft, dem Ort gezielter und ungezielter Mediennarration, in den ‚fictitious times', bekannt aus einer provokativen Hollywoodrede, in einem JETZT, das immer im Spielen über die mediale Bande besteht, in symbolischer Politik, die mit der realen nur noch indirekt verbunden ist. [...] In einem Simultan der Finanz-, Rohstoff-, Bluechip- und Arbeitsmärkte, wie es heute gerne formuliert wird, einem Simultan der digitalen Welten. [...] Wie kann man ihnen literarisch nachgehen? Kann man sich noch aus der Zeit gerissen fühlen, oder ist es nicht gerade die Markierung der Verwerfung, die uns noch unsere Gegenwärtigkeit erfahrbar machen kann? Besteht nicht Erfahrung, also für die literarische Umset-

---

14 Vgl. zum „Ende der Geschichte" in den 1990ern Francis Fukuyama: „The End of History?" [1989]. In: Simon Dalby u. a. (Hg.): *The Geopolitics Reader*. London 1998, S. 114–124 u. Jacques Derrida: *Marx' Gespenster. Der verschuldete Staat, die Trauerarbeit und die neue Internationale*. Frankfurt a.M. 1995.
15 Kathrin Röggla: „Editorial. Gegenwart vs. Futur zwei". In: *Neue Rundschau* 1 (2016), S. 5–8, hier S. 5.

zung interessante Erfahrung, in jenem Stolpern über die Zeitenläufte [sic!]? Und: Kommt uns da nicht immer ein Futur zwei in die Quere, das uns lahmlegt?[16]

Röggla führt in diesem Absatz vor, wie die naheliegende Antwort auf die eingangs zitierte Frage nach der Gegenwart, die Diagnose *jetzt* zu leben, es verfehlt, einheitsstiftend zu wirken. Einerseits sei zwar – damit schließt sie an die angesprochenen Präsentismus-Diagnosen an – eine Gegenwartsfixierung zu diagnostizieren, andererseits spalte sich die Gegenwart permanent auf. Seinen Kulminationspunkt erreicht die Passage mit der Frage nach der Zukunft, die als „Futur zwei" auf dieses unübersichtliche Jetzt einwirke, die Zukunft als Möglichkeitsraum aus dem Spiel nehme und zugleich für weitere Kalamitäten sorge. Das „Futur zwei", das als vollendete Zukunft in die Kalkulationen der Gegenwart eingespeist wird, blockiert den Blick in eine offene Zukunft. Im Zentrum steht bei Röggla im Zuge dessen nicht unbedingt die Festlegung auf eine der genannten Möglichkeiten, sondern, ganz im Sinn von Horn, die Diagnose der Verunsicherung über die zeitlichen Verhältnisse überhaupt, die eine eindeutige Antwort auf die Frage „Wann leben wir denn eigentlich?" gar nicht zulässt.

Im gleichen Jahr wie die Ausgabe der *Neuen Rundschau* erschien auch Rögglas Erzählband *Nachtsendung. Unheimliche Geschichten*, der sich als Umsetzung des im Editorial angedeuteten literarischen Programms des „Stolpern[s] über die Zeitenläufte [sic!]" vor dem Hintergrund der Digitalisierung lesen lässt.[17] Die 40 kurzen Erzählungen in *Nachtsendung* werden durch zwei jeweils mit „Starter" betitelte Texte gerahmt. So beginnt der erste mit dem Satz „*Nach* der Durchsage herrschte erst einmal Stille",[18] der zweite mit „*Seit* der Durchsage herrschte erst einmal Stille".[19] Die Variation der temporalen Präpositionen deutet darauf hin, dass im zweiten Fall ein längerer Zeitraum vergangen ist als beim ersten Mal. Was genau in diesem Zeitraum passiert ist, ist unklar, möglicherweise wurden die zwischen den rahmenden Erzählungen liegenden Geschichten erzählt. So heißt der letzte Satz des ersten mit „Starter" betitelten Textes: „Eine Erzählung nach der anderen würde man auspacken."[20] Dass das

---

16 Ebd.
17 Zur Digitalisierung vgl. Alexandra Pontzen: „Unheimlich vertraut. Neokapitalismuskritik und Ressentimentpoetik in Kathrin Rögglas *Nachtsendung*". In: Friedhelm Marx/Julia Schöll: *Literatur im Ausnahmezustand. Beiträge zum Werk Kathrin Rögglas*. Würzburg 2019, S. 141–156, hier S. 144: „Es existiert im Kosmos von *Nachtsendung* kein Jenseits des Digitalen, darin liegt ein Teil seiner unheimlichen Wirkung."
18 Kathrin Röggla: *Nachtsendung. Unheimliche Geschichten*. Frankfurt a.M. 2016, S. 5, Hervorhebung EK.
19 Ebd., S. 281, Hervorhebung EK.
20 Ebd., S. 7.

Verb dieses Satzes im Konjunktiv steht, lässt diese Lesart wiederum als eine mögliche, aber nicht eingetretene erscheinen.[21] Der letzte Satz der ersten „Starter"-Erzählung wird von einer am Flughafen festsitzenden Erzählinstanz formuliert, die darüber spekuliert, was sie jetzt tun würden, da ihr Flugzeug nicht startet. Teil der Spekulationen der Erzählinstanz ist eine unmittelbar bevorstehende Katastrophe, die möglicherweise außerhalb des Flughafens stattfinden wird und deren Zuschauer*innen die gestrandeten Passagiere dann wären:

> Ja, man würde aus den riesigen Fensterfronten auf die dunkel werdende Stadtlandschaft da draußen schauen und sich Dinge fragen. Wann das erste Haus zu brennen beginnt beispielsweise, ob die Explosionen überhaupt zu vernehmen sein werden, ob der Rauch im Nachthimmel verschwinden wird, oder ob es sich um ein lautloses Zurücksinken der Gebäude in die Schwärze Nacht handeln wird, ja, ganz ohne Geräusche! Man wird sich fragen, ob diese ganze Stadt zurückgesaugt wird in eine Landschaftssituation aus der *Welt ohne Menschen* [...].[22]

Die hier hypothetisch entworfene Situation imaginiert die Flugzeugpassagiere als Überlebende einer Katastrophe, möglicherweise des Weltuntergangs. Karin Krauthausen hat unter anderem an der Erzählung „Der Wiedereintritt in die Geschichte I" gezeigt, inwiefern der Band sich mit Blick auf solchen Szenarien des „drohenden Endes" als eine Reaktion auf Francis Fukuyamas „Ende der Geschichte" und als dessen Widerlegung lesen lässt.[23]

Das „Futur zwei" greift die Erzählung „Der Wiedereintritt in die Geschichte II" auf. Sie handelt vom Dreh eines Films, dessen Hauptfigur, „Geschäftsführersätze [...], irgendwelchen Businessmüll, einen Austeritätsmurks"[24] von sich geben soll. Die zentrale Figur besetzt der Regisseur mit einem kleinen Jungen. Der Junge füllt seine Rolle zwar zufriedenstellend aus, erweist sich aber abseits des Drehs als immer schwieriger zu betreuen, sodass er einen ständigen Begleiter aus der Crew, Johan Wegener, „ein Kind der 90er Jahre",[25] zur Seite gestellt bekommt. Es fängt damit an, dass der Junge sich Zoltan – wörtlich Sultan oder Herrscher – nennt und eine eigene Schrift erfindet. Nach und nach entwickelt Zoltan immer mehr Regeln: „War die erste Regel, dass man die Ausgaben im

---

[21] Vgl. zur Funktion des Konjunktivs Karin Krauthausen: „Wette auf die Wirklichkeit. Erzählkalkül in ‚die ansprechbare' und ‚Wiedereintritt in die Geschichte I' von Kathrin Röggla". In: Friedhelm Marx/Julia Schöll (Hg.): *Literatur im Ausnahmezustand. Beiträge zum Werk Kathrin Rögglas*. Würzburg 2019, S. 157–183, hier S. 175–183. Siehe auch die Beiträge von Lilla Balint und Karin Krauthausen in diesem Band.
[22] Röggla: *Nachtsendung*, S. 7.
[23] Vgl. Krauthausen: „Wette auf die Wirklichkeit", S. 178–180.
[24] Röggla: *Nachtsendung*, S. 165.
[25] Ebd., S. 166.

Zimmer senken musste (welche auch immer), die zweite, dass das Büro zu umgehen war, die dritte, dass man nur auf staatlich subventionierte Bodenbeläge treten durfte, die nicht grün waren."[26] Einerseits sind diese Regeln ziemlich rätselhaft, andererseits schließen sie an die Figur an, die der Junge spielen soll. Die „Zoltandiktatur"[27] steigert sich immer weiter, der Junge lässt die Crew nach „Beweise[n] für seine Markttheorie [...], eine Theorie, die niemand recht durchschaute und die mit dem Einbruch des chinesischen Exports zu tun hatte, mit dem Absturz der dortigen Börsen, der auch nicht von der interventionistischen Politik aufgehalten werden konnte",[28] suchen. Zoltan überträgt die Fiktion des Films auf die Realitätsebene der Erzählung, und auch wenn einige skeptisch sind, macht doch die ganze Crew mit. Schließlich verschwindet er, über sein Verbleiben gibt es nur eine Vermutung: „Zoltan selbst aber muss durch die Pfützen gehüpft sein und für immer verschwunden sein in seinem neuen Spiel: Wildnis. Endzeit. Atomunfall."[29] Sein Betreuer Johan muss ihn ersetzen, worüber es im letzten Satz lapidar heißt: „Er machte es, wie zu erwarten, schlecht."[30] Der Kunstgriff des Regisseurs des Films ist es, die Zukunft – das Kind – in die Gegenwart zu versetzen. Die fiktive Zukunft beginnt jedoch die reale Gegenwart der Erzählung zu beherrschen, in der man sich dann nach Ereignissen und aus ihnen folgenden Maßgaben zu richten hat, die noch gar nicht eingetroffen sind. Die vollendeten Zukünfte, und bei diesen handelt es sich in der Erzählung vornehmlich um ökonomische Zukünfte, haben die Gegenwart also im Griff. Dies lässt sich im Kontext von Rögglas Überlegungen als Verweis auf den Optionenhandel auf den Finanzmärkten verstehen, in denen gewissermaßen mit der Zukunft gehandelt wird.[31] Dieses ernste Spiel des Jungen mit vollendeten Zukünften steigert sich schließlich in einem weiteren Schritt, wenn er in Richtung eines postapokalyptischen Szenarios zu verschwinden scheint und damit in für den Erzählband typischer Weise symbolisch in die Geschichte eintritt, ohne dass dieses Wiedereintreten auserzählt würde.[32] Der Junge ist in Relation zur Filmcrew dort, wo die Katastrophe schon eingetreten sein wird. Wenn Johan, der den Jungen ersetzen soll, daran scheitert, schafft er es als in den 1980ern Geborener nicht, so im Modus des Futur II zu denken, um die kommen-

---

26 Ebd., S. 166 f.
27 Ebd., S. 166.
28 Ebd., S. 167.
29 Ebd., S. 167 f.
30 Ebd., S. 168.
31 Vgl. Elena Esposito: *Die Zukunft der Futures. Die Zeit des Geldes in der Finanzwelt und Gesellschaft*. Übers. v. Alessandra Corti. Heidelberg 2010.
32 Vgl. zu diesem erzählerischen Verfahren Krauthausen: „Wette auf die Wirklichkeit".

den Katastrophen, und damit sind am Ende vor allem die Folgen eines durch kapitalistisches Wirtschaften erzeugten Klimawandels gemeint, zu verhindern. Durch die Knappheit der Erzählung und ihre sparsame Informationsvergabe – man erfährt beispielsweise nicht, wovon der Film eigentlich handelt, und gerade Formulierungen über Zoltan haben an vielen Stellen den Charakter von Vermutungen – wird eine Verunsicherung darüber erzeugt, was nun genau der Fall ist und was nicht. Mehrere Ebenen der Unsicherheit, Vorläufigkeit und des Vermutens legen sich also übereinander: Einmal innerhalb der Erzählung „Der Wiedereintritt in die Geschichte II", dann in Bezug auf das Erzählen und schließlich im Status der Erzählung als mögliche Geschichte innerhalb der Rahmenerzählung. Darin liegt eine zentrale Dimension der im Untertitel des Bandes angedeutete Unheimlichkeit, die vor allem eine zeitliche ist: Man erkennt Spuren von Zeiten wieder, die allerdings so unerwartet auftreten, dass man sie nicht endgültig einordnen kann. Das „Futur zwei" beschreibt in diesem Zusammenhang die Materialisierung und die Wirkung von Zukünften in der Gegenwart. Was an dieser Stelle imaginiert wird, ist an der Schwelle zur Situation, die Horn in *Die Zukunft als Katastrophe* mit dem Modus des Futur II verbunden hat: Fiktionen, in denen der Weltuntergang schon stattgefunden hat und wir den Überlebenden – den letzten Menschen – zusehen, die hier in einem ganz anderen Szenario als im konventionellen Katastrophenfilm auftreten. Wie viele andere zeitliche Verhältnisse und Verschränkungen wird dieses Szenario in *Nachtsendung* im Vagen belassen und ist schon in der Relation der ersten und der zweiten „Starter"-Erzählung Teil von komplexen Prozessen der Überlagerung und Verschiebung.[33] Am Ende der zweiten „Starter"-Erzählung hebt das Flugzeug dann ab: „Sie fahren los, starten, und es ist eigentlich wie immer."[34] Der „Gegenverkehr aus der Zukunft" führt zum Gefühl der Ausweglosigkeit und dem Eindruck, dass eine schwer lokalisierbare Katastrophe stattfände, die eigentlich einschneidend sein müsste, jedoch zu keiner Veränderung der Lebensgewohnheiten führt. Der „Wiedereintritt in die Geschichte" vollzieht sich dementsprechend nicht durch ein Fortschreiten, sondern durch einen Sprung, durch eine Vorwegnahme der Zukunft, ohne dass ein klarer Weg dorthin sichtbar wird. Deutlich wird nur, dass sie so stattgefunden haben wird – und eher hilflose Versuche, die Gegenwart danach auszurichten.

---

[33] Für eine Lektüre mit Fokus auf Figuren der Wiederkehr vgl. Elias Kreuzmair: „Krisenerzählungen. Selbstmord und Gegenwartsliteratur." In: Jan Trna/Erkan Osmanović (Hg.): *Literatur und Suizid*. Brno 2018 [=*Brünner Beiträge zur Germanistik und Nordistik* 32, Supplementum], S. 153–168, hier S. 161–166.
[34] Röggla: *Nachtsendung*, S. 283.

3 Futur 2.0 (Armin Nassehi)

Eine zwar in der Gesamtanlage vordergründig nebensächliche, aber doch signifikante Rolle spielt das „Futur 2.0" in Armin Nassehis Studie *Muster. Theorie der digitalen Gesellschaft* (2019). Es markiert eine gänzlich andere Haltung als bei Horn oder Röggla, was sich in der Art und Weise der Thematisierung des „Futur 2.0" zeigt. Ausgangspunkt von Nassehis Überlegungen ist eine Verschiebung des Digitalen nicht nur von der Zukunft in die Gegenwart wie im Fall der Präsentismus-Diagnosen, sondern in die Vergangenheit. So heißt es in der Einleitung: „Ich werde behaupten, dass die gesellschaftliche Moderne immer schon digital war, dass die Digitaltechnik also letztlich nur die logische Konsequenz einer in ihrer Grundstruktur *digital* gebauten Gesellschaft ist".[35] Spätestens mit den Sozialstatistiken Ende des 19. Jahrhunderts sei von einer ‚digitalen Gesellschaft' zu sprechen. Nassehi bezeichnet die Digitalisierung als „die *dritte*, vielleicht sogar endgültige Entdeckung der Gesellschaft".[36] Sie folgt auf die „erste Entdeckung der Gesellschaft", als die Nassehi die Umstellung des gesellschaftlichen Denkens auf Fortschritt und Neues im 18. und 19. Jahrhundert bezeichnet, und die „zweite Entdeckung der Gesellschaft", die Nassehi in den Liberalisierungs- und Pluralisierungsschüben im 20. Jahrhundert sieht. Die Digitalisierung als „Entdeckung der Gesellschaft" rückt nun bisher verborgene Regelmäßigkeiten in den Blick, darauf bezieht sich die titelgebende Rede vom „Muster". Wenn die „erste Entdeckung der Gesellschaft" im 18. und 19. Jahrhundert, deren Veränderbarkeit und die Möglichkeiten der Neugestaltung fokussierte, den Blick also nach vorne wendete, verbreitete die „zweite Entdeckung der Gesellschaft" durch die Inklusion bisher vernachlässigter Gruppen in das gesellschaftliche Gleichheitsversprechen den Blick der Gesellschaft. Mit der „dritten Entdeckung der Gesellschaft", wie sie Nassehi entwirft, erfolgt dann eine im Unterschied zu den anderen beiden Phasen reflexive Verdopplung in der Mustererkennung, die weder einer Bewegung nach vorne noch zur Seite, sondern einer Wendung auf sich selbst entspricht. Wenn Nassehi diese als „vielleicht sogar endgültige" bezeichnet,[37] wird Digitalisierung als ein „Ende der Geschichte" zumindest angedeutet, wodurch sich Nassehis Diagnose von Rögglas deutlich unterscheidet. Diese Fassung der Digitalisierung impliziert einen gesellschaftlichen Blick, der nicht Zukunft vor Augen hat, sondern Selbstbeschäftigung und -optimierung. Wenn am Ende der Studie die Forderung einer „Wiedergeburt der

---

35 Armin Nassehi: *Muster. Theorie der digitalen Gesellschaft*. München ²2019, S. 11.
36 Ebd., S. 45.
37 Ebd.

Soziologie aus dem Geiste der Digitalisierung"[38] steht, ist das einerseits ein erwartbares Fazit einer soziologischen Studie, andererseits besetzt diese „Wiedergeburt" eben die Stelle, an der ein Ausblick in die Zukunft stehen könnte. „Klimawandel" und „Plattform-Kapitalismus"[39] als zentrale Gegenwartsprobleme bekommen in diesem Abschnitt jeweils zwei Absätze, was angesichts des Umfangs von Nassehis Zeitdiagnose verschwindend wenig ist. In diesen Absätzen wird im Wesentlichen erklärt, es handle sich um komplexe Probleme, die komplexe Lösungen erforderten. Es passt zu dem lapidaren Satz, der dann den Schlussabschnitt einleitet: „Wenn man es genau nimmt, hat sich alles geändert, und es bleibt doch alles beim Alten."[40] Die Handlungsempfehlung lautet dementsprechend auch nicht, wie es etwa Horn durchaus nahelegt, grundlegende gesellschaftliche Veränderungen anzustoßen, sondern schlicht: „Debug",[41] also Fehler zu suchen und zu beseitigen – Optimierung statt Neuprogrammierung.

Die Ausblendung von Zukunft als Möglichkeitsraum zugunsten pragmatischer Lösungen unter Einbezug aller gesellschaftlicher Teilsysteme zeigt sich auch dann, wenn von zeitlichen Fragen die Rede ist. Diese stehen nicht im Zentrum der Argumentation, dennoch sind in Bezug auf zwei Aspekte Anschlüsse an die Präsentismus-Diagnosen auszumachen. So heißt es im Kapitel „Das Internet als Massenmedium" in Bezug auf digitale soziale Netzwerke, der „Takt der *timelines*"[42] würde zu einer „totale[n] Gegenwartsorientierung"[43] führen, die eine durch digitale Medien induzierte Polarisierung und Überhitzung der politischen Debatte zur Folge hätten. In diesem Kontext steht auch die Thematisierung von Zukunftsvorstellungen in dem Abschnitt „Intelligenz im Modus des Futur 2.0":

> Im Modus des Futur II wird das Internet uns zeigen, dass die Menschheit eindeutig klüger, vorausschauender und weiser geworden ist. Denn für alles, was in der Zukunft geschieht, wird sich in den Archiven eine ziemlich präzise Prognose finden lassen. Dass das vor allem daran liegt, dass es so viele Prognosen gibt, dass die richtige stets dabei ist, ist eine Sache, dass diese Prognosen nun alle *post factum* zugänglich sein werden, wird uns eine Verheißung erfüllen – im Futur II eben: *Wir werden es gewußt haben!* [...] Das ist dann so eine Art Futur 2.0.[44]

Die etwas naiv klingende Idee, dass die „totale Gegenwartsorientierung" das totale Archiv produzieren wird, das ähnlich wie Jorge Luis Borges' „biblioteca

---

38 Vgl. ebd., S. 319.
39 Ebd., S. 322–324.
40 Ebd., S. 324.
41 Vgl. ebd., S. 319.
42 Ebd., S. 283.
43 Ebd, S. 288.
44 Ebd., S. 292.

de Babel" aus der gleichnamigen Erzählung von 1941 alle möglichen Sätze enthält, ist als solche nicht interessant, auffällig wird sie durch den Kontext, in dem sie sichtbar wird.[45] Mit dem Kalauer „Futur 2.0" legt Nassehi die Zukunft symbolisch im Archiv ab.[46] Damit ist das „Futur 2.0" Symptom einer Verschiebung im Zeitdenken, das seinen Ausgangspunkt in der Verschiebung der Rede von der Digitalisierung als eine von einer zukünftigen Entwicklung zu einer von gegenwärtigen oder sogar vergangenen Tatsache hat. Sich einer unsicheren, offenen oder auch katastrophischen Zukunft zu widmen, ergibt aus der Perspektive „Futur 2.0" keinen Sinn, weil man sich sicher sein kann, dass man die Zukunft gekannt haben wird. Statt eines Umgangs mit Zukunftswissen, das Prognosen auch ermöglichen könnten, entwirft das „Futur 2.0" einen Zukunftsglauben, die sich als eine Form der Prophezeiung verstehen lässt. Das „Futur 2.0" ist eine Meta-Prophezeiung, die zwar in einzelnen Versionen falsch gewesen sein wird, dafür aber auch die richtige Version der Zukunft enthalten haben wird. Zugleich wirkt die Rede vom „Futur 2.0", das legt auch die Verwendung der von Betriebssystem- oder Programmupdates bekannten Versionszahl nahe, wie eine Parodie der Zukunftsversprechen, für die Computer einmal gestanden haben. Zwar werden den Computern Prognosen zugetraut, aber unabhängig von der Präzision ihrer Prognosen sei die Linearität der Zeit irreversibel, daran könne auch eine noch so präzise digitale Prognose nichts ändern.[47] Im Zusammenhang der Studie wird das „Futur 2.0" damit zu einem Appell an die Leser*innen gegenüber digitalen Transformationen Handlungsmacht zu entwickeln und hat damit eher rhetorische als argumentative Funktion. Zugleich zeigt sich in ihm noch einmal die Verknüpfung von Zukunft und Digitalisierung, die genauso wie ein emphatischer Bezug auf Zukunft oder Fortschritt symbolisch verworfen wird. Mit der Präsentismus-Diagnose in Bezug auf digitale Soziale Medien ist das „Futur 2.0" ein Symptom eines Zeitdenkens, das im Hintergrund von Nassehis Diagnose steht und das die Idee der Zukunft als Möglichkeitshorizont im Zuge der Reflexion des gegenwärtigen Standes der Digitalisierung als „dritte Entdeckung der Gesellschaft" nicht für relevant erachtet. Das Zukunftsdenken in *Muster* setzt auf Problemorientierung und Pragmatismus – auf *debugging* – und wagt sich kaum über die Gegenwart hinaus. Wenn es denn eine

---

45 Vgl. Jorge Luis Borges: „La biblioteca de Babel" [1941]. In: Ders.: *Ficciones*. Buenos Aires 1944, S. 85–95.
46 Das Futur II als grundlegende Dimension des Archivs, das festlegt, welche Ereignisse stattgefunden haben werden, allerdings mit einem deutlich skeptischeren Blick auf totale Archive im Allgemeinen und das Netz im Speziellen, beschreibt Landwehr: *Die anwesende Abwesenheit*, S. 176–189.
47 Vgl. Nassehi: *Muster*, S. 291f.

Krise geben sollte wie bei Röggla, ist diese aus Nassehis Sicht, die sich vor allem gegen alarmistische Zeitdiagnosen richtet, ohne weiteres beherrschbar. Das „Ende der Geschichte" scheint zwanzig Jahre nach Fukuyama durch die Digitalisierung damit doch noch eingetreten.

4 Modus des Next (Leif Randt)

Laut Klappentext erzählt Leif Randts *Allegro Pastell* (2020) „Germany's next Lovestory", was sich vor allem auf Tanja Arnheim und Jerome Daimler beziehen lässt.[48] In der Selbstbezeichnung als „next Lovestory" ist die Ausrichtung des Romans auf das Nächste als sein zentrales Prinzip beschrieben. *Allegro Pastell* ist eine Exploration gegenwärtigen Zeitempfindens, die im Gegensatz zu Horn, Röggla und Nassehi auf individueller Ebene ansetzt. Die bloße Feier des Jetzt, die *Allegro Pastell* in einigen Rezensionen unterstellt wurde, ist nur eine von mehreren Optionen.[49] Vielmehr werden unterschiedlichen Haltungen zur Gegenwart und ein komplexes Neben- und Ineinander verschiedener Gegenwartskonzepte erprobt, was im weitesten Sinn als Präsentismus-Diagnose zu lesen ist. Die Ausrichtung auf das Nächste kennzeichnet im Zuge dessen eine spezifische Kopplung von Gegenwart und Zukunft, die sich auf verschiedenen Ebenen erkennen lässt und die strukturell mit dem Futur II verknüpft ist.

In den Handlungen und Gedanken der Protagonist*innen von *Allegro Pastell* zeigt sich die Ausrichtung auf das Nächste wesentlich durch Hyperreflexion. Bei dieser Hyperreflexion handelt es sich um einen Modus des Zukunftsbezugs, gegenwärtige Handlungen und Zustände werden in Hinblick auf Entwicklungen in naher Zukunft reflektiert und bewertet. Beispielhaft sind Passagen wie die folgende, die Tanja nach einer Episode mit genau dosiertem und geplantem Drogenkonsum in einer E-Mail an Jerome formuliert: „Ich lauere auf den Moment, in dem ich wieder fähig sein werde, Freude zu empfinden. Morgen nach dem Aufwachen könnte es so weit sein. Und abends werde ich Badminton bei TiB spielen. Spätestens dann werde ich lachen und mich freuen."[50] In der Selbstbeobachtung relativiert Tanja ihr gegenwärtiges Tief, indem sie positive Erlebnisse in der Zukunft vorwegnimmt. Immer wie-

---

48 Leif Randt: *Allegro Pastell*. Köln ⁴2020, Klappentext.
49 Vgl. Ijoma Mangold: „Das absolute Jetzt." In: *Die Zeit* (5.3.2020); Jens Christian Rabe: „Alles schon irgendwie okay." In: *Süddeutsche Zeitung*. https://www.sueddeutsche.de/kultur/leif-randt-allegro-pastell-roman-kritik-1.4834307, 9.3.2020 [zuletzt eingesehen am 7.6.2021].
50 Randt: *Allegro Pastell*, S. 58 f.

der greift sie ganz bewusst auf diese Strategie zurück: „Ein Down ermöglicht Empathie und Solidarität [...]. Ich werde Sarah gleich noch mal schreiben. Und dann wird sie antworten und sagen, dass alles okay ist. Und morgen werde ich wach und glücklich sein."[51] Solche Passagen sind paradigmatisch für *Allegro Pastell*. Sie stellen auf individueller Ebene eine Beherrschbarkeit der Gegenwart und der nächsten Zukunft aus. Die Vorwegnahme der Zukunft ermöglicht es zu denken, dass die aktuelle Gegenwart nicht so schlimm gewesen sein wird.

In diesen Kontext gehören auch die wiederkehrenden Gespräche über Therapien und das therapeutische Sprechen im Roman. Tanjas Freundin Amelie bezeichnet sich als „*austherapiert*",[52] Tanjas Mutter ist Therapeutin und steht ihr in einer Situation auch in dieser Funktion bei, Tanjas Schwester Sarah ist in therapeutischer Behandlung. Die Wahrnehmung von therapeutischen Behandlungen in *Allegro Pastell* bringt diese mit dem hyperreflexiven Management der eigenen Emotionen in Zusammenhang. Über Amelie heißt es beispielsweise: „Tanja wusste, dass Amelie weiterhin unter einem gewissen Leidensdruck stand, aber immerhin schien sie nunmehr zu wissen, welche Ursachen dieser Druck hatte, und das war dann vielleicht schon viel."[53] Als therapeutischen Erfolg schätzt Tanja also das Reflexivwerden des Leidensdrucks ein.

Zugespitzt ist die hyperreflexive Anlage des Romans im Begriff „*[v]orauseilende Wehmut*",[54] ein Konzept, das Tanja in einem Roman mit dem Titel „PanoptikumNeu" entwickelt hat, das die Figuren von *Allegro Pastell* aber auf sich selbst anwenden: „,*Vorauseilende Wehmut*', sagte er [Jerome] plötzlich, Tanja blickte ihn an [...], sie nickte und sagte: ,*Genau.*'" Dieser Klopstock-Moment beschreibt ein vom Liebespaar geteiltes Gefühl: „Eine allgemeine Traurigkeit über das Verstreichen der Zeit mischte sich mit einer warmen Euphorie, die sich vom Magen her hinauf in seinen Brustkorb ausbreitete."[55] Auch im Begriff der ‚vorauseilenden Wehmut' zeigt sich die den Roman bestimmende Hyperreflexion: Die Gegenwart wird über den vorgestellten Rückblick aus der Zukunft eingeordnet. Im Unterschied zu den ersten Beispielen geht es an dieser Stelle nicht um die Wendung eines negativen Gefühls ins Positive, sondern um die Verstärkung eines positiven Gefühls durch die Idee, dass man sich in Zukunft an einen Mo-

---

51 Ebd., S. 60.
52 Ebd., S. 28. Zu verweisen ist in dieser Hinsicht auf die Rolle des *futur anterieure* für psychoanalytische Konzepte in Jacques Lacans *Fonction et champ de la parole et du langage en psychanalyse* (In: Ders.: *Écrits I*. Paris 1966, S. 111–208). Für diesen Hinweis danke ich Patrick Hohlweck.
53 Randt, *Allegro Pastell*, S. 28.
54 Ebd., S. 77.
55 Ebd.

ment des Glücks als Moment des Glücks erinnern können wird. Er erhält seine Gültigkeit als ein solcher Moment erst aus der Perspektive, dass man ihn als Moment des Glücks erlebt haben wird. Der hyperreflexive Blick aus der Zukunft in die Gegenwart, der immer wieder die Frage stellt, wie die Gegenwart gewesen sein wird, lässt Gegenwart durch Distanzierung erträglich werden, wenn in dieser ein überwältigendes Zuviel an Leid oder Glück zu spüren ist, das einen Kontrollverlust impliziert. Die Kosten dieser Distanzierung entstehen aus der engen Verknüpfung von Gegenwart und Zukunft: Wenn Zukunft durch die Bearbeitung der Gegenwart besetzt ist, ist es schwer, sich diese als eine ganz andere vorzustellen, auch wenn, wie oben angedeutet, sowohl Jerome als auch Tanja zumindest ahnen, dass die Möglichkeit bestünde, das Verhältnis von Gegenwart und Zukunft auch anders zu denken.[56]

Die Ausrichtung auf das Nächste zeigt sich auch dann, wenn schriftliche digitale Medien zur Inszenierung des knappen Verpassens der Figuren verwendet werden, was man als Inszenierung der Unmöglichkeit des völligen Abgleichs zweier individueller Gegenwartserfahrungen gerade in ihrer Ausrichtung auf das Nächste lesen kann. Durch die minutengenaue, aber niemals übereinstimmende Datierung der Textnachrichten von Tanja, Jerome und anderen wird impliziert, dass deren Kalkulationen in Bezug auf ein gemeinsames Leben gerade nicht aufgehen. Besonders deutlich zeigt dieses Verpassen das 19. Kapitel mit seiner Sammlung von E-Mails, iMessages, Instagram-Messages und Telegram-Nachrichten an Tanja, die ohne deren Antworten wiedergegeben sind. Vor Augen tritt dann ebenfalls, dass solche Nachrichten immer auch ein Appell an die Angeschriebene sind, zu antworten und an die Kommunikation anzuknüpfen. In ihrer Ausrichtung auf Anschlusskommunikation zielen sie auf das Nächste. Auch das Romanende funktioniert auf diese Weise. Tanjas den Roman abschließende E-Mail an Jerome endet mit den Sätzen: „Ich vermute unsere Leben sind noch lang. Lass uns das als Chance begreifen. // Ich liebe dich–//Tanja".[57] Der Verweis auf das lange Leben, das noch Chancen böte, lässt sich als Aufschub der Liebesbeziehung lesen, die so im Modus des „Next" und des Noch-nicht verharrt.

Mit der „Lovestory" von Jerome Daimler und Tanja Arnheim stehen im Zentrum von *Allegro Pastell* weniger kollektive Zusammenhänge wie bei Röggla oder Nassehi, sondern individuelle Lebensformen. Die Reflexionen verschiede-

---

56 Etwa in Jeromes Überlegungen zum „sporadische[n] Mitarbeiten" (Randt: Allegro Pastell, S. 56) oder Tanjas Idee, ihren neuen Roman „in einem Sommer der nahen Zukunft […], *in einem Berlin neben unserer Zeit*, in dem sich ein grüner Bundeskanzler gegen eine faschistische, weiblich angeführte Opposition behaupten musste" (ebd., S. 131), anzusiedeln.
57 Ebd., S. 280.

ner Haltungen zur Gegenwart lassen sich im Kontext der Präsentismus-Diagnosen lesen, wenn sie auch im Nebeneinander verschiedener individueller Gegenwartsbezüge ein komplexeres Bild zeichnen. Anschlüsse dazu ergeben sich auch über den Fokus auf digitale Kommunikationsformen. Die „Zukunft als Katastrophe" spielt bei Randt hingegen keine Rolle. Darin zeigt sich auch die Begrenztheit des hyperreflexiven Modus des „Next": Durch die Fokussierung darauf, wie die Gegenwart in Bezug auf die nächste Zukunft verstehbar geworden sein wird, wird eine Rückkopplungsschleife eingeführt, die das Denken des ganz anderen sowohl im Individuellen als auch im Kollektiven maßgeblich erschwert. Zwar ist diese Rückkopplungsschleife strukturell von Rögglas „Gegenverkehr aus der Zukunft" zu unterscheiden, Randts Protagonist*innen teilen aber mit denen Rögglas, dass sie mit Blick auf eine Vorstellung der Zukunft als Möglichkeitshorizont blockiert sind. Randts Figuren scheint dies aber, und das erinnert wiederum an Nassehis eher pragmatische Haltung, wenig auszumachen – im Mittelpunkt steht ein erträgliches Leben des*der Einzelnen.[58]

5 Futur II (Ja, Panik)

Obwohl sowohl Randt als auch Ja, Panik mit dem Stichwort ‚Pop' verbunden werden, nimmt die Diskurs-Pop-Band eine ganz andere Haltung zu Präsentismus-Diagnosen, Digitalisierung und Zukunft ein: Ja, Panik beschäftigt sich in der ersten Hälfte der 2010er Jahre mit Kapitalismuskritik und utopischem Denken als künstlerischer Praxis, was sich unter anderem in der Veröffentlichung der Alben *DMD KIU LIDT* (2011) – das Akronym steht für „Die Manifestation des Kapitalismus in unserem Leben ist die Traurigkeit" – und *Libertatia* (2014) zeigt. Moritz Baßler beschreibt die sich in den Alben und ihren Begleittexten abzeichnende Haltung wie folgt: „Man gibt die Zukunft nicht auf, obwohl die Diagnose ewige Gegenwart lautet und man nicht über ein positives Konzept zur Überwindung der Retro-Kultur, geschweige denn des Kapitalismus verfügt."[59]

---

[58] Dieses pragmatische Verhältnis eröffnet innerhalb von Randts Werk weitere Anschlüsse: Schon im Vorgängerroman *Planet Magnon* (2015) spielt ein Konzept mit dem Namen „postpragmatic joy" eine zentrale Rolle. Vgl. dazu Heinz Drügh: „Postpragmatic joy – Zu Leif Randts ‚Planet Magnon'". In: *POP-Zeitschrift* (Online-Ausgabe). https://pop-zeitschrift.de/2016/01/15/postpragmaticjoyzu-leif-randts-planet-magnonvon-heinz-druegh15-1-2016/, 15.1.2016 [zuletzt eingesehen am 7.6.2021].
[59] Moritz Baßler: „Die Manifestation des Kapitalismus in unserem Leben. Diskurspositionen im neuesten deutschen Pop-Song (Ja, Panik / Messer / Trümmer)." In: Ingo Irsigler u. a. (Hg.): *Deutschsprachige Pop-Literatur von Fichte bis Bessing*. Göttingen 2019, S. 305–322, hier S. 313.

Dies ist der Kontext, in den das auf die beiden Alben folgende Buch *Futur II* (2016) gehört. Es ist Ausdruck eines Beharrens auf einem emphatischen Konzept von Zukunft, entgegen aller Präsentismus-Diagnosen. In *Futur II* werden Episoden der Bandgeschichte in einem sich über 28 Tage erstreckenden kollektiven E-Mail-Tagebuch erzählt. Sie werden nicht chronologisch wiedergegeben, sondern sind thematisch geordnet. Die Abschnitte zu Komplexen wie der Albumproduktion, den Bandfinanzen oder dem Touren werden meistens durch Digressionen in den Nachrichten von Bassist Stephan Pabst oder Schlagzeuger Sebastian Janata angestoßen, es folgen E-Mails zum Thema aus verschiedenen Abschnitten der Bandgeschichte, die dann von Sänger Andreas Spechtl ausführlich kommentiert werden.

Dass es nicht darum gehen wird, eine konventionelle Bandgeschichte zu schreiben, wird im Text vor allem von Spechtl reflektiert. An Tag 1 schreibt er, er habe

> Angst, über dieses ganze Projekt verrückt zu werden, oder viel eher, dass der einzig gangbare Weg für dieses Projekt ist, dass ich darüber verrückt werde. Denn wie erinnert man sich an die Zukunft? Und wie an eine Vergangenheit, die sich nicht bloß aus verpassten Chancen und netten Anekdoten speist? Worüber werden wir später sprechen? Und werde ich hier die Antwort auf die Frage, warum ich eigentlich für diese Band keine Stücke mehr schreibe, finden? Wird es mir wieder einfallen, weshalb ich all diese Lieder geschrieben habe?[60]

Spechtl formuliert also den Wunsch, durch den Blick in die Vergangenheit einen Weg in eine Zukunft zu finden. Die Befragung der eigenen Vergangenheit nimmt vor allem zwei Punkte in den Blick, die eng miteinander verbunden sind. Erstens: Wie könnte die musikalische Zukunft der Band Ja, Panik aussehen? Zweitens: Was könnte die Position von Künstler*innen in einer Gesellschaft sein, innerhalb derer kein Jenseits von kapitalistischen Produktionsweisen denkbar scheint und jede Fiktion einer Position außerhalb dieser Zusammenhänge eine Form von Selbstverleugnung wäre? Die erste Frage wird von Spechtl im Gegensatz von Werk- und Ereignisästhetik adressiert: „Warum also seinen eigenen Songs andauernd die Zukunft verbauen? / Bis jetzt haben wir es noch nicht geschafft, Songs in Versionen zu denken und den erschaffenen Moment einer Version als das eigentliche Werk."[61] Das Konzept von fertigen, aufgenommen Songs als Werk stehen in diesen Überlegungen dem Ereignis der Aufführung einer Version des Songs als eigentliches Produkt der Band gegenüber. Dieses Verhältnis wird mit

---

„Retro-Kultur" bezieht sich auf die Pop-Gegenwartsdiagnosen von Simon Reynolds (*Retromania. Pop Culture's Addiction to It's Own Past.* London 2011) und Mark Fisher (*Ghosts Of My Life. Writings on Depression, Hauntology and Lost Futures.* Winchester 2014).
60 Die Gruppe Ja, Panik: *Futur II.* Berlin 2016, S. 20.
61 Ebd., S. 87.

einem zeitlichen Index versehen. Die „Songs in Versionen" haben immer neue Zukünfte, die abgeschlossenen Songs erlangen mit ihrer Aufnahme in einer endgültigen Version zwar den Status eines Originals, sind aber als solches auch Vergangenheit.[62] In diesem Kontext stellt Spechtl auch Überlegungen zur Abhängigkeit der Band von den Vorgaben von Labels, Vertrieb und Agenturen an, die überhaupt erst Formate wie das Album von der Band forderten. Deren Rolle erscheint Spechtl allerdings durch die Möglichkeiten des Digitalen zunehmend fraglich.[63]

Diese auf die Produktion und Publikation von Musik bezogenen Reflexionen werden im weiteren Verlauf von *Futur II* auf den Bereich des gesellschaftlichen Zusammenlebens und Wirtschaftens insgesamt ausgedehnt. Im Zentrum steht zunächst das schon erwähnte Album *Libertatia*. Die Arbeit am Album sei, so schreibt Spechtl, von folgenden Fragen ausgegangen: „Wo ist eigentlich unsere Idee von einer Zukunft hin? Seit wann Beschleunigung zum Schimpfwort und Entschleunigung zur Allzweckantwort auf das entfremdete Leben geworden ist? Wir haben gefragt: Wohin mit uns, wenn wir drinnen nicht sein wollen und es kein Draußen mehr gibt?"[64] Die Idee eines utopischen Staats wird nicht nur auf dem Album reflektiert, in *Futur II* berichtet Spechtl auch von konkreten Überlegungen, eine karibische Insel zu erwerben, um dort eine alternative Gemeinschaft aufzubauen.[65] Diese Idee wird schließlich verworfen, inspiriert allerdings ausgehend von den Schriften des postkolonialen Philosophen Édouard Glissant eine Theorie des digitalen „Inselmenschen":

> Und wenn wir unsere sich ständig verändernde Welt durch diese Linse [die Philosophie Glissants, EK] betrachten, sind wir auch alle Inselmenschen und bewohnen Inseln mit ungeheuer komplexen Zentren und fließenden Peripherien: Länder, deren Netzwerke sich über salzige Meere und digitale Null/Einsen ziehen. Wir können unserem Insel-Sein also nicht entkommen.[66]

Inseln stehen hier nicht für Abgeschiedenheit und Abgeschlossenheit, sondern werden zu Knotenpunkten in einem weitverzweigten Netzwerk, das Spechtl als

---

62 Fünf Jahre nach *Futur II* hat Ja, Panik Anfang 2021 nach sieben Jahren wieder neues Material veröffentlicht und ist auch wieder aufgetreten. Auffällig ist dabei, dass ältere Songs im Sinne von Spechtls Überlegungen in *Futur II* neu interpretiert werden. Vgl. etwa hier: Studios für Erwachsenenbildung: „DIE GRUPPE JA, PANIK live am FM4 Fest 2021." In: *YouTube*. https://www.youtube.com/watch?v=1EFRpsrZt8o, 27.1.2021 [zuletzt eingesehen am 7.6.2021]. Das neue Album soll *Die Gruppe* (Bureau B 2021) heißen.
63 Vgl. Ja, Panik: *Futur II*, S. 56 f.
64 Ebd., S. 182.
65 Vgl. ebd., S. 138–145.
66 Ebd., S. 145.

ein digitales begreift. Mit Glissant reaktiviert der Ja, Panik-Sänger das Netz als Raum mit utopischem Potential. Dieses Konzept steht, auch wenn Spechtl in *Futur II* den meisten Raum einnimmt, als eines von mehreren, die im Roman entwickelt werden. Janata verschiebt seine Ankunft im Wiener Archiv durch immer neue Eskapaden bis zum Ende des Textes und steht im Kontrast zur Intellektuellenfigur Spechtl für das sorglose Genießen der Gegenwart. Pabst richtet sich im Berliner Archiv ein und entwickelt eine idiosynkratische Wissenschaft, die zu geistiger Umnachtung und körperlicher Vernachlässigung einerseits führt, andererseits aber zu einem Algorithmus, der angeblich die Zukunft vorausberechnen kann. Pabst versucht das anhand von E-Mails über das Buch zu beweisen.[67] In Pabsts Behauptungen scheint die andere, sich auf die digitalen Prognosemöglichkeiten beziehende Version der Kopplung Zukunft/Digitalisierung auf. Utopischer Zukunftsbezug, prognostischer Zukunftsbezug und hedonistische Gegenwartsfeier werden durch die drei männlichen Bandmitglieder repräsentiert. Dieser Logik entspricht, dass es am Ende Keyboarderin Laura Landergott ist, die sich auf die Suche nach Spechtl macht, der auf mysteriöse Weise verschwindet. Sie wird auf diese Weise zur Herausgeberin des kollektiven Tagebuchs, dem sie noch einige Zettel hinzufügt, von denen sie vermutet, dass Spechtl sie vor seinem Verschwinden geschrieben habe. Sie sichert die Einheit des Textes, die durch die unterschiedlichen Entwürfe der männlichen Bandmitglieder auseinanderzufallen droht.

Die Einheit des Buches wird jedoch nicht nur durch die Figur Landergott, sondern auch über Überlegungen von Spechtl zum Futur II gestiftet. Schon an Tag 16, also lange vor seinem Verschwinden, hatte er geschrieben:

> Vielleicht ist das auch der eigentliche Grund, dieses Buch zu schreiben. Sich zu erinnern und dadurch eine Zukunft zu verorten, die wir uns die letzten beiden Jahre [seit dem Album *Libertatia*] so schwer ausmalen konnten. Denn in Wahrheit ist sie immer da. In jedem E-Mail, das ihr mir schickt und in jeder meiner Antworten. Und in diesem Buch wird sie sein, wie ein gelber DHL-Zettel im Postfach.[68]

Zukunft wird als etwas beschrieben, das im Nachhinein vorhanden gewesen sein wird, und zwar nicht als Ganzes, als verwirklichte Utopie, sondern als Spur von etwas Kommendem. Darauf deutet der Vergleich mit der Paketbenachrichtigung. Die Nachrichten der Band sind Sendungen, die auf eine Antwort und auf neue Zukünfte verweisen, ganz ähnlich wie es Spechtl zuvor als neues Konzept für die Songs, die nur als Version existieren, vorgeschlagen hatte. Zukunft im Futur II zu denken, heißt bei Ja, Panik also nicht Bedrohung und Blockade wie bei Horn oder Röggla, bedeutet nicht ein Archiv ver-

---

67 Vgl. ebd., S. 243–248.
68 Ebd., S. 175.

gangener Prognosen wie bei Nassehi, sondern beschreibt ein Vorgehen, dass die künstlerischen Produkte offen hält für Anschlussmöglichkeiten und insofern gerade die in den Präsentismus-Diagnosen hervorgehobene Blockade des Zukunftsdenkens überwindet. Die Anschlussmöglichkeiten kann man mit der Utopie der digitalen „Inselmenschen" als Knotenpunkte eines Netzwerks denken, aus dem eine Gemeinschaft entsteht. Während das Futur II in den anderen Fällen Zukunft als offenen Raum verhindert, ermöglicht der Modus des Futur II bei Ja, Panik gerade, eine Fortsetzung zu denken, im Vertrauen darauf, dass Zukunft in der Zukunft dagewesen sein wird. Dieses Vertrauen ist Nassehis Zukunftsglauben nicht unähnlich, obwohl sich in den beiden Positionen völlig gegensätzlich Haltungen zeigen.[69] Wie Nassehi vertraut Spechtl zwar darauf, dass die Zukunft da gewesen sein wird, aber wo bei Nassehi Gelassenheit und Vertrauen auf gesellschaftliche Problemlösung gegenüber alarmistischem Krisengerede ist, ist bei Ja, Panik das Vertrauen darauf, dass gesellschaftliche Veränderungen eintreten werden.

6 Zukunftsgenossenschaft (Armen Avanessian)

Wie Ja, Panik beschäftigt sich Armen Avanessian mit der Frage, wie ein in der Gegenwart diagnostizierter Präsentismus überwunden werden kann. In mehreren Veröffentlichungen hat sich Avanessian seit dem 2013 im Merve-Verlag erschienenen Band *#Akzeleration* Fragen der Zeit gewidmet.[70] Ein zentrales Konzept ist in diesem Zusammenhang das der „Zukunftsgenossenschaft", eine Parallelbildung zum Begriff der Zeitgenossenschaft. Avanessian versucht auf diese Weise eine Alternative zu an Kritik gekoppelte Konzepte der Zeitgenossenschaft zu finden, die durch ihre Vereinnahmung durch den Kunstmarkt im speziellen und den Kapitalismus im Allgemeinen unbrauchbar geworden seien. Wesentlicher Ausgangspunkt ist neben dieser Kritik der Kritik die Diagnose einer Verschiebung in der gegenwärtigen Zeitwahrnehmung:

> Wir leben nicht nur in einer neuen oder beschleunigten Zeit, sondern die Zeit selbst – die Richtung der Zeit – hat sich geändert. Wir haben keine lineare Zeit mehr im Sinne einer

---

69 Diese Haltung ließe sich mit dem von Spechtl im Roman reflektierten kulturellen Katholizismus der Band in Verbindung bringen: Vgl. ebd., S. 34–36.
70 Vgl. Armen Avanessian (Hg.): *#Akzeleration*. Berlin 2013; Ders./Robin Mackay (Hg.): *#Akzeleration#2*. Berlin 2014; Ders./Suhail Malik (Hg.): *Der Zeitkomplex. Postcontemporary*. Übers. v. Ronald Vouillé. Berlin 2016; Ders.: *Metaphysik zur Zeit*. Berlin 2018.

> Vergangenheit, auf die die Gegenwart und die Zukunft folgen. Es ist eher umgekehrt: Die Zukunft ereignet sich vor der Gegenwart, die Zeit kommt aus der Zukunft.[71]

Das heißt, dass Gegenwart sich nicht mehr aus Vergangenheit ergibt, sondern Gegenwart durch Zukunft bestimmt ist. Avanessian formuliert damit eine klare Gegenposition zu Nassehi und zugleich eine Radikalisierung von Rögglas Rede vom „Gegenverkehr aus der Zukunft", der hier nicht nur in der Gegenwart für Irritationen sorgt, sondern die Gegenwart ganz und gar bestimmt. Es besteht kein Zweifel mehr daran, dass Zukunft auf eine bestimmte Weise stattfinden wird, worauf man dann schon in der Gegenwart reagiert. In diesem Sinn ist die Zukunft schon abgeschlossen, sie wird stattgefunden haben, sodass man in der Gegenwart mit ihr kalkulieren muss. Das Futur II, so könnte man mit Blick auf die Frage des Aufsatzes formulieren, bestimmt die Gegenwart, ohne dass es noch mögliche andere Zukünfte gibt. Avanessian begründet seine Diagnose zum einen mit einem generellen Unbehagen am gegenwärtigen Zeitempfinden und zum anderen mit den Empfehlungsalgorithmen von Online-Shops und der Praxis des *predictive policing*, durch das sich ein Teil der Polizeiarbeit auf die präventive Verhinderung von Verbrechen fokussiert, deren Wahrscheinlichkeit zuvor mit Algorithmen berechnet wurde. Auch den Handel mit sogenannten Futures im Finanzsektor führt Avanessian als Symptom eines spekulativen Gegenwartsverständnis an.[72] All diese Entwicklungen machten die Idee nutzlos, „Einfluss auf die Gegenwart zu nehmen, indem man versucht, ihr so nahe wie möglich zu kommen".[73] Man brauche daher für „ein Denken und eine Praxis, die der spekulativen Zeitlichkeit [gerecht wird], in der wir leben (einer *Zukunftsgenossenschaft*, wie ich vorhin gesagt habe), [...] Mittel zur *Transformation* des Futurs in den Präsens [!]".[74] Avanessian koppelt das Konzept der Zukunftsgenossenschaft, wie sich an dieser Stelle andeutet, explizit an Reflexion zur Grammatik, die jedoch das Futur II außen vor lassen. Was bei Röggla das aus der Zukunft kommende und die Gegenwart bestimmende „Futur zwei" ist, nennt Avanessian „indikative Zukunft".[75] Wie bei Röggla und anderen blockiert diese Form der Zukunft Zukunft als Möglichkeitsraum. Während Röggla diese zeitlichen Zusammenhänge erst einmal beschreiben will, sucht Avanessian schreibend nach Gegenstrategien. Als Strategie der Wiederherstellung einer offenen

---

71 Armen Avanessian/Suhail Malik: „Der Zeitkomplex." In: dies. (Hg.): *Der Zeitkomplex*, S. 7–36, hier S. 36. Der Text ist als Dialog gestaltet, die zitierte Stelle ist als Rede von Avanessian markiert.
72 Vgl. ebd., S. 9 f.
73 Ebd., S. 24.
74 Ebd., S. 34, Hervorhebungen im Original.
75 Vgl. ebd., S. 32.

Zukunft formuliert er das Konzept einer spekulativen Poetik, die als Arbeit an und mit Sprache Möglichkeiten offenhalten soll.

In diesem Sinn kann man das im Jahr 2017 veröffentlichte Tagebuch einer Miami-Reise als Versuch verstehen, das Konzept der Zukunftsgenossenschaft einerseits noch einmal zu formulieren, aber andererseits auch schreibend umzusetzen. Das Miami der Gegenwart ist doppelt besetzt, insofern nicht zufällig Gegenstand von Avanessians Tagebuch: Es steht einerseits für eine bestimmte Ausprägung des Kapitalismus, vom Strandkörper bis zum Immobiliengeschäft ein Utopia des Neoliberalismus. Da Miami andererseits vom Ansteigen des Meeresspiegels bedroht ist, trägt die Stadt jedoch zugleich die Konnotation einer katastrophischen Zukunft mit sich. Geht es bei der Ankunft von Avanessian, die im Flugzeug durch das Ansehen von *Miami Vice*-Folgen vorbereitet wurde, zunächst um „die Miami zugeschriebenen Exotismen", genauer „[k]aribische Temperaturen, hohe Luftfeuchtigkeit, Jetlag",[76] und den Blick von außen auf die Stadt, folgt daraufhin die im Titel angedeutete „Miamification" beziehungsweise „Miamisis",[77] das heißt die weitere Annäherung an die Stadt. Deutlich wird die Miamifizierung etwa, wenn Armen und seine Reisebegleitung Marie ihr Verhalten beim Spaziergang durch die Stadt reflektieren: „[I]hr debattiert weiter, ob eure Einkehr in die zwischen den Restaurants verstreuten Geschäfte der klimaintelligenten Körperkühlung dient oder ob es sich eher um das miamitypische Highend-Shopping handelt."[78] Miami ist bei Avanessian eine exemplarische Zuspitzung des Präsentismus der Gegenwart: „Von der Alltagskultur bis in euer aktuelles Finanzsystem reicht eine ideologische Matrix, die ohne Probleme miteinander und in sich selbst widersprüchliche Phänomene – Jetztkult, Geschwindigkeitsemphase, Gegenwartsbeschwörung – kombiniert."[79] Avanessians Aufzeichnungen reflektieren Miami und den Präsentismus, um in der schreibenden Reflexion der eigenen Position Möglichkeiten dessen Überwindung nachzuspüren. Die Dringlichkeit einer Gegenstrategie wird von Miami als Schauplatz vor Augen geführt:

> *In sixty-five to seventy years all this will be gone.* Der Anstieg des Meeresspiegels, die beschränkten Kapazitäten der Korallen, auf denen die Stadt nach ihrer Entsumpfung – *we did it, it's us ourselves who did it no more than hundred years ago* – gebaut ist, machen Miami zu einer untergehenden Welt, ohne dass dies der Spekulationswut der Anleger Abbruch tun würde. *A drowning city.* Auch Miami läuft die Zeit davon.[80]

---

76 Armen Avanessian: *Miamification*. Leipzig 2017, S. 13.
77 Ebd., S. 28.
78 Ebd., S. 29.
79 Ebd., S. 53.
80 Ebd., S. 79.

In dieser Beschreibung verdichtet sich ein Zusammenhang von Stadt, kapitalistischem Präsentismus und drohender Katastrophe. Trotz des drohenden Verschwindens Miamis in naher Zukunft wird weiter in „diese *plastic city*"[81] investiert, werden Viertel gentrifiziert und Immobilien ‚entwickelt'. In Avanessians Aufzeichnungen wird seine Verstrickung in diese Zusammenhänge deutlich, während er zugleich schreibend einen Ausweg sucht. Dieser Ausweg steht jenseits einer evaluierenden Kritik der Gegenwart, die nach Avanessians Ansicht selbst dem Präsentismus verhaftet bleibt, von dem sie sich zu distanzieren versucht.

Inwiefern bringt Avanessians Tagebuch nun eine Form von Zukunftsgenossenschaft hervor? Aus den oben genannten Gründen lässt sich die Reise nach Miami als Reise in eine Zukunft verstehen, insofern sie näher an der Klimakatastrophe und in ihrer Kommerzialisierung weiter vorangeschritten ist. Im Verhältnis zu Miami beschreibt Avanessian seinen Wohnort Berlin als restaurativ, also der Vergangenheit zugewandt.[82] Avanessian schreibt sein Journal bis auf eine Ausnahme in der zweiten Person Plural. Durch diese Strategie wird die eigene Verstrickung in die Verhältnisse im Selbstgespräch deutlich markiert und im Appell an die Leser*innen deren Verstrickung zugleich angedeutet. In der Selbstansprache erzeugt Avanessian aber auch eine Spaltung, die es aus Sicht der spekulativen Poetik ermöglicht, dem kapitalistischen Präsentismus zu entkommen. Durch diese grammatische Verschiebung deutet er seine Reflexion auf seine Verstrickung an, die es ihm nach der Rückkehr aus Miami ermöglicht, die Zukunft wieder als Möglichkeitsraum zu begreifen und zwar in dem Moment, in dem er sich nicht mehr in der zweiten Person Singular anspricht, sondern in der ersten Person Singular schreibt. Zunächst wird dies – noch in der zweiten Person Singular – konzeptuell reflektiert: „Du sollst dein Leben überschreiben, umschreibe dich, schreibe dich um, dich aus der Zukunft neu und gibt den Dingen meine Bedeutung. [...] Mein Ich ist eine Angelegenheit des Schreibens und Umschreibens. Ich umschreibe es und schreibe es um."[83] Während Avanessian seine Poetik noch einmal beschreibt, vollzieht er den an sich selbst gerichteten Befehl des Umschreibens von der zweiten zur ersten Person Singular. Dies ermöglicht es ihm auch wieder, die Zukunft als offenen Horizont zu sehen: „Mit einem Buchmanuskript im Gepäck, zwar übernächtigt, aber den Kopf endlich wieder frei für die anstehenden Projekte oder Möglichkeiten. [...]

---

81 Ebd., S. 120.
82 Vgl. ebd., S. 128.
83 Ebd.

Indikativ werden."⁸⁴ Als „Indikativ-Werden"⁸⁵ bezeichnet Avanessian wie oben angesprochen die Transformation von der Zukunft in das Präsens, die durch Zukunftsgenossenschaft erreicht werden kann.

7

Das Zukunftsdenken der Moderne ist als ein Umgang mit dem zu denken, was Elena Esposito als eine „schwindelerregende[...] Unsicherheitsvervielfachung"⁸⁶ bezeichnet hat: Weil Menschen Entscheidungen treffen, um Unsicherheiten zu reduzieren und diese Entscheidungen wiederum von den Entscheidungen anderer abhängig machen, entstehen komplexe Zusammenhänge von Unabwägbarkeit, die Esposito mit Niklas Luhmann als „mehrfache Kontingenz"⁸⁷ bezeichnet. Moderne Gesellschaften haben verschiedene Strategien entwickelt, mit dieser mehrfachen Kontingenz zurecht zu kommen, dazu gehören die Wahrscheinlichkeitstheorie, aber auch der Roman. Beide sind als Fiktionen zu begreifen, die auf die Realität zurückwirken und Zukunft gemeinsam planbar machen, also zum gesellschaftlichen Unsicherheitsmanagement beitragen. Sie sind Auseinandersetzungen mit gegenwärtigen Zukünften, die nicht als künftige Gegenwart, die trotz alles Bemühens unbekannt bleibt, absolut gesetzt werden dürfen. Würden sie absolut gesetzt, würde diese Zukunftsfiktionen die Möglichkeiten offener Zukunft negieren, anstatt Teil eines produktiven Umgangs mit dieser offenen Zukunft zu sein.⁸⁸ Zukunftsvorstellungen moderner Gesellschaften sind also danach zu befragen, wie sie sich zu mehrfacher Kontingenz und dem Management von Unsicherheit verhalten.

Gegenwärtig ist das Unsicherheitsmanagement von zwei Motiven geprägt: der Klimakrise und der Vorstellung zukünftiger Katastrophen sowie der Digitalisierung, die einerseits utopische Hoffnung an sich knüpfte und es andererseits durch die Verbesserung prognostischer Möglichkeiten so scheinen lässt, als wäre die offene Zukunft maßgeblich eingeschränkt. In dieser Lage weist Horn den katastrophischen Zukunftsfiktionen eine spezifische Rolle zu: Die unklare Lage erfordere, „dass eine mögliche Bedrohung glaubhaft, greifbar, konkret vorstellbar wird – nicht als mögliche, sondern als *gegebene* Zukunft. [...]

---

84 Ebd.
85 Ebd., S. 127.
86 Elena Esposito: *Die Fiktion der wahrscheinlichen Realität*. Frankfurt a.M. 2007, S. 52.
87 Ebd.
88 Dazu ebd., S. 50–67.

Die Zukunft als gegebene schildern, genau dies leisten Fiktionen."[89] Die Frage ist, ob die Auffassung katastrophischer Zukunftsfiktionen als „gegebener" Zukunft im Sinne Espositos produktiv genutzt werden kann. Der Umgang mit dieser „gegebenen Zukunft" ist dafür entscheidend: Das Katastrophische kann entweder jede Idee einer offenen Zukunft verdecken und als bedrückend erfahren werden oder es kann gerade dazu dienen, so zu handeln, dass die Zukunft erneut als offen erscheinen kann.

Demgegenüber setzen die hier vorgestellten Positionen mit Ausnahme von Röggla nicht auf Katastrophenszenarien. Auch sie verhandeln aber in Bezug auf die Struktur des Futur II das Problem der offenen Zukunft und die Frage der Kontingenz. Nassehi und Ja, Panik vertrauen auf unterschiedliche Art gesellschaftlicher beziehungsweise künstlerischer Problembearbeitung, wobei Ja, Panik in der Digitalisierung eher utopisches Potential sieht und die Klimakrise in ihrer Kapitalismuskritik adressiert. Randts Figuren sind auf Planung und Beherrschung des eigenen Lebens und damit auf maximale Kontingenzreduktion ausgerichtet. Diese Strategie nimmt die Zukunft in begrenztem Maße als offen war und zwar nur insofern diese planbar ist. Digitalisierung erscheint als zentraler Teil der Gegenwartserfahrung, der vor allem von Jerome Daimler tendenziell als mystisch überhöht wird. Avanessian setzt wie Ja, Panik große Hoffnung in künstlerisch-sprachliche Strategien zu einer erneuten Öffnung der Zukunft, die ihm durch einen unter anderem der Digitalisierung geschuldeten Präsentismus aus dem Blick geraten scheint. Im Gegensatz zu Randts Figuren reflektiert er seine eigene Verstrickung in die negativen Folgen von Digitalisierung und des westlichen Lebensstils.

In den diskutierten Beispielen muss die Zukunft als Möglichkeitsraum, wenn man diese Form der Unsicherheit als positiv wahrnimmt, gegen eine Gegenwartsfixierung, die alles andere ist als eine hedonistische Feier der Gegenwart, erst wieder eröffnet werden. Verhandelt wird in diesem Kontext damit auch – insbesondere bei Röggla und Nassehi, implizit bei Randt, Ja, Panik und Avanessian – ob mit dem postdigitalen Zustand auch ein „Ende der Geschichte" eintritt. Dieses neue „Ende der Geschichte" ist nicht unbedingt durch eine fortschreitende Entwicklung von der Vergangenheit bis zur Gegenwart entstanden, sondern durch die Verengung der Möglichkeiten durch den Blick aus der Zukunft in die Gegenwart. Eben dieser Zusammenhang kristallisiert sich auf unterschiedliche Weise in der Rede vom Futur II und ihm strukturell verwandter Konzepte.

---

89 Horn: *Zukunft als Katastrophe*, S. 386.

Eva Stubenrauch
Mahnung, Distanz, Resignifizierung
Textverfahren der Digitalisierungskritik

Das Schreiben über gegenwärtige Netzwerkphänomene wird häufig von einer normativen Spur begleitet. Zu diesem Eindruck kommt, wer sich auch nur wenige Minuten mit aktuellen Zeitdiagnosen und Narrativen des Digitalen als mittlerweile unverzichtbarer Bestandteil unserer Gegenwartsgesellschaft auseinandersetzt. Das Netz erscheint als *die* passende Metapher für eine vielgestaltig diagnostizierte posthistorische Zeit, die nicht mehr nach vorn rückt, sondern grenzenlos in die Breite fließt – und als willkommener Anlass, eben diese Zeittendenz kritisch zu beäugen. Kaum eine Zeitdiagnose unserer Gegenwart, die ihre Beobachtungen nicht an digitalen Phänomenen und Entwicklungen festmachen will. Selbst die wissenschaftliche Beschäftigung mit Netzwerkphänomenen ist nicht frei von emotionalen Einstellungen zum eigenen Objektbereich. Alexander Friedrich formuliert das „Verhältnis von Metaphorizität und Normativität" angesichts der Forschungslage zu Netz(werk)metaphern als bleibende „offene Frage".[1] Aus der scheinbar wertfreien Beschreibung des Netzes als Organisationsprinzip mit „dezentralen oder verteilten Strukturen" wird so schnell die Utopie eines möglichen kollektiven „Ausbrechens des Denkens aus der vermeintlichen Linearität von Sprache und Schrift".[2] Diese Heilserwartung wird andernorts als naives „Klischee von Mütterlichkeit" netzwerkstruktureller Eigenschaften entlarvt, als „äußerst ideologische, illusionäre Vorstellung", die die Kosten der Vernetzung nicht mitbedenke und ‚realitätsinkongruent' die Netz-Konsequenzen der Verflachung ausblende.[3]

Auf der affirmativen Seite fallen dabei Deskription und Präskription zusammen, wird ‚Vernetzung' oftmals zum emphatischen Programm, das es möglichst bald und auf vielen Ebenen umzusetzen gilt.[4] Auf der pejorativen Seite wird die Deskription vielfach unterlaufen, lässt sich die Zeit-‚Diagnose' nicht ohne den

---
[1] Alexander Friedrich: *Metaphorologie der Vernetzung. Zur Theorie kultureller Leitmetaphern*. Paderborn 2015, S. 25.
[2] Jörn Münkner/Jürgen Fröhlich: „Einleitung". In: *Netzstrukturen. Zur Kulturgeschichte sprachlicher, visueller und technischer Netze. Perspecuitas Internet-Periodicum für mediävistische Sprach-, Literatur- und Kulturwissenschaft* (2005), S. 1–8, hier S. 4 f. http://www.perspicuitas.uni-essen.de/sammelbd/netzstrukt/einleitung.pdf [zuletzt eingesehen am 7.6.2021].
[3] Gerhard Fröhlich: „Netz-Euphorien. Zur Kritik digitaler und sozialer Netz(werk)metaphern". In: Alfred Schramm (Hg.): *Philosophie in Österreich 1996*. Wien 1996, S. 292–306, hier S. 303.
[4] Vgl. Stefan Kaufmann: „Netzwerk". In: Ulrich Bröckling u. a. (Hg.): *Glossar der Gegenwart*. Frankfurt a.M. 2004, S. 182–189, hier S. 182.

Open Access. © 2022 Eva Stubenrauch, publiziert von De Gruyter. Dieses Werk ist lizenziert unter einer Creative Commons Namensnennung - Nicht-kommerziell - Keine Bearbeitung 4.0 International Lizenz.
https://doi.org/10.1515/9783110758603-004

Krankheitskontext lesen, der ihrer historischen Semantik innewohnt.[5] Geht man von der Ebene der Diskurssemantik weg und blickt auf die Verfahrensweisen des Schreibens und damit auf die Machart der Aussagen, so findet sich eine wenig überraschende quantitative Asymmetrie: Netzwerkstrukturelle Formen sind in der Textperformanz digitalisierungsemphatischer und -kritischer Statements nicht gleich verbreitet. Einer Ästhetik des digitalen Schreibens bedienen sich vermehrt Autor*innen, die in der netzmedialen Rahmung Chancen für die Textproduktion erkennen.[6] Formästhetiken des Digitalen sind somit vor allem in solchen Texten zu finden, die dem Digitalen einen avantgardistischen Beitrag zur Innovation ‚herkömmlicher' Textverfahren zusprechen und den Neuen Medien somit einen Mehrwert für ein Neues Schreiben abgewinnen.[7] Netzwerkpoetiken profitieren hier von dem erzählerischen Potenzial neuer technischer Operationen, die über ihren Neuheitswert hinaus in steter Entwicklung begriffen sind und so ständig neue Verfahrensweisen produzieren.[8]

Weitaus weniger verbreitet und weniger besprochen ist der Umgang dezidiert digitalisierungskritischer Texte mit netzwerkstrukturellen Schreibweisen. Dass sich die Digitalisierungskritik Verfahrensweisen des Digitalen bedient, scheint zunächst als kontraintuitive Annahme – bis man genauer hinsieht. Die Asymmetrie in Vorkommen und Beachtung digitalisierungskritischer Netzwerkästhetiken bildet den Ausgangspunkt meiner folgenden Überlegungen. Dieser Beitrag rückt gerade jene zeitdiagnostischen Umgangsweisen mit Netzverfahren ins Zentrum, die in Anschlag gebracht werden, um vor einer zunehmenden Digitalisierung der Gegenwartsgesellschaft zu warnen. Mit ‚Mahnung', ‚Distanz' und ‚Resignifizierung' schlägt dieser Beitrag eine dreiteilige Systematik der Funktionen digitalisierungskritischer Schreibverfahren vor, die freilich korrigiert und erweitert werden

---

[5] Vgl. zum begriffsgeschichtlichen Abriss der ‚Zeitdiagnose' Eva Stubenrauch: „Kontrapunkt moderner Historizität. Erschöpfung als Gegenwartsdiagnose bei Görres, Nietzsche und Gumbrecht". In: Jan Gerstner/Julian Osthues (Hg.): *Erschöpfungsgeschichten. Kehrseiten und Kontrapunkte der Moderne*. München 2021, S. 27–48.

[6] So betont etwa Berit Glanz, selbst Autorin im Internet, in ihrem Nachwort zu Sarah Bergers Kurztextsammlung *bitte öffnet den Vorhang: @milch_honig 2019–2009* (2020) die besondere Entsprechung der Rezeptionsmodi sozialer Netzwerke mit Erzählverfahren der Autofiktion. Berit Glanz: „‚Die abgeschnittene Person' – Autofiktion in den sozialen Medien". In: *54books*. https://www.54books.de/die-abgeschnittene-person-autofiktion-in-den-sozialen-medien/, 04.03.2020 [zuletzt eingesehen am 7.6.2021].

[7] Vgl. Steffen Martus/Carlos Spoerhase: „Gelesene Literatur in der Gegenwart". In: Dies. (Hg.): *Gelesene Literatur. Populäre Lektüre im Medienwandel*. Sonderband *Text + Kritik*. München 2018, S. 7–20.

[8] Vgl. für einen konzeptionellen Ansatz und einen genealogischen Überblick die Studie von Szilvia Gellai: *Netzwerkpoetiken in der Gegenwartsliteratur*. Stuttgart 2018, bes. S. 1–27.

kann, hier aber einen ersten Vorstoß bildet, sich dem Phänomenbereich der digitalisierungskritischen Zeitdiagnose zu nähern.

Unter Netzwerkverfahren verstehe ich im Folgenden textstrukturelle Anordnungen, die eine netz(werk)artige Verflechtung imitieren und sich mit Netz(werk)metaphern beschreiben lassen. Auf Objekt- und Beschreibungsebene dominiert hier die Auffassung einer zeichenvermittelten Wirklichkeit, die als ein interkonnektives „Geflecht von Linien und Knoten, von Kanälen und Kreuzungen" organisiert ist.[9] Textuelle Netzwelten sind Konstruktionen aus untergründig weit verzweigten und dezentrierten Zusammenhängen, die eine „flach hierarchisierte, modular angeordnete, kommunikativ dicht gekoppelte Matrix" bilden[10] und deren Bindeglied weder eine Essenz noch eine Hierarchie, sondern die Relation ist.[11] Eine netzwerkartige Textgenese lässt sich potenziell unabhängig von den besprochenen Inhalten in der Organisationsstruktur des Textes lesen und verfährt zunehmend ausdifferenzierend und selbstbezüglich.[12]

Weil auch das (Inter-)Textparadigma des ausgehenden 20. Jahrhunderts Beschreibungsgewohnheiten ausgebildet hat, mit denen semiotische Suprasysteme als Verwebungen und Verflechtungen gefasst werden, sind hier zwei weitere Spezifizierungen netzwerkartiger Schreibverfahren seit der Digitalisierung zentral. Erstens: Sie imitieren und inszenieren netzmediale Eigenheiten, etwa in der Begrenzung, Positionierung und Anordnung von Zeichen in Chatverläufen oder in der paratextuellen Aufbereitung konkret digitaler Materialität wie die der Siebensegmentanzeige. Zweitens: Schreibverfahren nach der Digitalisierung nehmen wie ihr diskurssemantisches Äquivalent performativ Stellung zu digitalen Phänomenen der Gegenwartsgesellschaft, etwa zu Formen der Bedeutungsgenese, Vergemeinschaftung oder algorithmischen Organisation von Wissen,[13] und verhandeln in ihrer Form sowohl die Bedingungen der Möglichkeit subjektiven Eingreifens als auch die spezifische Zeitlichkeit einer digitalisierten Kultur.

Die vorgeschlagene dreiteilige Taxonomie betitelt mit ‚Mahnung', ‚Distanz' und ‚Resignifizierung' netzwerkstrukturelle Schreibverfahren der Digita-

---

9 Kaufmann: „Netzwerk", S. 182.
10 Stefan Kaufmann: „Einleitung. Netzwerk – Methode, Organisationsmuster, antiessentialistisches Konzept, Metapher der Gegenwartsgesellschaft". In: Ders. (Hg.): *Vernetzte Steuerung: Soziale Prozesse im Zeitalter technischer Netzwerke.* Zürich 2007, S. 7–21, hier S. 7.
11 Vgl. Kaufmann: „Netzwerk", S. 184.
12 Siehe dazu Hartmut Böhme: „Einführung: Netzwerke. Zur Theorie und Geschichte einer Konstruktion". In: Ders. u. a. (Hg.): *Netzwerke. Eine Kulturtechnik der Moderne.* Köln u. a. 2004, S. 17–36, hier S. 23 u. 33.
13 Vgl. zu diesen Merkmalen einer digitalen Kultur Felix Stalder: *Kultur der Digitalität.* Berlin 2016, S. 95–202.

lisierungskritik, denen die Eigenschaft zukommt, dass sich ihre Form nicht von ihrer Funktion lösen lässt. Wenn eine Digitalisierungskritik mahnt, wenn sie sich distanziert oder wenn sie resignifiziert, dann auf eine jeweils eigene Machart, der die Illokution inhärent ist. Die Form ist mit ihrer Pragmatik durchzogen. Die Pragmatik erlaubt dann auch eine vergleichende Subsumption unterschiedlicher Formen in dieselbe Funktion der kritischen Schreibweise, sodass etwa Juli Zehs und Hans Ulrich Gumbrechts Texte trotz ihrer immensen Formdifferenz unter dieselbe Funktion – ‚Distanz' – fallen. Solche Schreibweisen der Digitalisierungskritik, die ihrerseits netzwerkstrukturell verfahren, finden sich in den hier besprochenen Texten sowohl auf mikrostruktureller Ebene, in Form sich wiederholender digitaler Textpartikel im Fortlaufen von Handlung bzw. Argumentation, als auch auf makrostruktureller Ebene und damit als übergreifendes Organisationsprinzip des Textes. Die vorgeschlagene Taxonomie – Mahnung/Distanz/Resignifizierung – ermöglicht einen vergleichenden Zugriff auf die verschiedenen Formen der Digitalisierungskritik und ist im Folgenden exemplarisch zu entfalten. Mit ihrer Hilfe lässt sich am Ende, so der Anspruch, genauer bestimmen, wie die Digitalisierungskritik der Gegenwart operiert und warum sie sich solchermaßen intensiv der Formen bedient, von denen sie sich gleichzeitig entschieden abwenden möchte.

1 Mahnung

Unter Schreibverfahren der Mahnung fallen solche Textphänomene, die sich einer Netzwerkästhetik bedienen, um deren Problematik hervorzuheben. Die Netzstruktur wird nicht affirmativ im Sinne progressiver Stiltendenzen verwendet und auch nicht als Ausdruck seismographischer Gegenwartsprotokollierung, sondern sie wird mit einem warnenden Gestus kombiniert. Die Oberflächenstruktur mahnend verwendeter Schreibverfahren der Vernetzung unterscheidet sich also in vielen Fällen nur marginal von affirmativen Umformungen tradierter Darstellungsweisen. Der Unterschied liegt in der Motivation der Verwendung, die bei den einen in der technisch inspirierten Erweiterung des schriftstellerischen Formrepertoires, bei den anderen in der ideologiekritischen Analyse netzwerkstruktureller Phänomene und ihrer ubiquitären Wirkung zu suchen ist. Schreibverfahren der Mahnung verwenden die Zitation der Netzstruktur zur Aufklärung über die Gefahren der Digitalisierung. Dem kritisch-engagierten Impetus liegt dabei häufig die Annahme zugrunde, dass die mediale Durchdringung einer Gesellschaft besonders dann problematisch wird, wenn sie nicht (mehr) bemerkt wird. Wenn eine Gewöhnung eingetreten ist, dient die mahnende Sichtbarmachung im Text zugleich der Transparenz eben jener Prozesse, die mehr oder weniger unbemerkt unseren Alltag durchdringen.

Tobias Elsässer: *Play*

Exakt diese Wirkung beansprucht Tobias Elsässers Jugendbuch *Play* (2020). Schon das Cover implementiert eine Text-Bild-Kongruenz und erweckt den Eindruck,[14] der Roman handele vom gläsernen Menschen (vgl. Abb. 1). Dargestellt ist ein

Abbildung 1: Cover von Tobias Elsässer: *Play* (2020).

---

14 Das Cover ist auf der Vertriebsseite des Hanser-Verlages einsehbar: https://www.hanser-literaturverlage.de/buch/play/978-3-446-26803-6/ [zuletzt eingesehen am 7.6.2021]. Copyright: Tobias Elsäßer, Play © 2020 Carl Hanser Verlag GmbH & Co. KG, München (Abdruck mit freundlicher Genehmigung des Carl Hanser Verlags).

männliches Gesicht in Form eines Polygonnetzes, eines Gittermodells, das die computergrafische Basis für dreidimensionale Objekte bildet. Das Drahtgittermodell funktioniert als Grundlegung für Texturen, die die Struktur aus Kanten und Knoten mit Oberflächen füllen; je mehr Verzweigungen das Modell aufweist – wie hier an der Augenpartie angedeutet –, desto präziser, feiner und ‚echter' wird das dreidimensionale Bild. Je höher die Anzahl der Polygone, desto mehr Rechenleistung wird für die Visualisierung des Modells benötigt. Das Cover spielt mit der visualisierten Metapher des vernetzten Menschen und nutzt eine Ästhetik der technologischen Berechenbarkeit des Individuums,[15] die auf Handlungsebene aufgegriffen wird – geht es doch um die dystopische Vorstellung, eine App könne aus ungeschützten Daten sozialer Netzwerke präzise Modellierungen und Aussagen über das Selbst erstellen. Insofern die Covergrafik nicht das dreidimensionale Objekt mitsamt seiner Oberflächenstruktur, sondern lediglich die modellierende Grundmasse abbildet, wird die Aufmerksamkeit auf den technologischen Herstellungsprozess gelenkt. Der visuelle Paratext reflektiert damit die ‚Gemachtheit' der Grafik, die in der ‚authentischen' Endversion des 3D-Objekts zu verschwinden droht und hier gerade der reflektierten Wahrnehmung überantwortet werden soll. In der intermedialen Formanleihe verweist die Medialität des Textes auf die Medialität von Big Data, deren Konstruktionsanteil bei der Datengenerierung an die Oberfläche geholt werden soll.

Wie ein Manifest gegen die „Materialvergessenheit"[16] der digitalisierten Gegenwart zeigen sich Text und Paratext auch nach dem Aufschlagen des Buches: Die Kapitel sind mit segmentierten, dreidimensionalen Zahlen nummeriert, die den visuellen Stil der Titelgebung reproduzieren. Die Titelgebung wiederum verweist auf den Play-Button der App MASCHINE, durch dessen zweimaliges Betätigen die Handlung beginnt:[17] Der 18-jährige Protagonist Jonas stößt kurz vor seinem Abitur online auf die MASCHINE, die vorgibt, seine Zukunft aus ihr verfügbaren Dateien berechnen zu können. Das Ergebnis – die Aussicht auf ein durchschnittliches Unternehmerleben wie das seines abwesenden Vaters – motiviert Jonas dazu, das Spiel ein zweites Mal zu beginnen und sich nach seinem Abitur auf einen Roadtrip zu begeben, der mit maximal unvorhergesehenen Handlungsverläufen die Berechnung der MASCHINE sabotieren soll.

---

15 Vgl. Martin Warnke: „Ästhetik des Digitalen. Das Digitale und die Berechenbarkeit". In: *Zeitschrift für Ästhetik und allgemeine Kunstwissenschaft* 59 (2014), S. 278–286, hier bes. S. 279.
16 Siehe dazu grundlegend Stephan Kammer: „Visualität und Materialität der Literatur". In: Claudia Benthien/Brigitte Weingart (Hg.): *Handbuch Literatur & visuelle Kultur*. Berlin/Boston 2014, S. 31–47, S. 33.
17 Vgl. Tobias Elsässer: *Play*. München 2020, Prolog, o.S.

Play verhandelt damit tradierte Topoi des Jugendromans – Reise, Selbstfindung, Distanzierung von den Eltern – im Gewand einer Digitalisierungskritik, die den Spannungsaufbau der Handlung aus einem steten Ankämpfen gegen den Algorithmus generiert. Dazu nutzt die Textoberfläche wiederholt grafische Abweichungen vom Fließtext in Form von Chatverlaufsabbildungen und Entscheidungsbäumen, die verzweigte Variablen auflisten und zwischen Entscheidungskontingenz und doch wieder vorgezeichneten Varianten changieren: Selbstbestimmtheit gegen die App und ihre Prognose avanciert zum zentralen Konflikt der Handlung, die voranschreitet, indem Jonas die algorithmischen Berechnungen mal befolgt, mal bewusst gegen sie entscheidet – und damit jede Entscheidung digital determiniert trifft. Die Agency, die Jonas der MASCHINE durch sein Verhalten zugesteht, wird im Text selbst reflektiert, doch braucht es dazu eine andere Figur: „Wenn du die App als Gegner betrachtest, hat sie bereits gewonnen. Du setzt auf Rot, auf Leute wie mich, mit denen du eigentlich nichts zu tun haben willst, weil sie, wenn deine Theorie stimmt, Konflikte und Ärger bedeuten. Sinnvoller wäre es, auf dein Bauchgefühl zu hören. Das macht dich weniger berechenbar."[18] Handlungslogisch konsequent endet der Roman damit, dass sich die App selbst in ihrer subversiven Programmatik gegen kommerzielle Datensammler offenbart. Die Sabotage der digitalen Manipulation dupliziert sich auf der Ebene des Manipulationsobjekts, das auf einmal zum Komplizen wird.[19] An dem illokutionären Sprechakt des Romans – Warnung – lässt sich mithin wenig Zweideutiges finden. Vielmehr wird eindeutig ausgesagt, dass sich Algorithmizität nicht umgehen lässt. Die Botschaft ist klar: Wer sich einmal auf sie eingelassen hat, unterliegt ihrer „totalen Vernetzung", mit der man sich auch zunehmend „selbst strangulieren" kann.[20]

Materialität, Intermedialität und Handlungslogik in *Play* gehen Hand in Hand und erzeugen ein Konglomerat an Textverfahren, die der Funktion ‚Mahnung' folgen. Visuell, reflexiv und narrativ wird somit die panoptische Vision einer vollständig vernetzten Gegenwart aufgerufen, in der selbst der Versuch,

---

18 Ebd., S. 218.
19 Vgl. ebd., S. 279.
20 Michael Andritzky/Thomas Hauer: „Alles, was Netz ist". In: Klaus Beyrer/Michael Andritzky (Hg.): *Das Netz. Sinn und Sinnlichkeit vernetzter Systeme*. Heidelberg 2002, S. 11–18, hier S. 18. Auch dieser Text ist ein Beleg für die oben formulierte Hypothese, dass eine Vielzahl an wissenschaftlichen Publikationen mit Objektivitätsanspruch ihre normative Rahmung der Thematik nicht zurückhalten kann. Der Aufsatz beginnt mit einer epistemischen Klassifikation verschiedener Kontexte des ‚Netzes' – „Natur und Leben", „Verkehr", „Kommunikation" – und driftet in seinem letzten Abschnitt in eine Globalisierungskritik, die mit einem Plädoyer für ‚kleine überschaubare Netze' endet.

die Berechnung zu manipulieren, algorithmisch präfiguriert ist. Nicht nur zieht Elsässers Roman seine Handlungsmotivation aus einem Roadtrip, der gegen die technologische Prognostik gerichtet ist, er durchflicht seine Textoberfläche bis zum Schluss auch mit grafischen Markern digitaler Allpräsenz. Die Netzwerkstruktur als metaphorischer Inbegriff des ‚Dazwischen' verhindert also ihrerseits eine insulare Zwischenposition jenseits von Knoten und Kanten, da diese immer wieder nur Teil des Netzes sein kann.[21] Das digitalisierungskritische Verfahren imitiert somit eine Netzwerkästhetik, um ihre Gefahren in vehementer Plastizität vorzuführen.

Uwe Tellkamp: *Der Eisvogel*

Formal ganz anders, jedoch funktional äquivalent verfährt Uwe Tellkamps Roman *Der Eisvogel* (2005), der in der Forschung vor allem hinsichtlich der Motive Terror und Rechtskonservatismus oder diskursanalytisch auf die feuilletonistische Auseinandersetzung mit der politischen Haltung seines Autors befragt wurde.[22] Seinen Verfahren der Digitalisierungskritik, hier Teil einer generellen Medienkritik, wurde bisher kaum Beachtung geschenkt. Sabrina Wagner beschreibt Tellkamps Protagonisten Wiggo zwar aufgrund seiner Aversion gegen elektronische Medien als jungen Mann, „der auf seltsame Weise aus der Zeit gefallen wirkt";[23] Kai Sina bemerkt die kulturkritische Ablehnung der „permanente[n] und unentrinnbare[n] Bestrahlung *durch* die Medien, vor allem aber die andauernde Konfrontation mit den Nachrichten *in* den Medien"[24] – verschärft allerdings sein Augenmerk der eigenen Hierarchisierung gemäß auf letztere.

---

[21] Vgl. zur Metaphorik des Netzes als Struktur des ‚Dazwischen' Sebastian Gießmann: *Netze und Netzwerke. Archäologie einer Kulturtechnik 1740–1840.* Bielefeld 2006, hier bes. S. 23.
[22] Vgl. Kai Sina: „Das Haus an der Havel gegen den Schmutz der Moderne. Kulturkritik bei Uwe Tellkamp". In: Ders./Ole Petras (Hg.): *Kulturen der Kritik. Mediale Gegenwartsbeschreibungen zwischen Pop und Protest.* Dresden 2011, S. 33–50; Maike Schmidt: „‚Zurück zum hohen Ton'? Uwe Tellkamps *Der Eisvogel* im Feuilleton". In: Dies. (Hg.): *Gegenwart des Konservativismus in Literatur, Literaturwissenschaft und Literaturkritik.* Kiel 2013, S. 295–307; Sabrina Wagner: *Aufklärer der Gegenwart. Politische Autorschaft zu Beginn des 21. Jahrhunderts – Juli Zeh, Ilja Trojanow, Uwe Tellkamp.* Göttingen 2015, bes. S. 223–228; Eva Stubenrauch: „Die eigene Zeit hassen. Zeitdiagnostik als Maßstab kollaborativer Wertung zwischen Gegenwart und Zukunft (Der Fall Tellkamp/*Eisvogel*)". In: Sven Bordach u. a. (Hg.): *Zwischen Halbwertszeit und Überzeitlichkeit. Geschichte der Wertung literarischer Gegenwartsbezüge.* Hannover 2021, S. 41–64.
[23] Wagner: *Aufklärer der Gegenwart*, S. 224.
[24] Sina: „Das Haus an der Havel gegen den Schmutz der Moderne", S. 37.

Die Darstellung der „Bestrahlung *durch* die Medien" lohnt jedoch ebenfalls einen Blick, greift der Text doch wiederholt auf verschiedene Schreibverfahren zurück, um die mediale Prägung der Gegenwart in seine Narration einzubinden und sie doch von ihr abzugrenzen. Mehrere Stellen im Roman thematisieren Wiggos Streifzüge durch die Großstadt, bei denen sich der Duktus des Erzählens verändert und in die Beschreibung von Momentaufnahmen übergeht. Geschildert wird die Begegnung mit medialer Vermittlung, die als „porendurchdringender Dunst, ein elektrisch knisterndes Arom"[25] gefasst wird. Sinnfällig beschreibt der Text eine unfreiwillige kollektive Rezeptionssituation, die der Alltag in seiner Gegenwart bereithält:

> Die Menschen waren hellwach und sogen es mit geheimer Gier ein, niemand konnte ausweichen, las man die Zeitungen nicht mehr, schaltete die Fernseher und Radios, die Faxgeräte und Computer ab, so waren doch in den Schulen, Universitäten, Fabriken und Büros Menschen, die sie nicht abbestellt oder abgeschaltet hatten, in den Schaufenstern flimmerten Videowände, Nachrichten schäumten auf wie zu lange gekochter Brei, Regenbogenmagma, schnell erstarrt, schon splitternd an den Straßenrändern, vom zerschnittenen Licht zerschnittene Scheiben, Zeitungen rollten auf, walzten sich in den U-Bahn-Stationen, an Kiosken zu farbkastenbunten Jagdstrecken aus, Handys plärrten, Short Messages tickten über Displays, Börsenbänder über Info-Screens [...].[26]

Die ausladende Syntax in hypotaktischer Manie, die hier auch nur gekürzt angeführt wird, liest sich wie eine tradierte literarische Großstadtbeschreibung, in der allerdings nicht Menschen, Gebäude und Verkehr den Eindruck von Überfülle erzeugen, sondern die Rezeption medial vermittelter Nachrichten an allen Ecken und Plätzen. Detailliert beschrieben wird eine abwechselnde Medienwahrnehmung, die die Grenzen des materialen Raums und auch die Grenzen leiblicher Anwesenheit überschreitet: Die Perzeption flimmernder Bildschirme – „vom zerschnittenen Licht zerschnittene Scheiben" – und rasch aufeinanderfolgender Short Messages generiert eine Diffusion der Körper im Raum, ein unausweichliches Eingebundensein in die technologische Omnipräsenz, die sich bis zu gewaltsamer Aufdringlichkeit steigert. Flimmern, Schäumen, Splittern, Zerschneiden, Rollen, Walzen, Plärren, Ticken überantworten die Handlungsmacht eindeutig der medialen Beschallung; die Technologie-Kritik speist sich hier aus dem Textverfahren synästhetischer Verdichtung, die wie der Satz kein Ende nimmt und keine nicht-semiotisierte Raumbeschreibung erlaubt. Gleichzeitig baut die Szene an einem zunehmend pejorativ gerahmten Narrativ medienhistorischer Evolution von Zeitung bis Short Message, die den Untergang des

---

[25] Uwe Tellkamp: *Der Eisvogel*. Frankfurt a.M. [4]2018, S. 39.
[26] Ebd.

Abendlandes mit einer Prozesslogik menschlichen Kontrollverlusts angesichts technologischer Entwicklung entwirft.

Nicht nur die Perzeptionsbeschreibung erinnert an die Ästhetik der Klassischen Moderne, auch die druckgrafisch und strukturpositionell auffälligen Nachahmungen des Zappens, Aufploppens und Klickens fügen sich harmonisch in die Tradition literarischer Darstellung bzw. Kritik zunehmender Modernisierung ein:

> *+++ AOL Time Warner 116,34 +++ 12 Technologies 53,21 +++ Yahoo 56,40 +++ Du, ich hab 'nen Freund. – Ja, sicher. Klar. Deshalb können wir doch trotzdem. – Nee, du, Ficken is nich. CNN: It's the news. Soldaten und Nomaden. Pu:pushLetItGroove. EU legt Norm für Trillerpfeifenkugeln fest. Diesen Weg. Auf den Höhn. Bin ich oft gegangen. Vöglein sangen. Lieder. Excuses for travellers. Suddenly everything fell out of place Suddenly everything Suddenly everything ... everything ...*[27]

Gänzlich unvermittelt und unerklärt schiebt sich ein solcher Abschnitt in die Narration, die ansonsten von multiperspektivischen Abschnitten des zusammenhängenden Fließtexts getragen wird. Weder Ich-Erzähler noch Figuren nehmen zu der Formanleihe an Newstickern, Werbebannern, Chatverläufen und Radiomusik Stellung, so dass die Addition textuell imitierter intermedialer Verweise wie aus der Form gefallen wirkt. Unterstützt wird dieser Eindruck durch den kursivierten und eingerückten Schriftsatz, der den Abschnitt noch stärker vom Rest des Textes isoliert.

Das Unverbundene des Medienmischmaschs bildet im Roman ein klares Oppositionspaar mit konventionellen und nichttechnisierten Formen der Kommunikation wie dem Briefeschreiben, „per Hand mit Tinte auf Papier".[28] Die orthographisch inkorrekte Buchstabentilgung, die auf den konzeptionell mündlichen Stil des Chattens referiert – „hab 'nen", „is nich" –, wird in *Eisvogel* dann auch Teil standardisierter Argumente der Technikkritik: „Ich hasse E-Mails, die Leute können sich überhaupt nicht mehr ausdrücken, einen richtigen Brief schreiben".[29] Der ‚richtige Brief' nimmt außerdem eine andere Stellung als die

---

27 Ebd., S. 110, Herv. i. O.
28 Ebd., S. 114.
29 Ebd. Siehe zu diesen kulturkritischen Topoi der Warnung vor medialer Evolution Kathrin Passig: *Standardsituationen der Technologiekritik*. Berlin 2013, S. 9–25. Kai Sina weist zurecht darauf hin, dass der Roman seine rechtskonservativen bis -radikalen Äußerungen in die Figurenrede verlagert und in großen Teilen durch Kontrastierung mit anderen Figuren relativiert. Die Aussage Wiggos kann somit nicht mit der Aussage des Textes identifiziert werden. Sina macht jedoch ebenso folgerichtig auf den Umstand aufmerksam, dass die medienaversive Kulturkritik keine Gegenstimmen im Roman findet und entsprechend keine Distanz zu ihr aufgebaut wird. *Der Eisvogel* kann damit im Ganzen technologiekritisch gelesen werden. Vgl. Sina: „Das Haus an der Havel gegen den Schmutz der Moderne", S. 46.

Medienmimesis im Narrationsverlauf ein, wird zwar auch kursiviert wiedergegeben, aber eingebunden in Tagesablauf und erlebte Rede der Figuren, noch dazu hinsichtlich der Eigenarten der Handschrift kommentiert sowie als Textgattung „Brief" klar benannt.[30] Der handschriftliche Brief, so die Logik der Verfahrensweise, ist erzählerisch anschlussfähig, kann eingebunden und wiedergegeben werden, kann etwas bewirken und die Narration beeinflussen. Das Mediengemisch hingegen entzieht sich der klaren Einordnung, steht zu den Figuren in keinerlei reziproker Beziehung, sondern unterbricht die Kohärenz ihres In der Welt-Seins, und wirkt vermischend, verflachend und zersetzend auf den Fluss des Kommunikationsorgans Sprache ein. Es drängt sich auf, stört gewollte Insularität und Linearität mit zwanghafter Vernetzung und nivelliert Unterscheidungen, die sowohl der auf Aus- und Abgrenzung gepolte Plot des Romans als auch die rhetorische Reminiszenz an die Kulturkritik der Frankfurter Schule so dringlich anstrebt.

Mit Elsässers Roman teilt Tellkamps literarische Zeitdiagnose die Pragmatik der Mahnung, die die Verfahren beider Texte durchzieht: Beide nutzen Formanleihen an digitale Formate, um auf ihre Folgen für Individualität, Sozialität und Textproduktion aufmerksam zu machen; wie *Play* setzt auch *Der Eisvogel* dabei auf die Zitation netzwerkstruktureller Formsegmente, um sie und ihre störende Wirkung weitgehend unkommentiert der durch die Texthaltung kritisch präformierten Lektürehaltung zu überlassen. Im Unterschied zu Elsässer baut Tellkamp jedoch auf die klassisch konservative Unterscheidung zwischen E- und U-Kultur sowie von digitaler Vermittlung und scheinbarer analoger Unmittelbarkeit. Die Differenz auf der Verfahrensebene liegt darin, dass *Play* die totale digitale Durchdringung sichtbar macht, Tellkamps Roman hingegen aus der Opposition von medialer Berührung und Unberührtheit sein kulturkritisches Programm generiert; totale Sichtbarkeit und Reizüberflutung stehen hier im Kontext eines elegischen Verlustnarrativs, das die nostalgische Utopie vortechnisierter Kommunikation als Gegenmodell zur medialisierten Gegenwart aufruft. Obwohl zwei 15 Jahre auseinanderliegende Romane mit gänzlich verschiedenen Themen und Adressaten, produzieren doch beide gleichermaßen eingängig in ihrer Formgebung technologie- und netzkritische Verfahren, die die Mahnung als relevante Geste der digitalisierungsskeptischen Gegenwartsliteratur ausweist.

---

30 Vgl. Tellkamp: *Der Eisvogel*, S. 216 u. 218 f.

2 Distanz

Kulturkritik im engeren Sinne braucht ein Verständnis von Historizität und hat ihre Wurzeln in der europäischen Aufklärung. Ist doch ihr Grundgestus, auf Basis eines selbstreflexiven Beobachtungsstandpunkts in der Gegenwart deren defizitären Status im Vergleich zu sentimentalisch idealisierten Vergangenheiten zu beklagen.[31] Seit 1900 lässt sich darüber hinaus ein zunehmender Schwund der Zukunft als segensreiche Projektionsfolie für die Verbesserung gegenwärtiger Zustände beobachten, der auch in den Zeitdiagnosen des 21. Jahrhunderts und ihrer Kollektivthese einer deterministischen Gegenwart in Ausdehnung wiederholt wird.

Hans Ulrich Gumbrecht: *Unsere breite Gegenwart*

Unter zahlreichen Belegstellen für dieses räumlich dominierte Zeitgefühl nennt Hans Ulrich Gumbrecht auch die „Hyperkommunikation",[32] deren grenzenlose und unentrinnbare Netzwerkbildung „unsere breite Gegenwart" versinnbildliche.[33] Das Netzwerk ist hier Metapher für eine Zeitwahrnehmung, in der der Eindruck dominiert, „daß unsere Gegenwart sich verbreitert hat, da sie nun von einer Zukunft, die wir nicht mehr sehen, erreichen oder wählen und einer Vergangenheit, die wir nicht mehr hinter uns lassen können, umgeben ist".[34] Gumbrechts Text bringt gegen die seinen Autor bedrängenden „Zudringlichkeiten elektronischer Kommunikation" in Form von „mehreren hundert E-Mails, die ich im Laufe eines normalen Arbeitstages erhalte",[35] ein anekdotisches Schreiben in Anschlag. Ohnehin durchzieht die Logik selbsterlebter Fallbeispiele für Inseln der Präsenz innerhalb des Stroms der breiten Gegenwart die Gesamtstruktur des zeitdiagnostischen Buches. Die Abkapselung von der „Hyperkommunikation" im Schutzraum eines kleinen Büros innerhalb der Universitätsbibliothek ist in einer Reihe mit Zuschauersport und intensiven

---

31 Vgl. Georg Bollenbeck: „Kulturkritik: Ein unterschätzter Reflexionsmodus der Moderne". In: *LiLi* 137 (2005), S. 41–53, hier S. 48.
32 Vgl. zur Analyse der Simultaneitätsdiagnose und zu ihrer Historisierung im Vergleich mit Nietzsches Lebensphilosophie Eckhard Schumacher: „Present Shock. Gegenwartsdiagnosen nach der Digitalisierung". In: *Merkur* 72/826 (2018), S. 67–77, hier S. 74 f.
33 Ich beziehe mich hier auf das letzte ‚Analysekapitel', „Unbegrenzte Verfügbarkeit. Über Hyperkommunikation (und Alter)", in: Hans Ulrich Gumbrecht: *Unsere breite Gegenwart*. Übers. v. Frank Born. Berlin ²2015 [2010], S. 114–131.
34 Ebd., S. 49.
35 Ebd., S. 117.

Erlebnissen zwischen Leser und literarischem Klassiker verortet. Gumbrecht baut somit schreibend ein Paradigma präsentischer Erfahrung auf, das ein Verhindern von Präsenz in der hektischen, digitalisierten und zeichenvermittelten Gegenwart als sein konstitutives Außen braucht.

Das anekdotische Schreiben unterstützt auf Form- und Strukturebene die programmatische Abschottung von der Zeit. Textpragmatisch dient die Reihung kurzer lebensweltlicher Ausschnitte dazu, sich mittels präsentischer Kompensation vom Außen zu distanzieren, und das auch in der Schreibweise, die auf die „sinnfällige Prägnanz" der Anekdote setzt.[36] Paradoxerweise funktioniert diese Distanz mit Nähe: Seine „antielektronische Haltung"[37] begründet Gumbrecht mit zahlreichen Verweisen auf sein fortgeschrittenes Alter und sein ‚Altmodisch-Sein',[38] das ihn zum Vergleich der digitalen und vordigitalen Zeit prädestiniert und noch dazu den Topos des unzeitgemäßen Zeitgenossen bedient.[39] Diese Schreibhaltung durchzieht jedoch weniger eine meritokratische Distanzierung als vielmehr ein Gestus der Augenhöhe mit den Lesenden, die über die Geschichten des in die Jahre gekommenen Kulturkritikers des Öfteren zum Schmunzeln gebracht und – verstärkt durch den anekdotischen Modus des Beiläufigen – Verständnis für seine Digitalaversion ausbilden sollen. Statt als „elektronisch erreichbare[r] Jedermann"[40] inszeniert sich Gumbrecht als digitaler Eremit, der sich seine ‚Gesprächspartner' selbst aussucht und seine Lesenden gewollt ins Vertrauen zieht, indem er beispielsweise frei heraus ‚gesteht', noch immer handschriftlich Vorträge zu schreiben.[41]

Der Hyperkommunikation seiner Gegenwart wirft der Kritiker vor, dass sie „die Konturen zerfrißt, die bislang meinem Alltag Struktur und Spannung gegeben haben".[42] Er beklagt die abnehmende Ereignishaftigkeit kommunikativ-rhetorisch „harte[r] Übergänge"[43] und betrauert die „Brüche und Grenzen", die

---

36 Christian Moser: „Die supplementäre Wahrheit des Anekdotischen. Kleists ‚Prinz Friedrich von Homburg' und die europäische Tradition anekdotischer Geschichtsschreibung". In: *Kleist-Jahrbuch 2006*. Hg. v. Günter Blamberger u. a. Stuttgart, Weimar 2006. S. 23–44, hier S. 23.
37 Gumbrecht: *Unsere breite Gegenwart*, S. 122.
38 Ebd., S. 131.
39 Vgl. Giorgio Agamben: „Was ist Zeitgenossenschaft?" In: Ders.: *Nacktheiten*. Frankfurt a.M. 2010, S. 21–35.
40 Vgl. Gumbrecht: *Unsere breite Gegenwart*, S. 118.
41 Vgl. ebd., S. 126.
42 Ebd.
43 Ebd.

auf dem „ewigen Computerbildschirm" eingeebnet würden.⁴⁴ Seine Diagnose – „Alles schmilzt ineinander, alles ist ‚fusion'."⁴⁵ – belegt er mit mehreren anekdotischen Einblicken, wie die Schilderung eines denkwürdigen Erlebnisses auf dem täglichen Nachhauseweg exemplarisch zeigt:

> Ich kann mich noch gut an den späten Nachmittag erinnern, als ich auf dem Weg nach Hause die Straße versperrt von den Büchern und Möbeln eines Kollegen vorfand, dessen Frau sie aus dem Fenster geworfen hatte nach der Lektüre der täglichen E-Mail an seine Geliebten, die sich beide nicht kannten – eine war eine Studentin, die andere eine Kollegin –: Es war eine E-Mail, die er aus (erstaunlichem) Versehen sowohl an seine Gattin als auch an die Kanzlerin der Universität geschickt hatte.⁴⁶

Mit den „Gefahren des Ineinanderübergehens" und dem durch sie verursachten „Hauch erotischer Aufladung" erklärt sich Gumbrecht im Anschluss an die anekdotische Sequenz die Motivation seines Kollegen, für den Austausch mit den Geliebten auf elektronische Kommunikationsmittel zurückgegriffen zu haben.⁴⁷ Die tragikomische Miniaturnarration setzt gegen die beklagte Nivellierung der Netzkommunikation eine *„wahre, noch unbekannte, merkwürdige Begebenheit"*,⁴⁸ die ihre Pointe durch eine diskontinuierliche Abweichung von Gewohnheiten erhält. Der anekdotische Einschub impliziert Augenzeugenschaft sowie formale Kürze und führt im unerbittlichen Kommentar humoristisch die alles fusionierende Netzkommunikation mit dem *faux pas* einer Selbstentlarvung von Untreue eng.

In Gumbrechts Abhandlung hat die anekdotische Form eine klare Funktion: Sie führt die Grenzen und Brüche ein, die die hyperkommunikative Gegenwart nicht mehr kenne, insofern sie nicht nur vom Rahmenbruch erzählt, sondern selbst einen solchen darstellt. Sie markiert ein Moment des Unvorhergesehenen und der Nahkommunikation, bringt als Erzählung zwischen Fakt und Fiktion den Anspruch lebensweltlicher Beglaubigung in die Argumentation ein und wirkt durch die pointierte Fassung als „disruptive Kraft",⁴⁹ mit der die (Klage über die) Stagnation der Gegenwart durchbrochen wird. Das anekdotische Schreibverfahren distanziert sich von der Netzwerkstruktur, wie Gumbrecht sie versteht,

---

44 Ebd., S. 130.
45 Ebd.
46 Ebd., S. 123.
47 Ebd., S. 123 f.
48 Sonja Hilzinger: *Anekdotisches Erzählen im Zeitalter der Aufklärung. Zum Struktur- und Funktionswandel der Gattung Anekdote in Historiographie, Publizistik und Literatur des 18. Jahrhunderts.* Stuttgart 1997, S. 17.
49 Moser: „Die supplementäre Wahrheit des Anekdotischen", S. 24.

bringt es doch ein Mindestmaß an Anschaulichkeit und Verdichtung in die hyperkommunikative Zeit der ubiquitären losen Verbindungen. Gegen die diagnostizierte gähnend mittelmäßige und aufdringliche elektronische Kommunikation führt die textperformative Distanzierung mit dem Anekdotischen ein Verfahren ins Feld, das seinen epistemischen Wert aus Bildlichkeit, Dramatik und Witz bezieht.[50]

Juli Zeh: *Leere Herzen*

Schreibverfahren der Distanz zeichnen sich dadurch aus, dass sie in der Textgenese gegen eine selbstthematisierte Netzwerkstruktur prozessieren. Die performative Abgrenzung gegen die kritisierte Gegenwartstendenz ist hier das entscheidende Merkmal. In dem, wogegen angeschrieben wird, sind digitalisierungskritische Ansprüche häufig kongruent: Negativfolie ist meist die Nivellierung, Verflachung und Vereinnahmung digitaler Medien und der von ihnen verursachten Zeitwahrnehmung der Gegenwart. Ein Vergleich der Gegenmittel des Diagnostizierten fördert jedoch bemerkenswerte Unterschiede zutage. Die Abwehrhaltung ist demnach oft sehr ähnlich, die Schreibstrategie der Abwehr hingegen different. Wählte Gumbrecht mit anekdotischen Verfahren einen Modus der Nähe, Brüche und Kontingenz, so greift Juli Zeh in ihrem digitalisierungskritischen Roman *Leere Herzen* (2017) auf eine gänzlich andere Schreibweise zurück. Hier dominiert nicht das wiederholte pointierte Fragment, sondern ein linearer Spannungsaufbau, der an topische Strukturen der Heldenreise anschließt und der kritisierten Algorithmierung der Gegenwart einen narrativen Ausweg entgegenhält.

Obwohl in Romanform, handelt es sich bei *Leere Herzen* ebenfalls um eine Zeitdiagnose, die paratextuell angekündigt wird. „Da, so seid Ihr", bildet das vorangestellte Motto der Handlung, die mit der Suizidpraxis „die Brücke" und ihrem Angebot des sinnhaften Freitods für Individuen, deren suizidale Tendenz mittels des Algorithmus Lassie in Netz und Darknet ermittelt wird, eine deutlich nahzeitdystopische Qualität aufweist.[51] Akteurnetzwerktheoretisch perspektiviert, erzählt der Roman von sozialen Netzwerkstrukturen, die der Algorithmus

---

50 Vgl. für diese Eigenschaften der Anekdote als literarische Form mit ästhetischer und epistemologischer Funktion Christian Moser: „Von der Sonne der Wahrheit zum Blitz der Erkenntnis: Epistemische Funktionen der Anekdote – Antike und Neuzeit im Vergleich". In: Roland Ißler u. a. (Hg.): *Europäische Gründungsmythen im Dialog der Literaturen*. Bonn 2019, S. 463–476.
51 Vgl. Anne Fuchs: *Precarious Times. Temporality and History in Modern German Culture*. Ithaca 2019, S. 282–287.

zwischen den als unzweifelhaft suizidbereit getesteten Individuen und politischen Organisationen – von Tierschutz bis Kalifat – generiert; Lassie hat damit eine zentrale handlungstragende Funktion. Algorithmizität prägt die pro- und antagonistischen Netzwerke, vermittelt zwischen ihnen und kulminiert schlussendlich in der Frage, ob private und politische Veränderung und damit eine alternative Zeitordnung möglich ist.

Neben der bei Juli Zeh erwartbaren Kritik an Datentransparenz hält die literarische Zeitdiagnose auch eine Medienkritik bereit: Der Text reißt wiederholt die ‚Überschwemmung' mit Informationen an, die zur Folge hat, „dass seit Jahren niemand mehr weiß, was er denken soll".[52] Die Kritik an der zunehmenden digitalen Überwachung und Informationsdichte der nahenden Gegenwart von 2025 ist in Zehs Roman jedoch nur auf semantischer Ebene präsent, während die Handlungsstruktur ein erzählerisches Gegenmittel anbietet: Die klare Distanz zwischen Netzwerkkritik und Netzwerkverfahren zeigt sich hier im makrostrukturellen Narrationsgang, der den Ausgangs- und Endpunkt der Handlung an denselben Ort, dieselbe Figurenkonstellation sowie dieselbe Rezeptionssituation bindet und auf Grundlage dieser Ähnlichkeit die Differenz in der Charakterentwicklung seiner Protagonistin Britta verortet: Der Anfang – „Knut und Janina kommen um fünf"[53] – exponiert den Grundkonflikt der Handlung, indem die Fernsehnachrichten über ein Selbstmordattentat berichten, das nicht von Brittas Klienten verübt wurde und auf ein mit der Brücke konkurrierendes Terrornetzwerk hindeutet. Das Ende – „Knut und Janina kommen um sechs"[54] – schildert ebenfalls eine Rezeption der Fernsehnachrichten, die nun von einem Selbstmordattentat berichten, das nach außen wie ein missglückter Putschversuch des gegnerischen Terrornetzwerkes aussieht, tatsächlich aber eine Intervention der Brücke in den Putschversuch und damit eine Verteidigung der bestehenden Regierung im Modus konkurrierender Anschläge darstellt.

Anfangs- und Endszene verweisen aufeinander und machen in ihrer zirkulären Anlage auf den Reifeprozess der Hauptfigur aufmerksam: Die Narration funktioniert nach dem Schema der säkularisierten Heldenreise, wie sie auch in romantischen Reiseschilderungen topisch geworden ist: Trennung von der Welt, Durchkämpfen zu höherer Einsicht, Rückkehr an den Ursprungsort, nun aber mit der Kraft, die Mitmenschen mit der Einsicht zu segnen.[55] Am gleichen Ort endend, an dem sie begonnen hat, ist Britta nicht nur von ihrer inneren Resignation geheilt,

---

[52] Juli Zeh: *Leere Herzen*. München 2017, S. 20.
[53] Ebd., S. 9.
[54] Ebd., S. 332.
[55] Vgl. Jonathan Campbell: *Der Heros in tausend Gestalten*. Übers. v. Karl Koehne. Berlin [6]2019, S. 42–52.

sondern wirkt zudem missionarisch auf ihre Freunde ein: „‚Erst geht ihr jahrelang nicht wählen, und dann findet ihr es super, wenn das Regierungsviertel in die Luft gejagt wird?' Das betretene Schweigen dauert an."[56] *Leere Herzen* verfolgt damit eine aufklärerische Mission: Die Einsicht, dass die Gegenwart falsch läuft, wird gepaart mit der Einsicht, selbst etwas an der eigenen und kollektiven Haltung zur Zeit ändern zu können – und damit trotz politischer Einwände mit der Regierung auch die Demokratie zu retten.[57] Zehs Zeitdiagnose bringt also genau das in Anschlag, was digitalisierungskritischen Stimmen oftmals fehlt: Narrative Kohärenz, sichtbare zukunftszugewandte Sukzession, überschaubare Linearität und tiefenstrukturelle Entwicklung.

Hans Ulrich Gumbrecht und Juli Zeh setzen beide auf eine maximale Distanz zwischen den Inhalten ihrer Diagnose – breite Gegenwart, postpolitische Stagnation, digitalmediale Überschwemmung – und den Ausdrucksformen des Diagnostizierens. Bei Gumbrecht dominiert ein kompensatorischer Anspruch, der in einer Art Galgenhumor lediglich Strategien des Durchhaltens vorstellt. Bei Zeh wird ein narrativer Ausweg angeboten, der Subjekt und Umweltsituation in der Einsicht notwendigen politischen Engagements versöhnen soll. Das anekdotische Verfahren setzt damit auf Witz und persönliche Nähe, um ‚angenehm' zu diagnostizieren; die narrative Zielführung der Heldenreise setzt stattdessen auf Kohärenz und Figurenentwicklung, um zur Überwindung der Lage aufzurufen. Die Diskurssemantik, derer sich beide Texte durch ihre zeitdiagnostische Pragmatik verpflichten, dient beiden als Sprungbrett, um ihr fehlendes Einverständnis mit der gegenwärtigen Lage durch stilistisch wiedererkennbare Merkmale ihrer Autorschaft auf Formebene zu positionieren.

3 Resignifizierung

Im Unterschied zu Verfahren der Mahnung, die eine Digitalästhetik reproduzieren, um ihre Allgegenwart zu kritisieren und auf ihre Folgen hinzuweisen, und zu Verfahren der Distanz, die den kritisierten Gegenwartserscheinungen ganz andere, kompensierende Formen entgegensetzen, folgen Verfahren der Resignifizierung

---

56 Zeh: *Leere Herzen*, S. 346.
57 Auf die immersionshemmenden Brüche in der klischeebesetzten Handlungslogik mit Blick auf das Ende verweist Sabine Schönfellner: „Erzählerische Distanzierung und scheinbare Zukünftigkeit. Die Auseinandersetzung mit biomedizinischer Normierung in Juli Zehs Romanen ‚Corpus Delicti' und ‚Leere Herzen'. In: *Zeitschrift für Germanistik* 3 (2018), S. 540–554, hier S. 546.

einem Anspruch des subversiven Zitats. Die textuelle Aufnahme von Netzwerkstrukturen hat hier – anders als in Verfahren der Mahnung – nicht das Ziel, durch Imitation verdeckte Wirkmechanismen zu entlarven, sondern dient dazu, aus der Übernahme des kritisierten Codes seine Neutralisierung herzustellen.

Das Konzept der Resignifizierung ist Teil der Performativitätstheorie Judith Butlers, die es wiederum in Auseinandersetzung vor allem mit John L. Austin und Jacques Derrida entwickelt hat. Austins Auffassung, die Gelingensbedingungen des performativen Sprechakts seien eminent an seinen Kontext gebunden, findet in Derrida einen Kritiker, der die performative Kraft vom Kontext in das Zeichen selbst verlagert: „Der ‚Ritus' ist keine [situative] Eventualität, sondern als Iterierbarkeit ein strukturelles Merkmal jedes Zeichens."[58] Zeichen erhalten laut Derrida eine performative Wirkung aus ihrer Iterierbarkeit, aus ihrer Lesbarkeit als wiederholendes Zitat einer konventionalisierten Handlung. Die Iterierbarkeit des Zeichens generiere dann auch die Möglichkeit des Bruches mit dem Kontext, woraus sich Bedeutungsverschiebungen des Zeichens in seiner Wiederholung ergeben und somit eine Dynamisierung des Zitats folgt.[59] Auf diese Thesen aufbauend entwirft Butler eine Theorie subversiver Sprechakte, die sich gegen sprachliche Verletzung zur Wehr setzen, indem sie sich diese aneignen, und aus ihrer Zitation eine Wirklichkeitsveränderung herbeiführen: „Die Resignifizierung des Sprechens erfordert, daß wir uns neue Kontexte eröffnen, auf Weisen sprechen, die noch niemals legitimiert wurden, und damit neue und zukünftige Formen der Legitimation hervorbringen."[60] Die Verschiebbarkeit des Kontextes durch sprachliche Wiederholung erhält demnach ein revolutionäres Potenzial. Die widerständige Zitation bringt sprachliche Selbstreferenz, kontextuelle Kontingenz und zukunftsoffene Veränderbarkeit – Performativität per definitionem[61] – zusammen und verknüpft sie darüber hinaus mit der Möglichkeit, vergangene Verletzungen durch gegenwärtige Aneignung zu transformieren.

Zugegeben kontraintuitiv und beinahe makaber wirkt eine Übertragung des Konzepts der Resignifizierung auf Digitalisierungskritik, zielen Butlers Überlegungen doch vor allem auf eine Beschreibung der Selbstermächtigung vormals unterdrückter Gruppen. Strukturell und pragmatisch funktioniert der Mechanismus der letzten Verfahrenskategorie, die dieser Beitrag herausstellt, jedoch identisch: Resignifizierend sind Verfahren, die aus der zitathaften Wiederholung

---

58 Jacques Derrida: „Signatur Ereignis Kontext". In: Ders.: *Randgänge der Philosophie*. Hg. v. Peter Engelmann, 2., überarbeitete Aufl. Wien 1999, S. 325–351, hier S. 343.
59 Vgl. Jörg Volbers: *Performative Kultur*. Wiesbaden 2014, S. 27.
60 Judith Butler: *Hass spricht. Zur Politik des Performativen*. Berlin ⁵2016, S. 71.
61 Siehe zur näheren Bestimmung des Performativen Erika Fischer-Lichte: *Performativität. Eine Einführung*. Bielefeld 2012, S. 68–72, hier S. 71.

digitaler Phänomene ihre ‚Reinigung' von bedrohlicher Wirkung oder Beschneidung menschlicher Agency herbeiführen. Auch hier impliziert die Resignifizierung, dass Kontexte verschoben werden und die sprachliche Anleihe aus der Referenz eine neue Pragmatik erzeugt. Nicht selten operieren auch digitalisierungskritische Verfahren der Resignifizierung mit dem Anspruch auf Selbstermächtigung und nutzen die kontextuelle Offenheit stilistischer Entlehnung, um im Zitat neue Zielsetzungen anzugehen und auf Grundlage der Wiedererkennbarkeit eine eigene Programmatik zu entwerfen.

Roberto Simanowski: *Stumme Medien*

Roberto Simanowskis „Streitschrift für eine neue Medienbildung"[62] aus dem Jahr 2018 beginnt unvermittelt mit einer spekulativen Narration, in der von einem zukünftigen Standpunkt aus rückblickend die Präsidentschaft Mark Zuckerbergs als logische Nachfolge von Donald Trump motiviert wird. In einer mediengeschichtlichen Entwicklungslogik erzählt Simanowski den Aufstieg eines Mannes, der seinen Ruhm nicht länger aus Film und Fernsehen, sondern aus weltweit wirkenden sozialen Netzwerken bezog, um, so die verschwörungstheoretisch anmutende Erklärung, bewusst und heimlich seine Machtübernahme vorzubereiten und sein politisches „*Programm der Visuellen Empathie* (PVE)" zu entwickeln,[63] das sich zum Ziel setzt, durch die „Verschiebung der Kommunikation vom rational-sprachlichen Bereich in den emotional-visuellen und von den politischen Kontroversen zu den Freuden des Alltags" den Menschen „als sprachliches und politisches Wesen zu überwinden".[64] Über die Auflistung mehrerer öffentlicher Auftritte Zuckerbergs in den 2010er Jahren, die sich rückblickend als sukzessive Vorbereitung seiner Wahlkampagne lesen lassen, entwirft Simanowski mit einem an den Aufstieg des Facebook-Magnaten gekoppelten Modell der „globale[n], affirmative[n] Gemeinschaft" die Weltgesellschaft der nahen Zukunft.[65]

Dieser Bucheinstieg wird nach etwas mehr als zwei Textseiten abgebrochen und in die Frage überführt, ob „man so oder ähnlich irgendwann Mark Zuckerbergs Wahl zum Präsidenten der USA kommentieren" werde.[66] Die kausallogische Erzählung der nahenden politischen Weltlage bedient sich – das wird

---

62 Roberto Simanowski: *Stumme Medien. Vom Verschwinden der Computer in Bildung und Gesellschaft*. Berlin 2018, Textsortenbeschreibung im Klappentext.
63 Ebd., S. 8.
64 Ebd., S. 7.
65 Ebd., S. 8.
66 Ebd., S. 9.

spätestens nach ihrer Auflösung klar – genuin kontrafaktischer Elemente: Auf Basis kollektiv gewusster historischer Fakten wie der Präsidentschaft Donald Trumps und der statistisch nachgewiesenen Beliebtheit Mark Zuckerbergs wird eine fiktionale Abweichung vom Geschichtsverlauf erzählt.[67] Der Präsidentschaftsanspruch und -erfolg des Gurus der digitalen Welt markiert den „Diversionspunkt",[68] an dem die Geschichte ihren imaginativ veränderten Verlauf nimmt. Das Kontrafaktische spielt hier ganz elementar mit dem unterschwelligen Wissen um die Wirkmacht von Big Data und ihrer ‚Strippenzieher', um über die historische Tatsache der Experimente „mit Formen des *social engineering* und der ‚emotionalen Ansteckung'"[69] durch Facebook und Co. die Dystopie einer emotional kontrollierten Wählerschaft zu erzeugen.[70]

Beim Weiterlesen der Einführung in den bereits hier erkennbar digitalisierungskritisch oder zumindest -skeptisch argumentierenden Text entpuppt sich Simanowskis Einstieg als ein pädagogischer Kniff: Ziel des Buchs ist eine „Didaktik des Schocks",[71] mit der Schüler*innen auf Basis anregender spekulativer Zukunftsszenarien an die Reflexion und Diskussion medialer Beeinflussung ihrer Gegenwart herangeführt werden sollen. Mit *Stumme Medien* legt Simanowski Lehrer*innen und anderen Vertreter*innen in Vermittlungsberufen wärmstens ans Herz, sich der erwiesenen Wirkkraft digitaler Narrative zu bedienen und ihre Gefahr zu bannen, indem diese Wirkkraft Sichtbarkeit erhält. Die „neue Mediendidaktik" proklamiert die Nutzbarmachung von Verschwörungstheorien – und zieht aus dem pragmatischen Argument, dass sie funktionieren, didaktisch-methodische Konsequenzen für einen medienkritischen Unterricht: „Teenager lieben das Spekulative und werden auf Erklärungen drängen. Na-

---

[67] Die Verbindung von Fakt und Fiktion ist das entscheidende Genremerkmal kontrafaktischer Erzählungen und gleichzeitig das Differenzkriterium zur verwandten Gattung des Historischen Romans. Vgl. dazu Karlheinz Steinmüller: „Zukünfte, die nicht Geschichte wurden. Zum Gedankenexperiment in Zukunftsforschung und Geschichtswissenschaft". In: Michael Salewski (Hg.): *Was wäre wenn. Alternativ- und Parallelgeschichte: Brücken zwischen Phantasie und Wirklichkeit*. Stuttgart 1999, S. 43–53.
[68] Johannes Dillinger: *Uchronie. Ungeschriebene Geschichte von der Antike bis zum Steampunk*. Paderborn 2015, S. 14.
[69] Simanowski: *Stumme Medien*, S. 9.
[70] Kontrafaktische Erzählungen wie diese sind dann auch nur sinnvoll mit kompositionalistischen Ansätzen zu untersuchen, die nicht von der generellen Fiktionalität aller erhobenen Tatsachen ausgehen, sondern präzise nach den Kombinationen und Umbrüchen von Fakt und Fiktion suchen. Vgl. dazu grundlegend Peter Blume: *Fiktion und Weltwissen. Der Beitrag nichtfiktionaler Konzepte zur Sinnkonstitution fiktionaler Erzählliteratur*. Berlin 2004 sowie Eva-Maria Konrad: *Dimensionen der Fiktionalität. Analyse eines Grundbegriffs der Literaturwissenschaft*. Münster 2014.
[71] Simanowski: *Stumme Medien*, S. 23.

türlich muss man ihnen nicht erst sagen, was Oculus Rift ist oder dass VR für Virtual Reality steht. Aber wie man damit Präsident wird, das werden sie wissen wollen."[72] Simanowski schreibt hier nicht nur ein programmatisches Plädoyer für resignifizierende Verfahren, sondern führt sie mit seinem Text selbst durch, stellt doch der Buchanfang performativ eine didaktische Situation her, in der die Lesenden durch kontrafaktische Spekulation zur Reflexion medialer Einflussnahme angeregt werden sollen. Beschreibung, Programmatik und Vermittlung fallen zusammen und wiederholen die attestierten Eigenschaften des Digitalen als Nährboden für Fake News und Verschwörungstheorien, um *mittels* Fake News und Verschwörungstheorien Lerneffekte zu erzielen.

Diese durchaus bedenkliche angeleitete Versetzung des eigenen Lektüreprozesses in eine didaktisch-asymmetrische Situation, in der man dem Autor durch Lesen auf den Leim gehen soll, führt damit performativ vor, wie Verfahren der Resignifizierung funktionieren: Die Digitalisierungskritik verfährt *selbstreferentiell* und unter Zuhilfenahme eines geteilten Kontingenzbewusstseins, um in der Wiederholung des Kritisierten ein eigenes Programm zu etablieren. Der Widerstand Simanowskis, der sich durch Verweise auf Adorno und die Kulturindustrie sowie durch eine an Gumbrecht erinnernde Bezeichnung vermittlungsprädestinierter Personen als „Digital *Immigrants*" (im Gegensatz zu „Digital *Natives*") selbst als kulturkonservativ markiert,[73] imitiert somit die Gefahren digitaler Spekulation, um das Gefahrenpotenzial durch Immunisierung der Jugend entlarvend zu neutralisieren und noch dazu eine Anleitung für unterhaltenden Unterricht zu konzipieren. Die kontrafaktische Narration des Beginns wird dazu wiederholt in Form von rhetorischen Fragen aufgerufen und verstetigt; die Digitalisierungskritik macht also den spekulativen Gestus in der strukturellen Konstanz zum prägenden Verfahren ihrer Textgenese – natürlich nicht ohne auch dem lesenden und hoffentlich selbst lehrenden Adressat*innenkreis ebendieses didaktische Verfahren anzuempfehlen.

Daniel Kehlmann: *Ruhm*

Formal ganz anders, aber mit programmatischen Berührungen und ebenfalls unter Zielsetzung der Resignifizierung verfährt Daniel Kehlmanns vielbeachteter, aus neun Geschichten zusammengesetzter Roman *Ruhm* (2009). *Ruhm* ist als literarisches Feuerwerk an autor- und metafiktionalen, intertextuellen sowie

---

72 Ebd., S. 24.
73 Ebd., S. 13, Herv. i. O.

surreal-formexperimentellen Verweisen zu bezeichnen. Auf dieser Basis entwirft der Roman mit jeder der neun Geschichten und also insgesamt eine kommunikationstechnologische Reflexion über die gegenwärtige Disposition, mit der Welt verbunden und trotzdem vollkommen isoliert zu schreiben und zu existieren. Die Metaebene der Einzelnarrationen zeigt die größtenteils kontingente Vernetzung der Figuren untereinander, die auch in der Textperformanz Einfluss aufeinander ausüben, ohne sich wirklich zu begegnen. Kehlmanns Text imitiert somit in Mikro- und Makrostruktur ein Verfahren digitaler Netzrelationen, um eine eigene Poetologie zu skizzieren: Diese verbleibt nicht auf der Ebene digitaler Affirmation oder Kritik, sondern macht sich das Spektrum der Netzmetaphorik zunutze, um an den Möglichkeiten der Weltendarstellung auch die Möglichkeiten des Weltenbewohnens zu verhandeln.

Für die hier zentrale Verfahrenskategorie der Resignifizierung wirft der Text die sprachpragmatisch fundamentale Frage auf, ob Formen der Ironie ebenfalls als subversive Umkehr des Gesagten fungieren können. Kann die Wiederholung im Modus des Uneigentlichen zusätzlich zur bloßen Dekonstruktion der Referenz auch eine produktive Umdeutung leisten? „Ein Beitrag zur Debatte", die siebte Geschichte im Text, ist ein einziger Forenbeitrag aus Sicht eines zum Klischeeinformatiker stilisierten Erzählers, von dem man an dieser Stelle nur den Usernamen „mollwitt" erfährt. Die Narration ist über einzelne Figuren und Handlungsstränge mit der ersten und mit der nachfolgenden Geschichte im Roman verbunden; in der Lektüre aller drei Geschichten decken sich schrittweise und nach dem Muster analytischer Erzählungen, wie sie etwa im Kriminalgenre verbreitet sind, erklärende Interdependenzen auf, die vormals nicht entwirrbare Zufälle im Nachhinein kausallogisch motivieren.

Das handlungstragende Moment der ersten Geschichte, „Stimmen", liegt beispielsweise in der für Betroffene und Telefongesellschaft unerklärlichen Doppelvergabe von Handynummern, die erst in Geschichte acht aufgeklärt, in Geschichte eins jedoch in ihrer Konsequenz erläutert wird: einem kaum sozial vernetzten Durchschnittsbürger auf einmal die – in erster Linie weiblichen – Kontaktanfragen an einen bekannten Schauspieler eingebracht, damit sein reales Leben auf den Kopf gestellt und seine Aufmerksamkeit gänzlich ins Virtuelle gezogen zu haben. Verursacher dieser zufälligen Fehlleitung von Kontakten ist besagter „riesen Hardcore-Fan von diesem Forum" mollwitt aus Geschichte sieben,[74] der insgesamt trotz seines Berufs nicht nur als lebens- sondern auch als technikunfähig beschrieben und noch dazu sprachlich destabilisiert wird:

---

[74] Daniel Kehlmann: *Ruhm. Ein Roman in neun Geschichten*. Reinbek bei Hamburg [40]2020, S. 133.

Ich weiß, bin zu busy, zu viel Work und Alltag, aber große Thoughts erkenn ich, wenn ich sie sehe. Dann abgelenkt, weil lordoftheflakes den üblichen Bullshit und sich auch proctor, 3helgoland und birnenfreund auf seine Seite geschlagen hatten, dazu zwei Neuposter, die ich gar nicht kannte und denen ich erst mal heavy eins drüberslashen mußte.[75]

Slang, Anglizismen, abgebrochene und dadurch grammatisch-unvollständige Satzteile, Personenbeschreibung nach Nicknames und pointenlose Beiläufigkeit der Sprache ahmen nicht nur die konzeptionelle Mündlichkeit der Kommunikationsform ‚Forenbeitrag' nach, sondern parodieren auch den tippenden Geek, der nicht zur Identifikation einlädt, sondern der Lächerlichkeit preisgegeben wird.[76]

Eben dieser lächerliche Protagonist, der im „Real Life (dem wirklichen!)"[77] wiederholt „schwitzend wie immer, beschwert von seinem grotesken Körperumfang, kleingewachsen, nackenlos, bedauernswert" auftritt,[78] löst demnach – aus einer den Einzelgeschichten übergeordneten Perspektive betrachtet – einen Schmetterlingseffekt aus, der nicht nur das Leben eines völlig Fremden, sondern dadurch auch das des verwechselten Schauspielers und noch dazu das seines Chefs beeinflusst, der wiederum sein Doppelleben zwischen zwei Frauen und zwei Familien mit der Ausrede seines unfähigen Mitarbeiters organisiert. Diese Narration der reigenhaften Zufallskette[79] konstituiert sich elementar aus resignifizierenden Zitaten des Digitaljargons. Der Jargon steht nicht für sich, sondern dient in dieser ironischen Wiederholung auf den ersten Blick der Figurencharakterisierung, bei genauerem Hinsehen und Weiterlesen der rückwirkenden und vorausweisenden Handlungskonstitution und auf einer weiteren Ebene darüber letztlich der Romanpoetik Kehlmanns, die wiederum über die metafiktionalen Aussagen im Text – „Geschichten in Geschichten in Geschichten. Man weiß nie, wo eine endet und eine andere beginnt"[80] – auch Aussagen über Möglichkeiten des Weltkontakts in der Gegenwart treffen.[81]

---

75 Ebd., S. 140.
76 Vgl. dazu auch Bruno Dupont: „Erzählen im Zeitalter des Internets. Daniel Kehlmanns *Ruhm* und Daniel Glattauers *Gut gegen Nordwind*". In: *Germanica* 55 (2014), S. 189–207, hier S. 204.
77 Kehlmann: *Ruhm*, S. 134.
78 Ebd., S. 170.
79 Vgl. Michael Haase: „Die Vernetzung der Welt – zu Daniel Kehlmanns Ruhm". In: *Convivium* (2011), S. 345–367, hier S. 353.
80 Kehlmann: *Ruhm*, S. 201.
81 Die Parallele zwischen Gattungspoetik und Weltkonstruktion sieht auch Kirsten von Hagen: „‚Jeder ist überall, niemand irgendwo' – Weltwahrnehmung und -konstruktion bei Daniel Kelhmann (*Ruhm*, 2009) und Giulio Minghini (*Fake*, 2009)". In: Christian Moser/Linda Simonis (Hg.): *Figuren des Globalen. Weltbezug und Welterzeugung in Literatur, Kunst und Medien*. Göttingen 2014, S. 509–521, bes. S. 510 f.

Die digitalisierungsskeptische Parodie des digital Einheimischen mollwitt nutzt das netzwerksprachliche Zitat, um die Möglichkeiten der Weltordnung überspitzt zu problematisieren. Die Resignifizierung dient hier der textlogisch höhergelagerten Frage nach einer Struktur der gegenwärtigen (literarischen) Weltsituation. Die kritische Nuance des Romans lässt sich damit kaum mehr vom affirmativ-utopischen Gebrauch einer digitalen Ästhetik unterscheiden, nutzt doch auch Kehlmann sie, um das Formrepertoire zu erweitern und besonders avancierte textuelle Verflechtungen zu erzeugen. Die Resignifizierung blendet dann auch die ‚Raumversetzung' von Körpern im Digitalen und Fiktionalen ineinander und schafft damit die dominante poetologische These des Romans: „Wenn einer so viel im Internet unterwegs ist wie ich, dann weiß er, daß – wie soll ichs sagen? Also dann weiß er, daß Wirklichkeit nicht alles ist. Daß es Räume gibt, in die man nicht mit dem Körper geht."[82] Die unablässige Zirkulation von Informationen und Kontaktaufnahmen, die so gut wie nie bei den eigentlich adressierten Figuren ankommen, erschafft eine Poetik fiktiver Zustände, in der virtuell/fiktiv/imaginär ein äquivalentes und zu ergänzendes Paradigma der Uneigentlichkeit bildet, das Stellung nimmt zu Möglichkeiten der Textkonstruktion und darüber hinaus die Lebensbedingungen des 21. Jahrhunderts listet. Der Literatur kommt in diesem Konglomerat an Uneigentlichkeit dann auch keine herausgehobene Position zu, sie wird nicht als das Medium der Kohärenz inmitten von Medien der Vernetzung gerahmt.[83] Bei Kehlmann dominieren keine Textverfahren der Distanzierung, vielmehr muss sich Literatur in die Bedingungen der globalisierten und kommunikationstechnisierten Gegenwart einschreiben und die Vernetzung der Welt für die Vernetzung des Texts produktiv machen.

Dabei mahnt *Ruhm* auch nicht, sondern nimmt den Schreibpraktiken im Netz durch Ironie ihr Gefahrenpotenzial. Anders als Austin verlagern Derrida und Butler die Gelingensbedingungen des sprachlichen Ausdrucks nicht in den Kontext, sondern in die Wiederholbarkeit und Wiedererkennbarkeit des Zeichens. Sind bei Austin ästhetische Rahmung und Ironie parasitäre Formen des Sprachrituals,[84] so verhält sich ihre Wirkung für Derrida nicht nachgelagert. Uneigentliche Ver-

---

82 Kehlmann: *Ruhm*, S. 146.
83 Ich stelle mich hier gegen das emphatische Schlusswort Duponts, der ein engagiertes Verständnis von Literatur an den Tag legt, in dem der geformte Text den neuen Medien eine Ordnung geben soll. Vgl. Dupont: „Erzählen im Zeitalter des Internets", S. 207. Eine solche Kunstemphase ‚gegen' die digitalisierte Welt kann ich in *Ruhm* nicht erkennen.
84 John L. Austin: *Zur Theorie der Sprechakte*. Deutsche Bearbeitung v. Eike v. Savigny, 2. Aufl., Stuttgart 1979, S. 44.

wendungen sind somit trotzdem als Zitat erkennbar und entwickeln aus der performativen Kraft der Zeichen ein transformatives Potenzial.[85] Von ähnlichen Prämissen geht auch Butler aus, wenn sie dem Ausdruck trotz kontextuell prekärer Bedingungen eine Veränderbarkeit des Kontexts zuschreibt.[86] Die komische Darstellung mollwitts sowie seines Sprach- und Schriftgebrauchs im Netz nimmt der Netzwelt ihre Ernsthaftigkeit und damit auch ihre Bedrohlichkeit. Auf groteske Usernamen wie „birnenfreund" oder „ruebendaddy" reduziert[87] und durch mollwitts Identität in der realen Welt zusätzlich destabilisiert, sind die Netzakteur*innen eindeutig unsouverän markiert und durch die ironische Resignifizierung in ihrer Handlungsmacht beschnitten. Dass die komisch-groteske Geschichte „Ein Beitrag zur Debatte" jedoch strukturell von den sehr ernsten und tragischen Geschichten „Stimmen" und „Wie ich log und starb" flankiert wird, nimmt der Ironie die Reinheit ihrer Komik. Mollwitts tatsächliche Auswirkungen und die rein zufällig zerstörten Leben der von ihnen bedingten Figuren verleihen der Lektüre der ironischen Uneigentlichkeit einen bitteren Beigeschmack. An der umkehrenden Zielrichtung der Resignifizierung in umgeleitete poetologisch-existenzielle Fragestellungen der Zeit ändert das jedoch nichts.

4 Ausblick

Angesichts solcher formal-struktureller Eingeständnisse bleibt die Frage, was die Digitalisierungskritik von der -affirmation unterscheidet, wenn selbst die pejorative Rahmung auf Netzästhetiken zurückgreift. Insgesamt liegt die Vermutung nahe, dass sich die intellektuellen Stimmen unserer Gegenwart in stabilen ideologiekritischen Traditionen bewegen und entsprechende Erklärungsgewohnheiten ausgebildet haben, die den medialen Bedingungen der Diskurspartizipation eine wirklichkeitsstiftende Energie beimessen. Anstatt sich von den beklagten Phänomenen abzuwenden, ist es daher nur konsequent, das Beklagte der Wahrnehmung anheimzustellen und es aus der Gewöhnung in die kritische Reflexion zu transportieren.

---

85 Vgl. Derrida: „Signatur Ereignis Kontext", S. 339.
86 Siehe dazu ausführlich Judith Butler: *Anmerkungen zu einer performativen Theorie der Versammlung*. Übers. v. Frank Born. Berlin 2016. Zwar geht es Butler hier besonders um die Ausdrucksfähigkeit des Körpers; diese leitet sie jedoch von der sprachlichen ab, das in der Performanz subversive Einwirken auf den Kontext gilt also für beide Ausdrucksdimensionen.
87 Kehlmann: *Ruhm*, S. 145.

Netzstrukturen erweisen sich darüber hinaus als geeignete Beschreibungskategorie, um aus zeitdiagnostischer Nahsicht Ordnungen zu sehen, die jedoch nur lose verbunden sind und vielmehr assoziativ als essentiell zusammenhängen. Der Objektbereich deckt sich hier also praktisch mit der Perspektive der Beobachtung: Wo der Gegenwartskommentar durch seine Nähe zum Gegenstand zwangsläufig Gefahr läuft, entscheidende Linien und Tendenzen zu übersehen, ist das Netzwerk eine mehr als passable Denkfigur, die Verknüpfungen und Unschärfe integriert – und sich zudem bestens als Anhaltspunkt der Kritik ebendieses Losen und Unscharfen eignet.

Außerdem macht sich bemerkbar, dass auch im digitalkritischen Lager eine Einsicht in die Einflüsse vom Materialen des Medialen auf das Mentale herrscht,[88] so dass die Gegnerschaft gegen digitale Formen auch mit eben solchen Materialisierungen bestritten werden muss. In mahnenden und resignifizierenden Texten richtet sich die Netzwerkstruktur gegen die Netzwerkstruktur, in distanzierenden werden Lücken des Netzes oder seine lineare Auflösung in Aussicht gestellt. Die Kritik macht demnach überwiegend Formeingeständnisse und unterscheidet sich schließlich durch ihre Pragmatik von der Affirmation. Sie setzt mit der Sichtbarmachung, Alternativgestaltung oder Umkehr Strategien formaler Agency gegen die eingestandene Formdominanz des Digitalen und bemüht sich um überwindende Aussichten aus dem Sog der netzwerkstrukturellen Gleichzeitigkeit.

---

88 Vgl. dazu einschlägig und überblickshaft Andreas Reckwitz: „Die Materialisierung der Kultur". In: Friederike Elias u. a. (Hg.): *Praxeologie. Beiträge zur interdisziplinären Reichweite praxistheoretischer Ansätze in den Geistes- und Sozialwissenschaften.* Berlin/Boston 2014, S. 13–25.

Karin Krauthausen
Fern des Gleichgewichts
Zur Poetik gegenwärtiger Literatur (Zeitpfeil und Zeitverlust)

1 ‚Flow' und ‚Fließgleichgewicht' als Charakteristikum digitaler Gegenwartsliteratur (Holger Schulze)

Folgt man der Diagnose von Holger Schulze, dann ist die Geschichte der „Große[n] Literatur" ebenso wie die ihrer Autoren, Verleger und Ausleger nun an ein Ende gekommen.[1] Betroffen sind das Medium des Buches und „die literarische Form", aber auch die „großen Stoffe" sowie die Institutionen, die bisher zu Rahmung und Traditionsbildung der Literatur beigetragen haben.[2] Verabschiedet werden Verlags- und Urheberrecht genauso wie Stilistik und Ästhetik, Literaturkritik ebenso wie Literaturwissenschaft, aber auch Papier, Layout und Bindung sowie Archive und Bibliotheken.[3] Was hingegen von dem studierten Komparatisten und heutigen Kultur- und Musikwissenschaftler zur Literatur der Gegenwart erklärt wird, heißt – wie sein Buch – *Ubiquitäre Literatur* (2020), und diese gehöre nicht zu den ‚großen', sondern zu den ‚kleinen Formen', allerdings mit besonderem Anspruch: ‚Kleine Form' bezeichnet hier nicht allein die Kürze oder eine Art des aphoristischen Zuschnitts, sondern verweist auf Gilles Deleuzes und Félix Guattaris Konzept der ‚kleinen' oder ‚minderen Literatur', *la littérature mineure*, die sich durch ein besonderes politisches Potential auszeichnet.[4] Was nun auf

---

1 Holger Schulze: *Ubiquitäre Literatur. Eine Partikelpoetik*. Berlin 2020, S. 54. – Der vorliegende Beitrag wurde ermöglicht durch die Unterstützung des Exzellenzclusters *Matters of Activity. Image Space Material* (gefördert durch die Deutsche Forschungsgemeinschaft im Rahmen der Exzellenzstrategie des Bundes und der Länder EXC 2025 – 390648296).
2 Schulze: *Ubiquitäre Literatur*, S. 54.
3 Vgl. ebd., S. 109: „Bibliotheken und Feuilletonredaktion, germanistische Seminare und Deutschstunden, Buchlesungen und Literaturfestivals sind kaum maßgebliche Orte der Literatur, schon lange nicht mehr." Vgl. zum Urheberrecht ebd., S. 67: „Ubiquitäre Literatur ist weder auf Urheberschaft noch auf ordnungsgemäße Lizenzabrechnung bedacht: Sie will umgenutzt, abgebraucht und neu geschrieben werden." Vgl. zur „minderen, oft läppischen Praxis" des neuen Schreibens ebd., S. 54.
4 Vgl. Gilles Deleuze/Félix Guattari: *Kafka. Für eine kleine Literatur*. Frankfurt a.M. 1976, S. 27, hier zitiert nach Schulze: *Ubiquitäre Literatur*, S. 43f.: „Das also sind die drei charakteristischen Merkmale der kleinen Literatur: Deterritorialisierung der Sprache, Kopplung des Individuellen ans unmittelbar Politische, sowie eine kollektive Aussageverkettung".

Open Access. © 2022 Karin Krauthausen, publiziert von De Gruyter. Dieses Werk ist lizenziert unter einer Creative Commons Namensnennung - Nicht-kommerziell - Keine Bearbeitung 4.0 International Lizenz.
https://doi.org/10.1515/9783110758603-005

diesem Wege als ‚ubiquitäre' Literatur von der ‚großen', tradierten Literatur geschieden, aber weiterhin als ‚Literatur' verhandelt wird, sind die getweeteten und geposteten Inhalte in den digitalen Kommunikationsmedien. Viele der Beispiele von Schulze entstammen dem Kurznachrichtendienst Twitter und sind daher in der Länge beschränkt (140 bzw. jetzt 280 Unicode-Zeichen) sowie auf eine sofortige Veröffentlichung und Reaktionen angelegt. Es sind jedoch nicht der Dienst und seine Formate, die die dort veröffentlichten Inhalte als Literatur qualifizieren, sondern das Zirkulieren der Inhalte auf den digitalen Endgeräten (Telefon, Computer etc.) und die Tatsache, dass viele diese öffentlichen Beiträge lesen, bewerten (liken), eventuell kommentieren und weiterverbreiten (retweeten), so Schulze:

> Die Partikel, die auf unseren Leseapparaturen zirkulieren, den universal-mobilen Endgeräten, sie sind die Literatur dieser Gegenwart – gleich ob wir sie gerne lesen oder verschmähen. Diese Texte konsumieren wir: massenhaft und unaufhörlich, mit größtem Genuss, zu allen Tageszeiten und an allen Orten, ungeachtet der sozialen Klassen, dynastischer Herkunft und – *horribile dictu!* – ungeachtet der Monatsgehälter, Aktienportfolios oder parteipolitisch empfundener Nähe. Partikelströme sind der Kanon.[5]

Die Twitter-Kultur wird bei Schulze zum Modell für die Literatur der Gegenwart schlechthin, und dies wohl auch über den Zeitindex (der Dienst ist 2006 entstanden) und die medialen Bedingungen der Plattform hinaus. Das mag

---

5 Ebd., S. 27. Die vermeintlich absolute Inklusion des Twitter-Dienstes und anderer digital-sozialer Medien wird dem Autor im Laufe des Buches klugerweise selbst suspekt. So verweist er auf die Inklusion auch von „Arschlöcher[n] und Trollen", die das eigentliche Ideal verfehlt, ebd., S. 105. Die soziale Selektivität des Kurznachrichten-Mediums Twitter bzw. der digitalen Welt Sozialer Medien sowie des reflexiven Mehrwerts des ubiquitären Schreibens wird bei Schulze jedoch nur am Rande zum Thema – vgl. ebd., S. 73: „Für welche Klasse kann die Wirklichkeit denn tatsächlich kontingent und immer auch anders und spielerisch neu gedeutet werden?" Eine wichtige Frage, die vom Autor leider nicht weiterverfolgt wird. Denn für Internet-Plattformen, -Portale, -Dienste und Soziale Medien gilt, dass sie Kommunikation privatisieren und dabei eine von allen Kontexten und Verantwortlichkeiten befreite Form der Äußerung installieren, die (gerade aufgrund der durch die Rückkopplungsangebote der installierten Algorithmen ebenfalls begünstigten Affekt-Gemeinschaften) eher Demokratiezersetzend wirken kann. ‚Unmittelbarkeit' und ‚Freiheit der Rede' sind Topoi in der Vermarktung dieser hochgerüsteten Technologien durch Plattformunternehmen, während die Vermittlungstechnik tatsächlich eher mit zunehmenden Kontrollmöglichkeiten für Staaten und Unternehmen einhergeht. Dies ist aber alles nicht Teil von Schulzes Beschreibung der ubiquitären Literatur und ihrer medialen Bedingungen. Siehe zur Konfiguration aus digitaler Technik, Markt, Politik und Information Joseph Vogl: *Kapital und Ressentiment. Eine kurze Theorie der Gegenwart*, München 2021, S. 117–142 (Kapitel „Spiele der Wahrheit"). Dort auch Literaturangaben zur umfangreichen Kritik der digitalen Medien.

überzogen klingen und entspricht im Stil den mal zugespitzten, mal launischen Veröffentlichungen auf Twitter, die er unter dem Schlagwort der ‚ubiquitären Literatur' zur neuen und eigentlichen Literatur erklärt. Aber neben markig formulierten Groß-Thesen finden sich in Schulzes Buch auch aufmerksam beobachtete und anschaulich beschriebene Schreibweisen und Lektürebedingungen, die zu den populären digitalen Kommunikationsmedien der 2000er Jahre gehören und in ihrer Teilhabe an bzw. Wirkung auf Gegenwartsliteratur selbstverständlich ernst zu nehmen sind. Daher wird sein theoretischer Einwurf für die Frage interessant, die den vorliegenden Beitrag motiviert: Wie ist das Verhältnis von ‚explizit literarischer' Literatur (wie ich sie nenne – in Schulzes Perspektive: ‚große' Literatur) und Zeit/Zeitlichkeit unter den Bedingungen der digitalen Schreib-, Lese- und Publikationsformate zu denken? Im Folgenden werde ich Schulzes Charakterisierung als Ausgangspunkt nehmen, das heißt sie kurz in ihren wesentlichen Aspekten Literarizität, Schreibweise und Zeitlichkeit aufrufen, um mich dann auf die von Schulze und anderen verwendete Leitmetapher des ‚Flow' und damit verbunden: des ‚Fließgleichgewichts' zu konzentrieren.

Zunächst muss festgestellt werden, dass trotz der Verabschiedung von Literaturgeschichte und Literaturkritik/-wissenschaft auch in der ubiquitären Literatur eine Tradition weiterhin bestehen bleibt: Die von Schulze so genannte große Literatur (inklusive ihrer Medien, Formate und Institutionen) bleibt der Maßstab für die Bewertung und Beschreibung der ubiquitären Literatur. Es werden weder der Literaturbegriff noch der Textbegriff, weder die Kategorien Genre und Kanon noch gar die Instanz der Autorschaft aufgegeben. Aber auch eine Neudefinition dieser seit dem 18. Jahrhundert in ihrem modernen Verständnis mehr und mehr ausdifferenzierten Konzepte leistet Schulze nicht, allenfalls reichert er sie mit neuen Beispielen an. Wenn er das Ende der ‚großen' Literatur ausruft und die besondere Twitter-Textualität als neue und eigentliche Erscheinungsweise von Literatur proklamiert, wiederholt er zudem eine zentrale Geste der literarischen Avantgarden des 20. Jahrhunderts und bricht insofern keineswegs mit der Geschichte literarischer und literaturkritischer Programmatiken. Diesen Anschluss an Inszenierungsstrategien der ‚großen' Literatur zeigt auch Schulzes positive Bezugnahme auf literarische Verfahren (bzw. Verfahrensrevolten) und Autor*innen seit den 1960er Jahren. Das Manifest beruft sich dabei auf die Auflösung kohärenter Plot-Strukturen und Figuren-Psychologie und nennt die Autoren Rolf Dieter Brinkmann, Ferdinand Kriwet und Andreas Neumeister. Damit bettet Schulze die ‚kleine' Literatur letztlich doch in die von ihm kritisierte Tradition der

,großen' Literatur ein.⁶ Und nur vor diesem Hintergrund kann Schulze die schreibenden und lesenden Account-Inhaber*innen als ,Autor*innen' bezeichnen, die Nachrichten als ,Texte' (obwohl sie neben schriftlicher Sprache auch Bilder und Hashtags enthalten sowie alle Arten von Memes transportieren), das Senden und Veröffentlichen als ,Publizieren' und die erfolgte Kommunikation eben als ,Literatur'.

Die Besonderheit der Kommunikation in den auf digitaler Technik beruhenden Sozialen Medien wird von Schulze unter mehreren Gesichtspunkten beschrieben.⁷ Dazu gehört zunächst die Schreibweise: „Ubiquitäres Schreiben operiert stets nach diesem Prinzip: Herauskopieren, Überführen, Einfügen, Modifizieren, Rekombinieren, Umkomponieren, Ausfabulieren, Weiterschreiben, Umschneiden, Neuordnen, Absenden. Das ist der Text. Das ist die literarische Praxis."⁸ Wenn literarisches Schreiben so als regelmäßige Wechselwirkung von Lesen, Schreiben und Veröffentlichen beschrieben wird, ist das allerdings nicht völlig neu, da sich die Prinzipien auf die Änderungskategorien der klassischen Rhetorik zurückführen ließen (Hinzufügen, Weglassen, Wiederholen, Umstellen, Ersetzen). Die entscheidende Differenz zur Tradition besteht Schulze zufolge darin, dass das Lesen sich nicht auf Texte einer homologen Bezugskategorie ,Literatur', sondern auf kursierende Wort- und Bildeinheiten in digital-sozialen Medien (und darüber hinaus: überall in städtischen Umwelten) bezieht.⁹ Solche an den Zeichenwelten dieser Medien – und nicht an dem Archiv der gedruckten Bücher – orientierte „Schreibleseschreib-Wirkungsschleifen"¹⁰ begründen eine Art des Schreibens, das nach

---

6 Das Vorgehen ist sinnvoll, wenn es darum geht, der ubiquitären Literatur eine institutionelle Aufmerksamkeit und eventuell Anerkennung zu verschaffen. Es könnte aber auch dazu beitragen, diese neue Textsorte über bewährte Beschreibungskategorien und Analyseverfahren weiter zu erschließen.
7 Ich gehe im Folgenden nur auf zwei Aspekte ein (Schreibweise und Zeitlichkeit) und übergehe weitere wichtige Charakterisierungen wie etwa die omnipräsente Perspektive der 1. Person Singular oder den diaristischen Gestus.
8 Schulze: *Ubiquitäre Literatur*, S. 130. Und er fährt ebd. fort: „Das ist das generative Prinzip. Das ist die Poetik."
9 Vgl. ebd., S. 146: „Das instantane Schreiben der ubiquitären Literatur sucht keine Referenzen und Quellen und Inspirationen aus Literatur oder Schreiben. Es speist sich direkt und körperlich, rhythmisch und sensorisch, taktil und kinetisch aus den Handlungen, Bewegungen und Wegen des täglichen Lebens." Vgl. auch ebd., S. 13 (mit Bezug auf Rolf Dieter Brinkmanns bei der Bewegung im städtischen Raum gesprochene Aufnahmen): „Denkempfindungen, Namen von Ladengeschäften, Aufschriften und Beobachtungen – instantan aufgezeichnet, archiviert, umgeschrieben. Die Metropolenerfahrung bringt durch Kontingenz und Überlagerung eine andere Art zu schreiben hervor." – Das Sich-Äußern in den Netzwerken und Nachrichtenkanälen der Gegenwart habe diese Schreibweise zu einem Massenphänomen gemacht.
10 Ebd., S. 141.

Schulze folgende Charakteristika aufweist: Es ist erstens kontingent motiviert und beiläufig (wie eine Kritzelei),[11] zweitens eine regelmäßige Tätigkeit (eine tägliche „Schreibgymnastik"[12]), dabei drittens häufig mit einer gewissen Eile und emotionalen Dringlichkeit verbunden,[13] setzt viertens eine nicht-homogene Vielheit voraus (an Schreibenden und Lesenden),[14] verfährt fünftens eher über die Kombination von gefundenem Material (*found footage*) als über ausgefeilte Spracharbeit und narrative Konstruktion,[15] weshalb es sechstens eher im Skizzenhaften verbleibt, also zwar Effekte produziert, aber nicht auf Finalität und Kohärenz zielt,[16] und somit siebtens insgesamt dem ‚Instantanen' angehört, da so ein „Unmittelbarkeits-Zeit-Raum" etabliert wird.[17] Das Resultat ist eine Schreibweise, die sich aus dem Momentanen – im Sinne eines Zufälligen und Flüchtigen – speist und dieses als ‚Gegenwart' zum Thema macht.[18] Der beschriebene Modus des Schreibens und Lesens legitimiert in Schulzes Traktat eine Ausweitung des Text- und Literaturbegriffs, der nun alles umfasst, was in den digital-sozialen Medien und somit auf den Endapparaten der Nutzer erscheint: „Die Literatur ist allgegenwärtig. Sie be-

---

11 Vgl. ebd., S. 44: „Nicht nur an Häuserwände und Wirtshaustische, Latrinen und Baumstämme, Pinnwände und Plakate wird aber gekritzelt oder geritzt, sondern auch in Texteingabefelder, Kommentarstränge, Kurznachrichtendienste: [...]."
12 Ebd., S. 131.
13 Vgl. ebd., S. 86 über die neue Schreibtechnik: „Utopisch ist daran nur wenig. Eher ist es nervig und angespannt, schnell und aggressiv."
14 Vgl. ebd., S. 105: „Es ist ein anderes Schreiben, ein Schreiben der vielen Stimmen, der widersprechenden Stimmen, der Stimmen, die andere Momente und Konflikte erzählen." Vielheit heißt hier nicht Homogenität oder Kollektiv – es ist eine zufällige und in sich heterogene Vielheit.
15 Vgl. zu „Abbau der Meisterschaft und der Kontrolle über das Werk" sowie der Aufwertung des Alltäglichen in der Literatur des ausgehenden 20. Jahrhunderts ebd., S. 13f. (Hier wieder im Anschluss an das Schreiben von Rolf Dieter Brinkmann formuliert). Vgl. außerdem ebd., S. 37: „Der Plot verbaut die Welt, die Lesewelt, die Denkwelt, die Empfindungswelt."
16 Vgl. ebd., S. 61: „Die Spiel- und Umgestaltungswut der ubiquitären Literatur operiert nicht mit Blick auf Bedeutungen und Aussagen, Absichten oder gar Ziele. Was in ihren Sätzen steht, was ihre Bilder zeigen, in ihren Liedern gesungen wird, das ist meist ein Effekt [...]."
17 Der Begriff geht auf die Autorin, Verlegerin und Komparatistin Christiane Frohmann zurück. Vgl. Christiane Frohmann: *Präraffaelitische Girls erklären das Internet*. Berlin 2018, Nr. 136 (unpaginiert), hier zitiert nach Schulze: *Ubiquitäre Literatur*, S. 139. Vgl. außerdem Christiane Frohmann: „Instantanes Schreiben" [Verschriftlichung eines am 29. Mai 2015 am Literaturinstitut Leipzig gehaltenen Impulsreferats]. In: *Leander Wattig*. https://leanderwattig.com/wasmitbuechern/frohmann/2015/instantanes-schreiben-christiane-frohmann-literaturinstitu-leipzig-20150529, 2015 [zuletzt eingesehen am 7.6.2021].
18 Vgl. Schulze: *Ubiquitäre Literatur*, S. 142: „Aus dem Knäuel des Instantanen wird Schrift, Grammatik und Gegenwart" und „Der Moment, in Wort oder Bild gefasst, wird gerahmt, gespeichert und weitergereicht. Das ist alles. Das ist die Aufmerksamkeitskapsel."

wegt sich durch meine Hände als Kurznachricht und Bewegtbild, wird kurzer Wortwechsel und Verkaufsbotschaft, dann Werbefilm, Diagramm: Überall folgt sie mir – und ich folge ihr."[19]

Was so als Gegenwartsliteratur ausgerufen wird, ist in den Formaten und damit in den Erscheinungsweisen vielfältig (wenn auch grundsätzlich radikal kürzer als die eingebürgerten Literaturformate Erzählung oder gar Roman), im dialogischen, wenn nicht gar dissonanten Wechselspiel der vielen Tweets/Posts produziert und durch schnelle Veröffentlichung gekennzeichnet. Gerade die medial bedingte stark beschleunigte Distribution begründet den Topos der Unmittelbarkeit, den Schulze und andere der ubiquitären Literatur zuschreiben. Dieser Topos der Unmittelbarkeit bezeichnet also Schreibweisen, die kaum institutionell vermittelt, verzögert und ‚entfremdet' erscheinen (und häufig weniger durchgearbeitet sind).[20] Erstaunlicherweise wird ‚Unmittelbarkeit' in diesem Zusammenhang aber als eine diffus-endlose räumliche und zeitliche Ausdehnung begriffen. So heißt Gegenwartsliteratur bei Schulze „Allgegenwartsliteratur",[21] und Allgegenwart impliziert hier das allumfassende Alltägliche (also die gewohnte, für gewöhnlich wenig bemerkenswerte und damit auch wenig konturierte Umwelt), dem das Schreiben in digital-sozialen Medien Aufmerksamkeit und Präsenz verleiht: als ein Momentanes, das ‚von allein' (scheinbar unbearbeitet und unvermittelt), aber nun ‚merklich' in Erscheinung tritt. Die Veröffentlichung ist insofern eine „Aufmerksamkeitskapsel", aber eine, die aufgrund ihrer massenhaften Erscheinung ein endloses „Jetzt und Jetzt" behauptet.[22] Die unüberschaubare Zahl der öffentlich gemachten Moment-Aufmerksamkeiten konstituiert das ‚Instantane' der ubiquitären Literatur. Wobei diese Schreibweise, wie Christiane Frohmann bemerkt, die Ausstattung des Mediums mit einer „chronologische[n] Timeline"

---

19 Ebd., S. 24. Vgl. auch ebd., S. 12 f.: „Text ist überall, Sprache ist überall. Abgebildet, notiert, in Verbindung mit Bildern, Ideogrammen, in Bewegung animiert, abgefilmt, dargestellt und ablesbar. Unaufhörlich umgeschrieben, neu reingesendet als Untertitel, Kommentar und Anmerkung."
20 Der Topos der Unmittelbarkeit und die Verweigerung von mehrstufiger stilistischer Arbeit haben allerdings längst ihrerseits eine kanonische Tradition der Literatur, so etwa schon in der ‚Erlebnislyrik' des Sturm und Drang, die überdies institutionell durchaus auch auf die Beschleunigung durch neue mediale Möglichkeiten (zum Beispiel Almanache) reagiert und von diesen profitiert hat. Vgl. zu dem Topos der Unmittelbarkeit und des ‚Jetzt' in der Gegenwartsliteratur Eckhard Schumacher: *Gerade. Eben. Jetzt. Schreibweisen der Gegenwart*. Frankfurt a.M. 2003.
21 Schulze: *Ubiquitäre Literatur*, S. 11.
22 Ebd., S. 142 und S. 135.

voraussetzt.[23] Was in der ubiquitären Literatur als Gegenwart gerahmt und publiziert wird, benötigt als strukturierenden Hintergrund also eine lineare und sukzessive Ordnung durch Datum und Uhrzeit oder eine andere Art von Ablaufindikator. Die Erfahrbarkeit eines Moments setzt auch in digital-sozialen Medien die Korrelation mit einer Chronologie voraus, von der sich der Moment absetzt. Diese Erfahrbarkeit des Moments hat überdies mit der Form und genauer: mit der Kürze der Form zu tun, da diese den ‚Augenblick' favorisiert (und zwar als Aufforderung: ‚Augenblick mal'), insofern ‚mit einem Blick' alles erfasst werden kann, was auf dem Bildschirm erscheint. Die topisch proklamierte ebenso wie die medial konfigurierte Zeitlichkeit der ubiquitären Literatur wären demnach ausgedehnt und begrenzt zugleich: Sie fokussieren explizit und emphatisch auf ein massenhaft produziertes Jetzt-Moment (was eine Art Entzeitlichung provoziert), aber dies nur vor dem Hintergrund einer medial verankerten Abfolge, die den Moment zu einem diskreten Element macht. Die diskrete Begrenzung ist zudem nicht allein zeitlich, sondern auch räumlich wirksam, da sie an eine konkrete visuelle Form gebunden bleibt: Jeder Jetzt-Moment erscheint in einer zwar variablen, weil endgeräteabhängigen Formatierung, die jedoch jeden einzelnen geposteten Inhalt (den ‚Text') auf dem Bildschirm zu einem Sprach-Bild macht, also qua Rahmung begrenzt. Die Diskretheit geht zudem mit einer Relativierung einher, insofern jeder Inhalt nur einer von unüberschaubar vielen ist und diese Menge auch notwendig voraussetzt. Wenn Schulze also die ubiquitäre Literatur als eigene und umfassende Kategorie postuliert, dann beruht deren Ganzheit auf einer Unzahl ungeordneter Partikel. Einige dieser vielen ‚Text'-Partikel finden sich gelegentlich zu temporären Verbindungen zusammen (etwa, wenn sie retweetet werden) und erreichen damit größere Aufmerksamkeit, einige von ihnen bilden gegebenenfalls neue Strukturen aus, während andere Partikel weitgehend unbemerkt und anschlusslos im digitalen Raum verbleiben.

Ein letzter Punkt ist relevant: Schulze wählt zur Charakterisierung des besonderen Modus der ubiquitären Literatur respektive der mit ihr verbundenen Schreibweise die Metapher des ‚Flow'. Demnach bringen nicht die Autor*innen mit ihrer technischen und künstlerischen „Meisterschaft" die ubiquitäre Literatur hervor, sondern es ist „der Strom, der Flow, der dies entbirgt".[24] Die Eigen-

---

23 Zum Instantanen und der es medial rahmenden chronologischen Timeline vgl. Frohmann: „Instantanes Schreiben". Vgl. hierzu außerdem Eckhard Schumacher: „Instantanes Schreiben. Momentaufnahmen nach der Digitalisierung". In: Birgit Erdle/Annegret Pelz (Hg.): *Augenblicksaufzeichnung – Momentaufnahme. Kleinste Zeiteinheit, Denkfigur, mediale Praktiken*. Paderborn 2021, S. 167–179.
24 Schulze: *Ubiquitäre Literatur*, S. 137. Vgl. zu ‚Flow'/‚alles fließt' im ‚Netz' als einer Art Realem, das sich an die Stelle der symbolischen Ordnungen setzen könne, Frohmann, „Instanta-

zeit der digitalen Literatur besteht in einem Prozess der endlosen Formwerdung, oder genauer: die endlose Formwerdung wird hier mit Zeit und Zeiterfahrung identisch gesetzt.[25] Paradigmatisch hierfür ist die Metapher der „Verwirbelung", die Schulze zur Charakterisierung der Schreibdynamik in den digital-sozialen Medien verwendet.[26] Im Verständnis der Physik ist mit ‚Verwirbelung' (zum Beispiel in einem Wasserstrudel) eine nicht-lineare, auf den Feedback-Schleifen einer großen Zahl von Teilchen beruhende und insofern komplexe Dynamik gemeint. Die offene Zeitlichkeit des Prozesses sowie die Etablierung und Persistenz von Form gehören hier eng zusammen; sie bilden die Geschichte des Wirbels und gewissermaßen seine Identität. Eine vergleichbare Dynamik evoziert Schulze, wenn er davon spricht, dass die ubiquitäre Literatur „von vielerlei Aktivitäten und Ereignissen" aufgerufen und im Fluss gehalten wird, wodurch die Schreibenden weiterhin in den Prozess eingebunden werden wie in einem „Fließgleichgewicht", das aus dem kontingenten Strom der vielen Partikel emergiert und sich durch die Zuströme erhält.[27] Es sind die vielen geposteten Text-/Bild-/Meme-Partikel der vielen Leser*innen und Schreibenden, die aufeinander stoßen, sich dabei spontan in neue Richtungen abdrängen, neue Verbindungen nahelegen, neue Sprünge erlauben, die eine *Partikelpoetik* (Schulzes Untertitel) konstituieren. Literatur heißt in diesem Sinne: Aus der Menge der ‚Text'-Begegnungen entsteht eine Art fluider Ordnung, die sich halten kann, insofern die Bewegung der Partikel, das heißt ihr Zustrom, sich fortsetzt – eben dies ist das temporäre Gleichgewicht. Der ausgezeichnete Moment des „Jetzt und Jetzt", der die ubiquitäre Literatur kennzeichnet, geht hervor aus dem gewöhnlichen ‚Strom' der vielen ‚Momente' – Momente „des Lesens und Suchens und Schreibens und Antwortens, des Aufforderns und Nachhakens, Weiterschreibens und Weitersuchens, Auswählens und Hinzufügens, des Wiedersuchens und Neufindens, des Weiterreichens, Weiterschreibens und Weiterlesens".[28]

---

nes Schreiben": „‚Vor dem Gesetz. Das im Netz der Flow ist'; man muss oder darf gar nicht mehr alles rational verstehen wollen, um in diesen Flow einzutauchen. [...] Im Netz, zumindest da, wo es wirklich fließt, gibt es keine symbolische Ordnung; Inhalte bewegen sich, wirken aufeinander und verändern sich, so entsteht virtuelle Realität."
25 Vgl. Schulze: *Ubiquitäre Literatur*, S. 135: „Ubiquitäre Literatur lobt das Jetzt. [...] Sie verkörpert und schreibt das Jetzt. Im engeren Sinne *ist* sie darum dieses Jetzt, in Worten und Artikulationen, in Fundstücken und Satzbrüchen [...]. Sie ist allgegenwärtig und sie lügt keinen Zusammenhang. [...] Sie driftet. Sie setzt sich fort und schreibt sich fort."
26 Ebd., S. 138: „Was ist das Jetzt, das sich ereignet? Es ist eine Verwirbelung, kompakt und komprimiert, von vielerlei Aktivitäten und Ereignissen in einem kleinen Punkt."
27 Ebd., S. 115: „Allgegenwärtige Musik und allgegenwärtige Texte halten ein Fließgleichgewicht aufrecht. Sie verknüpfen Subjektivitäten, sie binden Personae aneinander".
28 Ebd., S. 88. Vgl. auch ebd., S. 135 zu „Jetzt und Jetzt": „Ubiquitäre Literatur lobt das Jetzt. [...] Sie verkörpert und schreibt das Jetzt. Im engeren Sinne *ist* sie darum dieses Jetzt, in Worten

Folgt man der Metapher des ‚Flow' und des ‚Fließgleichgewichts', dann wäre der kreative Impuls der ubiquitären Literatur – und damit in Schulzes Verständnis: der Gegenwartsliteratur schlechthin – mit Hilfe der Thermodynamik zu erklären, wie sie im 19. Jahrhundert hauptsächlich in der Physik (unter anderem bei Rudolf Clausius, Hermann von Helmholtz und Ludwig Boltzmann) initial ausgeprägt und im 20. Jahrhundert in der Biologie der ‚offenen Systeme' (Ludwig von Bertalanffy) und in statistischer Physik sowie Chemie (Ilya Prigogine) weiter entwickelt wird. Mit dem thermodynamischen Konzept der ‚offenen Systeme', die zwar im Idealfall Fließgleichgewichte etablieren, aber im Moment ihrer Emergenz und in ihrer Fähigkeit zu Adaption und Weiterentwicklung als ‚fern des Gleichgewichts' zu begreifen sind, ist selbst bereits eine Vorstellung von Zeit (und sogar von Narration) verbunden, die in Schulzes *Partikelpoetik* nicht in den Blick gerät.[29] Dieses Wissen führen die Metaphern des ‚Flow' und des ‚Fließgleichgewichts' bei Schulze gleichsam unerkannt mit sich. Im Folgenden soll es explizit und in die Diskussion über die Gegenwartsliteratur hereingeholt werden.

2 Zeitpfeil und Narrativität in der Nicht-Gleichgewichts-Thermodynamik (Ilya Prigogine/Isabelle Stengers)

Um die Bedeutung von Schulzes Metaphern zu verstehen, muss man ein wenig in der Wissenschaftsgeschichte stöbern. Dies bietet sich auch insofern an, als die

---

und Artikulationen, in Fundstücken und Satzbrüchen [...]. Sie ist allgegenwärtig und sie lügt keinen Zusammenhang. [...] Sie driftet. Sie setzt sich fort und schreibt sich fort."

29 Vgl. zur Biologie und Thermodynamik offener Systeme im 20. Jahrhundert (im Gegensatz zur Thermodynamik geschlossener Systeme im 19. Jahrhundert) Ludwig von Bertalanffy: *General System Theory. Foundations, Development, Applications.* New York 1968, S. 39 f.: „Conventional physics deals only with closed systems, i. e. systems which are considered to be isolated from their environments. Thus physical chemistry tells us about the reactions, their rates, and the chemical equilibria eventually established in a closed vessel where a number of reactants is brought together. Thermodynamics expressly declares that its laws apply only to closed systems. [...] However, we find systems which by their very nature and definition are not closed systems. Every living organism is essentially an open system. It maintains itself in a continuous inflow and outflow, a building up and breaking down of components, never being, so long as it is alive, in a state of chemical and thermodynamic equilibrium but maintained in a socalled steady state which is distinct from the latter. [...] It is only in recent years that an expansion of physics, in order to include open systems, has taken place."

Thermodynamik für die Frage des vorliegenden Beitrags in mehrfacher Hinsicht von Bedeutung ist: Erstens führt sie im 19. Jahrhundert die Zeit und sogar einen Zeitpfeil (also eine Entwicklungsrichtung) in die ewigen und insofern zeitlosen naturwissenschaftlichen Gesetze ein – sie weist also ein besonderes Verhältnis zur Zeit auf; zweitens befragt sie auf der mikroskopischen Ebene das Verhalten einer großen Menge an Molekülen oder Atomen, und zwar im 20. Jahrhundert auch darauf hin, wie aus deren zufälligen Bewegungen und Begegnungen neue Strukturen entstehen können – dieses naturwissenschaftliche Forschungsobjekt ist dem Gegenstand der Partikelpoetik, also dem Schreiben der Vielen und dem Partikel-Charakter der Tweets/Posts in den digital-sozialen Medien, analog; drittens muss sich die Thermodynamik bei ihren Vorhersagen über das Verhalten der Partikel auf Wahrscheinlichkeiten verlassen und Unentscheidbarkeiten (Bifurkationen mit gleicher Wahrscheinlichkeit für beide Seiten) einbeziehen – eine solche ‚Wette' auf die Zukunft, die zudem mit individuellen, nicht verallgemeinerbaren Entwicklungen umgehen muss, rückt die thermodynamische Beschreibung in die Nähe des Erzählens (allerdings eher desjenigen der explizit literarischen Literatur), wie die Naturwissenschaftler schließlich selber feststellen.

Im 19. Jahrhundert erobert die Physik mit der Thermodynamik (mechanische Wärmetheorie) ein neues Wissensgebiet, das die klassischen Vorstellungen der Mechanik und Dynamik nicht nur ergänzt, sondern in Teilen auch in Frage stellt. Angestoßen wird die Entwicklung zunächst durch die Erfindung und Weiterentwicklung der Dampfmaschinen (seit dem späten 18. Jahrhundert), also Maschinen, die durch die Verbrennung (von Kohle und anderen Stoffen) Wärmeenergie erzeugen, die in Arbeit umgesetzt wird, so wie bei den Dampffördermaschinen der Bergwerke und den dampfbetriebenen Lokomotiven. Der wirksame Hebel resultiert aus einem Druck, der in einem weitgehend geschlossen Volumen durch die Erhitzung von Wasser und das Entstehen von Wasserdampf aufgebaut wird. Wenn dieser Druck auf mobile Elemente wie zum Beispiel Stempel und Kolben ausgerichtet wird, dann kann die Wärmeenergie in mechanische Energie umgewandelt und dementsprechend Hebe-, Zug- oder sonstige mechanische Arbeit verrichtet werden. Die Verantwortlichen für diese Leistung finden sich auf der Mikroskala: Es sind die sich bewegenden Moleküle, also die große Zahl kleiner Partikel, die auf die zugeführte Wärme reagiert in der Art, dass eine Ausdehnung und/oder Veränderung des Aggregatzustands eintritt (etwa von flüssig zu gasförmig). Wegen der großen Zahl von Partikeln und Partikelbewegungen greifen aber die Bewegungsbeschreibungen der klassischen Physik nicht mehr, und es bedarf einer statistischen Betrachtung und Voraussage. Dies führt ab dem letzten Drittel des 19. Jahrhunderts zu einem Aufschwung der statistischen Physik, die das Verhalten der Moleküle nicht eindeutig bestimmen kann, sondern über das Kalkül der Verhaltens*wahrscheinlichkeit* beschreibt. Für das

Selbstverständnis der Naturwissenschaften ist dieser Übergang von Determination zu Probabilität durchaus ein Problem. Jedoch wird die Unsicherheit in den Voraussagen hier noch nicht als ontologische Bedingung verstanden, sondern der Unüberschaubarkeit der Informationsmenge und damit der Perspektive der Wissenschaftler zugerechnet.

Die physikalischen Untersuchungen zur Umwandlung von Wärme in Dampfmaschinen führen bereits bei Léonard Sadi Carnot dazu, dass er diese Transformation als Kreisprozess versteht, bei dem sämtliche zugeführte Wärme in Arbeit übersetzt werden kann.[30] In der Folge werden aus den Beobachtungen auch Naturgesetze abgeleitet, so vor allem der erste Hauptsatz der Thermodynamik, der sogenannte Energieerhaltungssatz,[31] wie ihn Hermann von Helmholtz physikalisch und mathematisch begründet: Demnach sind in geschlossenen Systemen verschiedene Kräfte bzw. Energieformen (wie Wärme und Arbeit) ineinander umwandelbar und die gesamte Energiebilanz bleibt konstant. Rudolf Clausius gelingt wenig später der Nachweis, dass in Dampfmaschinen nur ein Teil der Wärme in Arbeit umgewandelt werden kann.[32] Dabei stellt er fest, dass die Energieumwandlung nur in einer bestimmten Richtung abläuft, also thermische Energie nur vom wärmeren auf den kälteren Körper übergeht, aber nicht umgekehrt (,uncompensirte Verwandlung'), was einen Bruch mit der klassischen Mechanik bedeutet, da letztere das Prinzip der Reversibilität aller Prozesse vertritt.[33] Clau-

---

30 Léonard Sadi Carnot geht dabei noch davon aus, dass in der Dampfmaschine alle Wärme umgewandelt, also keine Wärme verloren wird – das wird Mitte des 19. Jahrhunderts von Rudolf Clausius widerlegt. Vgl. Sadi Carnot: *Réflexions sur la puissance motrice du feu et sur les machines propres à développer cette puissance.* Paris 1824.
31 Vgl. zum ‚Princip von der Erhaltung der Kraft' Hermann von Helmholtz: *Über die Erhaltung der Kraft, eine physikalische Abhandlung, vorgetragen in der Sitzung der physikalischen Gesellschaft zu Berlin am 23sten Juli 1847.* Berlin 1847. Angedacht hatte dies bereits Julius Robert Mayers mit seinen Thesen zur ‚Erhaltung der Kraft' und seiner quantitativen Bestimmung des Umrechnungsfaktors zwischen Wärmeentfaltung und mechanischer Arbeit. Vgl. Julius Robert Mayer: „Bemerkungen über die Kräfte der unbelebten Natur." In: *Annalen der Chemie und Pharmacie* 42/2 (Mai 1842), S. 233–240.
32 Vgl. Rudolf Clausius: „Ueber die bewegende Kraft der Wärme und die Gesetze, welche sich daraus für die Wärmelehre selbst ableiten lassen". In: *Annalen der Physik und Chemie*, 155/3 (1850), S. 368–397.
33 Vgl. Rudolf Clausius: „Ueber die Anwendung der mechanischen Wärmetheorie auf die Dampfmaschine". In: *Annalen der Physik und Chemie*, 173/3 (1856), S. 441–476 und 173/4 (1856), S. 513–558, hier S. 449, Anm. 1: „Eine Art von uncompensirten Verwandlungen bedarf hierbei noch einer besonderen Bemerkung. Die Wärmequellen, welche dem veränderlichen Körper Wärme mittheilen sollen, müssen höhere Temperaturen haben, als er, und umgekehrt diejenigen, welche ihm negative Wärmemengen mittheilen oder ihm Wärme entziehen sollen, niedrigere Temperaturen. Bei jedem Wärmeaustausch zwischen dem veränderlichen Körper

sius qualifiziert die nicht-umkehrbaren Prozesse weiter, indem er den Wirkungsgrad der Umwandlung von thermischer in mechanische Energie berechenbar macht und die Größe der Entropie (‚Verwandlungsinhalt' bzw. *S*) einführt.[34] Diese wird zum Maß für jenen Teil der Energie in einem System, der nicht umgewandelt wird, aber auch nicht mehr für andere Verwendungen zur Verfügung steht. Jede Energieumwandlung und damit auch jede Verrichtung von Arbeit weist einen Anteil an Entropie auf, was den Anteil der verwertbaren Energie auf lange Sicht verringert. Vor diesem Hintergrund formuliert Clausius 1865 den ersten und zweiten Hauptsatz der mechanischen Wärmetheorie für das geschlossene System des Universums („*Welt*"): „1) *Die Energie der Welt ist constant. / 2) Die Entropie der Welt strebt einem Maximum zu.*"[35]

Nachdem bereits eine Richtung und Entwicklung in die Prozesse eingeführt wurde, wird nun diese Richtung mit der Degradierung von Energie (und damit mit Entropie) verbunden. Helmholtz wird das Verhältnis von Energie und Entropie etwas eingängiger als Kombination von abnehmender ‚freier Energie' (nutzbare Energie) und zunehmender ‚gebundener Energie' (Entropie) bezeichnen. Die Summe von freier und gebundener Energie bleibt im geschlossenen System der Welt gleich, aber die Entwicklung bewegt sich irreversibel hin zu einer Maximierung der gebundenen Energie, also der Entropie.[36] Am Ende dieser Entwicklung steht die apokalyptische Vision eines thermischen Gleichgewichts, in dem keine freie Energie mehr vorhanden ist, also keine Veränderung mehr möglich ist und ein toter Zustand eintritt.[37]

---

und einer Wärmequelle findet also ein unmittelbarer Uebergang von Wärme aus einem Körper von höherer Temperatur in einen solchen von niederer Temperatur statt, und darin liegt eine uncompensirte Verwandlung, welche umso größer ist, je verschiedener die beiden Temperaturen sind." – diese Unumkehrbarkeit des Prozesses ist ein Bruch mit der klassischen Mechanik, die alle Prozesse als reversibel begreift. Darin irritiert die mechanische Wärmelehre die Mechanik und Dynamik respektive die Physik des 19. Jahrhunderts. Vgl. dazu Ilya Prigogine/Isabelle Stengers: *Das Paradox der Zeit. Zeit, Chaos und Quanten*. München/Zürich 1993, S. 37–50.
34 Vgl. Rudolf Clausius: „Ueber verschiedene für die Anwendung bequeme Formen der Hauptgleichungen der mechanischen Wärmetheorie". In: *Annalen der Physik und Chemie*, 201/7 (1865), S. 353–400.
35 Ebd., S. 400.
36 Vgl. Hermann von Helmholtz: „Die Thermodynamik chemischer Vorgänge." In: *Sitzungsberichte der Königlich-Preussischen Akademie der Wissenschaften zu Berlin*, 1. Halbband (1882), S. 22–39, und 2. Halbband (1882), S. 825–837, hier S. 23.
37 Vgl. Rudolf Clausius: *Ueber den zweiten Hauptsatz der mechanischen Wärmetheorie. Ein Vortrag, gehalten in einer allgemeinen Sitzung der 41. Versammlung deutscher Naturforscher und Ärzte zu Frankfurt/M. am 23. September 1867*. Braunschweig 1867, S. 17: „*Die Entropie der Welt strebt einem Maximum zu*. Je mehr die Welt sich diesem Grenzzustande, wo die Entropie ein

Indem der zweite Hauptsatz eine Irreversibilität und zudem eine bestimmte Tendenz in die Prozesse der Welt einführt, bricht die Thermodynamik mit der formalen Symmetrie und prinzipiellen Reversibilität, wie sie die klassische Mechanik und Dynamik vertreten. Von einer Welt, die in reiner Gegenwart verharrt und daher gewissermaßen außerhalb der Zeit anzusetzen ist, geht die Thermodynamik zu einer Welt über, die sich in einer unumkehrbaren Entwicklung befindet und daher einen Zeitpfeil aufweist. Dieser Pfeil impliziert bereits ein Ende, insofern das Wahrscheinlichkeitskalkül ein thermisches Gleichgewicht mit maximaler Entropie voraussagt. Mit Ludwig Boltzmanns kinetischer Gastheorie lässt sich dieser ‚wahrscheinlichste' Zustand als maximale ‚Unordnung' der Moleküle und Atome begreifen, eine starre und insofern finale homogene Durchmischung, ohne die Möglichkeit neuer Strukturbildung.[38]

Während die Thermodynamik des 19. Jahrhunderts unwiderruflich die Zeit in ihre Gegenstände einführt, entdeckt die Thermodynamik des 20. Jahrhunderts die Produktivität von Nicht-Gleichgewichtszuständen für die Entstehung von neuen Strukturen. Zunächst verändert sich der Fokus: Nicht mehr geschlossene Systeme stehen im Zentrum der Analyse, sondern offene Systeme und ihre internen Regelungen (Strukturen bzw. Strukturhierarchien, also Ordnungen), die dem übergreifenden Gesetz der Entropie widerstehen können, solange Energie zugeführt wird. Offene Systeme sind veränderliche Systeme, das heißt, sie sind zur Adaption fähig, und zwar weil sie prinzipiell oder in Teilen ‚fern des Gleichgewichts' operieren – etwa indem sie bei stark veränderten Umweltbedingungen ‚dissipative Strukturen' entwickeln, die mit den veränderten Materie- und Energieströmen umgehen und den Umbau des Systems vorbereiten.[39] Die Fähigkeit

---

Maximum ist, nähert, desto mehr nehmen die Veranlassungen zu weiteren Veränderungen ab, und wenn dieser Zustand endlich ganz erreicht wäre, so würden auch keine weiteren Veränderungen mehr vorkommen, und die Welt würde sich in einem todten Beharrungszustande befinden."

38 Vgl. Ludwig Boltzmann: „Über die Beziehung zwischen dem zweiten Hauptsatz der mechanischen Wärmetheorie und der Wahrscheinlichkeitsrechnung respektive den Sätzen über das Wärmegleichgewicht"[1877]. In: Ders.: *Wissenschaftliche Abhandlungen*, Bd. II. Leipzig 1909, S. 164–223. Zu Entropie als wahrscheinlichster Zustand der Verteilung ebd., S. 215–223. Für Boltzmann ist insbesondere das Verhältnis der reversiblen Bewegungen der Moleküle auf der mikroskopischen Ebene und der irreversiblen Entwicklung des Gesamtsystems ein Problem, das er zu lösen versucht, da er die klassische Mechanik mit der Thermodynamik vereinen will.

39 Vgl. zu dissipativen Strukturen und dem notwendigen Durchgang von Systemen durch Phasen fern des Gleichgewichts Ilya Prigogine/Isabelle Stengers: *Dialog mit der Natur. Neue Wege naturwissenschaftlichen Denkens* [1980]. München/Zürich 1981, S. 148–154. Die Strukturen sind dissipativ, weil sie mehr Energie verbrauchen und damit auch mehr Entropie produzieren als wenn Systeme u. a. über Fließgleichgewichte den für den Systemerhalt notwendigen

von offenen Systemen, Phasen fern des Gleichgewichts zu überstehen und produktiv zu nutzen, macht ihre ‚Lebendigkeit' aus. Wenn offene Systeme durch Nischenbildung ‚Fließgleichgewichte' installieren können, dann hilft ihnen dies, eventuelle Fluktuationen in den Zuströmen zu kompensieren und die Kohärenz des Systems in einem gewissen Rahmen zu sichern.[40] Offene Systeme sind jedoch grundsätzlich auf verwertbare Energie angewiesen und daher auch in Phasen des Fließgleichgewichts nicht mit dem thermischen Endzustand gleichzusetzen, den Clausius vorausgesagt hat. Die Thermodynamik der offenen Systeme ist für die Metapher des ‚Flow' auch deshalb so interessant, weil sie nicht per se auf Stabilität und Identität rekurriert, sondern an den Schwankungen und Instabilitäten interessiert ist, mit denen offene Systeme umgehen und die sie für die Bildung neuer Strukturen nutzen können. Die Fähigkeit, fern des Gleichgewichts zu operieren, ist für die Resistenz gegen Struktur-Degradierung notwendig. Indem sie Strukturen bilden und aufrechterhalten sowie gegebenenfalls neu bilden, widerstehen offene Systeme temporär der Entropie-Tendenz des Universums (indem sie Entropie nach Außen, also jenseits ihrer Systemgrenzen verlagern). Dafür benötigen sie den unablässigen Zufluss und die Umwandlung von Energie und Materie/Material.

Für Schulzes Metapher des ‚Flow' und des ‚Fließgleichgewichts' sind aus dem thermodynamischen Weltmodell zunächst vor allem die mikroskopische Beschreibung (viele Partikel) und die Charakterisierung der offenen Systeme (abhängig von Zuflüssen) von Bedeutung. Der Flow, den Schulze sowohl für das Schreiben der einzelnen Autor*innen auf Twitter wie für das System der ubiquitären Literatur als Ganzes anführt, gewinnt an Konkretion, wenn man die Metapher ernst nimmt und auf das ihr zugehörige Wissensfeld zurückführt. Wie aus den zufälligen Begegnungen in einer großen Zahl von Partikeln erste Strukturen entstehen und sich eventuell weiter entwickeln, kann man mit der Thermodynamik des 20. Jahrhunderts begreifen als „globale Drift, die sich aus den Stößen zwischen Teilchen ergibt".[41] Für diese Drift gilt, „daß ‚kleine' Variatio-

---

Energieaufwand regeln und dabei reduzieren. Dissipative Strukturen sind zumeist Übergangsphänomene: Entweder sie entwickeln sich (zu Systemen) oder sie vergehen.
40 Vgl. Bertalanffy: *General System Theory*, S. 158: „The living cell and organism is not a static pattern or machine-like structure consisting of more or less permanent ‚building materials' in which ‚energy-yielding materials' from nutrition are broken down to provide the energy requirements for life processes. It is a continuous process in which both so-called building materials as well as energy-yielding substances (*Bau-* und *Betriebsstoffe* of classical physiology) are broken down and regenerated. But this continuous decay and synthesis is so regulated that the cell and organism are maintained approximately constant in a so-called steady state (*Fliessgleichgewicht*, [...])."
41 Prigogine/Stengers: *Das Paradox der Zeit*, S. 41.

nen (Variabilität der Individuen, mikroskopische Stöße) über einen größeren Zeitraum eine Evolution auf kollektiver Ebene hervorrufen können".[42] Dies meint hier nicht die fatale Entwicklung in Richtung eines thermischen Gleichgewichts und maximaler Entropie, sondern die Emergenz von Neuem. Auch die Turbulenz in einem Fluss ist in der Perspektive der Thermodynamik eben keine ungeordnete Verwirbelung, sondern im Gegenteil bereits eine Formierung von Ordnung, die sich aus der Molekülmenge des Flusses herausbildet und so lange hält, wie die Zuflüsse und Randbedingungen konstant (Fließgleichgewicht) oder zumindest in einem tolerierbaren Rahmen bleiben – der bekannte Strudel *The Whirlpool* im Niagara Fluss belegt eine solche Existenzweise über lange Zeit, wie sein Eintrag in alten Karten belegt.[43] Was sich auf diesem fluiden Wege entwickelt, weist eine hohe Empfindlichkeit gegenüber den Ausgangsbedingungen auf, aber ohne deterministisch aus ihnen ableitbar zu sein. Prigogine und Stengers verweisen hier auf das Moment der ‚Selbstorganisation', das spontane Emergenzen kennzeichnet und sie per se als Ereignisse charakterisiert.[44] Der kreative Impuls jeder Evolution ist, so die beiden Autor*innen, über drei Mindestvoraussetzungen definiert: Irreversibilität, Ereignishaftigkeit und Instabilität (das Fern-des-Gleichgewichts), wobei letztere eben nicht als drohendes Ende, sondern als Anfang gedacht wird. Und ausgehend von diesem thermodynamischen Systemdenken fordern Prigogine und Stengers, die Tatsache anzuerkennen, dass sich das Verständnis von Naturgesetzen im 20. Jahrhundert entschieden verändert hat und eine Wende hin zum ‚Erzählen' nimmt:

---

42 Ebd., S. 41.
43 Die Vielzahl der Moleküle in einem Fluss oder Strom ist – anders als in einem Kristall – nicht durch eine stabile Ordnung fixiert, sondern eher homogen ungeordnet. Vgl. zu Turbulenz als organisierter Entität J. Scott Turner: *The Extended Organism. The Physiology of Animal-Built Structures*. Cambridge/Mass./London 2000, S. 3: „Eddies develop when the inertia of a flowing fluid becomes just powerful enough to overcome the viscous forces that keep fluids flowing smoothly." Solche Emergenzen lassen sich nicht mit den mathematischen Verfahren der klassischen Physik beschreiben, sondern verlangen eine probabilistische Annäherung und damit die statistische Physik. Für Prigogine und Stengers ist diese Wahrscheinlichkeit in den Beschreibungen jedoch kein Ausdruck von Unwissenheit (also fehlende Informationen des Beobachtenden), sondern entspricht einem ontologischen Möglichkeitsraum: Die entstehenden Strukturen können unterschiedliche Entwicklungen nehmen, die objektiv gleich wahrscheinlich sind. Vgl. Prigogine/Stengers: *Das Paradox der Zeit*, S. 30 f.
44 Ebd, S. 56 und S. 91–98. Vgl. dazu auch neuere Beschreibungen der Emergenz von Strukturen über Autokatalysis und *self-assembly*. Für eine Zusammenfassung der Vorstellungen von Autogenese in den Naturwissenschaften (insbesondere vor dem Hintergrund der Thermodynamik) vgl. das Kapitel „Autogenesis" in Terrence W. Deacon: *Incomplete Nature. How Mind Emerged from Matter* [2012]. New York/London 2013, S. 288–325.

> [Die Naturgesetze] drücken nicht länger Gewißheiten, sondern Möglichkeiten aus, und sie führen in die Sprache der Physik ein narratives Element ein, das mit der Idee des Ereignisses zusammenhängt, die von der herkömmlichen Formulierung [in der klassischen Mechanik und Dynamik] nur als Illusion oder als Ergebnis einer approximativen Beschreibung verstanden werden konnte.[45]

Der Verweis auf das Erzählen ist kein rhetorisches Beiwerk, sondern gehört bei Prigogine und Stengers zum Kern der Argumentation. Schon die Entdeckung der Irreversibilität und damit der Zeitlichkeit im 19. Jahrhundert bringt die Naturwissenschaften in die Nähe der Geschichtserzählung – was sie zugleich von der Geschichtsvergessenheit und ewigen Gegenwart der klassischen Mechanik erlöst. Die Entdeckung der Instabilität und damit der Nicht-Gleichgewichts-Zustände als höchst produktiver Faktoren für die Entstehung von Neuem und die Emergenz von Ordnungen bringt die Naturwissenschaften zudem in die Nähe der Literatur:

> Instabilität bedeutet also, daß Fluktuationen möglicherweise kein bloßes ‚Rauschen' mehr sind, sondern die globale Entwicklung des Systems bestimmen. Ereignisse können infolgedessen nicht mehr auf ein regelmäßiges, reproduzierbares Verhalten reduziert werden. Damit kommt ein narratives Element in die Physik. Was wir weit vom Gleichgewicht entfernt als ‚Ursache' der Entwicklung zu erkennen vermögen, hängt von den Umständen ab. Ein und dasselbe Ereignis, ein und dieselbe Fluktuation können völlig vernachlässigbar sein, wenn das System stabil ist, und ganz wesentlich werden, wenn das System durch Nichtgleichgewichts-Zwänge in einen instabilen Zustand getrieben wird.[46]

Fern des Gleichgewichts wird es interessant für die Thermodynamik – ebenso wie für die explizit literarische Literatur, denn Verallgemeinerungen sind nicht möglich, wenn kleinste Veränderungen große Wirkung erzeugen und die Geschichte des Systems auf individuelle Art neu ausrichten. Schulzes *Partikelpoetik* lässt dieses Moment der Instabilität hingegen aus der Beschreibung der ubiquitären Literatur aus – das Fließgleichgewicht ermöglicht die temporäre Stabilität und ein Verharren im „Jetzt und Jetzt", das die Dimension der Geschichtlichkeit in den Hintergrund rückt. Weder die Instabilität (Fern-des-Gleichgewichts) noch die weitere Ausdifferenzierung zum System werden explizit adressiert. Vielmehr wird mit dem Topos der ‚Unmittelbarkeit' ein Schreiben verteidigt, das die sprach-künstlerische Entfremdung der explizit literarischen Literatur mit Verve verweigert, aber damit auch die Chance des Durcharbeitens vergibt. Die ubiquitäre Literatur verbleibt gewissermaßen in einer in Ansätzen kanalisierten Drift der Partikel, ohne die nächste Stufe der Selbstorganisation zu nehmen. Der

---

[45] Prigogine/Stengers: *Das Paradox der Zeit*, S. 16.
[46] Ebd., S. 93.

Flow der ‚Texte' hat zwar eine erkennbare ‚Turbulenz' mit eigenem Fließgleichgewicht hervorgebracht, doch der weitere Verlauf des Prozesses bleibt unbedacht. Wer die Geschichte der ubiquitären Literatur beschreiben und verstehen will – also nicht allein Topoi identifizieren und propagieren will –, wird auch danach fragen müssen, inwieweit diese Formierung zu einer Geschichte fähig ist, also die Ausdifferenzierung ihrer Strukturen anstrebt. Schulzes ‚Poetik' (eine Art Manifest und Manual) ist selbstverständlich ein solcher Versuch, dem partikular-fluiden Geschehen eine Kontur zu verleihen – durch Selbstvergewisserung innerhalb der Gemeinschaft derjenigen, die ubiquitäre Literatur produzieren, aber auch durch jene institutionelle Anerkennung, die die ausführliche und beständige Buchform, der Vertrieb eines anerkannten Verlags und die wissenschaftliche Kommunikation an Universitäten ermöglichen. Wenn es gelingt, wird aus der ‚kleinen' Literatur wohl eine ‚große' Literatur werden. Wenn nicht, wird sie ein temporäres Genre gewesen sein.

3 Tempus und Modus als narrative Technik (Gérard Genette, Kathrin Röggla)

Die Überlegungen von Prigogine und Stengers erlauben es, Wahrscheinlichkeit nicht nur als Notlösung für die wissenschaftliche Beschreibung, sondern als ontologische Wahrscheinlichkeit und somit als Eigenschaft der Wirklichkeit zu begreifen, als Raum des Unbestimmten und der Möglichkeiten. In dieser Bewirtschaftung des Modalen kommen sich Thermodynamik und Literatur dann erstaunlich nahe. Das Pendant des Wahrscheinlichkeitskalküls ist für die beiden Autor*innen dabei nicht allein die Literatur, sondern auch die Geschichtsschreibung:

> Was wäre geschehen, wenn...? Diese Frage stellt natürlich der Historiker. Jetzt stellt sie sich auch der Physiker, wenn er es mit einem System zu tun hat, das er nicht mehr als kontrollierbar beschreiben kann. Diese Frage, die den Unterschied zwischen einer narrativen und einer rein deduktiven Wissenschaft ausmacht, beruht nicht auf unzureichender Erkenntnis, sondern auf dem intrinsischen Verhalten des gleichgewichtsfernen Systems. An Verzweigungspunkten, das heißt bei kritischen Schwellenwerten, wird dieses Verhalten instabil und kann sich zu verschiedenen stabilen Funktionsweisen hin entwickeln. Wir können hier nur mit Wahrscheinlichkeiten arbeiten [...].[47]

---

[47] Ebd., S. 93f. Die Einschätzung der Geschichtserzählung als Probabiliätsdenken ist in dieser Allgemeinheit allerdings nicht völlig überzeugend.

Mit dem Modus („Was wäre geschehen, wenn" ist aus der Perspektive der Grammatik ein Bedingungssatz und zwar im Irrealis der Vergangenheit) bringt die Thermodynamik nach der Entdeckung des Zeitpfeils einen weiteren wichtigen Faktor ins Spiel, der das klassische Bild der Naturwissenschaft verrückt und die Brückenbildung zu den Geisteswissenschaften und Künsten stärkt. Geschichtserzählung ebenso wie das Erzählen von Geschichten greifen nicht nur auf Zeitordnungen zurück, sondern kennen auch das Gedanken- und das Sprachspiel mit alternativen Entwicklungen. Insbesondere für die Romanpoetik ist Wahrscheinlichkeit seit dem frühen 18. Jahrhundert ein zentrales Kriterium für die Beglaubigung fiktiver Welten und die Ausdifferenzierung ihrer Darstellungsverfahren gewesen.[48] Die Einfärbung der Figuren- und/oder Erzählerrede durch den Modus (in grammatischer Hinsicht: Indikativ, Konjunktiv oder Imperativ) sind gleichermaßen selbstverständliche Verfahren der Literatur. Tempus und Modus sind in der Literatur allerdings rein sprachlich (grundsätzlich also grammatisch) und zudem intentional narrativ gefasst – anders als in der Thermodynamik, die Zeit und Wahrscheinlichkeit empirisch, in der physischen Welt und an den dort beobachtbaren Veränderungen festmacht. Die sprachliche und narrative Verfasstheit wirft die Frage auf, *wie* Zeit und Modus in Erscheinung treten, und zwar sowohl in der explizit literarischen Literatur als auch, im Vergleich dazu, in der ubiquitären Literatur. Der Vergleich betrifft also zwei mediale Konfigurationen von Gegenwartsliteratur: die der digital-sozialen Medien und die des Buchmediums, wobei im Folgenden vor allem die Erscheinung des Tempus im Zentrum der Überlegungen steht.

Zieht man Gérard Genettes beeindruckend klare Darstellung narrativer Strukturen heran, dann basiert das narrative Tempus auf einer Dualität: dem Verhältnis der „Zeit des Erzählten" und der „Zeit der Erzählung", dem also, was innerhalb der Diegese als Zeitordnung zu erkennen ist, und der Zeit, die für das Erzählen der Geschichte aufgewendet wird.[49] Die Definition der sprachgebundenen, literarischen Zeit als Verhältnis zweier Zeitlichkeiten vermeidet die Reduktion der Zeit auf eine abgebildete, behauptete Zeit und setzt vielmehr auf deren Vermitteltheit durch „Text" (auch: Erzählrede/*discours*).[50] Das Verständnis von Tempus baut bei Genette dabei wesentlich auf seiner dreigestaltigen Be-

---

48 Vgl. zur Romanpoetik Rüdiger Campe: *Spiel der Wahrscheinlichkeit. Literatur und Berechnung zwischen Pascal und Kleist*. Göttingen 2002.
49 Gérard Genette: *Die Erzählung*. Paderborn ³2010, S. 17. Genette beruft sich hier auf die Unterscheidung zwischen ‚Erzählzeit' und ‚erzählter Zeit' von Günther Müller. Vgl. Günther Müller: „Erzählzeit und erzählte Zeit". In: *Festschrift für Paul Kluckhohn und Herman Schneider, gewidmet zu ihrem 60. Geburtstag*. Tübingen 1948, S. 195–212.
50 Genette: *Die Erzählung*, S. 12.

stimmung des Erzählens auf, das heißt auf der Differenz zwischen „Geschichte" (*histoire* – „narrativer Inhalt" bzw. Diegese), „Erzählung" (*récit* – Text bzw. Erzählrede/*discours*) und „Narration" (*narration* – „produzierende[r] narrative[r] Akt" in seiner „realen oder fiktiven Situation").[51] Die Zeit spielt dabei vor allem im Verhältnis von Geschichte (*histoire*) und Erzählung (*récit*) eine Rolle, also im Verhältnis von Diegese und Text, während der Akt des Erzählens bzw. die reale oder fiktive Erzählsituation ausgeblendet bleibt.[52]

Genette führt wohlgemerkt kein neues Zeitkonzept ein – die Zeit der Diegese entspricht bei ihm der gewohnten messbaren Zeit und ihrer Einteilung in Jahre, Monate und Tage. Im Verhältnis von Geschichte (*histoire*) und Erzählung (*récit*) – und damit in ihrer explizit narrativen Seinsweise – tritt die Zeit dann jedoch als Bezug zwischen der (in der Logik des Diegese, also der erzählten Wirklichkeit) konventionell-korrekten Folge der Ereignisse und der Ordnung dieser Abfolge in der Darstellung (dem Text) in Erscheinung, und zwar gerade dann, wenn die Darstellungsordnung mit der Logik der erzählten Welt in Konflikt gerät.[53] Eine solche formale Umordnung oder Deformation der erzählten Zeit durch die Erzählzeit, die Korrumpierung der diegetischen Zeit durch eine „*Pseudo-Zeit*" („dieser falschen Zeit, die einer echten so ähnlich sieht") macht nach Genette eine der wesentlichen Attraktionen der Literatur aus.[54] Die Relation ‚Zeit' (der Geschichte/*histoire*) und ‚Pseudo-Zeit' (des Textes) wird von ihm unter drei Aspekten beschrieben: in Bezug auf die Abfolge von Ereignissen (also die Chronologie), in Bezug auf die Dichte oder Frequenz von Ereignissen sowie – als problematischster Fall – in Bezug auf die Dauer. Abfolge und Frequenz lassen sich relational verstehen, aber Dauer ist ein Zustand und dieser ist in seiner narrativen Form schwer zu qualifizieren oder gar zu quantifizieren. In

---

[51] Ebd., S. 11f. Alle drei Teile werden bei Genette – ganz im Sinne des französischen Strukturalismus – nicht über die Identität des Unterschiedenen, sondern über das Relationale der Differenz begriffen. Es steht hier (wie bei der dualen Verfasstheit des Tempus) die differentielle Bewegung und damit der Wandel (je nach literarischem Beispiel) im Vordergrund. Genette beschreibt diese dreiteilige Relationierung der Erzählung noch genauer über die Aspekte Tempus, Modus und Stimme (*voix*), wobei er unter Modus die Formen „der narrativen ‚Darstellung'" versteht, die wiederum für die Relation von Geschichte (*histoire*) und Erzählung (*récit*) wesentlich sind, und unter Stimme die Weise, „wie in der Erzählung oder dem narrativen Diskurs die Narration selber [also der Akt des Erzählens bzw. die Instanz, KK] impliziert ist", die sowohl für die Relation zwischen Narration (*narration*) und Erzählung (*récit*) wie für die Relation von Narration (*narration*) und Geschichte (*histoire*) wesentlich ist. Vgl. ebd., S. 14f.
[52] Das gilt ebenso für den Modus. Vgl. ebd., S. 15.
[53] Das allerdings ist genau genommen bereits bei einfachsten alltagssprachlichen Aussagen der Fall, etwa: „Als ich aus dem Haus trat, regnete es."
[54] Genette: *Die Erzählung*, S. 18.

Bezug auf Dauer kommt Genette deshalb zu jenen Aussagen, die bemerkenswert und für die hier im vorliegenden Beitrag verhandelten Fragen weiterführend sind, da er die Zeitlichkeit der Literatur an die Konstellation von Medium und der durch dieses Medium bedingten Wahrnehmung bindet: „Das, was man gemeinhin so nennt [die Dauer einer Erzählung], kann nur [...] die Zeit sein, die man braucht, um sie zu lesen [...]."[55] Deutlicher noch formuliert er in seiner Einleitung über die Erzählung (récit): „Der narrative Text hat, wie jeder andere Text, keine andere Zeitlichkeit als die, die er metonymisch von seiner Lektüre empfängt."[56]

Wenn es um die Zeitlichkeit des Textes geht, dann verweist Genette diese wegen ihrer fehlenden Messbarkeit also in den Bereich des Imaginären (‚Pseudo-Zeit', ‚Quasi-Fiktion der Erzählzeit'), aber zugleich bezieht er sie durchaus empirisch auf das Medium (in diesem Fall: das Buch) und die Disposition, die dieses für den Konsumenten bereitstellt.[57] Zeit ist in der Literatur demnach eine individuelle Erfahrung (Menschen lesen unterschiedlich schnell), die aber wesentlich an die Materialität der Zeichen und genauer: an ihre Sukzession – von Buchstabe zu Buchstabe, Zeile zu Zeile und Blatt und Blatt – gebunden ist.[58] Dementsprechend misst Genette die Geschwindigkeit von Texten an dem Verhältnis von erzählter Zeit, also der in der Geschichte (histoire) implizit oder explizit verhandelten Zeit der Stunden, Tage und Jahre, und „einer Länge, der des Textes, die in Zeilen und Seiten gemessen wird".[59] Damit wird die Zeitlichkeit des Textes bei Genette an den Erfahrungsraum des Mediums gebunden.

Überträgt man Genettes Analyse auf die ubiquitäre Literatur, dann lässt sich die Verweigerung von literarischen Figuren und narrativer Verwicklung zunächst als Versuch werten, die Ebene der Geschichte (histoire) auszustreichen. Hinzu kommt die Ablehnung von Stilistik, komplexer Erzählhaltung und Werkcharakter,

---

55 Ebd., S. 53.
56 Ebd., S. 17.
57 Ebd., S. 18.
58 Vgl. dazu ebd., S. 18, über die Empirie der Pseudo-Dauer (also der Dauer der Erzählung/récit): „Pseudo-Dauer (faktisch [die] Textlänge)". Tzvetan Todorov – von dessen Ausführungen Genette zunächst ausgeht – nennt dies die ‚Zeit der Wahrnehmung der Lektüre' („le temps de la perception (de la lecture)", auch „Temps de la lecture") und setzt sie in ein Verhältnis zur Zeit des Schreibens respektive der Äußerung („le temps de l'énonciation (de l'écriture)", auch „Temps de L'Écriture"). Tzvetan Todorov: „Les catégories du récit littéraire". In: Communications 8 (1966), S. 125–151, hier S. 141.
59 Genette: Die Erzählung, S. 54. Was dann beispielsweise für Marcel Prousts vielbändige À la recherche du temps perdu als Geschwindigkeit kalkulierbar ist, wäre etwa für die abschließend erzählte Matinee bei den Guermantes: „190 Seiten für 2 oder 3 Stunden", also auf der textuellen Ebene eine stark gedehnte Zeit, ebd., S. 57.

also eines großen Teils der Arbeit an der Vermittlung des Erzählten, weshalb die ubiquitäre Literatur – durch die Brille von Genettes Erzähltheorie betrachtet – auf einen *bloßen* Text bzw. eine *bloße* (Erzähl-)Rede reduziert scheint. Affirmiert man wie Schulze zudem vor allem die Wechselwirkung von Lesen und Schreiben sowie die Jetzt-Erfahrung, dann wertet das die Narration (*narration*), also den Akt des Aussagens und Erzählens enorm auf. Demnach hätte man es bei der ubiquitären Literatur mit einem Erzählen zu tun, das zwei Relata aus dem Modell von Genette entweder ausstreicht (die Diegese) oder zumindest stark reduziert (den Text), um alles Gewicht auf das dritte Relatum (den produzierenden Akt) zu legen. Für Genette wäre damit die Kategorie des Erzählens schon nicht mehr auf die produzierten Resultate anwendbar, da er Geschichte (*histoire*), Erzählung (*récit*) und Narration (*narration*) nicht als je für sich stehende literarische Instanzen versteht, sondern eben in ihrer dynamischen, interdependenten Konfiguration begreift.[60] Beschreibt man die Zeitlichkeit des ubiquitären Erzählens dennoch gemäß Genettes Vorgaben, dann lässt sich die eigentümliche Verquickung von emphatisch behauptetem und erfahrenem ‚Jetzt' (die von Schulze prononcierte Allgegenwart) und Geschichtslosigkeit – bzw. im Grunde: Zeitlosigkeit – gleichwohl genauer fassen. Das digital-soziale Medium selbst begrenzt die Möglichkeiten der räumlichen Ausdehnung und damit auch der erfahrbaren Dauer (bei Genette: ‚Pseudo-Dauer'), wenn die Länge der Zeichenkette sich auf die Länge eines Tweets reduziert und im überschaubaren Rahmen des Screens zu einer simultanen Ordnung bzw. zum Bild gerät. Die produzierten ‚Texte' sind diskrete Elemente, die keine Dauer in Genettes Sinn, also keine zeitliche Ausdehnung der Lektüre mehr setzen, da sie mit einem Blick und im Augenblick erfasst werden können. Bemerkenswert und präsent werden diese Texte über den hervorgehobenen narrativen Akt, ein Akt des Aussagens (der auch zum Inhalt werden kann, vgl. Christiane Frohmann: „Ich poste Ich poste Ich poste. / Ich twittere Ich twittere Ich twittere."[61]). Damit wird aber Erzählen wesentlich über eine spezifische Performanz, eben den Moment des Erscheinens definiert. In der Konsequenz ergeben weder der einzelne ‚Text' noch die Summe der diskreten ‚Text'-Einheiten formal oder inhaltlich eine Abfolge oder kennen gar Anfang und Ende. Das Resultat ist eine Multitude an bildhaften Text-Partikeln, die den Strukturierungen der

---

60 Vgl. ebd., S. 13: „Geschichte und Narration existieren für uns also nur vermittelt durch die Erzählung. Umgekehrt aber ist der narrative Diskurs oder die Erzählung nur das, was sie ist, sofern sie eine Geschichte erzählt, da sie sonst nicht narrativ wäre (man denke etwa an die Ethik *Spinozas*), und sofern sie eben von jemandem erzählt wird, denn sonst wäre sie (wie etwa eine Sammlung archäologischer Dokumente) überhaupt kein Diskurs."
61 Frohmann: „Instantanes Schreiben".

Zeit enthoben scheint, da die erzählte Zeit verworfen und die Zeit der Erzählung auf den akkumulierten Augenblick reduziert wurde.

Das Spiel mit der Zeitlichkeit von Erzählung – und insbesondere mit ihrer Aufhebung – ist selbstverständlich kein Alleinstellungsmerkmal der ubiquitären Literatur, sondern gehört zu den etablierten Mitteln der explizit literarischen Literatur. Dies soll zum Abschluss noch einmal in Erinnerung gerufen werden, um die Differenz dieser beiden Formen und Formate zu markieren. Kathrin Röggla hat in ihrem Band *die alarmbereiten* (2010) mit der Erzählung „die ansprechbare" eine Erzählsituation entworfen, die ebenfalls, aber in völlig anderer Art auf den ‚produzierenden narrativen Akt' fokussiert, wobei sie diesen nicht unumwunden als Erzählen behauptet, sondern in eine Ambivalenz zwischen Aussagen (Sprechen) und Erzählen zwingt.[62] Der Text gibt ein Telefongespräch wieder, das zwei namenlos bleibende Frauen führen, und er legt mit diesem fiktiven medialen Setting eben auch eine Zeitvorstellung nahe: ein ‚Jetzt', das durch eine scheinbar vollkommene Konvergenz von Erzählzeit und erzählter Zeit bestätigt wird. Doch wird dieses Gespräch durchgängig im Konjunktiv Präsens und aus der 1. Person Singular heraus dargeboten, das heißt eine Wechselrede zwischen den zwei Individuen findet nicht statt. Vielmehr wiederholt die eine der beiden in ihrem Sprechen durchgehend die Rede ihres Gegenübers, und zwar ohne diese zu kommentieren oder irgendeine ‚eigene' Reaktion darauf zu zeigen. Der szenische Bericht des „ich" konstituiert das Erzählte wie das Erzählen und begründet damit eine ungewöhnliche Sprech- und Erzählsituation, wie schon der Beginn zeigt:

> ich solle erstmal luft holen. also erstmal luft holen, bevor ich weiterredete. man könne mich gar nicht verstehen, man verstehe nicht, was ich sagen wolle. also erstmal einatmen und ausatmen, ja? das ausatmen, habe sie sich sagen lassen, das vergesse man so leicht. dabei sei das ausatmen noch wichtiger als das einatmen, warum wisse sie auch nicht. vielleicht weil verbrauchte luft schädlicher sei als gar keine luft, wobei sie sich das nicht vorstellen könne, ihr sei eine verbrauchte luft stets lieber gewesen als gar keine, weil man selbst aus verbrauchter luft noch etwas sauerstoff rauskriegen könne.[63]

---

[62] Vgl. zum Folgenden genauer Karin Krauthausen: „Speaking Anomalies. Subjunctive Narration in Kathrin Roeggla's ‚die ansprechbare' and ‚Wiedereintritt in die Geschichte I'". In: *Modern Language Notes (MLN). German Issue: On Anomalies.* Hg. v. Jocelyn Holland/Joel Lande. 134/3 (2019), S. 550–571, und Karin Krauthausen: „Die Dringlichkeit der Form. Rögglas strukturaler Realismus." In: Uta Degner/Christa Gürtler (Hg.): *Gespenstischer Realismus. Texte von und zu Kathrin Röggla.* Wien 2021, S. 81–102.
[63] Kathrin Röggla: „die ansprechbare". In: Dies.: *die alarmbereiten.* Frankfurt a.M. 2010, S. 29–53, hier S. 29.

Das Ich, das hier spricht, spricht nicht im eigenen Namen, sondern wiederholt die Rede ihres Gegenübers: Dieses Gegenüber weist das Ich an, ‚erstmal Luft zu holen', doch dieser Satz taucht nur in der Wiederholung durch das Ich im Text auf. Die präsentische und dialogische Rede eines Telefongesprächs wird in eine monologische indirekte Rede umgewandelt und damit das Indiz für Nachträglichkeit und Vermitteltheit – beides Indikatoren des Erzählens – gesetzt. Doch trifft diese Qualifizierung als indirekte Rede noch nicht den besonderen Charakter dessen, was hier mit der Rede der Figur, dem Erzählen und in der Folge mit dem Tempus passiert – dieser besondere Charakter soll nun kurz ausgeführt werden.

Zunächst gilt, dass die Rede hier nicht mehr für die sprechende Figur einstehen kann. Insofern das Ich die Rede einer anderen wiederholt, aber an keiner Stelle selbst (mit ihren eigenen Worten) in Erscheinung tritt, steht zwar der Akt der Aussage, aber nicht das Ausgesagte für die Sprechende ein. Da diese Rede nicht durch eine weitere Ebene der Darstellung ergänzt wird, sondern der Monolog alles Erzählte ausmacht, gilt zudem, dass die Figur dieser Rede zur Erzählinstanz wird, wobei das Erzählen nun durchgängig aus einem Sprechen besteht, das ein anderes Sprechen wiederholt. Es wird also weder eine souveräne Erzählinstanz noch eine auf die Figur selbst verweisende Rede angeboten.

Nun könnte dieses Sprechen aus der Ich-Perspektive durchaus auf den Zusammenfall von Sprechen/Aussagen und Erzählen verweisen und zudem eine Emphase auf den narrativen Akt legen, der hier mit dem – allerdings stark vermittelten, da indirekten – Sprechen der Figur verbunden wäre. In der Rede des Ich kämen also mindestens Narration (*narration*) und Geschichte (*histoire*) zusammen, und aus deren besonderer Summenbildung ergäbe sich der Text respektive die Erzählung (*récit*). Doch wird die Rede des Ich auch insofern gestört, als die eingesetzte Grammatik hier nicht eindeutig auf eine indirekte Rede verweist, sondern einen weiteren Horizont einführt, denn die Rede des Ich ist durchgängig im Konjunktiv gehalten. Dies gilt bis in die letzte Konsequenz: Auch die Rahmung des Konjunktivs durch den Indikativ fehlt bzw. sind die *verba dicendi et sentiendi* im Indikativ weggelassen – letztere leiten normalerweise die indirekte Rede ein. In „die ansprechbare" wird also an keiner Stelle ein ‚er sagte' oder ‚sie sagte' vor die konjunktivischen Aussagen gestellt, etwa in der Art: ‚sie sagte, ich solle erstmal Luft holen'.[64] Aber allein die Nennung der *verba dicendi et sentiendi* würde – so der Grammatiker Peter Eisenberg –

---

64 Genau diese Auslassung suggeriert dann – trotz des ungewöhnlichen Konjunktivs –, dass der Text den Charakter einer direkten Rede, also szenische Elemente aufweist, wie sie für die Darstellung eines Telefongesprächs nicht unüblich wären.

dem Leser die notwendigen Unterscheidungskriterien an die Hand geben, ob der Konjunktiv hier nur die Vermitteltheit der Rede (indirekte Rede) anzeigt, oder vielmehr größere Zweifel an dem Ausgesagten markiert.⁶⁵ Aufgrund der Kontextlosigkeit des Konjunktivs tritt in der Erzählung hingegen die grundsätzliche Funktion des Konjunktivs stärker in Erscheinung, und diese ist es, nach Eisenberg, ‚Nicht-Faktivität' zu indizieren.⁶⁶ Damit rückt die Rede des Ich in einen Bereich ein, in dem nicht nur unklar ist, wer hier spricht (das Ich spricht die Rede einer anderen), sondern auch, welchen Status das Gesagte einnimmt. Die Emphase des Aussage-Akts wird damit deutlich zurückgenommen und ein Ambiguitätsmarker gesetzt, der über die Geschichte (*histoire*) hinausreicht, da er den narrativen Akt selbst infiziert.

Der entkontextualisierte und insofern freigesetzte Konjunktiv bewirkt aber noch eine weitere Relativierung, denn er entkernt die grammatische Tempus-Ordnung. Liest man das durchgängig gebrauchte Konjunktiv Präsens als verkürzte indirekte Rede, dann gilt: Die indirekte Rede kann auch dann im Konjunktiv Präsens stehen, wenn das Gespräch in der Vergangenheit stattgefunden hat. Allein die Kontextualisierung durch ein ‚sie sagte' (‚sie sagte, ich solle erstmal luft holen') könnte die Nachträglichkeit der indirekten Rede eindeutig anzeigen. Daraus folgt, dass die logisch schwierige, aber grammatisch erlaubte Indizierung einer Gleichzeitigkeit möglich wäre: ‚sie sagt, ich solle erstmal luft holen.' Damit wäre das Prä-

---

65 Peter Eisenberg: *Grundriß der deutschen Grammatik: Der Satz*. Bd. 2. Stuttgart/Weimar 1999. Demnach hängt der Modusgebrauch in der indirekten Rede vor allem an den einleitenden Verben, den *verba dicendi et sentiendi*. Diese können faktiven (z. B.: verstehen, vergessen, entschuldigen) oder nicht-faktiven (z. B.: meinen, glauben, hoffen) Charakter haben, was wiederum Auswirkungen auf den folgenden Modus hat: Nach nicht-faktiven Verben kann der Konjunktiv ebenso möglich sein wie der Indikativ, während er nach faktiven Verben zumeist unmöglich ist. Wenn sowohl ein Indikativ wie ein Konjunktiv möglich sind, dann impliziert die Entscheidung für den Konjunktiv eine Distanznahme oder Abschwächung: „Der Konj Präs kann stehen, wenn der Sprecher sich nicht zur Wahrheit des Komplementsatzes bekennen muß." Ebd., S. 117. Doch beschreibt dies zunächst nur eine Verteilungshäufigkeit und insofern eine Norm, aber noch keine grammatische Funktion. Anders ist es bei Verben wie ‚behaupten', ‚berichten', ‚erzählen', ‚mitteilen', ‚sagen', die sowohl faktiven wie nicht-faktiven Charakter annehmen können. Hier kann sowohl Indikativ wie Konjunktiv folgen, doch der Konjunktiv setzt eine entscheidende Markierung: Der Normalfall des Indikativs würde die Faktivität der Aussage weder bestätigen noch leugnen, aber der Konjunktiv „dient der Signalisierung von Nicht-Faktivität." Ebd., S. 118.
66 Dies war in den älteren Grammatiken allein für den Konjunktiv II vorgesehen – Eisenberg fasst den Konjunktiv tatsächlich neu. Er löst den Normal-Modus des Indikativs aus der Funktion, Faktivität zu behaupten. Stattdessen setzt er auf Seiten des Konjunktivs an, dem er eine markierte Position und klare Funktion zuschreibt: Nicht-Faktivität anzuzeigen – dies ist die systemische Funktion des Konjunktivs, die in Rögglas Text aktiviert wird.

sentische der direkten Rede, das in der fiktiven Situation des Telefongesprächs angelegt ist, potentiell in der tatsächlich realisierten grammatisch-narrativen Form der Erzählung noch enthalten. Doch um das Verhältnis des rekapitulierten Gesprächs zur aktuellen Sprech- und Erzählsituation des Ich für den Leser zu klären, müssten die für die indirekte Rede üblichen *verba dicendi et sentiendi* vorhanden oder alternativ ein explizit erzählter raumzeitlicher Rahmen eingefügt worden sein. In „die ansprechbare" gibt es aber nur einen Hinweis zu Zeit und Ort des originalen Gesprächs, und dieser Hinweis suggeriert eher die aporetische Gleichzeitigkeit von Erzähltem und Erzählen: „*krefeld, elisabethstraße 52, nachts um zwei am telefon*".[67]

Der ambivalente grammatische Modus macht die Bestimmung der Zeitordnung also sowohl auf der Ebene der Geschichte (*histoire*) wie auf der Ebene der Erzählung (*récit*) nahezu unmöglich – ob das Geschehen in der Vergangenheit oder in der Gegenwart anzusetzen ist, kann hier weder für die Ebene der Diegese noch für die des Textes beantwortet werden. Damit wird aber auch die Relationierung der beiden in Bezug auf das narrative Tempus unscharf. Zwar wird die Zeit der Lektüre von „die ansprechbare" der des erzählten Telefongesprächs vermutlich in etwa entsprechen, das heißt das Verhältnis zur Seitenzahl scheint angemessen. Doch ist diese Einschätzung in keiner Weise zu belegen, da die Diegese und ihre Darstellung, also narrativer Inhalt und Text die Konvention der Zeitordnung über den Einsatz der Grammatik unterlaufen. Was als reine Gegenwart durch das zu Beginn der Erzählung vermerkte Telefongespräch und den vermeintlichen Zusammenfall von Erzählzeit und erzählter Zeit indiziert scheint, wird durch den freigesetzten Konjunktiv unterminiert. Die Erzählung (*récit*) stört durch das Sprachspiel des ambivalenten Modus die Erkennbarkeit des grammatischen und des narrativen Tempus. (Erzähl-)technisch versiert wird hier Gegenwart gleichermaßen behauptet wie diffundiert, und in der Konsequenz geht Zeit verloren. Und dieser Zeitverlust wird zum Gegenstand des Erzählens: Während das Telefongespräch sich drohenden Katastrophen widmet (und dabei eine Kolonialisierung der Gegenwart durch mögliche apokalyptische Zukünfte aufzeigt), gerät das Gegenüber des Ich in eine nicht näher bestimmte, tatsächliche Not, die mit dem Tod endet. Doch wird letzterer nicht im eigentlichen Sinne ‚erzählt' (das heißt beschrieben), sondern allein über den paradoxen Wechsel in den Konjunktiv des Futur II dargeboten – damit ist

---

67 Röggla: „die ansprechbare", S. 29. Diese Situierung stellt nicht klar, wer von den beiden telefonierenden Frauen an dieser Adresse anzutreffen ist. Auch die Angabe der Adresse und Uhrzeit leisten eben keine gültige raumzeitliche Verortung, da sie in einer Spannung zur folgenden modalen Verunsicherung insbesondere des Tempus stehen.

der dramatische Höhepunkt der Erzählung vollständig zum Sprachspiel geworden, aber explizit als unmögliches Sprechereignis:

> ich werde ihr doch nicht sagen, dass die fehlende reaktionsbereitschaft in eine fehlende reaktionsmöglichkeit umschlage, und ihr von irgendwelchen möglichen schmerzen erzählen, die einsetzen könnten, demnächst einsetzen würden oder gar schon eingesetzt hätten, schmerzen, die daraus resultierten, dass ein dekompositionsprozess begonnen habe, der beginne, wenn die lunge schlappmache. ich werde ihr doch nicht sagen, dass sie es nicht mehr zum fenster geschafft habe, dass sie ihre maßnahme gegen atemnot nicht mehr habe vollziehen können, sondern liegengeblieben sei, zurückgeblieben in diesem sich schlagartig erhitzenden und verrauchten raum.
>
> ich werde doch nicht in einer abartigen vergangenheitsform mit ihr sprechen. ich werde ihr doch nicht sagen, dass sie angekommen sei an einem ort, an dem plusquamperfekt und futur 2 zusammenflössen, das werde ich doch nicht sagen, und dass das mein letzter satz gewesen sei.[68]

Angesichts dieses Sprechens in einem elliptischen und nun verstärkt aporetischen Konjunktiv kann man „die ansprechbare" als grammatisch-narrative Inszenierung eines absoluten Zeitverlustes lesen. Was bleibt, ist die Behauptung des Sprechens als Erzählen, und das heißt auf den ersten Blick: Ein *bloßer* Sprechakt wird zum narrativen Akt. Doch ist diese Überblendung von Sprechen und Erzählen nicht mit dem von Schulze und Frohmann beschriebenen Gestus der unmittelbaren und hochpräsentischen Rede („Ich poste Ich poste Ich poste.") in der ubiquitären Literatur gleichzusetzen. Zum einen wird das Sprechen in „die ansprechbare" trotz der 1. Person Singular („ich") entschieden entsubjektiviert (gesprochen wird nur die Rede einer anderen) und die Möglichkeit der Selbstvergegenwärtigung im Sprechen und qua Äußerung damit zwar aufgerufen, aber zugleich negiert. Zum anderen wird die Präsenz der präsentischen Rede (ihr generelles Potential zur Vergegenwärtigung) von Anfang an durch den freigesetzten Konjunktiv gestört und letztlich zur Beute einer Absenz (auf der grammatischen Ebene: der fehlenden *verba dicendi et sentiendi*; auf der narrativen Ebene: des Zeitverlustes). Während die Poetik der ubiquitären Literatur also ‚Allgegenwart' (bzw. ‚Unmittelbarkeit', ‚Jetzt und Jetzt') als durch die sozial-digitalen Plattformen ermöglichte (aber vermeintlich nicht durch diese beeinträchtigte) Wirklichkeit behauptet und damit die selbstverständlich vorhandene Bedingtheit und Vermitteltheit unsichtbar macht, wird in Rögglas Literatur gerade die Bedingtheit und Vermitteltheit von Zeit und Gegenwart zu Anlass und Gegenstand des Erzählens, das deswegen weder im Erzählen von Geschichten noch im bloßen Sprechen aufgehen kann. Dem emphatisch behaupteten und un-

---

[68] Röggla: „die ansprechbare", S. 53.

hinterfragten ‚Jetzt' der ubiquitären Literatur stellt die explizit literarische Literatur Konstellationen entgegen – Konstellationen von erzählter Zeit und Pseudo-Zeit, aber auch Konstellationen von Tempus und Modus sowie von Sprechen und Erzählen.[69] ‚Gegenwart' ist hier ein unbekanntes und nicht ungefährliches Gegenüber, dem man sich wie im Duell nähert, im „Tigersprung" wie Röggla in einem ihrer zeitdiagnostischen und poetologischen Beiträge schreibt.[70] Vielleicht ist das der markanteste Unterschied zur Poetik der ubiquitären Literatur: Für Gegenwartsautor*innen wie Röggla geht ein „Riss durch die Zeit", der durchaus dringlich nach der Arbeit der Literatur verlangt, um der vom kollektiven „JETZT" weder erkannten noch kompensierten „Gegenwartsverlorenheit" zu entkommen.[71]

---

[69] Und dieses Potential ist keineswegs auf die Buchliteratur beschränkt, sondern kann ebenso in digitalen Formaten zum Tragen kommen. Vgl. hierfür die Analyse der temporalen Strukturen in Wolfgang Herrndorfs Blog *Arbeit und Struktur* (2010 bis 2013) in Schumacher: „Instantanes Schreiben", S. 176–179 sowie Magdalena Pflocks Beitrag zu Sarah Berger in diesem Band.
[70] Kathrin Röggla: „Gegenwart vs. Futur zwei. Editorial". In: *Neue Rundschau. Gegenwart vs. Futur zwei* 127/ 1 (2016), S. 5–8, hier S. 7. Vgl. zur etymologisch verbürgten Verbindung von „*gegenwart (praesentia)*" und Krise bzw. der Duellsituation (‚Gegen'), die Gegenwartserfahrung bedeutet, Stephan Kammer/Karin Krauthausen: „Gegenwart, *gegenwart*". In: *Neue Rundschau. Gegenwart vs. Futur zwei* 127/1 (2016), S. 141–154, hier S. 142f.
[71] Röggla: „Gegenwart vs. Futur zwei", S. 5: „JETZT, [...], der kleinste gemeinsame Nenner", und S. 7: „Der Riss durch die Zeit. Die Gegenwartsverlorenheit, die mich im höchsten Maße irritiert, die manchmal wie eine Ansammlung von Ungleichzeitigkeiten aussieht, manchmal wie eine eigene Gegenwarts- und Situationsverlorenheit, manchmal wie eine perfide organisierte Sache."

Klaus Birnstiel
Gleitzeit
Zu einem literarischen Lebensgefühl der Gegenwart

1 Blaue Stunde

In einer präpandemischen Gegenwart gab es Drinks an den Bars von Hoteldachterrassen. Erlauben wir uns einen raschen Tempuswechsel, dorthin zurück, für einen zitierten Moment nur. Menschen „in beigefarbenen Regenmänteln" nippen hier an den Gläsern, gereicht von einem jungen Mann in einem „hochwertige[n] Hemd":

> Weil es der fünfundsechzigste Geburtstag meiner Mutter ist, stehen Senioren in beigefarbenen Regenmänteln auf der Dachterrasse. Am Himmel haben sich Wolken aufgetürmt, es nieselt ganz leicht. Meine Mutter spricht zur Begrüßung ein paar Worte und verweist auf die Bar. Dort stehe ich und winke. Für mich ist nicht auszumachen, welche der anwesenden Gäste Freunde meiner Mutter und welche normale Kururlauber sind. Die meisten wirken sympathisch auf mich, weil ihnen die schnell ausgetrunkenen Aperitifs fürsorglich glänzende Augen gemacht haben. Für diese Leute scheine ich noch ein Junge zu sein. Dabei bin ich schon seit sieben Monaten mit dem Studieren fertig, dabei verdiene ich schon Geld, dabei trage ich ein qualitativ hochwertiges Hemd.[1]

2 Gegenwarts-Schimmern

Leif Randts Roman *Schimmernder Dunst über Coby County*, dem die zitierte Szene entstammt, brachte vor zehn Jahren das Lebensgefühl einer Zeit zur Anschauung. Ob diese mit den lebensweltlichen Veränderungen der Covid-19-Pandemie wirklich zu Ende gegangen ist, wird sich erweisen müssen. In dem fiktiven Ort Coby County, einer touristischen Destination, die vage an die Westküsten-Szenarien amerikanischer Vorabendserien erinnert, lebt Wim, ein junger Literaturagent. Die Handlungszeit umfasst einen kurzen Sommer, in welchem Wesley, Wims bester Freund, ein paar merkwürdige Dinge tut und dann wieder nicht tut. Wims Freundin Carla trennt sich von ihm und wird durch eine „Carla Zwei" ersetzt; einige Unglücksfälle und ein heraufziehender Sturm scheinen das Stadtleben vorübergehend zu bedrohen. Schnell aber ver-

---

[1] Leif Randt: *Schimmernder Dunst über Coby County*. Berlin 2011, S. 9.

Open Access. © 2022 Klaus Birnstiel, publiziert von De Gruyter. Dieses Werk ist lizenziert unter einer Creative Commons Namensnennung - Nicht-kommerziell - Keine Bearbeitung 4.0 International Lizenz.
https://doi.org/10.1515/9783110758603-006

flüchtigen sich die grauen Wolken wieder, und Wims Leben geht weiter seinen aufregungslosen Gang. An dem Text fasziniert (noch immer, muss im Abstand eines Dezenniums nunmehr dazugesagt werden), dass innerhalb der Diegese gar nicht wirklich viel passiert, er aber doch eine tableauhafte Suggestionswirkung entfaltet. Das Lebensgefühl, das dieses Tableau zum Bild gerinnen lässt, haben viele Kritikerinnen und Kritiker mit ‚der Gegenwart' in Verbindung gebracht. Dabei schildert der Roman das Leben in Coby County als eine Mischung zwischen Cluburlaub und Kreativwirtschaft – eine Verschmelzung von Utopia und Prenzlauer Berg, wie Elmar Krekeler es in der *Berliner Morgenpost* treffend auf den Punkt gebracht hat.[2] Der Roman bedient sich ästhetischer Verfahren der Pop-Literatur und entwickelt diese weiter. Oberfläche ersetzt Tiefe, Anmutung verdrängt das Wesenhafte. Die sozusagen verspiegelte Oberfläche des Romans, das offensichtlich Artifizielle, erzeugt sicherlich keinen *effet du réel* – aber doch den Eindruck einer eigentümlichen Gegenwärtigkeit.[3] Das Gegenwärtige im Roman, es scheint die Gegenwart selbst zu sein. Menschen kommen und gehen, Dinge geschehen, aber eine eigentlich signifikante Entwicklung, eine Geschichte, findet nicht statt. Die Bewohnerinnen und Bewohner von Coby County scheinen in einer Art permanenten Gegenwart zu leben, ohne große Veränderung, ohne wirkliche Vergangenheit und Zukunft – eine Gegenwart, die ich ‚Gleitzeit' nennen möchte. Integriert wird diese Gegenwart im Roman, das sei noch hinzugefügt, durch den ebenso dezenten wie allgegenwärtigen Gebrauch digitaler Applikationen wie SMS, E-Mail und so weiter.

3 Gleitzeit (I): nach dem Boom

Der Begriff ‚Gleitzeit' stammt aus dem modernen Management. Er meint ursprünglich ein postfordistisches Arbeitszeit-Regime, in welchem Arbeitnehmerinnen und Arbeitnehmer Beginn und Ende ihres jeweiligen Arbeitstages selbst festlegen. Gearbeitet wird also nicht mehr in einem festgelegten Stundenrhythmus, sondern der Arbeitstag beginnt, je nach Lage und Laune, mal später und mal wieder früher. Die geleistete Arbeitszeit wird auf einem Arbeitszeit-Konto

---

[2] Elmar Krekeler: „Avantgarde im Altersheim. In seinem Berlin-Roman beschreibt Leif Randt eine vor sich hindämmernde Gesellschaft." In: *Berliner Morgenpost* (5.8.2011), S. 19.
[3] Klaus Birnstiel/Michael Multhammer: „Transzendierter Pop: Leif Randt, Schimmernder Dunst über Coby County." In: Thomas Düllo u. a. (Hg.): *Was erzählt Pop?* Münster 2018, S. 156–168.

verwaltet und darüber monetarisiert. Die Gleitzeit gehört zu den modernen Trends in der Arbeitswelt wie Home-Office, Co-Working und so weiter, die allesamt selbst vom Gebrauch digitaler Technik nahegelegt und unterstützt werden. All diesen Trends ist gemeinsam, dass sie das fordistische Arbeits- und Produktionsregime flexibilisieren und zu seiner Auflösung beitragen – was mitunter nicht zu einer Reduzierung, sondern zu einer Intensivierung der Arbeit führt, doch dies nur am Rande. Gleitzeit-Regelungen werden oftmals als Entlastung der Arbeitnehmenden insbesondere im Zusammenhang mit Sorge-Aufgaben beworben. Mit ihnen verschwimmt aber auch ein Stück weit die Grenze zwischen Arbeitszeit und Freizeit. Arbeitssoziologisch und ideengeschichtlich sind Aufstieg und Veränderung kapitalistischer Zeitorganisations- und Zeitbewirtschaftungsregimes umfassend untersucht worden. Dietmar Süß ordnet den Aufstieg neuer Zeitorganisationsmodelle wie der Gleitzeit in die industrielle Transformation „nach dem Boom", also seit den siebziger Jahren des 20. Jahrhunderts ein.[4] Schon Norbert Elias hatte die Veränderungen von Zeitwahrnehmung, Zeitkonzepten und Zeitbewirtschaftung in historischer und soziologischer Makroperspektive untersucht und ihre Schlüsselrolle im Aufstieg des Kapitalismus erwiesen.[5]

4 Gleitzeit (II): Leitmetapher

Die literarische Darstellung von Arbeitswelt und Arbeitszeit wurde und wird, gerade für die Gegenwartsliteratur, ebenfalls umfassend untersucht.[6] Was den Begriff der ‚Gleitzeit' für Überlegungen zur Gegenwartsliteratur interessant macht, ist im vorliegenden Zusammenhang aber weniger sein konkreter, auf die gegenwärtige Arbeitswelt bezogener Gehalt. Vielmehr erscheint er in einem erweiterten und übertragenen Sinn passend für Phänomene der Entgrenzung von Zeit, des Verschwimmens und der Überlagerung zeitlicher Ebenen und Strukturen, die weit über die Grenzverwischung von Arbeit und Freizeit hinaus-

---

4 Zur jüngeren Geschichte der „Flexibilisierung" von Arbeits- und Freizeit vgl. Dietmar Süß: „Stempeln, Stechen, Zeit erfassen. Überlegungen zu einer Ideen- und Sozialgeschichte der ‚Flexibilisierung' 1970–1990." In: *Archiv für Sozialgeschichte* 52 (2012), S. 139–162. Süß' historische Rahmung folgt Anselm Doering-Manteuffel/Lutz Raphael: *Nach dem Boom. Perspektiven auf die Zeitgeschichte seit 1970.* Göttingen 2008.
5 Norbert Elias: *Über die Zeit. Arbeiten zur Wissenssoziologie II.* Übers. v. Holger Fliessbach/Michael Schröter. Frankfurt a.M. 1984.
6 Siehe, mit Studien zu Texten von Kathrin Röggla, Feridun Zaimoglu, Rainer Merkel und anderen, Iuditha Balint: *Erzählte Entgrenzungen. Narrationen von Arbeit zu Beginn des 21. Jahrhunderts.* Paderborn 2017.

gehen. Zeitliche Ordnungen und Unterscheidungen wie ‚früher', ‚jetzt' beziehungsweise ‚heute' oder ‚in der Zukunft' beziehungsweise ‚später' verschwimmen in dieser Vorstellung einer ‚Gleitzeit' zu einem konturlosen Ganzen, das als permanentes Präsens erscheint. Recht verstanden, kann ‚Gleitzeit' eine Leitmetapher sein für die Erfahrung einer dekonturierten Gegenwart, eine Abbreviatur für gegenwärtige Erfahrungswelten und ihre ästhetische Repräsentation. Wim Enderssons spannungsloses Leben spielt sich in dieser Gleitzeit ab, zwischen Büro und After-Work-Lounge, unaufgeregtem Sex und überschaubarer sozialer Interaktion. In dieser Gleitzeit zu leben, erscheint in Leif Randts Roman weder als kulturkritisch zu verdammender Schwundzustand menschlicher Existenz noch als unbedingt erstrebenswerte Utopie – die Gleitzeit, das ist einfach die Gegenwart.

5 Gegenwartsdiagnosen

Dieses bestimmte Lebensgefühl, das der Roman zum Ausdruck bringt, lässt sich auf verschiedene zeitdiagnostische und philosophische Begriffe bringen, die die bloße Stimmungsbeschreibung als ‚Gleitzeit' vertiefen und systematisieren helfen. Damit öffnet sich das Feld einer eigentümlichen Textsorte. Effekte der Entgrenzung von Zeit werden nicht nur lebensweltlich wahrgenommen und soziologisch erforscht. Sie werden ebenfalls in einer ganzen Fülle von kulturtheoretischen, zeitdiagnostischen Großessays beschrieben und kommentiert. Der Skopus der Diagnosen reicht dabei vom Lebensweltlich-Alltäglichen bis zum Geschichtsphilosophisch-Globalen und verbindet beides zu mitunter kühnen Lagebeschreibungen von unterschiedlicher Plausibilität. Wie Eckhard Schumacher pointiert aufgezeigt hat, sind es in allen gegenwärtigen Entwürfen dieser Art Phänomene und Effekte der Digitalisierung der Lebenswelt, die für die überwiegend als krisenhaft wahrgenommene Veränderung der Gegenwartserfahrung verantwortlich gemacht werden.[7] Das Korpus dieser Texte eint darüber hinaus eine spezifische Schreibweise: Getragen von einem kulturkritischen Generalbass, spannen sie weit ausgreifende Thesen zur Kultur der Gegenwart als einem holistisch lesbaren Ganzen. Damit erinnern sie an einen Ton, der in den letzten Jahrzehnten aus den Wissenschaften vom Menschen weitgehend verschwunden und in die Feuilletons abgewandert ist. Im deutschsprachigen Raum ist es der Nachhall Friedrich Nietzsches, Oswald Spenglers und anderer, der diesen Ton prägt.

---

7 Eckhard Schumacher: „‚Wenn alles jetzt passiert' – Gegenwartsdiagnosen nach der Digitalisierung". In: Thomas Alkemeyer u. a. (Hg.): *Gegenwartsdiagnosen. Kulturelle Formen gesellschaftlicher Selbstproblematisierung in der Moderne*. Bielefeld 2019, S. 63–79.

6 Breite Gegenwart

Wer über Gegenwart reden will, kommt kaum umhin, diese Konzepte in irgendeiner Weise auf- und zur Kenntnis zu nehmen. Ihre Evidenzen erwirtschaften sie jeweils auf verschiedener Grundlage. Unterschiedlich ist daher auch ihre Überzeugungskraft. Die Wahl des Rahmenentwurfs hat Konsequenzen für den weiteren Gedankengang. Komplexere Rahmenannahmen, so die Hoffnung, führen zu komplexeren Ergebnissen. Daher fällt der Blick auf einen noch immer zu wenig berücksichtigten, im Genre der Gegenwartsdiagnostik seltsam alleinstehenden Vorschlag. Für die veränderte Gegenwartserfahrung hat Hans Ulrich Gumbrecht vor einem Jahrzehnt den Begriff einer ‚breiten Gegenwart' ins Spiel gebracht. Auch Gumbrechts zeitdiagnostischer Wurf belastet die Digitalisierung als Treiber der Entwicklungen, wenn er den „Alltag der meisten Zeitgenossen in einer Fusion von Bewußtsein und Software" sich vollziehen sieht.[8] Die von ihm entfaltete Vorstellung einer ‚breiten Gegenwart' speist sich aber mindestens aus zwei verschiedenen Quellen, genauer gesagt einer Menge an gegenwartsdiagnostischen Beobachtungen, verbunden mit einer geschichtsphilosophischen These. Die Gegenwartsbeobachtungen bestehen darin, Trends wie einen *memory boom* zu diagnostizieren, eine Übersättigung mit Erinnerungskultur, ein Defizit an Zukunftserwartung und einen kulturellen Mangel an ekstatischer Präsenz. Die geschichtsphilosophische These, die Gumbrecht mit den Alltagsbeobachtungen verknüpft, ist selbst eigentlich auch eine Art Erzählung und lässt sich wie folgt zusammenfassen: In der späten Moderne ist der Zukunftsglaube der Aufklärung zusammengebrochen; an die Stelle einer erwartungsfrohen Zukunftshoffnung tritt eine plastische Apokalyptik, für die die Zukunft als verschlossen und bedrohlich erscheint. Die Vergangenheit hingegen hat sich verwandelt von einem stets je neu zu aktualisierenden oder nicht zu aktualisierenden Traditions- und Wissensreservoir zu einer beständigen Dauerpräsenz, welche die Gegenwart überwölbt und belastet. Aus dem Verschwinden von Vergangenheit und Zukunft in der geschichtsphilosophischen Form der ‚Sattelzeit' (Koselleck) ergibt sich für Gumbrecht, dass die Gegenwart ‚breiter' wird. War Gegenwart in der Konzeption der historischen Zeit zu einem Nullraum geschrumpft, einer immer schon im nächsten Moment vergangenen Übergangszone zwischen Vergangenheit und Zukunft, verwandelt sie sich nunmehr in einen Raum, in dem sich vielfältigste Phänomene aus eigentlich unterschiedlichen zeitlichen Ordnungen unterscheidungslos begegnen. Die

---

[8] Hans Ulrich Gumbrecht: *Unsere breite Gegenwart*. Übers. v. Frank Born. Berlin 2010, S. 13.

einstmals linear vergehende Zeit wird so zur Fläche, zur planen Ebene der Kopräsenzen.[9]

7 Gleitzeit, breite Gegenwart und Erzählen

Auf den ersten Blick könnte es scheinen, als wären Erfahrung und Begriff einer ‚Gleitzeit' und einer ‚breiten Gegenwart' den Grundprinzipien des Erzählens, das heißt der in irgendeiner Form linearen oder zumindest konsekutiven narrativen Darbietung eines Geschehens, mehr oder weniger diametral entgegengesetzt. Zumindest ähnlich argumentiert Douglas Rushkoff in seiner atemlosen Apokalypse *Present Shock. Wenn alles jetzt passiert* (2014), wenn er der Gegenwart einen „Kollaps des Erzählens"[10] attestiert. Schließlich lehrt die strukturale Narratologie, dass das Erzählen davon lebt, die Ordnungen der linearen zeitlichen Sukzession möglichst geschickt zu bewirtschaften. Klassische erzähltechnische Mittel wie Analepse und Prolepse können dieser Auffassung nach nur funktionieren, wenn es schon im Material eine Ordnung des Vorher und des Nachher gibt, wenn Vergangenheit, Gegenwart und Zukunft unterscheidbare Horizonte sind, vor denen Figuren agieren und Handlungen sich entwickeln können.[11] Im Kern der strukturalen Narratologie steckt demnach eine aristotelische Figur:

> Ein Ganzes ist, was Anfang, Mitte und Ende hat. Ein Anfang ist, was selbst nicht mit Notwendigkeit auf etwas anderes folgt, nach dem jedoch natürlicherweise etwas anderes eintritt oder entsteht. Ein Ende ist umgekehrt, was selbst natürlicherweise auf etwas anderes folgt, und zwar notwendigerweise oder in der Regel, während nach ihm nichts anderes mehr eintritt. Eine Mitte ist, was sowohl selbst auf etwas anderes folgt als auch etwas an-

---

9 Auf die deutlich kulturpessimistischen Obertöne von Gumbrechts Einschätzung hat unter anderen Aleida Assmann hingewiesen. In ihrer kritischen Revision von Gumbrechts Zeitdiagnose identifiziert sie dessen Präsenz-Begriff mit Nietzsches Begriff des Lebens. Die decouvrierend gemeinte Gleichsetzung bereitet den Boden für Assmanns Plädoyer gegen Gumbrecht und pro domo, das heißt für die von Assmann vertretene Form von Kulturwissenschaft als ein in den Kategorien Kultur, Gedächtnis und Identität zentriertes Unterfangen, vgl. Aleida Assmann: *Ist die Zeit aus den Fugen? Aufstieg und Fall des Zeitregimes der Moderne.* München 2013, bes. S. 247–265.
10 Douglas Rushkoff: *Present Shock. Wenn alles jetzt passiert.* Übers. v. Gesine Schröder/Andy Hahnemann. Freiburg 2014, S. 25.
11 Das grundsätzlich ‚strukturale', jedoch nicht unbedingt im engeren Sinn ‚strukturalistische' Theoriedesign der verschiedensten narratologischen bzw. erzähltheoretischen Ansätze zeigt Michael Scheffel: „Narratologie – eine aus dem Geist des Strukturalismus geborene Disziplin?" In: Martin Endres/Leonhard Herrmann (Hg.): *Strukturalismus, heute. Brüche, Spuren, Kontinuitäten.* Stuttgart 2018, S. 45–60.

deres nach sich zieht. Demzufolge dürfen Handlungen, wenn sie gut zusammengefügt sein sollen, nicht an beliebiger Stelle einsetzen noch an beliebiger Stelle enden, sondern sie müssen sich an die genannten Grundsätze halten.[12]

Zwar lassen sich Erzählarrangements durchaus unter Absehung von der normativen Setzung der Ganzheit und der Sukzessivität beschreiben. Die Beschreibung muss diese Differenz dann aber jeweils markieren, und aus der Markierung der Differenz entsteht das narratologische Begriffsinventar und entfaltet seine deskriptive Kraft. In unserem Zusammenhang weit wichtiger ist jedoch, dass bereits Aristoteles in der literarischen Kunst eine Überschneidung, Äquivalenz oder wechselseitige Substitution kausaler und temporaler Folgerichtigkeit am Werk zu sehen scheint. Das Nach, das auf den Anfang folgt, ist ebenso ein kausales wie ein temporales. Die Anordnung der Erzählelemente in zeitlicher Sukzession lässt deren Abfolge als begründet erscheinen. Temporale Sukzession simuliert kausale Folgerichtigkeit beziehungsweise überdeckt deren Lücken. Damit balanciert literarisches Erzählen stets entlang der Kante des logischen Fehlschlusses *post hoc ergo propter hoc*. Die temporale Sukzession suggeriert Kausalität. Schwindet die Bindungskraft der überkommenen temporalen Ordnung von Vergangenheit, Gegenwart und Zukunft, so wie es die Überlegungen zu einer ‚breiten Gegenwart' und andere zeit- und gegenwartsdiagnostische Denkfiguren nahelegen, dann fällt diese stabilisierende Funktion im Erzähltext tendenziell aus. Das Nicht-Vergehen von Zeit kann die Nicht-Kausalität der Ereigniskette nicht mehr überdecken. Die Elemente des Geschehens (temporal-kausal motiviert beziehungsweise pseudomotiviert) werden darüber zu bloßen Ereignissen: Zeit vergeht nicht, und nichts passiert.

8 Präsenz-Zeigen

Freilich kommt auch ein Erzähltext wie Randts *Schimmernder Dunst* nicht vollständig ohne temporale Sukzession und Kausalitätserwartung aus. Schon die kaum hintergehbare Linearität des Textes beziehungsweise der Schrift ist hierfür verantwortlich. Die Bewirtschaftung der Gleitzeit als Erzählstrategem dimmt die Erkennbarkeit von Temporalität und Kausalität aber weitgehend ab. Eben darüber gelingt es, vom Lebensgefühl der Gegenwart zu ‚erzählen'. Gerade weil dieses Erzählen in Leif Randts *Schimmerndem Dunst über Coby County* nichts erzählt, entsteht der zunächst ziemlich irritierende Eindruck, dass im

---

12 Aristoteles: *Poetik*. Griechisch/Deutsch. Übers. u. hg. v. Manfred Fuhrmann. Stuttgart 1994, S. 25.

wörtlichen Sinne nichts passiert. Es passiert nichts, und vor allem, es geht nichts voran, und doch entwirft der Roman in präzisen Beobachtungen und quasinarrativen Miniaturen ein präzises Bild dessen, was man unsere ‚Gegenwart' nennen könnte. An die Stelle des Erzählens tritt ein Ausstellen, ein Zeigen, das Gegenwart präsent werden lässt.

9 Unbehagen

Anders und doch ähnlich verhält es sich in einem jüngeren Text. Johanna Maxls 2018 erschienenes Debüt *Unser großes Album elektrischer Tage* ist ein kryptischer, bisweilen hermetischer Text. Vordergründig kreist das Geschehen um das Verschwinden einer gewissen Johanna, das aber kaum Anlass zu einer griffigen und greifbaren Erzählung gibt. Stattdessen montiert der Text Versatzstücke aus Alltags- und Popkultur, Internet und Feminismus, Nachtleben und Tagtraum zu einem Kaleidoskop der Gegenwart:

> Nachts saß das 21. Jahrhundert mit unserer Johanna in der Küche und erzählte ihr Witze über sich selbst. Es nippte an seinem Whisky mit Milch und blickte misstrauisch auf zu ihr: Falle ich dir denn noch nicht lästig? Aber nein, sprach Johanna, das Jahrhundert besänftigend; du bist sehr lustig! Da stürmte es hinaus auf die Straße! Unheilvoll, sich wandelnd. Es hatte ihr nicht geglaubt. Da rannte die Dunkelheit vom Himmel, vor dem Jahrhundert flüchtend. Da rannte die Dunkelheit. Und durch das löchrige Futter ihres Mantels fielen die gestohlenen Tage, und lagen nutzlos auf der Straße herum, und sonstiger Unrat, lag nutzlos auf der Straße herum. Begrub die Künstlerin und Millionärstochter Lana Del Rey unter sich. Da rannte die Dunkelheit.[13]

Der Gebrauch des Präteritums in diesem Text macht deutlich, dass der auch hier zu beobachtende Gleitzeit-Effekt, entgegen der ersten Intuition, nicht strikt an die Verwendung des Präsens gebunden ist. Anders als bei Randts *Schimmernder Dunst*, dessen gleichsam atraumatisches Erzählen strikt auf die Effekte von Sound und Oberfläche setzt, legt *Unser großes Album elektrischer Tage* Spuren eines kollektiven Unbehagens aus, welche sich als inkommensurables Rätsel über die breite Gegenwart legen. Am ehesten lässt sich dieser Aspekt eines Lebensgefühls der Gleitzeit, ihre dunkle, von untergründigen Latenzen bestimmte Bedrohlichkeit, mit dem unter anderem von Mark Fisher breiter entfalteten Konzept einer *hauntology* als Grundstimmung der Gegenwart begreifen. Hatte Jacques Derrida den Begriff der ‚Hantologie' in markenzeichenhaft homophoner Weise aus dem französischen *hanter* und der *ontologie* amalgamiert, um kurz nach

---

13 Johanna Maxl: *Unser großes Album elektrischer Tage*. Berlin 2018, S. 13.

dem Ende der Ost-West-Konfrontation die geisterhafte Präsenz des Marxismus in einer vermeintlich nachmarxistischen Gegenwart zu fassen, so nutzt Fisher ihn als Klammerbegriff, der eine ebenso individuelle wie kollektive psychische Disposition zwischen Trauma und Depression zu umgreifen versucht und deren Niederschlag in populären Artefakten beschreibt.[14]

Auch *hauntology* ist, wie ‚breite Gegenwart' und ‚Gleitzeit', ein Stimmungsbegriff. Als solcher lebt auch er mehr von Evidenzen und weniger von analytischer Kraft. Der eigentümlichen, zwischen Latenz und Langeweile oszillierenden Stimmungslage in Maxls Text gibt er einen treffenden Namen. Ein solches Stück Prosa als ‚Roman' zu bezeichnen, wäre wohl tatsächlich eine fehlgeleitete gattungstypologische Übung. Der im Titel schon enthaltene Begriff ‚Album' trifft es besser – man mag an das Musikalbum denken, vielleicht aber auch an das Fotoalbum mit seinen sepiatönigen Abzügen gefrorener Gegenwart. Erzählt wird auch hier wenig bis nichts – aber wiederum gezeigt: das Album versammelt eine Reihe von Bildern, mal offen realistisch, mal seltsam poetisch verfremdet; immer wieder aber finden sich deiktische Vektoren oder Anker – Begriffe, Ereignisse, Kunstwerke, Markennamen – die in die extradiegetische Realwelt weisen und das Lebensgefühl der breiten Gegenwart evozieren helfen.

10 Korrelation und Analyse

Die Gleitzeit-Anmutung lässt sich also offenbar auf verschiedene Textstrategien und Gestaltungselemente zurückführen. Mal entsteht sie aus dem Präsens-Erzählen, mal aus der weitgehenden Plot-Armut oder aus der Episodenhaftigkeit des Erzählten. Zum strengen, vor allem narratologischen Analysebegriff taugt ‚Gleitzeit' nicht. Doch verdichten sich hier verschiedenste Elemente zu dem, was andernorts als literarische Stimmung beschrieben worden ist: Textinterne Inhalts- und Struktureigenschaften, textexterne Rezeptionslagen und emotionale Effekte entfalten ihre Stimmungswirksamkeit vor dem Horizont einer spezifischen, das heißt spezifisch gegenwärtigen, zeitlichen und kulturellen Konstellation. Dass sich diese Konstellation vor allem in zeitdiagnostischen Texten, wie sie in den vergangenen Jahren Konjunktur hatten, niederschlägt und aus diesen herauspräparieren lässt, heißt nicht, dass es literaturwissenschaftlich sinnvoll oder notwendig wäre, nach textgenetischen Abhängigkeiten zwischen den diag-

---

14 Mark Fisher: „What is Hauntology?" In: *Film Quarterly* 66/1 (2012), S. 16–24. Für hilfreiche Erläuterungen der Zusammenhänge danke ich Philipp Ohnesorge.

nostischen und den literarischen Texten zu suchen. Markierte intertextuelle Bezüge lassen sich schwerlich ausmachen. Die Plausibilität der These, dass ‚Gleitzeit' zumindest etwas von einem literarischen Lebensgefühl und einer Stimmung der Gegenwart trifft, ergibt sich nicht aus den nicht oder kaum vorhandenen textuellen Abhängigkeiten zwischen literarischem Gegenwartstext und kulturphilosophischem Diagnoseversuch, sondern gerade daraus, dass beide, Roman wie Großessay, offenbar ein gemeinsames Problemkontinuum aufnehmen beziehungsweise diesem selbst angehören: dem Problem Gegenwart. Literarische und kulturkritische Schreibweisen nehmen ihren Ausgang in unterschiedlichen Sensibilitäten und bedienen sich unterscheidbarer Register. Der Evidenzeffekt, der sich einstellt, wenn etwa Leif Randts *Schimmernder Dunst* auf Hans Ulrich Gumbrechts *breite Gegenwart* projiziert wird (oder umgekehrt), verblüfft. Offenbar greifen beide Texte Gegenwart in je eigener, dabei aber stets eigentümlich zueinander kongruenter Sensibilität auf. Dass Gumbrechts namenloses Erzähler-Ich sich dabei eher in den Gestus des älteren, europäisch geprägten Intellektuellen hüllt, während der Kulturdiagnostiker Wim Endersson bei Randt sich als semi-urbaner Hipster in der Normalisierungsphase der New Economy gibt, tut der Einheit ihrer Differenz keinen Abbruch. Selbstverständlich lassen sich literarisches und essayistisches Schreiben im Ernst unterscheiden. Doch stellen sich in der Lektüre von Randts Roman Evidenzeffekte von Gumbrechts theoretischer Beschreibung ein, die alleine im Essay in dieser ästhetischen Verdichtung dann doch nicht zu haben sind. Der Eindruck, die augustinische, teleologisch akzentuierte Zeitordnung der progressiven Abfolge von Vergangenheit, Gegenwart und Zukunft sei irgendwann in oder nach der Postmoderne verloren gegangen, wird in Wim Enderssons lässig-kühlen, aufregungslosen Lebensbildern von Terrassenpartys und postkoitaler Kuchenbestellung unmittelbar augenfällig. Die gedankliche Figur aus Gumbrechts *Unsere breite Gegenwart*, der Horizont der Zukunft verschließe sich zunehmend, mag man wiederfinden in der sich anbahnenden Katastrophe – die, und das ist keine Pointe und dann vielleicht doch, zum Ende des Romans einfach ausfällt.

11 Quid pro quo

Korrelation statt Analyse, Korrelation als Analyse: Elemente von Literatur und Theorie, Roman und diagnostischem Essay nach diesem Muster des quid pro quo zu substituieren, ist für beide erhellend. Wie alle Evidenzbeweise ist jedoch auch dieser mit dem Makel behaftet, argumentativ nicht restlos plausibilisierbar zu sein. Ob das eigentümliche Lebens- und Zeitgefühl von Randts Roman

Gumbrechts breite Gegenwart ‚ist', lässt sich nicht über eine Kette von Schlüssen erweisen, seien sie deduktiv oder induktiv. Das so reizvolle Spiel des evidenzbasierten Wechselverkehrs zwischen Roman und Kulturtheorie birgt daher auch die stete Gefahr repetitiver Langeweile. Im literarischen Text das Wesen einer Zeit auffinden zu wollen, es sodann aus diesem herauszupräparieren und den Sekretären der Nationalbildung zur weiteren Verwaltung zu übergeben, hat innerhalb der deutschen literaturwissenschaftlichen Tradition die Methode einer ganzen Generation in Verruf gebracht. Zu textfern, zu idealistisch, zu teleologisch und schließlich auch zu national erschien diese Geistesgeschichte, als dass sie nach der sozialgeschichtlichen Neuausrichtung der Literaturwissenschaft in den sechziger und siebziger Jahren des 20. Jahrhunderts noch ambitioniertere Vertreter erlebt hätte. Die Engführung von ästhetischem Artefakt und kulturtheoretischer Diagnose ist seither aus der Normalwissenschaft sehr weitgehend verschwunden. Im Zeitungs- und Zeitschriftenfeuilleton taucht sie gelegentlich in essayistischer Form wieder auf. Wollte man versuchen, das Gegenwärtig-Evidente, ja auch die zeitdiagnostische Virulenz der Gegenwartsliteratur wieder stärker sichtbar zu machen, wäre eine kontrollierte Strategie der Engführung von kulturtheoretischer Zeitdiagnostik und Literatur zu suchen. Anstatt das kulturtheoretische Interpretament einfach vor den literarischen Text zu setzen und seine Evidenz zu behaupten (wer sieht, sieht, wer nicht sieht, sieht nicht), müsste es darauf ankommen, den Evidenzeffekten mit literaturwissenschaftlichen Mitteln weit stärker auf den Grund zu gehen. Andernorts wäre dies auszuführen.

12 Vaseline

Einstweilen bleibt es bei den Evidenzen. Gleitzeit, breite Gegenwart auch in einem dritten Text, dem Roman *Pixeltänzer* (2019) von Berit Glanz. Dieser spielt in der Welt der Start-Ups und Netzexistenzen; der Text verbindet die Geschichte einer jungen Elisabeth, von allen nur „Beta" genannt, mit einer digitalen Spurensuche nach der expressionistischen Tänzerin Lavinia Schulz. Daraus ergibt sich eine zweite narrative Spur, die wiederum hauntologische Züge trägt. Auf der ersten Erzählebene aber evoziert auch dieser Text Gegenwart als ein Nichtvergehen von Zeit, beziehungsweise als Endlosschleife sich wiederholender Minisequenzen:

> Ich sitze an meinem Schreibtisch und spiele mit meinem Rubik-Würfel. Die blaue Seite ist fertig. Das freut mich, gestern habe ich Gelb geschafft. Gelb musste ich wieder auseinanderdrehen, um Blau zu schaffen. Weiß, Gelb, Blau, Rot, Grün, Orange. Sechs Farben, fünf Arbeitstage. Am Freitag drehe ich morgens Grün und nach dem Mittag Orange, dann kommt das Wochenende. Wenn eine Deadline bevorsteht, drehe ich samstags Orange und

ärgere mich freitags. Beim Drehen trinke ich Kaffee und esse Schokoriegel von der Snackbar. Wenn ich alle Farben durchhabe, fange ich wieder von vorn an.[15]

In der Gleitzeit auch dieser breiten Gegenwart verschwimmen die Tage, verlieren die zeitlichen Horizonte an Kontur. Beschleunigung ist hier kein Problem, das die oft beklagten Modernisierungsschäden hervorrufen würde. „Wusstest Du, dass beim Speedcubing Vaseline auf den Würfel geschmiert wird? Dann kann man ihn schneller drehen", rät ein Kollege.[16]

13 Nach der Digitalisierung, nach dem Erzählen

Effekte der Digitalisierung werden sowohl in den kulturkritischen Diagnosen von Rushkoff, Gumbrecht und anderen als Quelle dieser Phänomene ausgemacht als auch in den literarischen Texten herangezogen und ausgestellt. Auf die rekurrenten Topoi und Diskursroutinen der Gegenwartskritik und ihr durchaus auch begrenztes Diagnosepotential wurde bereits aufmerksam gemacht.[17] Gleichwohl lassen sich an den Schnitt- und Reibungsflächen von postnarrativer Literatur und kritischem Diskurs interessante Phänomene beobachten, die vom fortlaufenden Irritationspotential der Digitalisierung nicht nur Zeugnis ablegen, sondern dieses oftmals selbst geschickt ausnutzen und bewirtschaften. In unzähligen kulturtheoretischen oder -kritischen Diagnosen werden Veränderungen der kulturellen Gemengelage, der Kraftlinien und Bruchkanten des Gegenwärtigen als Effekte der Durchdringung der Alltags- und Lebenswelt mit digitalen Dispositiven beschrieben. Die von Effekten der Digitalisierung sowohl inhaltlich wie poetologisch geprägte Literatur stellt demgegenüber ein vergleichsweise schmales Segment der Gegenwartsliteratur dar. In diesen Texten dient der rekurrente Verweis auf digitale Verhaltensroutinen nicht nur als evidente Aktualitätsmarkierung, er verändert auch das Erzählen selbst.

---

15 Berit Glanz: *Pixeltänzer*. Frankfurt a.M. 2019, S. 9.
16 Ebd., S. 11.
17 Essayistisch pointiert Eckhard Schumacher: „Present Shock. Gegenwartsdiagnosen nach der Digitalisierung." In: *Merkur* 72 (März 2018), S. 67–77.

14 Aus-Gleiten: Tendenzen '21

Ob sich ‚Gleitzeit' als literarisches Lebensgefühl noch etwas länger halten wird, und ob die Reflexe der Digitalisierung das Erzählen und die Literatur der nächsten Gegenwart weiterhin bestimmen werden, ist von dieser begrenzten Warte aus nicht abzusehen. Andere Trends, neue Tendenzen werden sichtbarer, unabgegoltene Latenzen melden sich zurück. Dem literarischen *memory boom* scheint noch immer keine Grenze gezogen, und für feuilletonistische wie literaturwissenschaftliche Thesenbildungen zu einem neuen Realismus, einer neuen Ernsthaftigkeit und einem neuen Zug zur Authentizität gibt es genügend Texte und ausreichend Argumente. Schon im Rückblick auf die Literatur der Jahre nach 2000 wurde mit guten Gründen argumentiert, dass diese sich von den Spieldynamiken einer literarischen Postmoderne weitestgehend emanzipiert hat.[18] Zwar hat die Gleitzeit-Literatur nicht unbedingt viel mit der literarischen Postmoderne im engeren Sinne gemein. Auch der literarische Klimawandel aber ist ein unaufhaltsamer Prozess. Getrieben von globalgesellschaftlichen Debatten wie der Me-Too-Diskussion, die feministische Fragen medial anders (das heißt: digital) verhandelt, oder der Diskussion um postkoloniale und postmigrantische Identitäten und ihre kulturelle Sichtbarkeit, zeichnet sich in der allerneuesten Gegenwartsliteratur eine politisch zugespitzte, literarisch noch verdichtete und verschärfte Auseinandersetzung um Fragen von Gleichberechtigung, Diversität und Repräsentation ab. Eine Tendenz zum Debattenbuch, sei es eher literarisch, sei es eher essayistisch, zeugt von einer erhöhten Virulenz politischer, sozialer und kultureller Fragen in einem Diskussionsumfeld nach der Digitalisierung, das über eben diese Digitalisierung einem erheblich erweiterten und veränderten Kreis von Akteurinnen und Akteuren die Möglichkeit zur Teilhabe gibt. Gatekeeping-Strukturen des Literatur- und Kulturbetriebs ändern sich rasant, Öffentlichkeiten diesseits der Strukturen der alten Bundes- und auch der sogenannten Berliner Republik organisieren sich. Identität, Diversität und Teilhabe scheinen die Themen der Stunde. Gerade aber an einem politisch und theoretisch streitbaren Roman wie Mithu Sanyals *Identitti* (2021), der postkoloniale Theorie, Identitätsdebatten, Popkultur und Öffentlichkeits-Knalleffekte nach der Digitalisierung im Text wie in der Diskussion zum Text nutzt und in ein überraschendes literarisches Arrangement überführt, zeigen sich Weiterwirken und Fortentwicklung literarästhetischer Tendenzen des letzten und des vorletzten Jahrzehnts.[19] Die

---

18 Erik Schilling: „Literarische Konzepte von Zeit nach dem Ende der Postmoderne." In: Leonhard Herrmann/Silke Horstkotte (Hg.): *Poetologien des deutschsprachigen Gegenwartsromans*. Berlin/Boston 2013, S. 171–185.
19 Mithu Sanyal: *Identitti*. München 2021.

Geschichte von der vermeintlichen Entlarvung der Figur Saraswati, Professorin für postkoloniale Theorie, als über-deutsche Sarah Vera Thielmann, mit der die Verwirrungen des Romans nicht enden, sondern allererst beginnen, erweist einmal mehr: Das Authentische, das ist das Künstliche.

Lilla Balint
Rhythmus, Form, Kritik
Kathrin Rögglas *wir schlafen nicht*

„Es würde noch was geschehen. Aber was kann denn heute überhaupt noch geschehen?",[1] fragt Kathrin Röggla in ihrem Essay über Ulrich Peltzers Roman *Alle oder keiner* (1999). Sie beobachtet, indem sie, wenn auch nur implizit, die klassische Gegenüberstellung von Erzählen und Beschreiben aufruft, dass Peltzers Buch auf bemerkenswert statische Art beginnt und eine Weile in einem nicht-dynamischen Zustand verweilt – eine narrative Trägheit – bevor diese „statische[n] visuelle[n] Situationen" sich auflösen und eine Dynamisierung erfahren.[2] Rögglas Bemerkungen zu Peltzer sind hier insofern von Belang, als wir von ihnen ausgehend eine Poetik des Romans *in nuce* zutage fördern können, die über Peltzers Erzählungen als unmittelbaren Gegenstand hinausgeht. Was auf dem Spiel steht, ist eine Verbindung zwischen der angeblichen Krise der Erzählung (und vielleicht des Erzählens) und der sozialpolitischen Ordnung nach 1989. Rögglas Verwendung der konjunktivischen Form „würde" („es würde noch was geschehen") evoziert Unsicherheit in Bezug auf die Möglichkeit, dass etwas geschehen könnte. Zugleich hält sie den Verdacht fest, dass, wenn etwas geschehen würde, es nicht die Indikativform „wird" erfordern würde, weil letztere deutlicher erzählerische Handlung implizieren würde. Indem sie ihrer Einsicht eine literaturtheoretische Wendung marxistischer Art gibt, verbindet Röggla den erzählerischen Stillstand mit der umfassenderen historisch-ideologischen Bewegungslosigkeit, den sie zu Beginn des 21. Jahrhundert am Werk sieht. Ihre Formulierung „[a]ber was kann denn heute überhaupt noch geschehen?" deutet auf die politischen, ökonomischen und sozialen Bedingungen, die die Triebfeder für erzählerische Handlung sind.[3] Jedoch ist das im Europa nach dem Kalten Krieg offensichtlich nicht so.

---

[1] Kathrin Röggla: „Entscheide Dich! Oder: Finito la musica!". In: Paul Fleming/Uwe Schütte (Hg.): *Die Gegenwart erzählen. Ulrich Peltzer und die Ästhetik des Politischen*. Bielefeld 2014, S. 206. – Der vorliegende Aufsatz erschien zuerst in englischer Sprache: „Rhythm, Form, Critique: Kathrin Röggla's *wir schlafen nicht* (2004)." In: *The German Quarterly* 93/4 (2020), S. 503–518, der Text wurde übersetzt von Elias Kreuzmair und Hannah Willcox. Erste Überlegungen wurden im Rahmen des Workshops „Gegenwartsliteratur nach der Digitalisierung. Zeitreflexion und literarische Verfahren" auf dem Germanistentag 2019 vorgestellt.
[2] Röggla: „Entscheide Dich! Oder: Finito la musica!", S. 205.
[3] Vgl. ebd.

Open Access. © 2022 Lilla Balint, publiziert von De Gruyter. Dieses Werk ist lizenziert unter einer Creative Commons Namensnennung - Nicht-kommerziell - Keine Bearbeitung 4.0 International Lizenz.
https://doi.org/10.1515/9783110758603-007

Wenn man Rögglas Diagnose des frühen 21. Jahrhunderts für einen Moment folgt, kann man sich durchaus wundern, was noch geschehen könnte, das die Bezeichnung ‚Handlung' verdienen würde. Oder, anders gefragt, aus Sicht der Romantheorie: Was vermag der Kunst des Erzählens neues Leben einzuhauchen? In der posthistorischen Gegenwart der frühen 2000er sind es „allenfalls Unternehmensfusionen", die erwähnenswerte Ereignisse darstellten, behauptet Röggla.[4] Ihre Einschätzung ist aus Gründen der Kontextualisierung wichtig, weil Rögglas experimenteller dokumentarischer Roman *wir schlafen nicht*, um den es in diesem Aufsatz geht, in genau diese Jahre des vermeintlichen politischen und sozialen Stillstands fällt.[5] *Wir schlafen nicht*, 2004 veröffentlicht, wurde vor der Finanzkrise geschrieben, die in die zahllosen anderen sogenannten Krisen überging, die Europa seither erfahren hat und die Handlung, laut Röggla, wieder vorstellbar gemacht haben.[6] Obwohl *wir schlafen nicht* keine Unternehmensfusion nacherzählt, stammt sein erzählerischer Antrieb aus dem Bereich der Ökonomie. Strukturiert durch eine Reihe von Interviews, die Röggla mit bei einer Finanzinstitution Beschäftigten unterschiedlichen Status geführt zu haben behauptet,[7] präsentiert sich der Text selbst auf den ersten Blick als ein Protokoll, das die diskursive Logik der New Economy sichtbar und seine spezifischen Arten des Sprechens hörbar macht.

Das Interesse dieses Aufsatzes am sich selbst so bezeichnenden Roman *wir schlafen nicht* geht jedoch über rein thematische Fragen hinaus. Obwohl die Beschäftigung mit der Ökonomie (und dem ökonomischen Diskurs) an sich bereits auffällig ist, komplizieren die ästhetischen Eigenheiten, die mit Sorgfalt gearbeitet sind, die dominierende Lesart von *wir schlafen nicht* als einen Text über die Ausbreitung der ökonomischen Logik und ihre Auswirkungen auf (wenn nicht ihre Kolonisierung von) Sprache. Die unverkennbare Betonung der eigenen Sprechweise durch den Text – in *wir schlafen nicht* „bwler-deutsch" genannt – geht bis zu dem Punkt, dass Sprache selbst die eigentliche Protagonistin zu werden scheint, und wirft die Frage der Relationalität auf. Wie positioniert sich *wir schlafen nicht* selbst gegenüber seinem Gegenstand? Dementsprechend befragt

---

4 „Sind jene Konflikte des 20. Jahrhunderts nicht Schnee von gestern, ist jede Praxis des Widerstands (gegen was überhaupt?) nicht ausgeschlossen, weil es keinen Grund mehr gibt?", fragt sie provokativ, während sie den beschriebenen Zustand zugleich beklagt, ebd., S. 206.
5 Vgl. Kathrin Röggla: *wir schlafen nicht*, Frankfurt a.M. 2004.
6 „Doch wie schnell sich das Blatt wenden kann, wissen wir in Europa seit 2008, Finanzkrisen, Schuldenkrisen, Eurokrisen, die zahlreiche Proteste hervorgerufen haben und jetzt eine gewaltige Demokratiekrise nach sich ziehen", schreibt Röggla in „Entscheide Dich", S. 206 f.
7 Dies ist sowohl in Rezensionen von als auch in der Literaturkritik zu *wir schlafen nicht* eine viel besprochener Fakt. Im dritten Teil dieses Aufsatzes werde ich die Methoden untersuchen, mit denen der Text mit den Effekten von Realität und Fiktionalität spielt.

dieser Aufsatz sowohl die Modalitäten der Darstellung der New Economy als auch die Verfahren, mit denen der Text den Standpunkt entwirft, von dem aus er dies tut (oder tun kann).

Als *wir schlafen nicht* 2004 erschien, war Röggla eine etablierte Stimme der deutschsprachigen Literaturszene, Autorin von drei Büchern und zahlreichen Theater- und Radiostücken. Geboren in Salzburg im Jahr 1971 und seit 1992 in Berlin wohnend, wird sie als eine der formal innovativsten deutschsprachigen Gegenwartsautor*innen angesehen, besonders anerkannt für die experimentelle Natur ihrer Hybridtexte, die nicht nur Genregrenzen auf die Probe stellen, sondern auch die feinen Linien zwischen fiktionalen und dokumentarischen Modi befragen. Röggla ist in Deutschland und der Schweiz für ihre viel gelobten Poetikvorlesungen bekannt und hat zudem die deutschsprachige literarische Öffentlichkeit bedeutend mitgeprägt.[8] Seit 2015 ist sie Vizepräsidentin der Berliner Akademie der Künste.

Ihre Laufbahn begann Röggla als Regisseurin, sie debütierte mit der Kurzgeschichtensammlung *niemand lacht rückwärts* (1995) als Autorin, die zwei Jahre später von ihrem ersten Roman *abrauschen* (1997) gefolgt wurde. In *Irres Wetter*, 2000 veröffentlicht, wendet sich Röggla Berlin an der Jahrtausendschwelle zu (die berühmten ‚nuller Jahre'). In der Folge wurde ihre poetische Neigung zu aktuellen Ereignissen und Tendenzen der Gegenwart ausgeprägter und kristallisierte sich insbesondere um zwei Themen: die Anschläge vom 11. September 2001 und die Ökonomie. Ersterer war Anlass für ihren hybriden Prosatext *really ground zero* (2001) und das Theaterstück *fake reports* (2002) und weitete sich nach und nach zu einer Untersuchung der Relationen zwischen Medien, Repräsentation und Katastrophen in *die alarmbereiten* (2010) und in ihrer jüngsten Prosasammlung *Nachtsendung* (2016) aus. Rögglas Interesse an wirtschaftlichen Zusammenhängen und der Ausbreitung der ökonomischen Logik gab nicht nur den Anstoß zu *wir schlafen nicht*, der sowohl als Theater- als auch als Radiostück adaptiert wurde (beide 2004), sondern führte auch zu einer andauernden Auseinandersetzung mit der Ökonomisierung verschiedener sozialer Sphären, von Literatur und Kunst, und von Sprache in einem weiteren Sinn. Während erstere Texte wie „Gespensterarbeit, Krisenmanagement und Weltmarktfiktion" (2009) und „Beitrag zu einem kleinen Wachstumsmarathon" (2012) inspirierte, wurde die Finanzkrise von 2008 in dem Radiostück „der tsunami-empfänger" (2010) aufgegriffen.

---

8 Röggla hatte die Poetikdozenturen an der Universität Saarbrücken (2013), der Universität Zürich (2016) und der Universität Bamberg (2017) inne. 2019 war sie TransLit-Professorin an der Universität Köln.

Angesichts des Schwerpunkts auf politisch aufgeladenen Gegenwartsthemen steht Rögglas Werk für eine andauernde Befragung der Möglichkeiten des Engagements und den Bedingungen von Kritik in der Gegenwart – in verschiedenen Genres und Medien. *Wir schlafen nicht* bildet dahingehend keine Ausnahme. Ausgehend von Rögglas kurzen poetologischen Bemerkungen über die Unmöglichkeit narrativer Handlung zwischen dem Ende des Kalten Krieges und der Finanzkrise von 2008 nimmt dieser Aufsatz eine vermeintlich einfache Frage in den Blick: Was treibt die Erzählung von *wir schlafen nicht* anstelle von Handlung voran? Angeregt von dieser Frage werde ich in den ersten beiden Teilen auf textuelle Bewegung als Schlüssel zur Darstellung der New Economy fokussieren. Der dritte Abschnitt erweitert, gestützt auf die Analyse der textuellen Bewegung und ihrer Verwicklung mit Sprache, den Gegenstandsbereich der Untersuchung, um erstens den Begriff des Dokumentarischen wiederaufzunehmen und zweitens auf die Selbstpositionierung des Textes gegenüber der Ökonomie und die Verfahren einzugehen, mit denen der Text über ästhetische Autonomie in der Gegenwart reflektiert und diese verhandelt.

1 Bewegung, vorwärts

Röggla bindet Theorie und Praxis aneinander. *Wir schlafen nicht* lässt sich als eine praktische Antwort auf ihre Frage „Was kann denn heute überhaupt noch geschehen?"[9] lesen. Nicht viel, so legt der Roman nahe – das heißt, abgesehen vom Sprechen. Sieben Figuren, nur einmal am Beginn des Romans in etwas, was ein dramatis personae zu sein scheint, mit Namen erwähnt und dann einfach durch ihre Stellenbezeichnung adressiert, beginnen Unterhaltungen miteinander und mit der Erzählinstanz, die für den größten Teil unsichtbar bleibt, aber deren Anwesenheit nichtsdestotrotz durch den Konjunktiv I der meisten Sätze markiert ist. Das Ereignis, das sie zusammenbringt, ist eine sogenannte Fachmesse, auf der sie sich in unterschiedlichen Konstellationen versammeln und von einer Figur, von der wir annehmen, dass sie die Erzählinstanz ist, befragt werden.

Wir schlafen nicht wird der in ihrem Kommentar zu Peltzers Roman *Alle oder keiner* implizierten Romanpoetik gerecht, indem Röggla den Roman in einem ständigen Zustand des narrativen Stillstands hält und das Begehren des*der Leser*in nach einem sich entwickelnden Plot unterläuft. Während der Text ohne Plot bleibt, kommen die Figuren in einen Redefluss, einen Strom endloser Rede, der kontinuierlich fließt und gänzlich unkontrollierbar scheint, als ob die den

---

9 Röggla: „Entscheide Dich", S. 206.

Roman eröffnenden Sätze bestätigt werden müssten: „die online-redakteurin: also das reden sei schnell gelernt, ‚das haste hier ziemlich schnell drauf!' da sei ja schließlich nichts außergewöhnliches dran".[10] Dass sie ihre Protagonist*innen aus der New Economy in einer Interviewsituation auftreten lässt, betont eben gerade Kommunikation und ruft Jonathan Crarys Individuum des gegenwärtigen Kapitalismus auf, „who is constantly engaged, interfacing, interacting, communicating, responding, or processing within some telematic milieu".[11]

Der Schlüsselmoment in Bezug auf die textuelle Bewegung liegt in der permanenten Produktion sprachlicher Äußerungen. Was die Erzählung anstelle von Handlung vorwärtsträgt, inmitten all des Redens, ist, dass das Sprechen selbst die treibende Kraft wird. Es ist das Rasende, das Obsessive und der fast triebhafte Modus des Sprechens, der Bewegung erzeugt und die*den Leser*in in den Text zieht. Röggla, die weniger am erzählerischen Fluss und viel mehr an den sozialen Dimensionen der Produktion von Äußerungen interessiert ist, nennt es „Redezwang", um deutlich zu machen, dass es die Sprache ist, die hier spricht. Sie spricht durch die Figuren, wenn wir so wollen, eher als dass Individuen Sprache nutzen, um miteinander zu kommunizieren: „Der Redezwang meiner Figuren, der Zwang zur permanenten Selbstdarstellung, zum Selbstentwurf, wirkt sozial gesteuert und sozial hervorgebracht. Er ist absolut unindividuell",[12] erklärt Röggla in ihren Poetikvorlesungen an der Universität Duisburg-Essen.

Bemerkenswert in *wir schlafen nicht* ist also die Kopplung dieses „Redezwang[s]" mit dem Erzählen ohne Plot, weil das Fehlen von Handlung es dem Sprechen erlaubt, in den Vordergrund zu treten. Da wenig narrative Handlung geschieht, wird die Aufmerksamkeit auf die Bewegung innerhalb der Sprache verschoben. Sprache selbst wird auf diese Weise zur eigentlichen Protagonistin von *wir schlafen nicht*. Wenn wir Rögglas Affinität zu den Theorien von Foucault berücksichtigen,[13] wird offensichtlich, dass hier Sprache sowohl als

---

10 Röggla: *wir schlafen nicht*, S. 8.
11 Jonathan Crary: *24/7. Late Capitalism and the End of Sleep*. London/New York 2013, S. 15.
12 Kathrin Röggla: „Essenpoetik. Drei Vorlesungen als Poet in Residence an der Universität Duisburg-Essen, 1.–5. Dezember 2014". In: *Universität Duisburg-Essen*. https://www.uni-due.de/imperia/md/content/germanistik/lum/roeggla-essenpoetik.pdf, 2014 [zuletzt eingesehen am 7.6.2021], S. 15–16.
13 Vgl. Rögglas „Essenpoetik", in der sie Foucaults Idee der Gouvernementalität als „die Gesamtheit von Prozeduren, Techniken, Methoden, welche die Lenkung der Menschen untereinander gewährleisten" zitiert, ebd., S. 12.

Ort als auch als Mechanismus von Macht einer Befragung und Prüfung unterzogen wird: „Weil ich wissen will, wie Macht heute funktioniert und was das mit diesem Redezwang zu tun hat."[14]

Wenn dies jedoch der Fall sein sollte, ist es nötig, präziser zu bestimmen, was genau eigentlich in *wir schlafen nicht* geäußert wird. Was hören wir? Rögglas Protagonist*innen sprechen über ihre erworbene und perfektionierte Unfähigkeit sich auszuruhen: „der partner: ob er sich vorstellen könne, arbeitslos zu sein? aber nicht doch. ‚das geht jetzt doch zu weit, ja?'";[15] „die key account managerin: für sie sei das der absolute horror gewesen. [...] das wolle sie nicht noch einmal erleben".[16] Sie erzählen zudem, wie das Ethos des permanenten Arbeitens sich insgesamt in gestörten täglichen Schlafgewohnheiten und Schlaflosigkeit niederschlägt: „der senior associate: er denke dexedrin, also keine hexerei. mit dexedrin werde so was leicht gemacht. oder ephedrine, so vom wirkstoff her. [...] wachmacher eben, amphetamine".[17] Während die Produktivität des Senior Associates die Folge von Medikamenten ist, wählt die Online-Redakteurin Alkohol: „alleine der alkohol halte einen wach. [...] hier ein sektchen, da ein sektchen, da werde kein unterschied gemacht: ein sektchen gebe es überall und die folge davon sei ein ständig aufgekratzter zustand".[18] „die key account managerin" macht den Zustand der Schlaflosigkeit explizit: „‚ich meine, das ist ja klar', daß man hier nicht viel zum schlafen komme, [...] man halte sich gegenseitig wach", behauptet sie, was von „der partner" bestätigt wird, für den der beschriebene Zustand „kein ausnahmezustand [ist], das sei mehr der normalzustand".[19]

Wir schlafen nicht bewegt sich fließend von der allgemeinen Unfähigkeit sich auszuruhen und zu entspannen zur genauen Beschreibung des Kaffee-, Alkohol- und Medikamentenkonsums, der es erlaubt, Leistung und Effizienz aufrechtzuerhalten, bis hin zu vermeintlichen körperlichen Anpassungsprozessen, die die erwähnten Substanzen überflüssig machen („das laufe bei ihm rein über den adrenalinspiegel ab"[20]). Rögglas Protagonist*innen sprechen über und stellen die erfolgreiche Internalisierung von etwas dar, was *wir schlafen nicht* „durchhalten" nennt, das Ethos des permanenten Arbeitens und permanenter Produktivität, das die New Economy am Leben hält. Aufgrund der Einförmigkeit ihres Sprechens ununterscheidbar voneinander, verhalten sich die Figuren so, als

---

14 Ebd., S. 31.
15 Röggla: *wir schlafen nicht*, S. 172.
16 Ebd., S. 172 f.
17 Ebd., S. 176.
18 Ebd., S. 177.
19 Ebd., S. 177 f.
20 Ebd., S. 176.

würden sie Crarys Behauptung gegen das zeitliche Regime des Neoliberalismus zehn Jahre früher vorwegnehmen: „Within the globalist neoliberal paradigm, sleeping is for losers".[21]

Im Gegensatz zu Crary jedoch, der Schlaf als „an uncompromising interruption of the theft of time from us by capitalism"[22] ansieht und es als den letzten Zufluchtsort des Widerstands gegen den Angriff der neoliberalen Effizienz konzipiert, nehmen die Figuren von *wir schlafen nicht* den Zustand der Schlaflosigkeit stolz für sich als Ergebnis ihrer Fähigkeit in Anspruch, sich an die Widrigkeiten des Arbeitslebens anzupassen. Indem sie dies tun, widerlegen sie durch ihre Praxis Crarys Behauptung, dass „sleep poses the idea of human need and interval of time that cannot be colonized and harnessed to a massive engine of profitability".[23] Ausgehend vom sloganhaften Titel von Rögglas Buch ist es wenig überraschend, dass die Figuren unablässig zum Zustand der Schlaflosigkeit zurückkehren. Es ist ihr Vergessen des ideologischen Wesens ihrer Aussagen, deren Inbegriff die folgende Äußerung ist: „‚wer von der heiligkeit des schlafs spricht, hat die letzten zwanzig jahre verpennt'".[24]

Genauso entscheidend für die Ästhetik des Textes ist, dass die Figuren nicht nur über Ruhelosigkeit sprechen, sondern auch in einer Form oder einem Modus, der dieser Unruhe entspricht:

> *die key-account-managerin*: ja, das sage sich so leicht, eine auszeit nehmen, einfach mal abschalten. als käme man dann automatisch auf urlaubsgedanken, aber auf so urlaubsgedanken komme man nicht, und wenn sie mal urlaub habe, würde sie auch nicht an diesen urlaub denken, im gegenteil, sie werde dann nervös. bzw. letztens sei sie andauernd nervös gewesen. sie habe einfach nicht abschalten können und habe immer im büro angerufen, ob dies oder das schon erledigt wäre. ob man an dies oder das gedacht hätte. und die seien natürlich umgekehrt auch ständig mit ihren problemen angekommen. also im endeffekt sei sie dann doch dauernd im büro gewesen, obwohl es ihre auszeit gewesen sei.[25]

Am auffälligsten an dieser Passage ist ihr Rhythmus, der von der Wiederholung der Schlüsselwörter und Phrasen wie „urlaubsgedanken", „urlaub", „nervös" und „büro" bestimmt ist, die einen Satz an den nächsten drängen und dabei nicht nur einen dichten semantischen Zusammenhang zwischen ihnen stiften, sondern auch Kohärenz durch Kadenz. Die Schlüsselsätze vermitteln ihre Bedeutung nicht nur semantisch, sondern, viel entscheidender für unsere Fragestellung, durch die rhythmische Wiederholung, die die Sätze vorwärtstreibt und

---

21 Crary: *24/7*, S. 26.
22 Ebd., S. 10.
23 Ebd., S. 23.
24 Röggla: *wir schlafen nicht*, S. 178.
25 Ebd., S. 171.

den manischen Zustand der Sprecher*innen sichtbar macht. Rögglas Figuren sprechen in arbeitsamer Eile über ihre Unfähigkeit sich auszuruhen:

> *der senior associate*: er komme erst gar nicht runter. meist suche er sich gleich wieder einen neuen streß, also er würde sagen: so richtig runterkommen tue er nicht. wieso auch? das runterkommen sei für ihn viel stressiger, als sich einen neuen streß zu organisieren. es erscheine einfacher, sich auf demselben aktionslevel zu halten, ja ihm erscheine der eigentliche streß gar nicht so stressig wie das runterkommen.[26]

Aus der Perspektive der Bewegung ist das rasende narrative Tempo der zentrale Aspekt der Ästhetik des Textes. Um den Effekt sprachlicher Eile im Schreiben zu erzielen, wechselt Röggla zwischen kurzen und langen Sätzen. Die längeren bestehen oft aus mehreren kurzen Sätzen, die zu Ellipsen verkürzt sind, während Kommata und andere Satzzeichen einzelne Bestandteile verbinden, oft auf grammatisch eigenwillige Art und Weise („meist suche er sich gleich wieder einen neuen streß, also er würde sagen: so richtig runterkommen tue er nicht"[27]). Rögglas narratives Verfahren eliminiert Pausen, wie Kremer treffend bemerkt,[28] und erzeugt „ein kaum steigerbares Erzähltempo".[29] Das erregte Sprechen und seine ständig beschleunigte Gangart, die den Text dominiert, machen deutlich, dass, was auf dem Spiel steht, nicht einfach ein „redezwang" ist – ein zwanghaftes Sprechen über die neuralgischen Punkte und Effekte der New Economy –, sondern genauer ein „redezwang", der in einem rasenden Tempo vorwärtsstürzt und der nicht zum Stillstand kommen kann, wenn die Arbeit beendet ist.

> *die online-redakteurin*: ach, sie stünde dann unter redezwang. müsse ständig telefonieren, stundenlang. [...] es sei eben wie ein zwang. als würde durch dieses ständige quasseln sich etwas abarbeiten können, was sich in ihr angestaut habe – „nennen wir es leerlauf", der dann noch vor sich gehe, „wie bei einem läufer – der bleibt nach dem laufen auch nichteinfach stehen [...]"[30]

Das schnelle erzählerische Tempo von Rögglas Text verankert das Thema von Ruhe und Schlaflosigkeit auf der tieferen rhythmischen Ebene des Textes und fügt sich damit zugleich in seine Grundstruktur ein. Trotz des fast vollkommenen Fehlens von Handlung, oder eher, trotz des Eintretens in eine spezifische Spannung mit der plotlosen Erzählung, ist *wir schlafen nicht* ein schneller Text,

---

26 Ebd., S. 14.
27 Ebd., S. 124.
28 „Dem Text [werden] Erzählpausen genommen", schreibt Christian Kremer: *Milieu und Performativität. Deutsche Gegenwartsprosa von John von Düffel, Georg M. Oswald und Kathrin Röggla*. Marburg 2008, S. 114.
29 Ebd.
30 Röggla: *wir schlafen nicht*, S. 124.

ein ruheloser Text, der sich fast selbst vorauseilt und dabei die*den Leser*in mit vorwärtstreibt, während sie*er von einem Satz zum nächsten hastet. In dieser Hinsicht stützt sich der Text auf eine Ästhetik der Kongruenz von Form und Inhalt und ahmt – durch ihre nachdrückliche Übereinstimmung – den unablässigen Vorwärtssog, die Erregung nach, die aus der Logik der unablässigen Produktivität und des permanenten Wachstums folgt, die in der New Economy vorherrscht. Statt die Effekte der letzteren diskursiv zu transportieren, dient die bewusste Einheit von Form und Inhalt dazu, diese auf der affektiven und habituellen Ebene erfahrbar zu machen.

2 Denkmuster, zirkulär

Es stellt sich jedoch die Frage, wie diese Feststellung mit der weitgehenden Einigkeit innerhalb der Forschungsliteratur in Einklang zu bringen ist, dass Röggla in *wir schlafen nicht* eine experimentelle Ästhetik vorlegt, die auf (narrativen) Brüchen und Irritation basiert.

Ein solches Moment der Irritation lässt sich etwa in Rögglas ausgedehnter Verwendung des Konjunktiv I finden, der das gesprochene Wort verfremdet und in zitierte Rede verwandelt. Die Erzählinstanz erhält dadurch, obwohl sie zumeist unsichtbar bleibt, in nahezu jedem Satz eine unheimliche Präsenz. Rögglas Gebrauch der indirekten Rede und dessen Effekte wurden ebenso umfassend diskutiert wie die Praxis der durchgängigen Kleinschreibung, die den Text in die Nähe der avantgardistischen Poetik der Wiener-Gruppe rückt.[31] Während beide Verfahren insofern signifikant sind, als dass sie die Aufmerksamkeit auf die poetische Form und die verschiedenen Textstrategien richten, erlaubt eine Analyse des Rhythmus und des Tempos von *wir schlafen nicht* die Refokussierung auf und ein besseres Verständnis für die experimentelle Ästhetik des Textes.

---

31 Vgl. u. a. Eva Kormann: „Wer spricht? Zur ‚wackeligen' Sprechposition bei Kathrin Röggla." In: Iuditha Balint u. a. (Hg): *Kathrin Röggla*. München 2017, S. 124–142; Karin Krauthausen: „‚ob das jetzt das interview sei'. Das konjunktivistische interview in kathrin rögglas roman *wir schlafen nicht*." In: *Kathrin Röggla*. www.kathrin-roeggla.de/text/karin-krauthausen-ob-dasjetzt-das-interview-sei, 2004 [zuletzt eingesehen am 7.6.2021]; Ann Katharina Schaffner: „‚Catastrophe Sociology' and the Metaphors We Live By: On Kathrin Röggla's *wir schlafen nicht*." In: *The Modern Language Review* 112/1 (2017), S. 205–222. Schonfield untersucht den Text im Kontext klassischer Rhetorik und Sprachkritik, vgl. Ernest Schonfield: „Producing Ethos in Kathrin Röggla's *wir schlafen nicht*." In: Ders.: *Business Rhetoric in German Novels. From Buddenbrooks to the Global Corporation*. Rochester 2018, S. 153–170.

Kehren wir für einen Augenblick zu „d[er] key-account-managerin" und ihrem Monolog über den „urlaub" zurück, um festzustellen, an welcher Stelle eine Irritation entsteht. Die Passage beginnt und endet mit dem Wort „auszeit", das somit etwas rahmt, was einem manischen Bericht über die psychologisch bedingte Unmöglichkeit gleichkommt, eine Pause zu machen („ja, das sage sich so leicht, eine auszeit nehmen, einfach mal abschalten"; „also im endeffekt sei sie dann doch dauernd im büro gewesen, obwohl es ihre auszeit gewesen sei"[32]). Mit dem Büro schließt der Absatz an dem gleichen Ort, an dem er begonnen hat. Anders als zu Beginn jedoch, als eine Arbeitspause noch möglich erscheint, wird ihre Unmöglichkeit am Ende des Zitats sowohl auf der semantischen Ebene als auch durch den gehetzten Sprachstil der Passage demonstriert.

Entscheidend ist dabei vor allem letzteres, denn die Unmöglichkeit der Pause manifestiert sich auf diese Weise performativ in Form der habituellen Gedanken- und Sprachmuster. Lässt man das weiterhin hohe Tempo des Absatzes außer Acht, das an Geschwindigkeit nicht nachlässt, tritt inhaltlich eine gewisse Zirkularität in Erscheinung. Wird der Fokus dementsprechend auf das *Was* der Darstellung gerichtet, weist die Narration trotz des unablässigen Drangs nach vorne eine statische Qualität auf. Ungeachtet der Vorwärtsgewandtheit des grundsätzlichen textuellen (und ökonomischen) Tempos, das sie mit erschaffen und erhalten, sind die Figuren unausweichlich in ihren Denkmustern gefangen. Sie kommen nicht nur auf ihre eigenen „durchhalteparolen", die sie permanent wiederholen und bekräftigen, sondern in sinnbildlicher Weise auch auf das Arbeiten und das Büro immer wieder zurück.

Diese zirkuläre Bewegung wird noch deutlicher, weil keine Kommunikation in irgendeinem emphatischen Sinn stattfindet, trotz all der Gespräche, die den Text ausmachen. Statt miteinander zu sprechen, sprechen die Figuren zueinander, sodass kaum eine Interaktion entsteht:

> *der partner*: wie lange er schon auf den beinen sei? könne er jetzt nicht sagen, er wisse das längst nicht mehr. [...]
> *die key account managerin*: „also ich empfind's nicht als belastend."
> *der senior associate*: trotzdem würde er sagen, ein adrenalin-junkie sei er nicht –
> *die key accountmanagerin*: „also ich komme damit klar."[33]

---

32 Röggla: *wir schlafen nicht*, S. 175.
33 Ebd., S. 177.

Während in der Forschungsliteratur bereits darauf hingewiesen wurde, dass die Figuren über keine individualisierte Sprechweise verfügen und deshalb als „choir of similar voices"[34] verstanden werden sollten, unterstreicht ihre scheinbare Unfähigkeit, sich trotz der fundamentalen Gleichheit und Parallelität ihrer Gedanken miteinander zu unterhalten, ihre unabweisbare Verstrickung in eine Zirkularität der Gedanken. Anders gesagt: Der Zustand der Nicht-Kommunikation wird gerade durch die manische Wiederholung gleicher Worte, Ausdrücke und Sätze produziert, die die Dialoge und Denkmuster der Figuren ausmachen.

Diese Zirkularität erhält noch mehr Nachdruck, indem die habitualisierten Muster nach Momenten, die kritische Distanz implizieren und in denen sich die Möglichkeit andeutet, dass Rögglas Figuren doch über ein Mindestmaß an Zweifel gegenüber ihrer Sprache verfügen, ungerührt wiedereinsetzen. „,sehen sie', die frage sei doch die: in wessen durchhalteparolen stecke man drin? ja, in wessen durchhalteparolen halte man sich versteckt?", fragt die Online-Redakteurin und führt das plötzliche Aufblitzen einer kritischen Einsicht weiter aus: „es seien jedenfalls nur noch durchhalteparolen, in denen man stecke, nur noch ein durchhalteeifer, durch den man sich bewege, ja, man müsse sich mittlerweile eingestehen, daß es rund um einen nichts mehr gebe als diesen durchhaltedreck".[35] Gleichwohl wird ihr unerwartetes Verständnis der ideologischen Natur der „durchhalteparolen", welche das weitaus robustere Konstrukt ökonomischer Produktivität diskursiv untermauern, beinahe sofort vom Text absorbiert, der seine Bewegung wiederkehrender Gedanken und Rede fortführt.

Während die Online-Redakteurin nach ihrer kritischen Aussage den Text verlässt, wie es die Praktikantin bereits im Kapitel „rauskommen (die praktikantin)" getan hat, bleibt ihr Ausscheiden beinahe unbemerkt. Obwohl beide aus dem Text herausgeschrieben werden, bleibt die Sprache davon unberührt und schreitet ungehindert weiter voran. Die Praktikantin, die „raus aus diesen hallen in eine andere bewegungsart" will, erahnt bereits, dass sie „zurück auf start!"[36] enden wird, womit sie ironisch auf das Brettspiel *Monopoly* verweist. Da die bekannte *Monopoly*-Anweisung, „zurück auf los!", den Enthusiasmus verliert, der von der Homophonie zwischen „Los" und „los" ausgeht und der die Rückkehr zur Startposition (Los) mit der unaufhörlichen Dynamik der Anweisung „los!" auflädt, erhält die abgewandelte Form einen deutlich unheilvolleren Ton. „[Z]urück

---

34 Kyra Pahlberg: „,short sleeping, quick eating'. Produktivität und Sprechen bei Kathrin Röggla." In: Iuditha Balint u. a. (Hg): *Kathrin Röggla*. München 2017, S. 278–297, hier S. 290.
35 Röggla: *wir schlafen nicht*, S. 189.
36 Ebd., S. 158.

auf start" bezieht sich somit nicht nur auf ein Wiederanfangen, sondern auch auf das unaufhörliche Aufsagen der gleichen Ausdrücke, der sprachlichen Habitualisierung der New Economy („es geht um ein commitment für das system, das man nicht so einfach erwerben kann"[37]). Obschon sich ein Ausweg aus „diesen hallen" erahnen lässt, ist die dort gesprochene Sprache ihren räumlichen Beschränkungen längst entflohen und hat die Rede weit jenseits dieser Beschränkungen monopolisiert, wie es ihre lakonischen Bemerkungen implizieren: „zurück auf start", zurück an den Anfang, noch einmal, gefangen in einer endlosen Zirkularität.

Die zirkuläre Bewegung manifestiert sich also nicht nur auf der Ebene der individuellen Rede, sondern auch in der Fähigkeit der Sprache, von Ereignissen unbeeinflusst zu bleiben, oder genauer gesagt: die Denk- und Redemuster bleiben bemerkenswert beständig, ungeachtet dessen, was geschieht. *Wir schlafen nicht* verdeutlicht dies an einer Textstelle, die so etwas wie eine Handlung anzudeuten vermag, denn die Kritik der Online-Redakteurin an den „durchhalteparolen" eröffnet die vage Erinnerung an einen Tod („da hat wohl jemand seinem leben ein ende gesetzt"[38]), um welchen herum der formelhafte Diskurs zu zerfallen scheint – allerdings nur für einen Moment. Denn nicht einmal der Tod, so deutet *wir schlafen nicht* an, ist in der Lage die Zirkularität zu durchbrechen. Die Sprache erholt sich schnell und kehrt im Kapitel „wiederbelebung (ich)" zurück: „wieder da, das ganze bwler- deutsch",[39] stellt die Erzählinstanz fest.

Kehrt man vom Blickwinkel der Bewegung aus zur Frage der Ästhetik in *wir schlafen nicht* zurück, lässt sich also eine entgegengesetzte Bewegung beobachten. So wird die New Economy ästhetisch über zwei verwobene und paradox wirksame Kräfte hergestellt: die unablässige Vorwärtsgewandtheit, die von ihren Subjekten produziert wird und gleichzeitig auf sie einwirkt, während diese selbst in der Zirkularität ihrer Argumentationen, den sich wiederholenden Ausdrücke und Gedankenfiguren verhaftet bleiben. Das Moment der Irritation liegt genau in diesen inkongruenten Vektoren der Bewegung. Während das Erzähltempo vorwärts prescht, indem die Narration die Eile dringender verbaler Kommunikation nachahmt, und sowohl die rastlose Aktivität und die ökonomische Produktivität als auch ihre affektive und sinnliche Konditionierung greifbar macht, können die Figuren selbst – das heißt, die Produzent*innen und die Opfer dieses rasenden Rhythmus – der zirkulären Bewegung ihrer Gedanken und Worte, die sie regelmäßig an ihren Ursprung zurückführen, nicht

---

37 Ebd., S. 158.
38 Ebd., S. 215.
39 Ebd., S. 219.

entkommen. In den meisten Fällen ist dieser Ursprung ein Zustand konstanter Arbeit und Unruhe. Obwohl es verlockend erscheint, dieser Zirkularität eine letzte Kraft des Widerstands zuzuschreiben, erfordert *wir schlafen nicht* eine andere Beschreibung. Statt irgendein Potential für Widerspruch oder Kritik zu bergen, wird die Zirkularität der Denkmuster und der Sprache, die ihre Subjekte fest unter Kontrolle hat, zur notwendigen, formal antithetischen Bedingung für Produktivität.

3 Selbstpositionierung

Doch wie reflektiert der Text seine eigene Position? Oder anders gefragt: Wie konzipiert er den Standort, den Literatur gegenüber der Ökonomie einnimmt? Die Relevanz dieser Fragen scheint zunächst gering, so wird *wir schlafen nicht*, wie Schonfield schreibt, tendenziell als „an investigation into a particular genre of corporate rhetoric"[40] gelesen, eine paradigmatische Position, die seine Rezeption seit seiner Veröffentlichung dominiert hat. Mit ähnlicher Stoßrichtung wurde im deutschen Feuilleton vor allem seine vermeintlich dokumentarische Qualität herausgestellt und der Text als „eine Art Jargonprotokoll, ein Originaltonhörspiel zum Lesen"[41] oder als „Bericht aus der zugerichteten neuen Arbeitswelt"[42] bezeichnet. In der Literaturwissenschaft kam der Komplexität des Begriffs ‚Dokumentation' größere Aufmerksamkeit zu, mit einem Fokus auf Rögglas permanentem Spiel mit dem Faktualen: seiner Beschwörung, Missachtung und Komplexifizierung.[43] Im Rückgriff auf die Analyse der textuellen Bewegungen soll dieser dritte Teil das Verständnis der Rolle, die das Dokumentarische in *wir schlafen nicht* spielt, schärfen und gleichzeitig den Blick auf bislang unerforschte Aspekte des Textes werfen: Die Verfahren, mit denen er den Status des Dokumentarischen kompliziert und die eindeutig ästhetischen Strategien herausstellt, die das „bwler-deutsch" überhaupt erst sichtbar werden lassen.

---

40 Schonfield: „Producing Ethos in Kathrin Röggla's *wir schlafen nicht*", S. 153.
41 Holger Noltze: „Klettern im Kontrollgebiet." In: *Frankfurter Allgemeine Zeitung* (7.4.2004), S. 36.
42 Stephan Schlak: „Und doch sagt viel der schlaflos sagt." In: *Süddeutsche Zeitung* (7.8. 2004), S. 14.
43 Vgl. Michael Navratil: „Einspruch ohne Abbildung. Zur doppelten Diskursivität von Kathrin Rögglas Dokumentarismus." In: Iuditha Balint u. a. (Hg): *Kathrin Röggla*. München 2017, S. 143–160 und Krauthausen: „Das konjunktivistische Interview".

In der Auseinandersetzung mit Rögglas dokumentarischer Technik sind die musikalischen Elemente wie der metrische Rhythmus und das narrative Tempo bisher noch nicht untersucht worden. Auf Michael Navratils Annahme gründend, dass „[z]war alle Realität ‚gemacht' [ist]; aber manche Teile von ihr [sind], so müsste man mit Blick auf Rögglas Werk hinzufügen, [...],gemachter' als andere, beruhen stärker auf diskursiver Konstitution und können nicht oder nicht mehr auf eine außer-sprachliche Dimension der Realität rückbezogen werden",[44] lässt sich Rögglas dokumentarische Strategie am ehesten mit dem Terminus des ‚Diskursdokumentarismus' beschreiben. Navratils Begriff des ‚Diskursdokumentarismus' bringt dabei zum Ausdruck, dass *wir schlafen nicht* die diskursive Konfiguration und Konstruktion des vermeintlich Realen, welches bereits Produkt des Fiktionalen sei, offen zu legen sucht, anstatt sich einer geradlinigen dokumentarischen Agenda hinsichtlich der New Economy und den ihr zu Grunde liegenden Prinzipien zu verschreiben.

Um die Perspektive der textuellen Bewegung ergänzt, gewinnt das Konzept des ‚Diskursdokumentarismus' an Komplexität, weil auf diese Weise auch subtilere Markierungen des Diskursiven wie das Tempo und der Rhythmus einbezogen werden können. Wenn letztere als integraler Bestandteil des Diskurses verstanden werden, erscheint der Begriff des ‚Diskursdokumentarismus' noch geeigneter, denn *wir schlafen nicht* entwickelt ein beinahe instinktives Verständnis für das Tempo und das Zeitregime der New Economy und erfasst affektiv die Forderungen, die diese an ihre Subjekte stellen, welche sie sowohl erzeugen als auch erhalten. In diesem Sinne situiert sich der Text in keiner externen Position gegenüber seinem Gegenstand, sondern unterliegt der herrschenden zeitlichen Logik und dem Druck, den letzterer ausübt.

Während *wir schlafen nicht* also tief von dokumentarischen Strategien durchdrungen ist, gilt Rögglas Warnung gegen einen „falsch verstandenen Dokumentarismus"[45] weiterhin. Um sich von schematischen Vorstellungen des Dokumentarischen (und infolgedessen auch der Realität) zu lösen, argumentiert sie für eine kritische Auseinandersetzung mit seinen formalen und ästhetischen Eigenschaften: „als würden plötzlich die autoren und autorinnen wieder losziehen in die welt und ihr qua recherche material entreißen, das sie dann nur ins rechte licht rücken müssten, und fertig ist der text".[46] *Wir schlafen nicht* führt eine solche Kritik an einem oberflächlichen Verständnis der Beziehungen zwischen literarischem (sogar dokumentarischem) Werk

---

44 Navratil: „Einspruch ohne Abbildung", S. 149.
45 Kathrin Röggla: *das stottern des realismus. fiktion und fingiertes, ironie und kritik*. Paderborn 2011, S. 5.
46 Ebd.

und seinem Gegenstand performativ vor. Noch bevor der*die Leser*in sich dem Text selbst widmen kann, wird der Status des Realen (und des Fiktionalen) in der Danksagung problematisiert, wodurch sich ähnliche Strategien in der Erzählung andeuten:

> diesem text liegen gespräche
> mit consultants, coaches,
> key account managerinnen,
> programmierern, praktikanten usw.
> zugrunde.
> ich möchte mich hiermit bei all
> jenen gesprächspartnern bedanken,
> die mir ihre zeit und erfahrung
> zur verfügung gestellt haben.
> kathrin röggla[47]

Die Danksagung verfolgt eine doppelte Strategie. So verspricht sie Wirklichkeitsnähe und einen faktualen Status des Textes, tut dies jedoch, wie die Typographie andeutet, in Form von freien Versen und verweist damit auf sein poetisches Wesen. Sie führt somit genau das vor, was Eva Kormann als eine der charakteristischen Eigenheiten von Rögglas Prosa bezeichnet: „die Trennungslinie zwischen fiktional und nicht-fiktional [wird] in den Texten dieser Autorin so oft unterlaufen".[48] *Wir schlafen nicht* verortet sich demnach in einem liminalen Raum zwischen dem Nicht-Fiktionalen und dem Fiktionalen, indem er beide Modi eng miteinander verwebt, was den Status beider durch ihre Beziehung zueinander grundlegend problematisiert.[49] „So dokumentarisch",[50] schreibt Röggla und spielt auf ihre eigene Prosa an. Die Ergänzung um das prägnante „so" weist das Dokumentarische dabei als Annäherung aus, die letztlich unausweichlich auf die ästhetische

---

47 Röggla: *wir schlafen nicht*, o.S.
48 Eva Kormann: „Wer spricht? Zur ‚wackeligen' Sprechposition bei Kathrin Röggla.", S. 129.
49 „Diese unterwanderung der dokumentarischen form durch fiktive elemente hat mich immer fasziniert," schreibt Röggla und verbindet damit die Vermischung von Fakten mit fiktiven Elementen besonders eng mit einer Ästhetik des Dialogs: „sie [die Unterwanderung] öffnet noch einmal einen ganz anderen raum, einen weiteren zwitterzustand, in dem sich zu bewegen zur erstellung einer ästhetik des gesprächs eigentlich unumgänglich ist". Kathrin Röggla: „stottern, stolpern und nachstolpern. zu einer ästhetik des literarischen gesprächs." In: *Kultur & Gespenster* 2 (2006), S. 98–107, hier S. 106.
50 Kathrin Röggla: „Eine Deklination des Zukünftigen." In: Dies.: *Die falsche Frage. Theater, Politik und die Kunst, das Fürchten nicht zu verlernen*. Berlin 2015, S. 6–33, hier. S. 20.

Dimension verweist, welche immer schon im Dokumentarischen eingeschrieben ist. Wenn *wir schlafen nicht* also die diskursiven Eigenheiten des „bwler-deutsch" offenlegt, einer Sprechweise und ihre entsprechenden Denkmuster, die weit über den ökonomischen Bereich hinausreichen und die diskursive Macht und Einfluss auf die Alltagssprache gewonnen haben, so tut der Roman dies (und kann dies tun) aufgrund der poetischen Strategien, die es wahrnehmbar machen. Auf diese Weise problematisiert und destabilisiert der Text nicht nur den Status des Dokumentarischen, sondern fragt zugleich, was es ist, das jene erhöhte Wahrnehmbarkeit hervorruft, die es dem Dokumentarischen überhaupt erst ermöglicht, als Modus hervorzutreten.

Dabei gibt es zwei Bedingungen für seine Sichtbarkeit: Erstens verdichtet *wir schlafen nicht* den Unternehmensjargon stark. Die scheinbar lose Strukturierung des Textes, die auf den Interviews aufbaut, stellt auf den ersten Blick den Eindruck her, die Konversationen seien wortgetreu aufgezeichnet. Mit der Einteilung in Kapitel deutet sich jedoch das Prinzip einer Strukturierung an, das Röggla „die literarische Durchdringung"[51] nennt. Während der Text vor allem mit Wiederholung von Sprech- und Denkmustern – den „durchhalteparolen" – arbeitet, um die Art und Weise zu veranschaulichen, in der die Sprache der New Economy sich durch die Figuren verbalisiert (ohne, dass diese die Kontrolle über ihre Sprache und somit ihre Subjektivität erhielten), ist der Jargon selbst das Ergebnis dessen, was ich ‚Verdichtungsprozess' nennen möchte und das in Rögglas eigenen Worten als die „absolut schriftliche Stilisierung" beschrieben werden kann, die die „radikale Mündlichkeit"[52] des Textes behindert.

‚Verdichtung' bietet sich dabei besonders als Begriff an, da sie die beiden unterschiedlichen, sich jedoch überschneidenden Aspekte desselben Prozesses meint: So ergibt die Strategie des Verdichtens unvermeidlicherweise eine poetische Sprache und rückt den nicht-dokumentarischen Charakter der Dichtung in den Vordergrund. Trotz der dokumentarischen Geste, die in *wir schlafen nicht* heraufbeschworen wird, ist die Sprache des Textes unbestreitbar ebenso Produkt ästhetischer Strategien wie sie Widerhall wirklicher Interviews ist, was in Kombination den Effekt von Authentizität erzeugt.[53] Das „bwler-deutsch" mit all seinen Trivialitäten und Klischees wird durch eine ästhetische Strategie sichtbar gemacht, die linguistische Elemente verwirft, die die Banalität des betriebswirtschaftlichen Soziolekts mindern würden und erzeugt damit eine hyperbolische und stark verdichtete Version desselben.

---

51 Ebd., S. 17.
52 Ebd., S. 13.
53 Vgl. Röggla: *das stottern des realismus*, S. 7: „was es in der literatur natürlich gibt, sind authentische effekte: mündliche zitate, anspielungen, zeitgeschichtliche verweise".

Neben dem Verdichtungsprozess, der die Rhetorik der New Economy auf ihre grundlegende Leere reduziert, ist es zweitens der Prozess der Remediatisierung, der das „bwler-deutsch" wahrnehmbar macht. Als poetische Sprache operiert es nicht mehr im Bereich des Ökonomischen, sondern im Medium der Literatur, wodurch seine Logik und Rhetorik sichtbar werden. Der verdichtete betriebswirtschaftliche Diskurs wird dabei von seinem üblichen Einsatzgebiet gelöst. Eingesetzt in den Bereich der Literatur werden seine Eigenschaften und Konturen deutlich schärfer. Demnach sind es die eindeutig poetischen Techniken der Verdichtung und der Remediatisierung, die zusammen die Sichtbarkeit, oder eher Wiedererkennbarkeit, des Jargons erzeugen. Sie zu analysieren ist wichtig, da sie die Verfahren sichtbar machen, mit denen Röggla ästhetische Strategien und das Medium der Literatur selbst im Text impliziert.

Wenn dem so ist, ist allerdings notwendig festzustellen, in welchem Maße diese doppelte Strategie in *wir schlafen nicht* Anwendung findet. Dazu muss ein Blick auf Rögglas Poetikvorlesung an der Universität Duisburg-Essen gerichtet werden, in der die Autorin Möglichkeiten der Kritik untersucht und argumentiert, die herkömmliche Art der Kritik sei in der Gegenwart unmöglich geworden. Um eine (schwache) Auffassung von Kritik wiederzuerlangen und eine potentielle Form dafür zu finden, bezieht sich Röggla auf Rainald Goetz, dessen ästhetischer Praxis sie eine „hysterische Affirmation" bescheinigt, die sie als „eine Teilstrategie kritischer Arbeit"[54] beschreibt. Dabei ist es durchaus lohnenswert, sich Rögglas Einschätzung von Goetz, ihrem Zeitgenossen und *enfant terrible* des deutschen Literaturbetriebs, näher zu widmen. Goetz' Texte führen häufig performativ aus und bauen auf das, was Röggla „Formen des eifrigen Dabeiseins"[55] nennt, womit gemeint ist, dass Goetz in der Gestaltung seiner Figuren keine Position kritischer Distanz einnimmt, sondern von einer Position der bewussten Beteiligung aus schreibt. Obwohl „hysterisch" affektiv aufgeladen ist und damit dem verdichteten und übertriebenen Wesen des „bwler-deutsch" in *wir schlafen nicht* ähnelt, ist für die weitere Bearbeitung meiner Fragestellung also von größerer Bedeutung, dass „Affirmation" eine affektive Haltung impliziert, die gleichzeitig an eine bestimmte Positionalität gebunden ist.

Rögglas Evaluation der (Un)möglichkeiten künstlerischer Autonomie und Kritik eröffnet damit die Möglichkeit, zu untersuchen, inwiefern sich der Text gerade mit Hilfe seiner Sprache und den entsprechenden ästhetischen Strategien gegenüber seinem eigenen Gegenstand positioniert. Dies übersteigt das

---

54 Röggla: „Essenpoetik", S. 3.
55 Ebd.

Klischee, dass „[d]ie Business Analysten sich selbst [analysieren]",[56] wie Röggla's Verlag es im Klappentext der Taschenbuchausgabe von *wir schlafen nicht* vorschlägt. Denn es sind keineswegs die Business Analysten, die sich selbst analysieren. Stattdessen wird der analytische (und vielleicht sogar kritische) Blick auf den Manager-Diskurs von einer Position aus ermöglicht, die nicht einmal die eigene Positionierung als notwendig außerhalb von diesem Diskurs wahrnimmt.

Um zu bestimmen, auf welche Arten *wir schlafen nicht* seine eigene Position gegenüber seinem Gegenstand reflektiert und konzeptualisiert, ist es notwendig, eine Szene gegen Ende des Romans genauer zu betrachten. In dem Kapitel, das ironischerweise den Titel „streik" trägt, lehnen sich die Interviewten weder gegen ihre Arbeitskonditionen noch den Diskurs auf, der diese formt, sondern gegen die Interviewsituation selbst. „[A]ber eines würde ich schon gerne wissen, von den toten erwecke man keinen so schnell, heiße es, warum mache man es dann bei ihnen? wieso herrsche bei ihnen diese lebendigkeit?",[57] fragt die Erzählinstanz und zielt damit spottend auf die Lebendigkeitsdiskurs der Figuren ab. Aus der Unsichtbarkeit tretend, die den Konjunktiv I der Erzählinstanz durchgängig gewährt, ruft sie unerwarteterweise das Pronomen „ich" in Kombination mit dem Konjunktiv II auf, um die interviewten Figuren anzuklagen, über den tatsächlich eingetretenen Tod hinwegzusehen und sich im Unklaren darüber zu sein, dass es eben diese Rhetorik der Lebendigkeit ist, die ihre pausenlose Arbeit antreibt und sie in einen halbtoten Zustand versetzt, während sie parallel konstant mit der Idee von Unsterblichkeit liebäugeln („wahrscheinlich sei er mit keinem sinn für sterblichkeit ausgestattet"[58]). Die Interviewten jedoch verweigern die Antwort und kehren die etablierten Rollen um: „,ja, das erfahren wir jetzt von ihnen! jetzt erzählen sie mal'",[59] erwidern sie, verwandeln die Erzählinstanz in ein Untersuchungsobjekt und identifizieren sie somit als eine aktiv an eben jenen (linguistischen) Verhältnissen Beteiligte, die der Text offenlegt:

> – ja, was ist mit ihnen? sie sind ja auch andauernd dabei?
> – er hat sich langsam gedanken diesbezüglich gemacht.
> „warum machen sie das? hat man sie doch sicher schon mehrmals gefragt". ja, „warum machen sie das eigentlich? und wie lange machen sie das schon?"[60]

---

56 Röggla: *wir schlafen nicht*, Klappentext.
57 Ebd., S. 216.
58 Ebd., S. 200.
59 Ebd., S. 216.
60 Ebd.

Die Erzählinstanz gesteht den Protagonist*innen an dieser Stelle die Fähigkeit zur direkten Rede zu, kehrt jedoch direkt in den konjunktivischen Modus zurück, indem die Frage in erweiterter Form noch einmal Wiederholung erfährt:

> ob man ihnen verraten könne, warum das hier gemacht worden sei?
> ob man ihnen mal erzählen könne, was das solle.
> ob man sie mal in kenntnis setzen könne, was der antrieb für das gewesen sei.[61]

Der Konjunktiv I betont den Rollentausch erneut und führt eine maßgebliche Unbestimmtheit bezüglich dessen ein, worauf sich in den drei Sätzen mit „das" bezogen wird – und demnach auch hinsichtlich der Position von Literatur gegenüber der Sprache der New Economy. Als Demonstrativpronomen verweist es anaphorisch auf einen vor ihm stehenden Gesprächsgegenstand, häufig um diesen hervorzuheben. Der Text verweigert jedoch eine Einschränkung gegenüber dem tatsächlichen Gegenstand, auf den das „das" referiert. Der Rollentausch lässt vermuten, dass der Gebrauch des „das" durch die interviewten Figuren auf die konkrete Situation des Interviewt-Werdens anspielt und dass es auch sie sind, die den Antrieb, die zugrundeliegende Motivation, wie von der Erzählinstanz berichtet, befragen. Da der Text allerdings wieder in den Konjunktiv I verfällt, könnte es sich ebenso um die Erzählinstanz handeln, die in der 3. Person Singular auf sich selbst verweist und die prüfenden Fragen an die Interviewten richtet – wodurch sich das „das" ausweiten ließe und *all das* einschließen würde. In diesem Fall nähme die Erzählinstanz die kritische Befragung der Interviewten erneut auf und überprüfte ihre Motivation, „[all] das hier"[62] mitzumachen, ihre Bereitschaft, ein System nicht nur durch ihre Arbeit, sondern auch durch Sprache und Diskurs zu erhalten. Der Konjunktiv I lässt hier eine kritische Position (der Erzählinstanz) grammatisch mit einer zusammenfallen, die ihre eigene Beteiligung (die der Interviewten) fundamental missachtet. Die Ambiguität des „das" verstärkt so, was bereits die vertauschten Perspektiven aufzeigen: Es gibt keine äußere Position von der aus eine objektive und unbeteiligte Beobachtung möglich wäre.

Was der Rollentausch am Ende von *wir schlafen nicht* zur Diskussion stellt, ist der Platz, den Literatur in der Gegenwart unter den Bedingungen der verstärkten Ökonomisierung des Sozialen und der Sprache selbst einnimmt. In „Essenpoetik",

---

61 Ebd., S. 217.
62 Ebd., S. 216.

Rögglas Poetikvorlesungen an der Universität Duisburg-Essen, entfaltet sie von einem anderen Blickwinkel aus die theoretischen Fragestellungen, die sich aus diesem plötzlichen (narrativen) Rollentausch ergeben: „Aber wer spricht im Text noch mit wem? Wer ist der strenggenommene Interviewpartner, wer wird von wem beim Reden beobachtet, wessen Mündlichkeit bleibt im Raum, wenn ich die indirekte Rede, den Konjunktiv einbringe? Also wer zitiert hier wen und wer hört zu",[63] fragt sie und untergräbt gerade eine allzu eindeutige Unterscheidung zwischen Beobachter*in und Beobachteten. So wird nicht nur die Einseitigkeit der Beobachtung in Frage gestellt, sondern auch die Position, von der aus der Akt des Beobachtens vollzogen werden kann: „Wer suggeriert hier Neutralität, eine Außenposition, und wer will gehört werden? Was will sich überhaupt ständig Gehör verschaffen, welch Monster?"[64] *Wir schlafen nicht* betreffend wäre die einfache Antwort auf diese Frage, dass das Monster, auf das Röggla sich bezieht, das „bwler-deutsch" bzw. die diskursiven Fundamente der New Economy sind. Allerdings lässt sich die Monstrosität in *wir schlafen nicht* nicht allein dem ökonomischen Diskurs zuordnen. In diesem Kontext erscheint ein Interview von besonderer Relevanz, in dem Röggla ihre Texte „kleine Textmonster" nennt.[65] Folglich lässt *wir schlafen nicht* die Frage danach, wer oder was das Monster sein könnte, unbeantwortet: Ob es tatsächlich nur der Soziolekt der New Economy ist, der sich erfolgreich auf andere Bereiche und soziale Subsysteme ausdehnt, oder ob Literatur sich konstant um Raum und Macht in Opposition zu, Konkurrenz mit oder Zustimmung zu der Rhetorik und den diskursiven Formationen des betriebswirtschaftlichen Diskurses bemüht. Röggla vertauscht die Rollen am Ende ihres Textes, um eine kritische Distanz gegenüber der allzu schnell herbeizitierten Sicht herzustellen, Literatur sei per se in der Lage, die Verhältnisse, die sie darstellt, zu transzendieren. Im Gegenteil: *wir schlafen nicht* theoretisiert und entlarvt eben gerade die Verwobenheit von Literatur und Ökonomie. In der erzählten Welt gibt es keine Position außerhalb systemischer Verflechtungen, aus der klassische Auffassungen von Kritik ableitbar oder ausführbar wären.

---

63 Röggla: „Essenpoetik", S. 33.
64 Ebd.
65 Karin Krauthausen/Kathrin Röggla: „Experten ohne Auftrag. Interview mit der Autorin Kathrin Röggla zu Ausnahmezustand und Literatur." In: *Trajectoires* 3. http://journals.openedition.org/trajectoires/337, 2009 [zuletzt eingesehen am 7.6.2021]; zur Relevanz von Monstern in Rögglas Poetik vgl. Andreas Stuhlmann: „‚Kleine Textmonster'. Zu Kathrin Rögglas poetischem Verfahren." In: Iuditha Balint u. a. (Hg): *Kathrin Röggla*. München 2017, S. 79–106, hier 101f.

4 Fazit

Durch seine Einordnung von *wir schlafen nicht* in Bezug auf Rögglas Bestimmung der frühen 2000er als eine Ära, die narrative Handlung verunmöglicht, hat dieser Aufsatz ausgeführt, dass Bewegung im Text durch ein hektisches Erzähltempo erzeugt wird, das sowohl das Rasende als auch die Ideologie der Produktivität in der New Economy nachahmt. Zugleich wird die ununterbrochene Reproduktion seiner Vorwärtsbewegung durch eine ihm entgegengesetzte zirkuläre Textbewegung möglich, das heißt durch die Wiederkehr der immergleichen Sprach- und Denkmuster. Statt Literatur eine Kraft zuzuschreiben, die der ökonomischen Logik entgegensteht, unterliegt *wir schlafen nicht* der fieberhaften zeitlichen Logik der Produktivität, um den zwangsläufigen Einfluss zu reflektieren, den Ökonomie auf Literatur hat. So gelesen, ist *wir schlafen nicht* weniger ein Text über Ökonomie – wobei ‚über' eine Außenposition gegenüber dem Gegenstand markiert – als ein Text, der die vielfältigen, subtilen Verflechtungen zwischen Ökonomie und Kunst, die (Un-)Möglichkeiten einer Kunstautonomie unter diesen Bedingungen und die Konsequenzen dessen für Kritik reflektiert. Vorausgesetzt, dass Rögglas Text seine eigene Position als untrennbar gebunden an die Verhältnisse, die er beschreibt, entwirft, sollte seine eigene manische Form als ein Gegenmittel gelesen werden, als die „hysterische Affirmation",[66] die Röggla Goetz zuschreibt, die es in ihrer übertriebenen und hyperbolischen Beschaffenheit vermag, Verhältnisse sichtbar zu machen. *Wir schlafen nicht* sollte also als kritische Praxis einer „hysterischen Affirmation" verstanden werden.

---

66 Röggla: „Essenpoetik", S. 3.

Philipp Ohnesorge

„nicht eingefroren, sondern vital u. lebendig"
Glitches als Heimsuchung in Juan S. Guses *Miami Punk*

1 Halluzinationen und Erscheinungen: Glitches in *Miami Punk*

Als ich dann hörte, wie meine Mutter wütend Geschirr abstellte, weil ich noch immer nicht zum Frühstück gekommen war, da stieß ich hektisch den Kater von mir, der gegen die in der Konsole steckende ISS64-Kartusche stieß u. damit etwas in Gang setzte, das meine Augen versteinern ließ: Die Spieler verwandelten sich in epileptische Streifen. Das Bild war nicht eingefroren, sondern vital u. lebendig. Wie durch ein schwarzes Loch in die Länge gezerrte Wesen sahen die Figuren aus. Auch der Sound war gestört. Statt der üblichen Publikumsrufe hörte man nur ein kratzendes, synthesizerartiges Lärmen, während die Spieler ihrerseits scheinbar wahllos verschwanden, nur um dann in sich selbst gefaltet wieder zu erscheinen, wobei sich ihre Missgeburtlichkeit bei jeder Aktion veränderte, sodass der gesamte Bildschirm durchzogen war vom Aufblitzen der langgestreckten Extremitäten der Gestalten in bunten Hemdchen. Lang u. dünn wie die zittrigen Beine eines Weberknechtes, kurz bevor er vom Staubsauger eingesogen wird, so habe ich sie in Erinnerung. Da saß ich nun u. hörte meine Mutter, wie sie den Flur heruntergelaufen kam, u. sah wie die verkrüppelten Spieler schreckliche Deformationen durchliefen, die mir bereits vertraut waren, denn das war ja im Grunde das Grausame daran, dass ich das alles irgendwie schon kannte, von den Tagträumen, die mich heimsuchten. Jedenfalls dachte ich: Gleich wird meine Mutter mich erreichen, denn ich hörte sie ja schon, als plötzlich das Bild einfror u. eine menschliche Gestalt in einer blauen Jeans u. einem weißen Hemd seitlich ins Bild gelaufen kam, in der Mitte stehen blieb, mich direkt ansah u. mich fragte: „Wie geht es dir? Was hast du heute gemacht?" Ich verspürte eine extrem reale Angst davor, irgendwo gefangen zu sein – anders kann ich es nicht beschreiben, als in irgendeiner Weise gefangen zu sein an einem Ort, den niemand kennt, den niemand erreicht, wo niemand nach mir suchen würde. U. dieses Gefühl, das ich nie wieder vergessen würde, zischte durch mein Kinderhirn u. lähmte mich u. verschwand nicht, ganz egal wie heftig u. abrupt ich auch nickte. Nur die Schritte meiner Mutter auf dem Flur waren mir von der Wirklichkeit geblieben u. gaben mir die Hoffnung, dass sie jeden Moment durch die Tür ins Wohnzimmer kommen u. genervt den Panasonic abschalten u. mich befreien würde.[1]

---

[1] Juan S. Guse: *Miami Punk*. Frankfurt a.M. 2019, S. 133 f. – Die Überlegungen zum Glitch im Kontext eines literarischen Verfahrens der Heimsuchung in Guses *Miami Punk* sind Teil des Dissertationsprojekts *Verfahren der Heimsuchung. Gespenster des Realismus nach der Digitalisierung*. Ausgangspunkt sind Diskussionen im Rahmen des Forschungskolloquiums Neuere

Open Access. © 2022 Philipp Ohnesorge, publiziert von De Gruyter. Dieses Werk ist lizenziert unter einer Creative Commons Namensnennung - Nicht-kommerziell - Keine Bearbeitung 4.0 International Lizenz.
https://doi.org/10.1515/9783110758603-008

Was in dieser Passage des Romans *Miami Punk* von Juan S. Guse passiert und dazu führt, dass der autodiegetische Erzähler in eine kindliche Existenzkrise geworfen wird, mag für einen Teil der Leser*innen nostalgische Erinnerungen an Episoden vor der Heimkonsole hervorrufen und für eine*n andere*n komplett unverständlich sein: ein Glitch im Computerspiel *International Superstar Soccer 64* („ISS64") des japanischen Studios Konami für das Nintendo 64, in Europa erstveröffentlicht 1997. Dieser Glitch wird hervorgerufen durch einen Stoß gegen die Spielkartusche, der zur Folge hat, dass die Spieldateien nicht mehr korrekt ausgelesen werden können und so die visuelle Darstellung manipuliert wird. Hier unbeabsichtigt durch den weggestoßenen Kater hergestellt, ist diese Manipulation des ordnungsgemäßen Spielbetriebs als ‚Cartridge-Tilt' eine verbreitete Technik zur Induzierung eines Glitch, welchen die Online-Version des Merriam-Webster's Dictionary definiert als „a usually minor malfunction", „a minor problem that causes a temporary setback" oder „a false or spurious electronic signal".[2] Das Spiel stürzt nicht ab, sondern läuft mitsamt grafischer Artefakte weiter. Was in der zitierten Passage als Glitch hervorgerufen wird, ist vorab nicht ersichtlich, erinnert den Protagonisten aber – und das ist gerade ‚das Grausame' daran – an das, was ihn in seinen Tagträumen ‚heimsucht'. Die erzählte Vergangenheit ist bereits vorab bestimmt von einer Spur, die die Lektüre des Glitch-Phänomens prägt und daher bestimmt, wie es erzählt wird: Die sich unnatürlich verzerrenden und expandierenden Spielfiguren werden als gespenstisch konnotiert, spuken durch das erinnernde Erzählen wie schon zuvor als Tagtraum durch das Erzählte. Das in der Dictionary-Definition in den Mittelpunkt gestellte Fehlerhafte des Glitch scheint hier schon das Einfallstor für alle möglichen Gespenster zu sein, welche die Zeit- und Raumordnungen innerhalb der Diegese verwirren, wenn diese – wie durch den Glitch induziert – *entgleist*, also gewissermaßen aus der Spur des Erwartbaren gerät. Was hier im Mittelpunkt steht, ist nicht lediglich eine erinnerte Episode aus der Vergangenheit des Protagonisten, sondern sind die Elemente, die dazu führen, dass die damalige Gegenwart bereits damals ‚heimgesucht' wurde von *fehlerhaften* Ereignissen, bzw. ‚spurious signals'. So sagt der Erzähler bereits zuvor über seine Halluzinationen bzw. Erscheinungen:

---

deutsche Literatur von Prof. Dr. Eckhard Schumacher am Institut für Deutsche Philologie der Universität Greifswald. Den Teilnehmer*innen und vor allem Dustin Matthes, mit dem zusammen ich einen Vortrag über Glitches und Gespenster in *Miami Punk* gehalten habe, bin ich dankbar für ihre Hinweise und Diskussionsbeiträge.
2 O. V.: Lemma „glitch". Merriam-Webster. https://www.merriam-webster.com/dictionary/glitch, o. J. [zuletzt eingesehen am 7.6.2021].

> Meine Erinnerungen an die Anfänge dieser Halluzinationen sind vage. Besonders gut habe ich noch den Regenwurm vor Augen, der sich aus dem Inneren meiner Handinnenfläche windete, o. als ich sah, wie mein Vater, der das Altglas raustrug, widerstandslos durch die Garagentür glitt, in der wir den Müll zwischenlagerten, u. kurz darauf wieder direkt vor der Garage auftauchte, als wäre er an der falschen Stelle geladen worden. Meinen Eltern verschwieg ich diese Erscheinungen.[3]

Dem Erzählten haftet also bereits hier durch die Fokalisierung die Spur einer anderen Ordnung oder einer anderen Zeitwahrnehmung an, die in der Wiedergabe der eigenen Vergangenheit noch weiter ‚heimgesucht' wird. Was es mit solchen erzählerischen *Spuren* auf sich hat, wird zu untersuchen sein. Doch vorerst einen Schritt zurück – bereits die Grundkonstellation von Guses Romantext mutet an, als sei die Diegese nicht korrekt geladen worden: Schauplatz der Handlung ist Miami, allerdings in einer Version, der das Meer abhandengekommen ist, in der sich der Atlantik bis hinter die Bahamas zurückgezogen hat. Stattdessen offenbart sich im zerklüfteten Abgrund lediglich eine Gebirgslandschaft. In dieser Version Miamis, deren zeitliche Verortung im Wesentlichen unserer Gegenwart zu entsprechen scheint, sind es vor allem sozio-ökonomische Aspekte, die als Folgen der Abwesenheit des Meeres eine Rolle spielen: Arbeitsplatzverlust, Perspektivlosigkeit, Vereinzelung und Verschwörungsnarrative liefern Erklärungsmodelle, als einziger konstruktiver Vergemeinschaftungsraum für die jungen Erwachsenen, die im Mittelpunkt des Romans stehen, fungiert ein ominöser Kongress, der sich in der brutalistischen Leerstands-Ruine des Rowdy-Yates-Komplex eingenistet hat. Computerspiele und Glitches spielen nicht nur in der oben zitierten Passage eine Rolle, sondern sind konstruktives Element der Handlung: Während in der Stadt ein letztes Turnier des veralteten First-Person-Taktik-Shooters *Counter-Strike 1.6* durchgeführt wird, nimmt das Erzählen einen namenlos bleibenden Turnierteilnehmer (aus dessen Perspektive auch die oben zitierte Passage erzählt ist) in den Fokus, der Zeuge immer merkwürdiger werdender Geschehnisse innerhalb und außerhalb der Spielwelt wird. Im Mittelpunkt des zweiten dominanten Erzählstrangs steht die junge Spieleentwicklerin Robin, die zwar in der Szene gefeiert wird, jedoch von der Realisierung ihrer künstlerischen Indie-Games nicht leben kann, zwischen Förderprogrammen und Dayjobs als IT-Beauftrage einer ortsansässigen Firma hin und her treibt und mit der Entwicklung ihres Malware-gestützten, prozessual sich aus den Social-Media-Profilen der Spieler*innen generierenden „avantgardistische[n] RPG"[4] nicht wesentlich vorankommt. So entspinnt sich auf 635 Seiten eine Handlung, in

---

3 Guse: *Miami Punk*, S. 131f.
4 Ebd., S. 212.

deren Verlauf es zu weiteren (vermeintlichen) Glitches während des *Counter-Strike*-Turniers kommt, und an deren Ende sich schließlich der Kongress mitsamt des Rowdy-Yates-Komplexes aus seiner Verankerung reißt und als quasiutopisches Luftschiff einfach davonschwebt– ein weiteres *glitchy* Moment in der Diegese des Romans, das schließlich auch der (an dieser Stelle wiederum heterodiegetische) Erzähler nicht anders darstellen kann als unter Rückgriff auf das sprachliche Inventar des Gespenstischen: „Heimsuchung, das war das Wort, das sich aufdrängte. Rückkehr ins Gedächtnis, Befreiung aus der Verschüttung, unverhoffte Bergung."[5]

Dieser Aufsatz setzt sich damit auseinander, wie Glitches in Guses Roman erzählt werden. Im Mittelpunkt steht die Frage, ob sie lediglich auf der Ebene der *histoire* eine Rolle spielen oder ob das Erzählen selbst einen Versuch darstellt, das Fehlerhafte des Glitch als künstlerisches Modell der Störung produktiv zu machen, wie es in der Glitch Art der 1990er und 2000er Jahre geschehen ist. Etwa zwanzig Jahre später bewegen sich gegenwartsliterarische Texte wie *Miami Punk* in einem Koordinatensystem, das die Diskurse und Ästhetiken der Digitalisierung längst normalisiert und eingehegt hat, das statt von einem vermeintlichen, wie auch immer gearteten und zu bestimmenden ‚Zeitalter' der Digitalisierung von einer ‚postdigitalen' Konstellation[6] ausgeht: Glitches sind in ihrer Phänomenalität geläufiger Bestandteil der Erfahrungswelt der 2010er und frühen 2020er Jahre, es ist also davon auszugehen, dass sie nicht aufgrund eines spektakulären Schauwerts Gegenstand des Erzählens werden, sondern aufgrund der oben bereits angedeuteten Tendenz, durch ihre unerwartete Fehlerhaftigkeit bzw. Abweichung eine erzählerische *Spur* zu legen, die oftmals die Dimension der Zeitlichkeit des Erzählten adressiert. Was das genau heißt, soll im Folgenden erläutert werden. So ist es schließlich Ziel dieses Beitrags, die bereits angedeutete Verwandtschaft von Glitches und Gespenstern als Ausgangspunkt für die Formulierung eines literarischen *Verfahrens* produktiv zu machen, das an Viktor Šklovskijs Begriff der Verfremdung angelehnt ist und diesen mit Ludwig Jägers Überlegungen zur Spur zusammendenkt. So soll ein *Verfahren der Heimsuchung* skizziert werden, in dessen Kontext auch Glitches eine Rolle spielen.

---

5 Ebd., S. 625.
6 Zum Begriff der Postdigitalität bzw. des Postdigitalen vgl. insbesondere Kim Cascone: „The Aesthetics of Failure: ‚Post-Digital' Tendencies in Contemporary Computer Music". In: *Computer Music Journal* 24 (2000), S. 12–18. Außerdem Florian Cramer: „What is ‚Post-Digital'?" In: *APRJA* 3/1 (2014), S. 11–24.

2 „[A] spaceman's word for irritating disturbances" – Der Glitch in der Kunst

In dem Zeitraum, in dem sich Computer, Heimkonsolen und Smartphones im privaten Bereich durchsetzen, Unterhaltungs- und Medienkonsum neu formieren und das Internet eine globale Vernetzung ermöglicht, gewinnt der Begriff ‚Glitch' in der Kunst an Bedeutung. Bereits im englischsprachigen Verbreitungskontext ist dabei seine Herkunft vermeintlich ungeklärt: „Etymology unknown."[7] Spuren führen ins Jiddische bzw. Deutsche, wie die US-amerikanische Medienwissenschaftlerin Carolyn L. Kane ausführt:

> Simply put, a glitch is a nice way to say ‚screw-up.' The word derives from the German *glitschen* meaning to slip, the Old High German *gliten*, meaning to glide, and the Yiddish *glitshen*, meaning to slip or skid off course. In computing, a glitch denotes a problematic, annoying, or unintended error that, like the definition of error, tends to be negligible, quickly absorbed by the larger, still-functioning system. For example, a website stalls or fails to load, an online video halts or stutters in the middle of a scene, or strange, unexpected color artifacts splatter across a newly rendered graphics file. When a glitch appears, it indicates a relatively rare moment of unplanned, unprogrammed mediation that, for many glitch artists, provides an opportunity to connect on-screen phenomena with off-screen computational abstractions.[8]

Der Glitch ist also ein bestimmter, zu vernachlässigender Fehler, hat aber, anders als etwa ein ‚Bug', kein eliminierendes Potenzial: Das System, in dem er auftritt, besteht und funktioniert weiter. Oftmals sind Glitches lediglich vorübergehend, ‚annoying' und daher ‚negligible'.[9] Auch im ersten Verwendungs-

---

[7] O. V.: Lemma „glitch, n", Oxford English Dictionary. https://www.oed.com/view/Entry/78999?rskey=xHJoC2, o. J. [zuletzt eingesehen am 7.6.2021]. Hier ist allerdings wichtig zu berücksichtigen, dass der OED-Eintrag seit 1989 nicht aktualisiert wurde.

[8] Carolyn L. Kane: *High-Tech Trash. Glitch, Noise, and Aesthetic Failure*. Oakland 2019, S. 15. Die feministische Aktivistin und Kunsttheoretikerin Legacy Russell weist außerdem auf den Charakter einer aktiven Bewegung, die mit Glitch bezeichnet wird, hin. Legacy Russell: *Glitch Feminism. A Manifesto*. London/New York 2020, S. 28 f: „The etymology of *glitch* finds its deep roots in the Yiddish *gletshn* (to slide, glide, slip) or the German *glitschen* (to slip). *Glitch* is thus an active word, one that implies movement and change from the outset; this movement triggers error".

[9] Die popkulturelle Verbreitung des Begriffs ‚Glitch' verdankt sich, zumindest meiner Vermutung nach, sicherlich auch dem 1999er-Hollywood-Erfolg *The Matrix* der Wachowski-Schwestern. So sind es in der Simulationslogik des Films gerade Déjà-vus, die einen ‚Glitch in der Matrix' anzeigen – eine Parallelisierung, die mit der bis hierhin skizzierten Phänomenologie des Glitch d'accord geht, bringt dieser die Handlung in der Binnen-Simulationsdiegese nicht zum Absturz, sondern zeigt lediglich an, dass sich jemand von außen eingewählt hat oder

kontext, in dem der Glitch in dieser Form sprachlich auftritt, schwingt diese Konnotation mit: In der Raumfahrt bezeichne er eine so minimale Veränderung der Stromspannung, dass keine Sicherung dagegen helfe.[10] Das *Time Magazine* beschreibt ‚Glitch' 1965 dementsprechend als „a spaceman's word for irritating disturbances",[11] wodurch einerseits das Motiv der (nicht bedrohlichen) Irritation wieder aufgegriffen wird, andererseits mit dem Begriff ‚disturbance', also Störung, das Feld des Fehlerhaften erweitert bzw. genauer bestimmt wird.

Nun deutet sich hier an, wie der Glitch auch künstlerisch produktiv gemacht werden kann und in welche Tradition er sich damit einreiht:

> Glitch and noise are well established techniques in the avant-garde. Throughout the twentieth century, scratching, desaturation, illegibility, and broken materials were used to mark something askew in psychic and social registers. Such anti-communicative strategies were quickly rationalized into mainstream cultural styles. This was the fate of the avant-garde from Dada and Surrealism, to the experimental cinema of the 1960s, through glitch art today.[12]

Als Vorgänger*innen der Glitch Art werden nicht nur die klassischen Avantgarden genannt, sondern auch die Musik von John Cage bis zu den Einstürzenden Neubauten oder die Arbeiten Andy Warhols bis Gerhard Richters.[13] Die Aufmerksamkeit werde hier weg von der *lesbaren* Textur (in Form musikalischer Noten, grammatisch-syntaktisch korrekter Sätze oder figurativer Malerei) gewendet und stattdessen gerate die phänomenale Materialität in den Fokus. Als ‚Sound' ordnet etwa Komponist und Musikwissenschaftler Kim Cascone den auditiven Glitch historisch dem Futurismus zu, der ein Interesse für Geräusch und Lärm (‚Noise') zeige. Die Opposition, an der sich diese Differenz festmachen lasse, ist dabei das Musikalische versus das Zufällige: „This [=Luigi Russolos Manifest *L'arte dei rumori* von 1913] was probably the first time in history that sound artists shifted their focus from the foreground of musical notes to the background of incidental sound."[14] Nach diesem Modell werden Momente der Störung relevant im Kontext einer Abweichungsästhetik: „Man wird durch eine Störung gezwungen, sich auf etwas zu beziehen, das *nicht*

---

etwas ähnliches am ‚Source Code' manipuliert wurde. Vgl. o. V.: „The Matrix – Deja vu". https://youtu.be/z_KmNZNT5xw, 2008 [zuletzt eingesehen am 7.6.2021].
10 Vgl. Russell: *Glitch Feminism*, S. 29.
11 O. V.: „Space Exploration: Portrait of a Planet [Page 3]". http://content.time.com/time/subscriber/article/0,33009,841905-4,00.html, 1965 [zuletzt eingesehen am 7.6.2021].
12 Kane: *High-Tech Trash*, S. 48.
13 Vgl. Hugh G. Manon/Daniel Temkin: „Notes on Glitch". In: *World Picture* 6 (2011). http://worldpicturejournal.com/WP_6/Manon.html, 2011 [zuletzt eingesehen am 7.6.2021].
14 Cascone: „The Aesthetics of Failure", S. 14.

geschehen ist, so daß Intentionalität, Übereinstimmung und Einvernehmlichkeit sich selbst als ‚Nachträglichkeit eines Nicht-Geschehenen' erkennen müssen."[15] Ausgangspunkt bleibt der korrekte, natürliche Gebrauch eines technischen Instruments, dessen funktionale Verwendung ein gewünschtes Ergebnis produziert. Erst in Abweichung von diesem Schema entsteht etwas Neues, das jedoch immer nachträglich ist.[16] Vor diesem Hintergrund wird eine Unterscheidung plausibel, die zwei verschiedene Typen voneinander abgrenzt:

> Some glitch artists further distinguish between ‚wild' and ‚domesticated' glitches. Wild glitches are found ‚naturally' in one's computing practices, including encounters with slow image-processing speeds, low bandwidth, jilted video display, or poor graphics capacities. Wild glitches are spontaneous and undomesticated, they occur unintentionally and without provocation, but after they are detected, they are ‚caught' and harnessed for use in an artwork by using anti-debugging techniques, a simple screen capture, or graphics editing software (akin to ‚found art'). In contrast, a ‚domesticated' or harvested glitch is purposely created and manufactured for artistic use.[17]

Beispielhaft nennt Kane auf der Seite des ‚wilden' Glitch verschiedene Möglichkeiten, den Code bzw. die zugrundeliegenden Anwendungsabläufe zu manipulieren (‚data bending') – hier funktioniert der Code als eine Art Black Box: Welche Inputs welche Glitches hervorrufen, lässt sich nicht voraussagen, nur *dass* etwas passiert wird intendiert. ‚Domesticated glitches' hingegen lassen sich gewissermaßen sekundär produzieren, durch verschiedene Filter in Photoshop oder anderen Video-/Ton- und Bildbearbeitungsprogrammen, die nachträglich appliziert werden. Hier ist allerdings schon im Voraus klar, welcher Effekt erzeugt werden soll.

So wie andere Techniken der Störung arbeitet also auch der Glitch auf der Ebene der Materialität eines Kunstwerks. Zwar gibt es auch Verfahrensweisen, die die Materialität physisch manipulieren, etwa, indem Bauteile neu verdrahtet (‚circuit-bending') oder durch Materialien (Wasser, Säure) beeinflusst werden, die z. B. mit den Schaltplatinen in Berührung geraten, jedoch ist es –

---

15 Albert Kümmel/Erhard Schüttpelz: „Medientheorie der Störung/Störungstheorie der Medien. Eine Fibel". In: Dies. (Hg.): *Signale der Störung*. München 2003, S. 9–13, hier S. 10. Zum Begriff der Störung aus medientheoretischer Perspektive und vor dem Hintergrund des Kommunikationsmodells von Claude Shannon und Warren Weaver vgl. im selben Band: Erhard Schüttpelz: „Frage nach der Frage, auf die das Medium eine Antwort ist", S. 15–29.
16 Daher sieht Legacy Russell eben auch positives, künstlerisch-emanzipatives Potenzial im Manifest ihres „Glitch Feminism", sich einer Ordnung durch Störung zu entziehen: „As glitch feminists, we want to ghost the binary body." Russell: *Glitch Feminism*, S. 65.
17 Kane: *High-Tech Trash*, S. 15.

und das ist hier das Entscheidende – zumeist die *digitale* Materialität einer Datei, die beim Glitch in den Fokus gerät:

> The ultimate glitching experiment: choose a media file at random and transcribe its lengthy hex code by hand from the computer screen (error is inevitable). Then delete the file and reenter the code from the handwritten sheets (more error). Press save. Open the file with the appropriate software: a glitch. Such an experiment lays bare the analog/digital nexus of glitch art.[18]

Hier liegt auch ein Unterschied im Vergleich zu den oben genannten vorangegangenen Formen der Störung: Es zeigt sich, dass die Oberflächen der digitalen Interfaces und Erzeugnisse sich nur mit Abstrichen aus ihrer (digitalen) materiellen Beschaffenheit ablesen lassen. Eine Tatsache, die Olga Goriunova und Alexei Shulgin in einem Lexikon der Software Studies als eine ‚gespenstische Konventionalität' bezeichnen, in deren innere Struktur man mit Hilfe von Glitches lediglich einen kurzen Blick werfen könne:

> A glitch is a singular dysfunctional event that allows insight beyond the customary, omnipresent, and alien computer aesthetics. A glitch is a mess that is a moment, a possibility to glance at software's inner structure, whether it is a mechanism of data compression or HTML code. Although a glitch does not reveal the true functionality of the computer, it shows the ghostly conventionality of the forms by which digital spaces are organized.[19]

Es wird also deutlich, dass mit dem Glitch eine Ästhetik der Störung, der Abweichung und des Un- bzw. Zufalls[20] an einem Punkt angelangt ist, an dem sie zwar ebenfalls die jeweils medial gegebene Materialität adressiert. Ihre Funktionsweise bzw. ‚innere Struktur' ist mit dem Wechsel vom Analogen ins Digitale jedoch längst nicht mehr so offensichtlich gegeben wie zuvor – die ‚true functionality of the computer' bleibt verhüllt.

---

18 Manon/Temkin: „Notes on Glitch".
19 Olga Goriunova/Alexei Shulgin: „Glitch". In: Matthew Fuller (Hg.): *Software Studies. A Lexicon.* Cambridge und London 2008, S. 110–119, hier S. 114.
20 Ich danke Heide Volkening für den Hinweis, dass im Kontext des Fehlerhaften in der literarischen Moderne auch der Unfall künstlerisch produktiv gemacht wird. Vgl. Inka Mülder-Bach: „Poetik des Unfalls". In: *Poetica* 34 (2002), S. 193–221.

3 „The digital revolution is over" – Postdigitale Literatur und Glitches

Anlass für Cascones Essay über postdigitale Tendenzen in der Musik ist im Jahr 2000 ein Zitat des MIT-Informatikprofessors Nicholas Negroponte („The digital revolution is over."[21]):

> The Negroponte epigraph above inspired me to refer to this emergent genre as ‚post-digital' because the revolutionary period of the digital information age has surely passed. The tendrils of digital technology have in some way touched everyone. With electronic commerce now a natural part of the business fabric of the Western world and Hollywood cranking out digital fluff by the gigabyte, the medium of digital technology holds less fascination for composers in and of itself.[22]

Dieses neue (musikalische) postdigitale Genre nennt er im weiteren Verlauf seiner Ausführungen auch schlicht *„glitch"*.[23] Der Literatur- und Medienwissenschaftler Florian Cramer hebt ebenfalls das historische Ereignis der Digitalisierung hervor, das – erfahren als Einschnitt, Umbruch oder gar ‚Revolution' – beendet sei: „In this sense, the post-digital condition is a post-apocalyptic one: the state of affairs after the initial upheaval caused by the computerisation and global digital networking of communication, technical infrastructures, markets and geopolitics."[24] Werde das Digitale in populärkulturellen Darstellungen assoziiert mit einer sauberen, kühlen Ästhetik, die sich beispielsweise in den glatten Formen von Apple-Produkten niederschlage, breche das Postdigitale hiermit: „The simplest definition of ‚post-digital' describes a media aesthetics which opposes such digital high-tech and high-fidelity cleanliness."[25] Eine solche postdigitale Ästhetik führe zur Hybridisierung ‚alter' und ‚neuer' Medien: „Lo-fi imperfections are embraced – the digital glitch and jitter of Cascone's music along with the grain, dust, scratches and hiss in analog reproduction – as a form of practical exploration and research that examines materials through their imperfections and malfunctions."[26] Wie lässt sich ein solcher Befund – das Eintreten in ein ‚postdigitales Zeitalter' – auch auf literari-

---

21 Nicholas Negroponte: „Beyond Digital." In: *Wired* 6/12 (1998).
22 Cascone: „The Aesthetics of Failure", S. 12.
23 Vgl. ebd., S. 15: „An emergent genre that consciously builds on these ideas is that which I have termed ‚post-digital,' but it shares many names, as noted in the introduction, and I will refer to it from here on out as *glitch*."
24 Cramer: "What is ‚Post-Digital'?", S. 13.
25 Ebd., S. 14.
26 Ebd., S. 18.

sche Phänomene übertragen und spielt auch in diesem Kontext der Glitch eine Rolle?

Die Auseinandersetzung philologischer Perspektiven mit einem (post-)digitalen Schreiben[27] bzw. Literatur *nach* der Digitalisierung hebt insbesondere zwei Aspekte hervor: Einerseits sind Tendenzen zu beobachten, die gerade die technischen Gegebenheiten der Digitalisierung zum Ausgangspunkt nehmen und ihre Auswirkungen auf das Schreiben literarischer Texte thematisieren. So lassen sich Programmcodes oder Bots entwerfen, die automatisch Texte generieren, Inputs weiterverarbeiten oder rekombinieren.[28] Besonders Fragen nach Autorschaft, Subjektivität und Authentizität stehen dabei im Zentrum. Außerdem gerät der Publikationskontext des Internets in den Fokus: Social Media (insbesondere Twitter) zeitigt ein „instantanes Schreiben",[29] in dem Schreibprozess und Publikationszeitpunkt quasi ineinander fallen, was nicht nur Überlegungen zu Publizität und Literarizität anschließen lässt, da „Twitter nicht nur immer wieder unsere Wertungskategorien in Frage [stellt], sondern auch verändert, wie literarische Texte aussehen".[30] Das Instantane ist außerdem an einem verstärkten Interesse für eine Beobachtung und Dokumentation des Gegenwärtigen erkennbar: Momentaufnahmen und Augenblicksaufzeichnungen, die Rainald Goetz oder Wolfgang Herrndorf bereits früh in Blog-Projekten betrieben, werden durch die mediale Konstellation von Social-Media-Plattformen noch weiter begünstigt.[31] Der Glitch spielt im Kontext dieser litera-

---

[27] Das Präfix steht hier in Klammern, weil die Begriffe ‚postdigital' und ‚digital' gerade in Verbindung mit dem Substantiv „Schreiben" oder „Literatur" oftmals quasi äquivalent verwendet werden. Was beispielsweise Cramer 2016 als ein „postdigitales Schreiben" bezeichnet, ist im Untertitel des betreffenden Sammelbands eine Assoziation von Literatur und ‚dem Digitalen'. Vgl. Florian Cramer: „Postdigitales Schreiben". In: Hannes Bajohr (Hg.): *Code und Konzept. Literatur und das Digitale*. Berlin 2016, S. 27–43.
[28] Vgl. Kenneth Goldsmith: *Uncreative Writing: Managing Language in the Digital Age*. New York 2011; außerdem Hannes Bajohr: „Das Reskilling der Literatur. Einleitung zu *Code und Konzept*". In: Ders. (Hg.): *Code und Konzept. Literatur und das Digitale*. Berlin 2016, S. 7–21 oder eben auch Cramer: „Postdigitales Schreiben".
[29] Christiane Frohmann: „Instantanes Schreiben" [Verschriftlichung eines am 29. Mai 2015 am Literaturinstitut Leipzig gehaltenen Impulsreferats]. In: *Leander Wattig*. https://leanderwattig.com/wasmitbuechern/frohmann/2015/instantanes-schreiben-christiane-frohmann-literaturinstitu-leipzig-20150529, 2015 [zuletzt eingesehen am 7.6.2021].
[30] Elias Kreuzmair/Magdalena Pflock: „Mehr als Twitteratur – Eine kurze Twitter-Literaturgeschichte". https://www.54books.de/mehr-als-twitteratur-eine-kurze-twitter-literaturgeschichte/, 2020 [zuletzt eingesehen am 7..2021].
[31] Vgl. Eckhard Schumacher: „Instantanes Schreiben. Momentaufnahmen nach der Digitalisierung". In: Birgit R. Erdle/Annegret Pelz (Hg.): *Augenblicksaufzeichnung – Momentaufnahme. Kleinste Zeiteinheit, Denkfigur, mediale Praktiken*. Paderborn 2020, S. 167–179.

turwissenschaftlichen Diskurse des ‚unkreativen' oder ‚instantanen' Schreibens noch keine besondere Rolle, bietet aber als Kulminationspunkt eines Störungspotenzials die Möglichkeit, Reflexionen darüber anzustellen, wie die Darstellung einer Gegenwart überlagert bzw. ‚heimgesucht' wird von Spuren des Vergangenen oder Zukünftigen, das nicht aktuell, sondern virtuell[32] gegeben ist. So ist bemerkenswert, dass die technische Vokabel ‚Glitch' – „a spaceman's word for irritating disturbances" – in den Texten junger Gegenwartsliteratur einen Platz gefunden hat.

Joshua Groß' 2020 erschienener Roman *Flexen in Miami* etwa beginnt geradezu programmatisch mit dem Satz: „Ich ahnte überall Glitches, das geht zurück auf meine Mutter."[33] Eine von der postdigitalen *conditio* bereits gänzlich neu formierte Subjektivität wird hier verbunden mit der mütterlichen Abstammung. Später, als der Protagonist online ein Selbstmordvideo abruft, ist sein Eindruck ebenfalls mit einem Rahmenbruch verknüpft, eine vermeintliche kommunikative Interaktion wird als unmöglich enttarnt, weil die Übertragung plötzlich stoppt: „Ich schaute sie an, kopfschüttelnd, fragend. Ihr Gesicht fror ein, ein Glitch."[34] In *Park* von Marius Goldhorn, im gleichen Jahr erschienen, induziert ein von Google-Maps generiertes 3D-Modell der Umgebung einer Figur, die sich in Paris befindet, eine Erinnerung: „Es erinnerte ihn an eine Ausgrabungsstätte. Oder ein Ruinenfeld. Ein Monolith, der Tour Montparnasse, stand dort, dunkelgrau und verpixelt, wie ein Glitch in der Textur der Stadtlandschaft."[35] In Lisa Krusches Bachmannpreis-Text „Für bestimmte Welten kämpfen und gegen andere", ebenfalls von 2020, dessen Protagonistin sich durch eine postapokalyptische Diegese bewegt, von der sich nicht eindeutig sagen lässt, ob diese eine Computerspielwelt oder eine Science-Fiction-Zukunft darstellt, oder hier die

---

32 Zum Begriff der Virtualität vgl. Dawid Kasprowicz/Stefan Rieger: „Einleitung". In: Dies. (Hg.): *Handbuch Virtualität*. Wiesbaden 2020, S. 1–22, insbesondere S. 13: „Das Virtuelle ist hier eine mögliche Erinnerung, die im Prozess des Bewusstwerdens vergegenwärtigt wird, wobei sie weiterhin als Erinnerung begriffen wird und damit im ‚Gepräge ihrer ursprünglichen Virtualität' verbleibt […]. Sie ändert ihren Modus, vielleicht auch ihren Sinn, aber nie ihre Beschaffenheit. Dies kann auch für vergangene, aber nun vergegenwärtigte Zukunftsvorstellungen der Fall sein, deren Aktualisierung von der Wechselwirkung aus Empfindung und Wahrnehmung abhängen […]".
33 Joshua Groß: *Flexen in Miami*. Berlin 2020, S. 7.
34 Ebd., S. 189.
35 Marius Goldhorn: *Park*. Frankfurt a.M. 2020; zu Goldhorns *Park* vgl. auch den Beitrag von Simon Sahner in diesem Band.

Grenzen fließend sind, kommt bemerkenswerterweise lediglich einmal das Wort ‚Glitch' vor (als „mystische[r] World Glitch, den es nie geben wird, weil er nichts ist außer ein Mythos"[36]), allerdings typographisch leicht abweichend ausgehend von einem „glitschige[n] Gefühl auf den algigen Stufen"[37] schließlich „ein Fleck, den sie allerhöchstens für einen Glitsch halten würden, und [sic!] erst viel zu spät begreifen, dass es ein anderer Avatar war".[38] Johannes Hertwig schreibt in einem einleitenden programmatischen Text des Bandes *Mindstate Malibu* über einen „Überrealismus": „Denn der Überrealismus bildet die Realiät auf zweiter Ebene ab, um durch Überhöhung, Zuspitzung oder Content-Glitches die Frage nach dem Wesen der dargestellten Realität in hyperkomplexen, medial gebrochenen Modellen aufwerfen zu können."[39]

Der Befund, dass in literarischen Texten das Wort ‚Glitch' (bzw. ‚Glitsch') zu finden ist, ist sicherlich an sich nicht der Rede wert, auch wenn die genannten Beispiele bereits eine bemerkenswerte Nähe von medialer Störung und Zeitreflexion (als gegenwärtige Ahnung bzw. Stillstand bei Groß, als Erinnerung bei Goldhorn, das ‚was es nie geben wird' bei Krusche bzw. eine ‚Realität zweiter Ebene' bei Hertwig) beobachten lassen. Wenn aber eine Gattung wie der Roman, der „sich seit dem 19. Jahrhundert nicht geändert"[40] habe und in seiner Behäbigkeit deutlich langsamer auf neue Formen und Texturen der Wirklichkeit reagiert, sich nun eines Darstellungsvokabulars bedient, das den Glitch nicht nur zum Thema macht, sondern ins Inventar des Beschreibens aufnimmt, dann ist damit vielleicht auch einfach ein Beweis dafür erbracht, dass „Digitalität so normal geworden ist, dass es nicht mehr als Hauptmerkmal gelten kann".[41] Selbst für den derart konventionalisierten Roman ließe sich dann sagen, dass er als eine Form von postdigitaler Literatur gelten kann, die „*mehr* [wäre] als bloß digital produzierte, sondern solche, die dieses Wirklichkeitsverständnis selbst *zeigt*, anstatt es nur zu *sagen*, wie man mit Wittgenstein formulieren könnte – Literatur, die das Digitale selbst *performt*, die *autofaktografisch* Beschreibung, Produktionsweise und Resultat ineins [sic] fallen lässt".[42] Auch und gerade realistische Schreibweisen wollen seit jeher

---

36 Lisa Krusche: „Für bestimmte Welten kämpfen und gegen andere". https://files.orf.at/viet nam2/files/bachmannpreis/202019/fr_bestimmten_welten_kmpfen_und_gegen_andere__lisa_ krusche_749180.pdf, 2020 [zuletzt eingesehen am 7.6.2021], S. 12.
37 Ebd., S. 3.
38 Ebd., S. 10.
39 Johannes Hertwig: „Grinden wie Delphine im Interwebs". In: Joshua Groß u. a. (Hg.): *Mindstate Malibu. Kritik ist auch nur eine Form von Eskapismus*. Fürth 2018, S. 16–39, hier S. 25.
40 Bajohr: „Das Reskilling der Literatur", S. 14.
41 Ebd., S. 18.
42 Ebd., S. 14.

programmatisch eine Gegenwart in ihrer konkreten Qualität beschreibbar machen: „Mit realistischen Verfahren wird [...] insbesondere die Beobachtbarkeit von aktueller Praxis bzw. aktuellen Praktiken in einer Gesellschaft der Gegenwarten insinuiert, reflektiert und analysiert; Realismus postuliert mithin Relevanz, provoziert Interesse, bewirtschaftet Aufmerksamkeit und produziert kommunikative Anschlussfähigkeit."[43] Mit Bajohr gesprochen ist das Relevante unserer Gegenwart folgendermaßen bestimmbar: „Die Liquidierung der Realität, die sich in ihrer finiten Substanz auf- und von ihrer materialen Fixiertheit loslöst, gehört zu den offensichtlichsten Umwälzung [sic] der Gegenwart."[44] Lässt sich *Miami Punk* als ein Projekt betrachten, das eine solche Umwälzung in der Gegenwart darstellbar macht und eben darüber implizit eine (realistische) Relevanz postuliert, mithilfe der Integration eines Verfahrens der Heimsuchung, zu dessen Elementen auch ein glitchhaftes Erzählen gehört? Kann man in literarischen Texten Glitches finden, die ‚autofaktographisch', ‚mit der Materialität spielend' als derart realistisch verfahrende Momente der Störung auch von Zeitwahrnehmung und -reflexion betrachtet werden können?

4 „Rückkehr ins Gedächtnis, Befreiung aus der Verschüttung, unverhoffte Bergung" – Lesen als Transkription und ein Verfahren der Heimsuchung

Macht man sich auf die Suche nach dem Wort ‚Glitch' in *Miami Punk*, so wie zuvor in den erwähnten gegenwartsliterarischen Texten, fällt einerseits auf, dass das Wort insgesamt nur viermal im Roman auftaucht – jeweils in einer einzelnen Episode, die später noch genauer in den Fokus genommen werden soll. Bemerkenswert ist jedoch, dass in der eingangs zitierten Textstelle der Glitch kein einziges Mal beim Namen genannt wird, obwohl hier etwas erzählt wird, das eindeutig – ‚cartridge-tilting' inklusive – als Glitch ausgewiesen werden

---

43 Kerstin Stüssel: „Praxisfaszination. Realistische Gegenwarten". In: Stefan Geyer/Johannes Lehmann (Hg.): *Aktualität. Zur Geschichte literarischer Gegenwartsbezüge vom 17. bis zum 21. Jahrhundert*. Hannover 2018, S. 127–154, hier S. 127f.
44 Hannes Bajohr: „Schreibenlassen. Gegenwartsliteratur und die Furcht vorm Digitalen". https://0x0a.li/de/schreibenlassen-gegenwartsliteratur-und-die-furcht-vorm-digitalen/#12, 2014 [zuletzt eingesehen am 7.6.2021].

kann. Einerseits mag dies erzähllogisch begründbar sein: Der autodiegetische Erzähler dieser Szene ist zum Zeitpunkt der Handlung (etwa Ende der 1990er Jahre) acht Jahre alt,[45] es ist unwahrscheinlich, dass ‚Glitch' zu seinem Wortschatz gehört. Allerdings wird die Episode analeptisch erzählt, der Protagonist erinnert sich an eine Erfahrung seiner Kindheit: „Als Kind hatte ich oft Albträume."[46] Das erzählerische Vokabular, das hier bemüht wird, folgt diesem ersten thematisch-zusammenfassenden Satz der Episode und bedient sich gerade nicht des Inventars technischer Störungsmetaphern. Signifikant ist hingegen eine Häufung von Vokabeln subjektiver Kategorien der Realitäts- und Zeitwahrnehmung: Neben den Albträumen, die die Geschichte einführen, sind es „Einbildungen u. Halluzinationen".[47] Die eigene „Angst" wird beschrieben als „etwas unheimlich Bildhaftes, das sich über die Wirklichkeit legte".[48] Im Weiteren werden die Episoden als „Tagträume"[49] und „Erscheinungen" bzw. „Visionen"[50] charakterisiert, die „Erinnerungen an die Anfänge dieser Halluzinationen sind vage",[51] und mit dem achten Geburtstag ist der Punkt markiert, an dem „[d]iese Veränderungen begannen".[52] Ist dieses Vokabular erst einmal aufgerufen, wird auch deutlich, warum es erzählerisch bemüht wird, wenn der Glitch auftritt und es heißt: „[D]enn das war ja im Grunde das Grausame daran, dass ich das alles irgendwie schon kannte, von den Tagträumen, die mich heimsuchten."[53]

Mit dem Glitch ist also etwas in Gang gesetzt, was als Heimsuchung charakterisiert wird und ‚spontan und wild'[54] auftritt, eine Spur zu den Halluzinationserfahrungen des Protagonisten legt. Als Störung der Immersionserfahrung des Computerspiels wird die erzählte Wahrnehmung zurückgeworfen auf die Materialität des Dargestellten, das verzerrte *Bild*, das „nicht eingefroren, sondern vital u. lebendig [war]",[55] sich verändert, verzerrt und wuchert. Gerade ausgehend von dieser Wahrnehmung ‚glitcht' auch das Erzählen in ein anderes Register, in einen anderen Rahmen oder ein anderes Skript,[56] wird gewis-

---

45 Vgl. Guse: *Miami Punk*, S. 133.
46 Ebd., S. 130.
47 Ebd., S. 131.
48 Ebd.
49 Ebd.
50 Ebd., S. 132.
51 Ebd., S. 131.
52 Ebd., S. 132.
53 Ebd., S. 133.
54 Vgl. Kane: *High-Tech Trash*, S. 15.
55 Guse: *Miami Punk*, S. 133.
56 Vgl. Ludwig Jäger: „Transkriptivität. Zur medialen Logik der kulturellen Semantik". In: Ders./Georg Stanitzek (Hg.): *Transkribieren. Medien/Lektüre*. München 2002, S. 19–41, hier

sermaßen *in seinem Verfahren* von der ‚Vitalität' und ‚Lebendigkeit' des Glitch, heimgesucht', insofern als hier von einer Spur geredet werden kann, die Gegenwärtiges und Vergangenes neu verknüpft: Indexikalisch verweist die Art und Weise des Erzählens darauf, was diesem Erzählen als realistisch-naturalisierbarer Akt des Wahrnehmens vorausgeht.[57] So betrachtet erinnert dieses Textbeispiel daran, was Viktor Šklovskij 1916 als „Ziel der Kunst" beschreibt: „den Stein steinern zu machen" und „ein Empfinden des Gegenstandes zu vermitteln, als Sehen, und nicht als Wiedererkennen".[58] Genau das von ihm skizzierte Verfahren der Verfremdung nämlich, das eben den Effekt haben soll, auf die Erkenntnis der Materialität des künstlerischen Produkts abzuheben, illustriert Šklovskij mit einem Beispiel, das in seinen Ausführungen eventuell verwundert, vermutet man doch vielleicht eher modernistische Formexperimente der historischen Avantgarden. Der Formalist bemüht jedoch stattdessen ein Beispiel aus einer Erzählung Tolstojs – „Der Leinwandmesser" –, in der die Verfremdung darin besteht, dass eine Passage, in der die Institution des Eigentums beschrieben wird, aus der Perspektive eines Pferdes erzählt ist, das dieses Phänomen anders wahrnimmt, aus den Verhaltensweisen der Menschen nur ablesen kann und (gerade als Objekt des Eigentumsrechts) hinterfragt.[59] Gerade hierin werden „die Dinge, die Kleidung, die Möbel, die Frau und de[r] Schrecken des Krieges", so die bekannt gewordene Wendung, der Automatisierung entrissen, die sie ansonsten „frißt".[60]

S. 30: „Ich möchte die beiden skizzierten Verfahren *transkriptive* Verfahren bzw. *Transkriptionen* nennen. Die symbolischen Mittel, die das jeweils transkribierende System für eine Transkription verwendet, nenne ich *Transkripte* und die durch das Verfahren lesbar gemachten, das heißt transkribierten Ausschnitte des zugrundeliegenden symbolischen Systems *Skripte*, während das zugrundeliegende symbolische System selbst, das fokussiert und in ein Skript verwandelt wird, als ‚Quelltext' bzw. *Prätext* bezeichnet werden soll." Vgl. zur Thematisierung alternativer, konkurrierender Lesarten zudem S. 33: „Man könnte auch sagen, indem die Transkription ein Skript konstituiert und neben sich das Feld der Prätexte für alternative Lektüren öffnet, öffnet sie zugleich den Raum für *Postskripte*, die ihrerseits als Skript-Behauptungen das iterativ-endlose Spiel der Lektüren in Gang halten".
57 Zum Zusammenhang von Indexikalität und Spurbegriff vgl. Uwe Wirth: „Zwischen genuiner und degenerierter Indexikalität: Eine Peircesche Perspektive auf Derridas und Freuds Spurbegriff". In: Sybille Krämer u. a. (Hg.): *Spur. Spurenlesen als Orientierungstechnik und Wissenskunst* [2007]. Frankfurt a.M. ²2016, S. 55–81.
58 Viktor Šklovskij: „Die Kunst als Verfahren" [1916]. In: Jurij Striedter (Hg.): *Russischer Formalismus. Texte zur allgemeinen Literaturtheorie und zur Theorie der Prosa*. München 1988, S. 3–35, hier S. 15.
59 Vgl. ebd., S. 17–19.
60 Ebd., S. 15.

Insbesondere der realistische Text, der in diesem Fall ja auch *Miami Punk* ist, der als im Großen und Ganzen konventioneller Roman eine Diegese entwirft, die zwar komplex ausfällt, aber mit ein wenig Aufwand und genauer Lektüre lesbar ist, braucht also diese Momente der Verfremdung umso mehr, die die Lektüre aus den Fugen werfen und die automatisierte Rezeption behindern.[61] Momente, in denen dies geschieht, suchen den Romantext heim, als erzählerische Glitches, denen genau das gelingt, den Effekt auf die Lektüre zu übertragen, sie ebenfalls wieder „nicht eingefroren, sondern vital u. lebendig" werden zu lassen. Gerade vor diesem Hintergrund kommt es in der zitierten Passage auch zu einer gespenstischen Ansprache dieser Heimsuchung, als „eine menschliche Gestalt in einer blauen Jeans u. einem weißen Hemd seitlich ins Bild gelaufen kam, in der Mitte stehen blieb, mich direkt ansah u. mich fragte: ‚Wie geht es dir? Was hast du heute gemacht?'"[62] Die Frage konfrontiert den Protagonisten wie das Erzählen mit dem Verlangen nach einer Antwort, konfrontiert ihn bzw. es auf gespenstische Weise mit einer Ansprache – ‚unheimlich', ‚heimsuchend', ‚albtraumhaft' und ‚bedrohlich'. Jacques Derrida nennt dieses Verhältnis in *Marx' Gespenster* eine „gespenstische Dissymmetrie" bzw. den „*Visier-Effekt*", der ausgehend von Shakespeares *Hamlet* das Moment beschreibt, das die Ansprache des Gespensts von anderen absetzt, das die Heimsuchung als etwas charakterisiert, das nicht direkt adressiert werden kann: „Wir sehen nicht, wer uns erblickt."[63] Was Kane für die Ästhetik des Glitch beschreibt – dass die Metaphorik der ‚Black Box' sich anbietet, weil gerade nicht ersichtlich ist, welche (künstlerischen) Aktionen welche ‚Reaktionen' des Materials hervorrufen[64]

---

61 In dieser Hinsicht lässt sich in puncto ‚aus-der-Spur-Geraten' bzw. ‚in-der-Spur-Bleiben' wiederum die Verbindung zum Phänomen des Glitch herstellen, v. a. im Computerspiel-Kontext: Gerade in der *Speedrun*-Szene, in der Spieler*innen darum konkurrieren, ein Spiel möglichst schnell abzuschließen bzw. ‚durchzuspielen', werden Glitches genutzt, um *out of bounds* zu geraten. D. h. dass Schwächen in der Codierung (z. B. *Clips*, also „[d]as Überlappen von zwei normalerweise festen Objekten") ausgenutzt werden, um die vom Spiel begrenzte Diegese gewissermaßen zu verlassen, die intendierte Abfolge der Spielereignisse zu manipulieren und so eine schnellere Zeit zu erzielen. Vgl. etwa Matthias Regge: „Frames, Strats und Weltrekorde – Das Speedrun-Lexikon". https://www.redbull.com/de-de/speedrun-für-anfaenger-lexikon, 2020 [zuletzt eingesehen am 7.6.2021].
62 Guse: *Miami Punk*, S. 133.
63 Jacques Derrida: *Marx' Gespenster. Der Staat der Schuld, die Trauerarbeit und die neue Internationale* [1993]. Frankfurt a.M. 2004, S. 21.
64 Kane: *High-Tech Trash*, S. 62: „Now that digital computing has been around for over half a century, the postwar metaphor of the black box may seem outdated [...]. The trope is nonetheless invoked here as a rhetorical device to signal the gap between code and interface underpinning all digital media. [... D]igital glitch aesthetics are materially and symbolically distinct from their precursors. Namely, where prior media glitches involved a hands-on

– wird hier auf besondere Art und Weise literarisch durchgespielt. Der Glitch produziert ein Phänomen, zu dem man sich als Frage neu verhalten muss, ohne zu verstehen, woher diese Frage kommt. Es ist ja nicht so, dass der Glitch einfach nur wiedererkannt wird als Halluzination. ‚Das Grausame' daran ist das, was neu gesehen wird: dass dem Protagonisten bewusst wird, alles bereits zu kennen, ‚von den Tagträumen', die ihn ‚heimsuchten'. Als Heimsuchung wird das Verfahren der Verfremdung gewissermaßen zirkulär, Vergangenheit und Gegenwart überlagern und stören sich gegenseitig. Auch in diesem Sinne lässt sich im Kontext der Beschäftigung mit dem Glitch wieder von einer Spur reden: „Spuren sagen uns nichts, sondern sie zeigen uns etwas."[65] Metadiegetisch passiert hier das, was Levinas in *Die Spur des Anderen* beschreibt: „Die authentische Spur dagegen stört die Ordnung der Welt."[66]

So *verfährt* dieser Text, indem der Glitch seinen Modus des Erzählens heimsucht, ihn als Moment der Störung normalisierter Lektüren ‚angreift': „Die Matrix des Gewöhnlichen und Geordneten gibt die Folie ab, auf der sich die Störung als Spur abzeichnen kann".[67] Die Verwendung des Begriffs der Störung in diesem Kontext lässt sich mit den oben thematisierten Gedanken Šklovskijs bzw. insbesondere seinen Ausführungen zur Verfremdung parallelisieren. Folgt man dem zeichen- und medientheoretischen Modell der ‚Transkriptivität' Ludwig Jägers, ist mit der Störung ein Moment bezeichnet, das als binäre Opposition der „Transparenz" (eines Zeichens, eines Textes, eines Mediums) zugeordnet werden kann: „‚Störung' soll also jeder Zustand im Verlauf einer Kommunikation heißen, der bewirkt, dass ein Zeichen/Medium (operativ) seine Transparenz verliert und in seiner Materialität wahrgenommen wird, und ‚Transparenz' jeder Zustand, in dem

---

hacking of a canvas or media platform, in digital media, we necessarily move to a systems-level glitch where visual noise can, typically, only be generated by way of manipulating nonvisible, abstract code. Put differently, the black box creates a boundary around the media that prevents it from receiving a direct inscription on its material substrate, as analog glitches (painting, photography, film, and television) could. The vast majority of digital glitch art demands intervention on the level of abstract code. In this sense, a digital artist is not an artist at all but rather, a programmer".

65 Sybille Krämer: „Das Medium als Spur und als Apparat". In: Dies. (Hg.): *Medien. Computer. Realität. Wirklichkeitsvorstellungen und Neue Medien* [1998]. Frankfurt a.M. ⁵2018, S. 73–94, hier S. 79.

66 Emmanuel Lévinas: *Die Spur des Anderen. Untersuchungen zur Phänomenologie und Sozialphilosophie* [1983]. Freiburg/München ⁷2017, S. 231.

67 Sybille Krämer: „Immanenz und Transzendenz der Spur: Über das epistemologische Doppelleben der Spur". In: Dies. u. a. (Hg.): *Spur. Spurenlesen als Orientierungstechnik und Wissenskunst* [2007]. Frankfurt a.M. ²2016, S. 155–181, hier S. 160.

die Kommunikation nicht ‚gestört' ist, also das Zeichen/Medium als Medium nicht im Fokus der Aufmerksamkeit steht."[68] Gerade diese ‚Verschaltung' von Störung und Transparenz entspricht der Gegenüberstellung von Verfremdung und Automatisierung, wie sie im literaturwissenschaftlichen Formalismus virulent war. Jäger nun betrachtet „die Sprache als Archimedium des Medialen überhaupt"[69] und schreibt dazu:

> [Di]e spezifische *Medialität* von Sprachzeichen [liegt] in ihrer *aposemischen* Natur, also darin, dass sie den Interaktionspartnern in der Form in sich bedeutungsloser, materialiter erscheinender Ausdrucksgestalten als gemeinsame Projektionsfläche von Semantisierungsprozeduren dient, in denen nicht nur die Anschlussfähigkeit des intendierten und des verstandenen Sinns jeweils auf dem Spiel steht, sondern mehr oder minder auch das Sprachspiel insgesamt, einschließlich der Rollen, die die Spieler in ihm einnehmen.[70]

Das, was für Jäger als Konzept der *Transkription* im Mittelpunkt steht, ist die Aufzeichnung dieser Semantisierungsprozeduren, eben als „kontinuierliche und durch ständige Selbstlektüre gesteuerte Um-Schreibung der Mentalität in eine mediale Textur".[71] Textproduktion ist in diesem Sinne das Lesen von Spuren (‚aposemischer Natur'), die in Störung oder Transparenz variieren, und Um-Schreiben in eine neue mediale Textur, die demselben Prinzip unterworfen ist (Störung und Transparenz). Kulturelle Semiosis ist genau das,[72] eine Aus-

---

68 Ludwig Jäger: „Intermedialität – Intramedialität – Transkriptivität. Überlegungen zu einigen Prinzipien der kulturellen Semiosis". In: Arnulf Deppermann/Angelika Linke (Hg.): *Sprache intermedial. Stimme und Schrift, Bild und Ton*. Berlin/New York 2010, S. 301–323, hier S. 318. Der Begriff der Transparenz spielt also auch im Kontext realistischer Schreibweisen eine besondere Rolle. Vgl. ebd., S. 317: Transparenz soll verstanden werden „als ein funktionales Stadium symbolischer Interaktion, in dem die jeweils verhandelten Semantiken in ihrer Geltung unproblematisch sind und einen gleichsam ungestörten Realismus des Mediatisierten ermöglichen".
69 Ludwig Jäger: „Zeichen/Spuren. Skizze zum Problem der Sprachzeichenmedialität". In: Georg Stanitzek/Wilhelm Voßkamp (Hg.): *Schnittstelle: Medien und Kulturwissenschaften*. Köln 2001, S. 17–31, hier S. 17 f. Vgl. außerdem Ludwig Jäger: „Sprache als Medium. Über die Sprache als audio-visuelles Dispositiv des Medialen". In: Horst Wenzel u. a. (Hg.): *Audiovisualität vor und nach Gutenberg – Zur Kulturgeschichte der medialen Umbrüche*. Wien 2001, S. 19–42.
70 Jäger: „Zeichen/Spuren", S. 22.
71 Ebd., S. 27. Instruktiv zum Begriff der Transkriptivität ist außerdem insbesondere Georg Stanitzek: „Transkribieren. Medien/Lektüre: Einführung." In: Ders./Ludwig Jäger: (Hg.): *Transkribieren. Medien/Lektüre*. München 2002, S. 7–18, hier S. 11: „Die Thematisierung von Transkriptionsprozessen vermag dazu beizutragen, Probleme der ‚Performativität' medialer Phänomene genauer in den Blick zu nehmen – inklusive, und hiervon nicht zu trennen, der Performativität ihrer Darstellung".
72 Vgl. Jäger: „Intermedialität – Intramedialität – Transkriptivität", S. 318: „Intra- und intermediale Transkriptivität markieren insofern im Bereich der kulturellen Semiosis ein Feld medialer

handlung verschiedener Verfahren des Um-Schreibens – nennt man sie nun Störung und Transparenz oder Verfremdung und Automatisierung –, die letztlich nie abgeschlossen sein kann, da „das Signifikat ursprünglich und wesensmäßig [...] Spur ist, [...] es sich *immer schon in der Position des Signifikanten* befindet".[73] Gerade hierin besteht auch die Verbindung zu der von Bajohr angesprochenen postdigitalen ‚Liquidierung der Realität': Der Protagonist liest Phänomene unterschiedlicher Ontologien und Zeiten (Tagträume, Glitches, Wirklichkeit bzw. Vergangenheit und Gegenwart) zusammen, die Verbindung bzw. Äquivalenz von ‚on' und ‚off' ist für ihn selbstverständlich. So wie die Tagträume in der Diegese *Miami Punks* die Wahrnehmung bzw. Lektüre eines Glitch durch den Protagonisten als Erinnerungen an ‚Halluzinationen', ‚Erscheinungen' oder ‚Visionen' ‚heimsuchen', also als Momente der Störung, so sucht die Logik des Glitch das ordnende Erzählen des Romantextes heim, der so als das in den Mittelpunkt tritt, was er ist: ‚in der Form in sich bedeutungsloser, materialiter erscheinender Ausdrucksgestalten' gegebene ‚Projektionsfläche von Semantisierungsprozessen'. Diese können sich als Transkriptionen transparent offenbaren, oder Momenten der Störung unterliegen – das was schließlich als Produkt des Erzählens gegeben ist, ist immer nur lesbar als Spur und als solche auf gespenstische Weise nie präsent: „Etwas *ist* nicht Spur, sondern wird als Spur gelesen. Es ist der Kontext gerichteter Interessen und selektiver Wahrnehmung, welcher aus ‚bloßen' Dingen Spuren macht."[74] Die ordnende, sinnstiftende Funktion des Erzählens wird so zur Spur – zur Spur einer einzelnen Lektüre, *einer* ‚erscheinenden Ausgestaltung'. In diesem Sinne ist ein solches Erzählen immer schon nur

---

Operationen, die fortwährend zwischen der fragilen Geltung unproblematischer Semantik auf der einen sowie Prozessen transkriptiver Rekonzeptualisierungen auf der anderen Seite oszillieren".
73 Jacques Derrida: *Grammatologie* [1967]. Frankfurt a.M. 2016, S. 129.
74 Sybille Krämer: „Was also ist eine Spur? Und worin besteht ihre epistemologische Rolle? Eine Bestandsaufnahme". In: Dies. u. a. (Hg.): *Spur. Spurenlesen als Orientierungstechnik und Wissenskunst* [2007]. Frankfurt a.M. ²2016, S. 11–33, hier S 16. Vgl. außerdem Erika Linz/Gisela Fehrmann: „Die Spur der Spur. Zur Transkriptivität von Wahrnehmung und Gedächtnis". In: Dies./Cornelia Epping-Jäger: *Spuren Lektüren. Praktiken des Symbolischen*. München 2005, S. 89–103, hier S. 89: „Spuren sind eben keine Abbilder von Sachverhalten oder Ereignissen. Sie halten zwar etwas Nicht-Gegenwärtiges fest, aber immer nur als Hinterlassenschaft eines vollzogenen Prozesses, der selbst jedoch nicht mehr einholbar ist. Zu einem Zeugnis vollzogener Prozesse werden Spuren dabei erst dadurch, daß sie in hypothetischen Deutungsakten als solche gelesen werden. Eben diese Bestimmungsmomente der Spur als Verweis auf ein nicht einholbar Vergangenes wie als Prozessierungsergebnis von Lektüren weisen sie eher als Verfahren denn als Phänomen aus. Diese inhärente Operativität scheint den Spurbegriff in besonderer Weise dafür zu prädestinieren, gegen repräsentationale Bedeutungs- und Wahrnehmungsmodelle eingesetzt zu werden".

als Spur lesbar, „denn im Zeichenprozess selbst liegt gleichsam ein Moment von Mortifikation und Auferstehung", wie Christian Begemann über die ‚Gespenster des Realismus' schreibt.[75] Wo andere Texte aber darauf reagieren, indem sie diese Tatsache gewissermaßen verschleiern wollen, macht ein Roman wie *Miami Punk* dieses Prinzip der Spur zum Verfahren: „Heimsuchung, das war das Wort, das sich aufdrängte. Rückkehr ins Gedächtnis, Befreiung aus der Verschüttung, unverhoffte Bergung."[76]

5 „[D]ie bizarren Glitches u. Erscheinungen, die wir auf cs_office beobachtet hatten" – Lektüre als Spurenlesen

Der Latenz des Glitch als Spur steht seine Präsenz als Zeichen entgegen: Lediglich an vier Stellen tritt das Wort ‚Glitch' im Roman auf, jeweils nur in einem der zahlreichen Erzählstränge. Große Teile der Handlung sind dem einleitend bereits angesprochenen *Counter-Strike*-Turnier gewidmet, an dem auch der (namenlose) Protagonist der oben näher in den Fokus genommenen Episode teilnimmt. Während eines Vorrundenspiels auf der Hostage-Map *cs_office*[77] ereignet sich – wiederum innerhalb der Spieldiegese – etwas Seltsames, was von den Erwartungen des professionellen *Counter-Strike*-Spielers, der mehrere tausend Stunden innerhalb dieser Welten verbracht hat, abweicht:

> Ich wollte gerade über den Raum, in dem die Büroutensilien lagern, zurücklaufen [...], als ich plötzlich bemerkte, dass da noch eine Geisel stand, in diesem kleinen Lagerraum, neben einem der Regale. Sie hatte das gleiche Angestellten-Character-Model wie die anderen (gleiches weißes Hemd, gleiche Jeans, gleiche blaue Krawatte). Ich dachte erst, es han-

---

75 Christian Begemann: „Gespenster des Realismus. Poetologie – Epistemologie – Psychologie in Fontanes *Unterm Birnbaum*". In: Dirk Göttsche/Nicholas Saul (Hg.): *Realism and Romanticism in German Literature*. Bielefeld 2013, S. 223–253, hier S. 232.
76 Guse: *Miami Punk*, S. 625.
77 Hostage-Maps sind Spiellevel, die in einem Modus gespielt werden, der das Motiv der Geiselnahme als Ausgangspunkt nimmt: In einem bestimmten Welt-Setting (*cs_office* ist situiert in Büroräumlichkeiten und deren näherer Umgebung) startet das Team der ‚Terrorists' mit einer gewissen Anzahl an gefangengenommenen Geiseln, die sie vor den ‚Counter-Terrorists' schützen müssen, welche versuchen, die Geiseln zu befreien. Hostage-Maps werden in 30 Spielrunden gespielt, die jeweils ungefähr zwei Minuten lang dauern. Nach 15 Runden wechseln die Spieler die Teams, das Team, das zuerst 16 Runden gewonnen hat, gewinnt die Partie (bzw. ‚die Map').

dele sich womöglich um eine der mir folgenden vier Geiseln, die von hinten durch die Wand geclipt war. Doch als ich mich umdrehte, sah ich, dass mir nach wie vor vier Geiseln hinterherliefen. Da standen also fünf statt vier identische Geiseln in diesem Raum u. ich wusste nicht, woher die fünfte kam, aber es war mir in der Hektik der Situation irgendwie auch egal. Aus Reflex drückte ich E, um auch sie mitzunehmen, doch statt mir zu folgen, fing die Geisel an zu sprechen. U. statt der üblichen Audiofiles, die bei Geiseln abgespielt werden, hörte ich eine ganz andere Stimme, gelassener u. höher. Die Geisel sah mich an u. erzählte mir, es sei schön zu wissen, dass jmd. ihm zuhöre. Er glaube, vieles von dem, was auch ich in meinem Leben getan habe, hätte ich getan, damit man mir zuhört. Sie beklagte, dass er schon viel zu lange in diesem Büro sei u. die immer gleichen Papierkörbe u. Besprechungsräume u. Flipcharts nicht mehr ertragen könne. Er könne das Knacken der schlafenden Röhrenmonitore bei Nacht, das Brummen der Kaffeemaschine u. das Klirren von zerschossenem Glas einfach nicht mehr hören u. bat mich, ich weiß es noch genau, nicht wegzugehen u. bei ihm zu bleiben, denn er wolle mir aus seinem Leben erzählen, davon, wie er hier gelandet war. Es sei eine Geschichte über das Gefühl, die Kontrolle über das eigene Leben zu verlieren, es einer falschen Sache zu opfern, eine Geschichte über die traurige Einsicht, nicht alles zu jedem Zeitpunkt in der Hand gehabt zu haben, eine Geschichte von einer Gruppe von Freunden, die gemeinsam eine Reise unternehmen wollten. Es fühlte sich an, als würde ich unheimlich lange dort stehen u. der Geisel zuhören, wie in einem Traum, in dem manchmal wochenlange Gespräche zu Momenten komprimiert werden. In Wirklichkeit dürften es nur ein paar Sekunden gewesen sein, denn kurz darauf u. noch bevor die Geisel mit ihrer eigtl. Erzählung beginnen konnte, kam einer der Brasilianer herein, der Simon ausgeschaltet hatte, sah mich im Lagerraum stehen u. schoss mir in den Kopf.[78]

Auffällig ist, dass hier parallel zur bereits untersuchten Passage wieder eine Ansprache stattfindet: Dieses Mal geht es nicht darum, den Protagonisten nach einer Erzählung zu fragen („Wie geht es dir? Was hast du heute gemacht?'), sondern ihn mit einer eigenen Erzählung zu konfrontieren. Insbesondere eine weitere Entsprechung fällt jedoch ins Auge: Kein einziges Mal fällt das Wort ‚Glitch'. Zwar reagiert der Protagonist hier souveräner als im Alter von acht Jahren und stellt Vermutungen über durch Wände geclipte Geisel-Spielfiguren an, doch die Verunsicherung bzgl. Zeitwahrnehmung und Realitätsstatus (‚wie in einem Traum') ist analog zur Kindheitsepisode.

Zum „Glitch" wird dieses Ereignis jedoch in der Nachbetrachtung. Der Protagonist hält die Spielereignisse erst für eine seiner Halluzinationen,[79] im Verlauf zeigt sich allerdings, dass auch andere Spieler*innen Zeug*innen ähnlicher Phänomene werden, welche sich allesamt auf *cs_office* ereignen: „Logpile hatten cs_office als Map gewählt u. auch hier kam es min. dreimal zu Glitches."[80] So

---

78 Guse: *Miami Punk*, S. 498 f.
79 Vgl. ebd., S. 531 f.
80 Ebd., S. 533.

verliert der kompetitive Charakter des Turniers schließlich immer mehr an Relevanz: „Obwohl es eigtl. einiges über unser morgiges Aufeinandertreffen zu besprechen gegeben hätte, kreisen unsere Unterhaltungen nicht um den weiteren Turnierverlauf, sondern um die bizarren Glitches u. Erscheinungen, die wir auf cs_office beobachtet hatten."[81] So versuchen die Spieler*innen, die Glitches zu reproduzieren und begeben sich auf Ursachenforschung: „Helle bat darum, sich die Installationsdatei, die hier verwendet worden sei, auf ihren eigenen Laptop ziehen zu dürfen, um zu überprüfen, ob sich die Glitches noch einmal wiederholen ließen."[82] Schließlich wird das online live übertragene Turnier so zum Medienereignis innerhalb der Szene: „Des Weiteren veröffentlichten eine Handvoll Zeitschriften u. Portale kleinerer Art. über die Glitches u. ‚dieses kuriose letzte Turnier eines sterbenden Spiels in einer sterbenden Stadt'."[83]

Damit sind alle Vorkommnisse von „Glitch" bzw. „Glitches" im Romantext genannt, öfter kommt das Wort nicht vor. Während das im vorangegangenen Kapitel untersuchte Ereignis aus anderen Gründen (ein solches Vokabular steht der Erzählinstanz nicht zur Verfügung) naturalisierbar ist, legt der Text hier eine andere Spur über mehrere hundert Seiten, die eigentlich erst in der Relektüre lesbar ist: Schauplatz der Turnierereignisse ist die Firmenzentrale eines in Miami ansässigen Unternehmens, Nowak Inc. – hier arbeitet die einleitend erwähnte Indie-Spieleentwicklerin Robin Green-Touré in der IT. Zu Beginn des Romans ist eine Auflistung ihrer Arbeiten zu finden. Dazu gehört neben *„Zerstören und Verwalten, Honda 2070 AT Punk, Maschinen-Sammler-Mann, Tennis Extrem, Miami Mineau, Fiese Gäste* [und] *E. X. E."* auch ein Spiel namens *„Die Wahrheit über cs_office"*.[84] Es liegt also nahe – und wird darüber hinaus auch noch weiter verschiedentlich angedeutet –, dass Robin die Spielversion manipuliert hat, die auf den Rechnern am Wettkampfort aufgespielt ist. Es ist allerdings kaum denkbar, dass die Lektüre zu diesem Zeitpunkt eine Verbindung zu einer Textstelle leisten kann, die gewissermaßen im Vorübergehen in einer Aufzählung fiktiver Spieletitel eine mögliche Erklärung für etwas andeutet, was dann erst über 400 Seiten später auserzählt wird. Es muss also davon ausgegangen werden, dass die Spur, die hier gelegt wird, nicht als solche lesbar ist, wie bereits erwähnt: „Es ist der Kontext gerichteter Interessen und selektiver Wahrnehmung, welcher aus ‚bloßen' Dingen Spuren macht."[85] Dass die Spur hier von einem naiven Ursache-Wirkung-Schema als immer erst Nachträgliches abweicht, die Andeutung also in der Erzählchrono-

---

81 Ebd., S. 531.
82 Ebd., S. 535.
83 Ebd., S. 576.
84 Ebd., S. 87.
85 Krämer: „Was also ist eine Spur?", S. 16.

logie vor dem Rätsel, der Aktivierung des hermeneutischen Codes[86] liegt, erschwert die Lektüre zusätzlich. So überträgt sich das Verfahren der Heimsuchung hier ganz konkret auch auf die Lektüre, die erst nachträglich bzw. durch Wiederholung verschiedene Spuren aktualisiert bzw. lesbar macht, wenn die Erinnerung an eine zurückliegende Erst- die Relektüre heimsucht. Vielleicht ist es spätestens hier (und zumindest vorerst) eben nicht so, dass „[m]an liest. Und versteht."[87] Stattdessen spielen Fragen zur Zeitlichkeit der Lektüre eine Rolle – manche Wege können nur zu einem bestimmten Zeitpunkt beschritten werden.

Ebenso lässt sich die betrachtete Episode auch in Beziehung zu der vom Protagonisten erzählten Kindheitserinnerung an den ISS64-Glitch setzen, denn auch hier wird wieder ein Skript aktiviert, dass den Grund für das Phänomen in der eigenen Wahrnehmungssouveränität sucht: „Meinerseits war ich während des Matchs gegen die Brasilianer im ersten Moment felsenfest davon überzeugt gewesen, dass die sprechende Geisel nicht real gewesen war u. es sich bloß um eine meiner Halluzinationen gehandelt hatte."[88] Auch an dieser Stelle: Fast 400 Seiten liegen zwischen diesen beiden Textpassagen. Worauf der Erzähler sich bezieht, ist im besten Fall als dunkle Erinnerung noch latent abgespeichert. So bezeichnet ein Verfahren der Heimsuchung in Guses Roman ein Experiment mit Bedeutungsproduktion, das sich analog zu dem formulieren lässt, was Jäger als das „Spur-Prinzip" der Transkriptivität kultureller Semiosis[89] bezeichnet: Innerhalb automatisierter Lektüren manifestieren sich verfremdende Alternativen, gerade in der Anlage des Romans werden intramedial Transkriptionsprozesse gestört oder aber transparent gemacht, das heißt von Spuren alternativer Lektüren ‚heimgesucht'.[90] Dies geschieht, dem romanhaften Erzählen geschuldet, prozessual – die Fragmentiertheit zahlreicher unterschiedlicher Handlungs- und Erzählstränge begünstigt also ein solches Verfahren der Heimsuchung, das in dieser Form erneut das darstellbar macht, was Bajohr als die ‚Liquidierung der Realität' bezeichnet. Vor allem eine Veränderung im Konzept von Gegenwart auf der Basis einer Digitalisierung bzw. im Kontext einer Postdigitalität gehört zu die-

---

86 Vgl. Roland Barthes: *S/Z* [1970]. Frankfurt a.M. [6]2012, S. 23 f.
87 Moritz Baßler: „Populärer Realismus". In: Roger Lüdeke (Hg.): *Kommunikation im Populären. Interdisziplinäre Perspektiven auf ein ganzheitliches Phänomen.* Bielefeld 2011, S. 91–103, hier S. 91. Mit dem aus Bernhard Schlinks *Der Vorleser* (1997) entliehenen Zitat beschreibt Baßler die Verfahrensweise eines Realismus, der eine automatisierte Lektüre ermöglicht, die nicht mit Hindernissen auf der Textebene zu kämpfen hat.
88 Guse: *Miami Punk*, S. 531–532.
89 Vgl. Jäger: „Intermedialität – Intramedialität – Transkriptivität", S. 306–309.
90 Vgl. Guse: *Miami Punk*, S. 133.

ser Gegenwartsbeschreibung: eine inhärente Störung von Gegenwart, die immer Spuren ihrer Heimsuchung von Virtualitäten aufweist, Spuren von Gespenstern der Vergangenheit oder Zukunft.

6 *Die Wahrheit über cs_office* – Fazit

Robins Manipulation der *Counter-Strike*-Map *cs_office* hat als ‚domesticated glitch' eine künstlerische Intention: die Störung einer etablierten Ordnung. Ist der Titel ihrer Arbeit, die vor diesem Hintergrund wichtig wird – *Die Wahrheit über cs_office* –, ernst zu nehmen, dann wird mit dieser rätselhaften Strategie sogar eine gewisse Dringlichkeit verbunden, denn immerhin geht es um *die Wahrheit*. Lässt sich dieses Rätsel jedoch überhaupt lösen? Wie versuchen die Figuren des Romans ebendies?

Das beschriebene Phänomen, die Interaktion mit einer überschüssigen Geisel innerhalb der Spielwelt, die eine Geschichte erzählen möchte, wovon der Protagonist Zeuge wird, ist bei weitem nicht das einzige Ereignis, das hier eintritt. Anderen Spielern geschehen abweichende Unheimlichkeiten – Änderungen im vertrauten Spielumfeld, den Abläufen innerhalb der Spielwelt, den Spielfiguren und dem Sounddesign –, nicht lange dauert es, bis „erstaunlich viele Leute [... i]n einem eigens eingerichteten Subreddit [...] in immer länger werdenden Kommentaren darüber [diskutierten], was sich hier in Miami abgespielt hatte".[91] Verschiedene Motive werden analysiert, unterschiedliche Lesarten angelegt und Erklärungsmodelle bemüht. Letztlich lässt sich das Rätsel jedoch nicht lösen. „‚Aber was denn überhaupt? Wir haben ja immer noch nicht verstanden, wie die Sachen zusammenhängen.' ‚Vielleicht gar nicht.' ‚Dann erspart das eine ganze Menge Arbeit.'"[92]

So geschieht hier genau das, was Jäger als ‚transkriptive Verfahren' bezeichnet, die die ‚Präskripte', die als Spur gegeben sind, umwandeln in konkrete Skripte, neben denen ‚Postskripte' stehen, „konkurrierende Transkriptionen, [...] die ihrerseits als Skript-Behauptungen das iterativ-endlose Spiel der Lektüren in Gang halten".[93] Was so als Verfahren beschrieben wird, ist hier wiederum etwas anderes als das oben in Anlehnung an Šklovskij formulierte Verfahren der Heimsuchung. Was die ‚Liquidierung der Realität' ebenfalls darstellt, ist eben dieser Prozess der kommunikativen, intersubjektiven Aushandlung, auch als

---

91 Ebd., S. 533.
92 Ebd., S. 539.
93 Jäger: „Transkriptivität", S. 11. Vgl. Fußnote 56.

diskursives Konkurrieren verschiedener Lesarten, als überkomplexe Vernetztheit („ ... immer noch nicht verstanden, wie die Sachen zusammenhängen") oder beliebig herbeifingierte Erklärungskonstrukte – Fake News und Verschwörungstheorien sind postdigitale Phänomene und kommen ebenfalls in *Miami Punk* vor.[94] Hier geht es vielleicht auch um das, was eine der Stärken des romanhaften Erzählens sein kann: eine Art Versuchsanordnung bzw. einen klar strukturierten Ablauf darzustellen. Ein Heimsuchungsverfahren wäre eine Funktionsweise des Textes, realistisch-automatisierte Lektüren (beispielsweise als ein Rätsel um den Ursprung des Glitch) anzureichern bzw. zu konfrontieren mit einer aus diesen Lektüren ausgeschlossenen Fremdheit, die nicht einhegbar ist, und stattdessen eben „nicht eingefroren, sondern vital u. lebendig".

Wenn Jäger die Medialität des Sprachzeichens hervorhebt und Bedeutung als die Fähigkeit charakterisiert, zu transkribieren, kommt auch er nicht umhin, genau diese Prozessualität zu betonen: „Wenn also die latente strukturelle Spaltung des Zeichens als *semantische Befremdung* evident wird, kann der Diskurs immer durch *semantisches Mäandern* Wege durch parasemische Netze suchen, auf denen die Interaktionspartner keinen Anlass sehen, die hypothetische Unterstellung geteilten Sinnes zu thematisieren."[95] So lässt sich gerade im Kontext einer Literatur, die das Digitale selbst performt, wie Hannes Bajohr es fordert, indem sie den Glitch thematisiert und als Störungsmodell übernimmt, die ‚Liquidierung der Realität' in den Fokus nehmen: Als ein Spiel von Heimsuchungen, die als Spuren ‚vital und lebendig' bleiben. Dazu gehört, dass Gegenwart hier einerseits nicht erzählt wird als Eindeutigkeit des immer Gegebenen, Wirklichen oder Echten, sondern bereits in der Darstellung die Störung durch als vergangenes oder zukünftiges Virtuelles angelegt ist, die sich als glitchhafte Schicht darüberlegt. So kommt es zu einer Entnaturalisierung allzu realistischer Lesarten, auf deren ebenfalls immer medial vermittelte Gegebenheit hingewiesen wird. Insbesondere stehen dabei, wie gesehen, Zeitreflexionen im Mittelpunkt: Zur postdigitalen Gegenwart gehört eine Zeitwahrnehmung der Heimsuchung,[96] eine Transkriptivität, die von Momenten der Rückkehr, der Ahnung, der dunklen Erinnerung, Wiederholung und Verheißung beeinflusst wird und lebt.

---

94 Vgl. Guse: *Miami Punk*, S. 299–305.
95 Jäger: „Zeichen/Spuren", S. 23.
96 Vgl. in diesem Kontext etwa auch Mark Fisher: *Ghosts of My Life. Writings on Depression, Hauntology and Lost Futures*. Winchester 2014.

Simon Sahner
Ein Blick zurück in die Gegenwart
Marius Goldhorns *Park* im Spiegel des technischen Fortschritts

1 Einleitung – Heine, Rilke und Goldhorn in Paris

In den Jahren 1843, 1903 und 2019 schreibt jeweils ein deutscher Autor über die Stadt Paris. Heinrich Heine berichtet seine eigenen Eindrücke, Rainer Maria Rilkes Alter Ego Malte Laurids Brigge führt Tagebuch in der Stadt und Marius Goldhorn lässt seinen Protagonisten Arnold im Roman *Park* (2020) drei Tage in sommerlicher Hitze durch die Metropole taumeln. Sie alle erleben die Großstadt auch im Kontext der technischen Entwicklungen ihrer jeweiligen Epoche und mit einem dementsprechend unterschiedlichen Gefühl für Zeit und Raum. Auch wenn es sich um teilweise sehr verschiedene Texte handelt – nur ein Teil von *Park* spielt in Paris und Heines Berichte sind nicht fiktional – lohnt es sich zu Anfang zunächst alle drei in den Blick zu nehmen, bevor der Fokus auf Goldhorns Roman liegen wird. Was sie verbindet ist eine Wahrnehmung von Raum und Zeit im Angesicht technischen Fortschritts, der auf dieses Verhältnis entscheidenden Einfluss nimmt.

Als Heinrich Heine Mitte des 19. Jahrhunderts in Paris lebte und „Berichte über Politik, Kunst und Volksleben" für die Augsburger *Allgemeine Zeitung* verfasste, die er 1852 in dem Band *Lutetia* zusammenstellte, schrieb er im Mai 1843 auch über „[d]ie Eröffnung der beiden neuen Eisenbahnen, wovon die eine nach Orléans, die andere nach Rouen führt",[1] und stellte – offenbar selbst bewegt von der Bedeutung der technischen Errungenschaft – eine „Erschütterung [fest], die jeder mitempfindet, wenn er nicht etwa auf einem sozialen Isolirschemel steht".[2] Für Heine, der in einer Zeit aufgewachsen war, in der der Transport durch Pferdekraft über Land die einzige Beschleunigung gegenüber dem Laufen darstellte, muss die Entwicklung einer dampfbetriebenen Eisenbahn, die bereits Anfang der 1840er Jahre Geschwindigkeiten von bis zu 100 km/h erreichte, ähnlich gewirkt haben, wie für die Menschen des 21. Jahrhunderts das mobile Internet. „Mir ist, als kämen die Berge und Wälder aller Länder auf Paris angerückt. Ich rieche schon den Duft der deutschen Linden; vor meiner Thüre brandet die

---

[1] Heinrich Heine: *Lutezia. Berichte über Politik, Kunst und Volksleben*. In: *Heinrich Heine Säkularausgabe. Werke, Briefe, Lebenszeugnisse*. Bearb. v. Lucienne Netter. Bd. 11. Berlin/Paris 1974, S. 180.
[2] Ebd.

∂ Open Access. © 2022 Simon Sahner, publiziert von De Gruyter. [(cc) BY-NC-ND] Dieses Werk ist lizenziert unter einer Creative Commons Namensnennung - Nicht-kommerziell - Keine Bearbeitung 4.0 International Lizenz.
https://doi.org/10.1515/9783110758603-009

Nordsee",³ notiert Heine am 5. Mai 1843 in seinem Bericht für die *Allgemeine Zeitung*. Die Erfindung der Eisenbahn und die Möglichkeit Distanzen, deren Überbrückung ehemals mehrere Tagesreisen erforderte, in wenigen Stunden zu überwinden, veränderten die Wahrnehmung davon, wie Raum und Zeit zusammenhängen. Die Berge und Wälder, die mehrere hundert Kilometer entfernte Nordsee, sie scheinen für Heine näher gerückt zu sein, der Raum, in dem sich alles befindet, scheint sich verkleinert zu haben, weil sich sein Verhältnis zu Zeit verändert hat.⁴ Wolfgang Schivelbusch spricht in diesem Zusammenhang auch mit Blick auf die Textstelle bei Heine von einem Topos der „Vernichtung von Raum und Zeit", mit „dem das frühe 19. Jahrhundert die Wirkung der Eisenbahn beschreibt".⁵

Etwa sechzig Jahre nach Heine schreibt Rainer Maria Rilke in Paris das diarische Prosabuch *Die Aufzeichnungen des Malte Laurids Brigge*. Inzwischen hatte sich die Einwohnerzahl der Stadt verdreifacht, sie hatte die Weltausstellung 1900 erlebt, war elektrifiziert worden und verfügte mit der Métro über ein U-Bahn-System. Die Geschwindigkeit und die Intensität, mit der Menschen, Waren und Informationen transportiert wurden und sich bewegten, hatte sich weiter erhöht. Raum und Zeit hatten ihr Verhältnis weiter verändert und die Welt war noch näher zusammengerückt.⁶ Der Tagebuchschreiber Brigge bemerkt: „Ich habe heute einen Brief geschrieben, dabei ist es mir aufgefallen, daß ich erst drei Wochen hier bin. Drei Wochen anderswo, auf dem Lande zum Beispiel, das konnte sein, wie ein Tag, hier sind es Jahre."⁷ Was Brigge an dieser Stelle zu bemerken meint, ist eine Ausdehnung von Gegenwart, drei Wochen, ein relativ kurzer Zeitraum, fühlen sich an wie Jahre. Die Dichte des Geschehens um ihn herum, die Schnelligkeit des Austauschs von Menschen und Informationen dehnt das Zeiterleben und verkleinert den Raum. Gerade die großen Städte in der zweiten Hälfte des 19. und zu Beginn des 20. Jahrhunderts werden durch ihre Komplexität und technologischen Fortschritt zu etwas, das Armin Nassehi als „Synchronisationsmaschine" bezeichnet.⁸ Mit Blick auf die Stadt als Raum stellt Nassehi fest, dass hier „die Gleichzeitigkeit von Verschiedenem an einem

---

3 Ebd., S. 182.
4 Vgl. Wolfgang Schivelbusch: *Geschichte der Eisenbahnreise. Zur Industrialisierung von Raum und Zeit im 19. Jahrhundert*. Frankfurt a.M. 2018, S. 38 f.
5 Ebd., S. 35.
6 Vgl. Schivelbusch: *Geschichte der Eisenbahnreise*, S. 43.
7 Rainer Maria Rilke: *Die Aufzeichnungen des Malte Laurids Brigge*. Frankfurt a.M./Leipzig 1996, S. 11.
8 Vgl. Armin Nassehi: „Dichte Räume. Städte als Synchronisations- und Inklusionsmaschinen". In: Martina Löw (Hg.): *Differenzierungen des Städtischen*. Opladen 2002, S. 211–232.

Ort sichtbar wird".⁹ Durch die Wahrnehmung von disparaten Geschehnissen zur gleichen Zeit am gleichen Ort kommt es zu einer „Dynamik der Zeit, der Beschleunigung und ungleicher Zeitreihen, die ständig koordiniert werden müssen. Städte synchronisieren unterschiedliche Zeitreihen von Verschiedenem."¹⁰ Was sich bei Heine und Rilke in ihrer Wahrnehmung der großstädtischen Lebensweise andeutet und später durch die Erfindung des Telefons, des Flugzeugs und des Fernsehens fortsetzt, erreicht zu Beginn des 21. Jahrhunderts durch ein Netz aus digitalen Medien und schnellen Fortbewegungsmitteln seine aktuelle Verfassung: Die permanente Gleichzeitigkeit des Verschiedenen. Bereits im Jahr 1995, zu einer Zeit als ein eigener Internetzugang noch nicht den Standard darstellte und mobiles Internet noch ein Traum der Zukunft war, stellte Götz Großklaus fest: Die „alte *Raum*-Karte [wird] in den schnellen Gesellschaften unseres elektronischen Zeitalters abgelöst [...] durch eine neue *Zeit*-Karte".¹¹ Diese Beobachtung einer Paradigmenverschiebung manifestiert sich schließlich in Marius Goldhorns *Park* als literarisches Abtasten von scheinbar endloser Gegenwart.¹²

Raum, Zeit und Medien hängen zusammen. Das ist keine neue Erkenntnis, aber es lohnt, sie sich noch einmal ins Gedächtnis zu rufen, wenn im Folgenden diese Zusammenhänge mit Blick auf Goldhorns Roman betrachtet werden sollen. Im Sinne der Medientheorie von Marshall McLuhan und der Annahme, dass Medien im weitesten Sinne Transportmittel sind, ist bereits die Eisenbahn bei Heine ein Medium.¹³ Sie leistet als solches „die Übertragung von etwas (das noch genauer zu bestimmen wäre) von einem Punkt in Raum und Zeit zu einem anderen (der noch genauer zu bestimmen wäre)".¹⁴ Mit der Erfindung der

---
9 Ebd., S. 215.
10 Ebd.
11 Götz Großklaus: *Medien-Zeit, Raum-Zeit. Zum Wandel der raumzeitlichen Wahrnehmung in der Moderne.* Frankfurt a.M. 1995, S. 103.
12 Vgl. *Endlose Gegenwart. Donaufestival-Reader Vol. 2.* Krems 2018.
13 Schivelbusch stellt gar eine konkrete Verbindung zwischen dem Computer und der Eisenbahn her, die beide Versuche seien, „die Welt über die von ihnen erzeugten Erscheinungen nachzubilden und zu reproduzieren. Beide sind erfolgreich. Und sie erreichen ihr Ziel durch ihre *Machinationen*. Ob die Welt, die sie erschaffen, das globale Netzwerk einer dampfgetriebenen industriellen Produktion und Beförderung ist oder die digitalisierte Cyberwelt der Information – es ist *ihre* Weltmaschine." (Wolfgang Schivelbusch: „Weltmaschinen: Die Dampfmaschine, die Eisenbahn und der Computer. Vorwort zur amerikanischen Neuausgabe 2014". In: Ders.: *Geschichte der Eisenbahnreise. Zur Industrialisierung von Raum und Zeit im 19. Jahrhundert.* Frankfurt a.M. 2018, S. I–X, hier S. IV).
14 Lorenz Engell: „Wege, Kanäle, Übertragungen. Zur Einführung." In: Claus Pias u. a. (Hg.): *Kursbuch Medienkultur. Die maßgeblichen Theorien von Brecht bis Baudrillard.* Düsseldorf 1999, S. 127–133, hier S. 127.

Dampfmaschine und bald darauf der Eisenbahn kommt es zu einer Steigerung von etwas, das Großklaus als „Grad der zeit-räumlichen Durchstrukturierung"[15] bezeichnet. Je höher dieser Grad sei, desto höher sei – mit Norbert Elias gesprochen – auch „der Grad ‚der kognitiven Meisterung von Zusammenhängen in Raum und Zeit'".[16] Das führe dazu, dass jede Generation von Medien[17] „jeweils die gültigen Parameter von Raum und Zeit, von raumzeitlicher Nähe und Ferne revolutioniert und neue Zusammenhänge von Raum und Zeit"[18] stiftet. Heine, Rilke und Goldhorn verarbeiten diese jeweils neuen Zusammenhänge im medialen und technischen Kontext ihrer Zeit und stellen dadurch literarisch eine sich immer weiter verdichtende Gegenwart dar, die im digitalen Nomadentum von Arnold in *Park* ihren vorläufigen Höhepunkt erfährt. Soweit die These der folgenden textnahen Betrachtung des Romans im Kontext aktueller zeittheoretischer Gegenwartsanalysen.

2 Reisen auf Zeit-Karten – Gegenwart in *Park*

Über hundert Jahre nach Brigge reist Arnold, der Protagonist des kurzen Romans *Park* von Marius Goldhorn, mit dem Zug von Berlin nach Paris, um von dort drei Tage später nach Athen weiterzufliegen, wo er seiner Ex-Freundin Odile bei einem Filmdreh helfen soll. In seinem Erleben der Stadt, das nur wenige Tage währt, ist die Gegenwart noch weiter ausgedehnt, immer wieder geht sein Blick auf die Zeitanzeige seines Smartphone, bereits der zweite Satz des Romans markiert die Zeit: „Es war 14.21 Uhr."[19] Während der Zugfahrt schreibt er in einem Chat mit seinem Freund Veysel in Berlin, verschickt Nachrichten an Odile in Athen, die unbeantwortet bleiben, liest alte Nachrichten von ihr, löscht sie und kommt „[e]ine Stunde und sechsundzwanzig Minuten später"[20] in Paris an. Fast wie eine Reminiszenz an seine literarischen Vorgänger wirkt da seine Vorstellung „wie Odile in einer Bahnhofshalle aus dem 19. Jahrhundert, an eine

---

15 Großklaus: *Medien-Zeit, Raum-Zeit*, S. 12.
16 Ebd.
17 Es sei angemerkt, dass Großklaus eine kategorische Unterscheidung zwischen „Generation von Bewegungsmaschinen" (Eisenbahn, Auto, Flugzeug etc.) und „neue Mediengenerationen" (Fotografie, Film, Computer etc.) vornimmt. Im Sinne eines erweiterten Medienbegriffs kann aber für alle diese Fälle von *Medien* die Rede sein.
18 Großklaus: *Medien-Zeit, Raum-Zeit*, S. 12.
19 Marius Goldhorn: *Park*. Frankfurt a.M. ²2020, S. 9.
20 Ebd., S. 14.

gusseiserne Säule gelehnt, auf ihn wartete".[21] Anders als bei Heine und Rilke sind hier Eisenbahn und die Métro aber nur der geringste Teil eines medialen Zusammenhangs, der das Gegenwartserleben von Arnold beinahe bis zur temporalen Erstarrung treibt.

Übernimmt man den Begriff der ‚Zeit-Karte' von Großklaus, dann lässt sich mit Blick auf die Fortbewegung von Arnold feststellen, dass im Zentrum seines Reisens tatsächlich *Zeit* als entscheidende Kategorie steht. Zwar bewegt er sich innerhalb von wenigen Tagen von Berlin nach Paris und dann weiter nach Athen, die europäischen Metropolen sind jedoch nur der Raum, in dem sich Gegenwart als Zeit konstituiert. Entscheidend ist nicht der Ort, sondern die Zeit. Arnold ist ständig eingebunden in eine Markierung von Gegenwart. Auf beinahe penetrante Weise hält er die Zeit fest und positioniert sich in einem Gefüge von Gegenwart, Zukunft und Vergangenheit. Dabei ist Arnolds Erleben zunächst vor allem geprägt von einem Verschränken und Verschieben von Zeitebenen. Bereits auf dem Weg nach Paris, das selbst nur Durchgangsstation ist, fallen mehrere Zeiten zusammen. Das Lesen und darauffolgende Löschen der Nachrichten von Odile, die vor allem aus der Zeit ihrer ersten Begegnung und ihrer kurzen Beziehung stammen, holen die Vergangenheit zunächst in die Gegenwart. Sie ist nun nicht mehr in Gänze nachvollziehbar, sondern rückt an die Gegenwart heran; bis zu dem Punkt als Odile wenige Wochen vorher wieder Kontakt aufgenommen hat. Sobald er in Paris angekommen ist, setzt er sich wieder in Bezug zu einer Zeit-Karte, indem er feststellt: „Es war 17.03 Uhr. Er dachte: In drei Tagen bin ich in Athen."[22] Durch den sich immer wiederholenden Blick auf das Smartphone und das Festhalten der aktuellen Uhrzeit, wird eine permanente Gegenwart konstituiert. Jedes Erleben ist immer im Hier und Jetzt. Das zeigt sich auch im wiederholten Aktualisieren von E-Mails und Nachrichten, das häufig mit dem Blick auf die Uhrzeitanzeige auf dem Display einhergeht. Durch das Abrufen der aktuellen Nachrichten oder zumindest durch die Versicherung, dass man keine Nachrichten verpasst hat, wird ein Gegenwärtigbleiben inszeniert, das nicht zulässt, dass eine Diskrepanz zwischen der Wahrnehmung und dem Verlauf der Zeit entsteht.

Was Arnold zunächst vor allem in den Tagen in Paris erlebt, was sich aber als thematisches und strukturelles Zentrum durch die gesamte Erzählung zieht, ist das Gefühl einer permanenten Gegenwart, in der sich Zeit auf engstem Raum verdichtet. Damit schließt der Roman erkennbar an aktuelle Zeit-Diskurse zur Wahrnehmung von Gegenwart im Kontext digitaler Medien an. In seinem Buch

---

21 Ebd.
22 Ebd.

Present Shock: When Everything Happens Now (2013) macht Douglas Rushkoff dieses Zeiterleben zum Fokus seiner Betrachtung der Gegenwart. Seiner These zufolge hat die digitalisierte Gesellschaft ihre Wahrnehmung und ihr Denken, kurz ihr ganzes Sein auf ein immerwährendes *Jetzt* projiziert. Während das Ende des 20. Jahrhunderts von einem *Futurism*, einer Fokussierung auf das Zukünftige, gekennzeichnet gewesen sei, sei der Beginn des nächsten Jahrhunderts geprägt von *Presentism*, einer starren Perspektive auf die Gegenwart.[23] Das sei nicht zuletzt die Folge fehlender, großer Erzählungen, die eine klare temporale Struktur vorgeben und in eine Zukunft weisen könnten: „Our digital devices and the outlooks they inspired allowed us to break free of the often repressive timelines of our storytellers, turning us from creatures led about by future expectations into more fully present-oriented human beings."[24] Dabei ist diese Orientierung an einer Gegenwart laut Rushkoff nicht in dem Maße erstrebenswert, wie sie in dem Zitat zunächst scheinen mag. Vielmehr erkennt er in dem festgestellten Drang, auf digitalen Endgeräten Ereignisse an unterschiedlichen Orten auf der ganzen Welt gleichzeitig zu verfolgen, eine Dissoziation des Gegenwartserlebens. In dem unermüdlichen Bestreben gegenwärtig zu sein, verlieren wir – so Rushkoff – die Gegenwart in Wahrheit aus dem Blick:

> By dividing our attention between our digital extensions, we sacrifice our connection to the truer present in which we are living. The tension between the faux present of digital bombardment and the true now of a coherently living human generates the second kind of present shock, what we're calling digiphrenia – digi for ‚digital,' and phrenia for ‚dissordered condition of mental activity.'[25]

In Arnolds Verhalten äußert sich das, was Rushkoff *Digiphrenia* nennt: Eine psychische Spannung, die daraus entsteht, dass das konkrete Erleben einer lokalen Gegenwärtigkeit, dem sprichwörtlichen Hier-und-Jetzt-Sein, in Konflikt gerät mit einem Zeiterleben im digitalen Raum, dessen Ziel zum einen ist, nicht hinter das aktuelle Geschehen zurückzufallen, gegenwärtig zu sein, zum anderen aber auch die Möglichkeit bietet, unterschiedliche Zeiten in den Raum der Gegenwart zu holen. Für Arnold resultiert daraus ein Überfliegen von Handlungen, visuellen Eindrücken und Informationen, die aber nicht verarbeitet werden:

> Er dachte: Eigentlich ist alles in Ordnung im Moment. Er schaltete den Fernseher ein. Ein Kleinkind trug einen viel zu großen Hirnstrommesser mit roten und blauen Elektroden auf dem Kopf. Arnold wurde sehr müde. Arnold wachte auf. Es war 11.02 Uhr. Arnold

---

[23] Vgl. Douglas Rushkoff: *Present Shock: When Everything Happens Now*. New York 2013, S. 3. Siehe auch den Beitrag von Eckhard Schumacher in diesem Band.
[24] Rushkoff: *Present Shock*, S. 72f.
[25] Ebd., S. 75.

hatte neun Stunden und dreizehn Minuten geschlafen. Arnold setzte sich auf. Er dachte: Morgen fliege ich nach Athen. Er dachte an Odile. Er suchte nach einem frischen T-Shirt. Arnold nahm sein MacBook und las das Gedicht über die Aliens. Arnold dachte: Wie komme ich darauf, dass sie die Erde zerstören wollen? Vielleicht wollten sie mich nur über ihre Ankunft informieren. Er machte Acid Mt. Fuji von Susumu Yokota an. Er schaute nach seinem Kontostand auf der Website seiner Bank. Er war okay. Arnold las den Wikipedia-Eintrag der Terra-Nova-Expedition. Er dachte darüber nach zu masturbieren. Arnold fragte sich, ob er vollkommen verzweifelt oder eigentlich alles in Ordnung war.[26]

Die Frage, die sich Arnold am Ende dieses Abschnitts stellt, soll wohl eine Dissonanz zwischen dem eigenen Erleben und der Wahrnehmung disparater Eindrücke zur gleichen Zeit ausdrücken. Die Voraussetzung für diese Empfindung ist die Annahme, dass die sinnliche Wahrnehmung des Raumes, das physische Sein im Hier-und-Jetzt, in Konflikt gerät mit einem vor allem medial vermittelten Gegenwartsgeschehen. Großklaus zufolge hat in dieser Medienrealität „nichts ‚seinen Ort', sondern alles ‚seine Zeit'",[27] dem gegenüber steht jedoch der Mensch als Körper, der immer *seinen* Ort haben muss: „All experience is local. Everything we see, hear, touch, smell, and taste is experienced through our bodies. And unless one believes in out-of-body experiences, one accepts that we and our bodies are permanently fused. We are always in place, and place is always with us."[28] Diese Setzung einer Körpererfahrung, die zwingend einen Ort haben muss, steht zu Beginn des Textes „The Rise of Glocality. New Senses of Place and Identiy in the Global Village" von Joshua Meyrowitz. In seinem Beitrag aus dem Jahr 2005 formuliert Meyrowitz mit Blick auf den damals aktuellen Stand der digitalen Technik und des Internets seine Interpretation des Begriffs *Glocality* als das Eingebundensein in eine „interconnected global matrix",[29] daher existieren das Lokale und das Globale gleichzeitig im Status der Glokalität.[30] Dieses Leben in Glokalitäten führe jedoch zu einer „dissociation between physical place and experiantial space".[31]

Was in Arnolds Erleben in *Park* und bei der Diagnose eines *Present Shock* durch Rushkoff direkt zusammenhängt mit der Möglichkeit digitaler Kommunikation und dem permanenten Zugriff auf Nachrichten und Informationen im Internet – das, was Hans Ulrich Gumbrecht an anderer Stelle als „Hyperkom-

---

26 Goldhorn: *Park*, S. 36 f.
27 Großklaus: *Medien-Zeit, Raum-Zeit*, S. 112.
28 Joshua Meyrowitz: „The Rise of Glocality. New Senses of Place and Identity in the Global Village". In: Kristóf Nyíri (Hg.): *A Sense of Place: The Global and the Local in Mobile Communication*. Wien 2005, 21–30, hier S. 21.
29 Ebd., S. 23.
30 Vgl. ebd. S. 25.
31 Ebd., S. 27.

munikation" beschrieben hat[32] – konstatierte also Großklaus bereits 1995[33] und Meyrowitz gar schon 1987. In seiner Monografie *Die Fernseh-Gesellschaft* stellt Meyrowitz bereits Ende der achtziger Jahre, zu einer Zeit als das Internet in der heutigen Form noch nicht existierte, fest: „Die elektronischen Medien haben die Bedeutung von Ort, Zeit und physischen Barrieren als Einflußgrößen der Kommunikation nachhaltig verändert."[34] Den Grund dafür findet er bereits damals in der Möglichkeit, Gegenwartsgeschehen wahrzunehmen, das sich nicht am gleichen Ort vollzieht, an dem sich der wahrnehmende Mensch befindet.[35] Das Gefühl einer Dissoziation angesichts zeit-räumlicher Verschiebungen aufgrund technischen Fortschritts ist demnach nichts, was sich erst im Zeitalter weit verbreiteter digitaler Medien und eines mobilen Internetzuganges zeigt, sondern von Großklaus, Meyrowitz und anderen bereits mit Blick auf das Fernsehen gedacht wurde. Sogar Heines Gefühl eines kleiner gewordenen Raumes mittels einer schnelleren Mobilität – die Nordsee scheint ihm bereits vor seiner Pariser Haustür zu beginnen – ist in gewisser Weise bereits eine ‚Digiphrenie' avant la lettre.[36] Die Landschaften, die im 19. Jahrhundert aufgrund der neuen, schnellen Reise- und Kommunikationsmöglichkeiten, „ihr Jetzt in einem ganz konkreten Sinne verlieren",[37] so Schivelbusch, sind daher bereits Vorboten einer Wahrnehmungsveränderung durch elektronische Medien, die Arnold erfährt. Die These eines *Present Shock*, der Rushkoff zufolge das neue Jahrtausend aufgrund der sich weiter verdichtenden Gegenwartswahrnehmung durch fortgeschrittene Digitaltechnik prägt, operiert daher mit Prämissen, die sich bereits zu Zeiten finden lassen, die nach Rushkoff noch von einem Zukunftsdenken bestimmt waren und teilweise Digitalität im heutigen Sinne noch gar nicht kannten. Das falsifiziert Rushkoffs Diagnose zwar nicht, implementiert sie jedoch in einen größeren Zusammenhang von Zeit-Raum-Verhältnissen, die an technische Entwicklungen gebunden sind. Damit erscheint die Fokussierung auf Gegenwart, die Rushkoff ausmacht, nicht mehr als Zäsur, sondern vielmehr als Ergebnis einer forcierten Entwicklung, die bereits im 19. Jahrhundert begonnen hat.

---

32 Vgl. Hans Ulrich Gumbrecht: *Unsere breite Gegenwart*. Berlin 2010, S. 114–131.
33 Vgl. Großklaus: *Medien-Zeit, Raum-Zeit*, S. 108–112.
34 Joshua Meyrowitz: *Die Fernseh-Gesellschaft. Wirklichkeit und Identität im Medienzeitalter*. Weinheim/Basel 1987, S. 21.
35 Vgl. ebd.
36 Mit Blick auf die These von Armin Nassehi, dass bereits die Gesellschaften des 19. Jahrhunderts strukturell digital organisiert gewesen seien, ließe sich gar die Frage stellen, ob der von Rushkoff eingeführte Begriff der *Digiphrenia* an dieser Stelle nicht sogar besser passt, als man auf den ersten Blick vermuten würde. (Siehe dazu: Armin Nassehi: *Muster. Theorie der digitalen Gesellschaft*. München 2019, insbesondere S. 57–63.)
37 Schivelbusch: *Die Geschichte der Eisenbahnreise*, S. 43.

3 Erzeugung von Vergangenheit und Zukunft durch Semantisierung

In *Park* manifestiert sich insbesondere im zweiten Teil des Romans, der in der nahen Vergangenheit spielt, wie sehr diese Orientierung an einer Zeit-Karte mit digitaler Technik zusammengedacht wird. Die Fixierung auf Uhrzeiten, die Anzeige und Markierung von Zeiten und Zeitabläufen, zum Beispiel dem minutengenauen Festhalten der Schlafenszeit, ist im Vergleich zu den Tagen in Paris sogar gesteigert:

> Vier Tage später stand Arnold in seiner Küche. Er rührte ein Vitaminpulver in ein Glas Leitungswasser. Er blickte auf die Waschmittelreste in der offen stehenden Waschmaschinenschublade. Er entsperrte sein iPhone. Es war 12.12 Uhr. Arnold dachte: 12.12 Uhr. Er dachte: Mir kommt es vor, als sei alles um mich herum gemacht. Arnold schaute aus dem Fenster. Er betrachtete die Bäume im Sommerwind. Arnold dachte: Das ist viel zu schön. Arnold blickte auf sein iPhone. Es war 12.14 Uhr. Er betrachtete die Waschmaschine. Arnold versuchte vierzig Minuten lang, ein Gedicht zu schreiben.[38]

Die genaue Taktung von Handlungsabläufen, die entlang einer Zeitlinie verlaufen, die Arnold durch das häufige Festhalten der Uhrzeit auf seinem iPhone erst entstehen lässt, dehnt die Wahrnehmung dieser Abläufe im Verhältnis zur Zeit aus. Dadurch, dass jede Handlung in eine Beziehung zu der Zeit gestellt wird, innerhalb der sie abläuft, verliert die einzelne Handlung an Bedeutung. Sie steht lediglich noch für eine Position auf einem Zeitstrahl. Parallel dazu scheint die Zeit gedehnt zu werden. Besonders deutlich wird das am Zusammenhang des obigen Zitats mit einem kurz darauffolgenden Ausschnitt:

> Zwei Tage später war es Samstag. Arnold lag auf dem Boden und stellte sich eine Leiche auf einer Matratze mit Memory-Schaum vor. Er entsperrte sein iPhone. Es war 12.12 Uhr. Arnold dachte: 12.12 Uhr. Ist das Zufall? Oder sehe ich so oft diese Uhrzeit, weil ich so oft auf die Uhr schaue? Intensiviere ich die Wahrscheinlichkeit dieses Phänomens? Erzwinge ich durch Wiederholung Mystik? Erhöhe ich die Erfahrung des Sinnvollen, wenn ich nur häufig genug das Gleiche tue?[39]

Dieser Moment der temporalen Erstarrung einer Gegenwartserfahrung kann als zentrale Aussage des Romans gelesen werden. Die Wiederholbarkeit von Zeit und ihres Erlebens führen zum vollständigen Stillstand der Gegenwart. Die semantische Leere des eigenen Tuns und Wahrnehmens wird durch stetige Wiederholung zu umgehen versucht. Diese Wiederholung geht jedoch einher mit

---

38 Goldhorn: *Park*, S. 64 f.
39 Ebd., S. 66.

einem Bewusstsein für Zeit, wodurch sich auch die Zeit stets zu wiederholen scheint. Das Zeiterleben von Arnold ist ein Phänomen, das auch Boris Groys beschreibt: „The present has ceased to be a point of transition from the past to the future, becoming instead a site of the permanent rewriting of both past and future [...]."[40] Was Groys anhand von Gegenwartskunst erkennt, die sich als das benannte *permanent rewriting* darstellt, zeigt sich in Goldhorns Roman als die Repetition von bedeutungslosen Vorgängen, die den Eindruck einer zeitlosen Gegenwart konstruieren. Dieser Verlust eines Gefühls für ein Vorher und ein Danach führt zu etwas, das Groys als „phenomenon of unproductive wasted time"[41] bezeichnet. Zeit wird registriert und markiert, sie wird jedoch nicht semantisch gefüllt, wodurch einerseits das Gefühl verschwendeter Zeit entsteht, andererseits aber der Eindruck einer endlosen Gegenwart. Die repetitiven und bedeutungslosen Handlungen markieren keine Punkte auf der Ebene der Zeit, zu denen sich Arnold in Beziehung setzen könnte, alles ist Gegenwart, weil es keine Vergangenheit und keine Zukunft gibt.

Das Kontrastfeld zu diesem totalen Stillstand bei gleichzeitiger Fokussierung auf Zeit, bildet zumindest für einige Wochen die Beziehung mit Odile, die im Verlauf der Handlungsvergangenheit auf die Phase der totalen Gegenwartserstarrung folgt. Ab dem Zeitpunkt, da Odile in Arnolds Leben tritt, erfährt er Momente, die mit Bedeutung aufgeladen sind. Als er am Morgen nach der ersten gemeinsamen Nacht die Wohnung verlässt, um einzukaufen, verbringt er „keine Sekunde zu lang im Kiosk".[42] Die Anwesenheit von Odile in seinem Leben gibt seinem Handeln instantan eine Bedeutung, als wäre mit Odile eine Zäsur in den Verlauf der Zeit eingefügt worden, die eine Vergangenheit sowie eine Zukunft markiert:

> Odile sagte: Morgen kaufe ich Remoulade.
> Arnold dachte: Morgen.
> Odile sagte: Eigentlich finde ich deine Wohnung sehr schön.
> Er sagte: Morgen kaufe ich eine große Tube Remoulade.[43]

Es scheint, als würde Arnold in diesem Moment selbst klar werden, dass es nun eine Zeitdimension gibt, die nicht mehr direkt erfahrbar ist, sondern die auf eine konkrete Zukunft verweist, auf ein *Morgen*. Die Zeit, die er gemeinsam mit Odile verbringt, wird von Arnold nicht mehr als starre Gegenwart wahrgenommen, sondern als ein sinnhaftes Vergehen von Zeit. Paradoxerweise führt eben

---

[40] Boris Groys: „Comrades of Time". In: *e-flux journal* 11(2009), unpaginiert.
[41] Ebd.
[42] Goldhorn: *Park*, S. 95.
[43] Ebd., S. 97.

diese Sinnhaftigkeit des Erlebten dazu, dass das Verhältnis von Zeit und Erleben als irrelevant wahrgenommen wird. Beinahe plakativ mutet an, wie Odile die Zeitwahrnehmung Arnolds aktiv außer Kraft setzt, als sie auf seine Frage nach der Uhrzeit antwortet mit „Keine Ahnung".[44] Hatte Arnold bis zu diesem Punkt der Erzählung seine Zeit durch den zwanghaften Blick auf sein Smartphone strukturiert und festgehalten, scheint er nun von diesem Diktat befreit zu sein.

Die Zeit der Beziehung, insgesamt sechs Monate, ist lediglich durch parataktische Ereignissätze beschrieben, die durch eine iterative Erzählweise den Verlauf eines gemeinsamen Erlebens schildern:

> Ein halbes Jahr lang aßen sie morgens Brote.
> Sie aßen abends in billigen Restaurants.
> Sie zogen sich aus, sie zogen sich an.
> Sie aßen Edamame und Ramen. Pho Bo, Pho Ga, Bun Bo. Soljanka, Borschtsch, Schtschi.
> Sie kochten Spaghetti alla puttanesca.
> Sie schauten schlechte Dokus über Roboter.
> Sie zogen sich gegenseitig aus.[45]

Insgesamt vierzig dieser gemeinsamen, teilweise sehr spezifischen Handlungen werden aufgelistet, bevor Odile Arnold verlässt, um nach London zu gehen. Virulent ist hier nicht nur das Verhältnis von erzählter Zeit zu Erzählzeit, das im Vergleich eine wesentlich stärkere Raffung aufweist, sondern insbesondere auch die weitgehende Abwesenheit von digitaler Technik und einer Zeiterfassung – zwei Elemente, die das Erleben Arnolds bis zu diesem Moment der Handlung geprägt hatten. Zeit wird in diesem Sinne als Orientierungsgröße bedeutungslos, sobald sie nur als Teil eines bedeutungsvollen Handelns wahrgenommen wird: Sechs Monate vergehen, ohne dass Arnold es bemerkt, könnte man es formulieren. Er erlebt Gegenwart, ohne sie als solche bewusst wahrzunehmen. Da die Diskrepanz zwischen einem lokalen und digitalen, globalen Gegenwartserleben drastisch verringert worden ist, verschwindet auch das Gefühl einer Dissoziation zwischen dem „physical place and experiential space",[46] um an dieser Stelle noch einmal Meyrowitz aufzurufen. Diese kurze Episode in der erzählten Vergangenheit des Romans stellt die einzige Phase der Erzählung dar, in der Zeit eine bewusst untergeordnete Rolle spielt.

---

44 Ebd., S. 99.
45 Ebd., S. 101.
46 Meyrowitz: „The Rise of Glocality", S. 27.

4 Sehnsucht nach einem Vorher und einem Nachher

Mit der Ankunft in Athen in der Erzählgegenwart beginnt ein Bewusstsein für Zeitempfinden einzusetzen, das sich von dem zwanghaften Gegenwartserleben in Form einer Erstarrung insofern unterscheidet, als Arnold sich nun in Bezug zu dieser Wahrnehmung setzt. Als er Athen erreicht und dort wieder auf Odile trifft, läge die Vermutung nahe, dass es zu einem Wechsel des Zeitempfindens kommt, der dem der ersten Phase der Beziehung ähnelt. Stattdessen markiert das Erreichen Athens und das Zusammentreffen mit Odile den Beginn einer anderen Wahrnehmung Arnolds von sich selbst im Kontext von Gegenwart. Dies geschieht jedoch weniger bewusst als vielmehr in Form einer sublimen Perzeption von temporalen Zusammenhängen, ohne dabei zunächst eine konkrete Reflexion über diese Veränderung zu initiieren.

Im Gespräch mit Odiles Freundin und Mitbewohnerin Esther erfährt er bereits kurz nach seiner Ankunft eine Unsicherheit der eigenen Wahrnehmung. Während der drei Tage in Paris hatte er einen terroristischen Anschlag in der Stadt in den Nachrichten verfolgt, kann sich aber nun – nur wenige Tage später – an nichts Genaues mehr erinnern. Das nur kurze Zeit zurückliegende Ereignis verschwimmt bereits mit anderen Wahrnehmungen, die gleichzeitig stattgefunden haben: „Arnold wurde klar, dass er das tatsächlich nicht wusste. Er erinnerte sich nur vage an die Berichterstattung. Was hatte er gemacht? Über die Aliens nachgedacht? Arnold dachte an sein Gedicht. In ihm flackerten erschöpfte Bilder von Sand auf, ein Strand, eine Wüste. Er atmete tief durch."[47] Verstärkt wird diese Unsicherheit über die eigene Erinnerung noch durch Esthers Erzählungen von einem anderen, früheren Anschlag in Paris, als sie selbst einmal dort war, und dadurch, dass Odile nichts zu dem aktuellen Anschlag in den Nachrichten finden kann. Diese Vagheit, das Verschwimmen von Ereignissen, die sich nicht mehr einer Zeit ihres Geschehens zuordnen lassen, und Odiles finalisierende Feststellung, dass es „[e]gal"[48] sei, sind eine zunächst unbewusste Irritation von Arnolds eigener Zeitwahrnehmung. Der Wunsch nach einer Katastrophe, „damit alles wieder an seinen Platz rückt",[49] ist als Folge davon zum ersten Mal die konkrete Suche nach etwas, das sich zuvor lediglich im Subtext seiner Zeitwahrnehmung erkennen ließ: Es bedarf eines semantisierten Einschnitts, der die permanente Gegenwart in ein Vorher und Nachher trennt. Arnolds Tagtraum davon, „wie

---

47 Goldhorn: *Park*, S. 113.
48 Ebd., S. 114.
49 Ebd., S. 115.

Odile und er sich im Ascheregen küssten",[50] ist nicht nur eine medial geprägte Idealvorstellung einer Vereinigung zweier Menschen, sondern auch die Sehnsucht nach einem Moment, der – hier in Form einer miterlebten Katastrophe – als bedeutungsgeladen erfahren wird.

Was Arnold in der Folge während der Zeit in Athen erfährt, könnte man als den Wunsch nach einer temporalen Tiefendimension beschreiben. Die Irritation über die Realität der eigenen Erinnerungen angesichts einer Gegenwart, die sich aus sich überlagernden Ereignissen auftürmt, entlädt sich in einer Sensibilität für Zeitebenen, die sich in Vergangenheit, Gegenwart und Zukunft einteilen lassen. Seine Idee für eine Funktion eines Textverarbeitungsprogramms, „mit der man einen ganzen Text aus dem Präsens ins Präteritum setzen könnte",[51] ist ebenso wie seine Vorstellung von Gebäuden der Gegenwart als Ruinen der Zukunft die bereits erwähnte sublime Perzeption von Zeitverhältnissen. Der Anblick der lediglich etwas mehr als fünfzehn Jahre alten Gebäude der olympischen Spiele von 2004 löst bei Arnold das plötzliche Gefühl einer existierenden Vergangenheit und einer bevorstehenden Zukunft aus:

> Ihm kam das verfallene Areal edel vor, vielleicht, weil es ein noch relativ unberührtes Bruchstück war. Erinnerung und Gegenwart fielen ineinander, und in diesem Moment wurde ihm klar, was das für ein ungeheurer Fortschritt im menschlichen Denken war, das ästhetische Bewusstsein der Ruine, die Musealisierung der Welt. Hätte Odile Arnold nicht gefragt, ob er das Stativ aufbauen könne, er hätte sich für einen kurzen Moment im Einklang mit seiner Umwelt befunden. Er zog das Aluminium-Stativ auseinander. Er dachte: Alles, was der Mensch macht, ist, die Erde in eine Ruine zu verwandeln, einen eingezäunten Abgrund zu hinterlassen, aber für wen? Arnold sagte: Wie eine Ruine aus der Zukunft.[52]

Das Olympia-Areal, das nur wenige Jahre nach seiner Erbauung seinen Zweck bereits verloren zu haben scheint, ist ein Ort, an dem Vergangenheit, Gegenwart und Zukunft gleichzeitig zu existieren scheinen. Die im historischen Vergleich geringe Zeitspanne, in der die Gebäude erbaut, genutzt und ihrem Verfallen überlassen wurden, verdichtet eine Zeiterfahrung, die sich sonst über mehrere Dekaden oder gar Jahrhunderte erstreckt. Diese heterotopische Qualität des Ortes spürt Arnold zwar, eine aktive Reflexion über die Bedeutung und die Gründe dieser Empfindung bleibt jedoch aus.

Doch trotz dieser erhöhten Sensibilität für temporale Zusammenhänge ist Arnold nicht in der Lage die von ihm erhoffte Katastrophe, die Zäsur, die die Gegenwartsstarre unterbricht, wahrzunehmen und als solche zu erkennen,

---

50 Ebd.
51 Ebd., S. 129.
52 Ebd., S. 146.

selbst als sie direkt vor seinen Augen geschieht. Gegen Ende seines Aufenthalts in Athen erlebt er an mehreren Tagen Demonstrationen und zuletzt gewaltsame Aufstände im Stadtteil Exarchia, der tatsächlich für seine teilweise heftigen Straßenkämpfe zwischen Autonomen und der Polizei bekannt ist. Als Arnold mit Odile und Esther das erste Mal in Exarchia ist, sieht er durch das Straßenfenster eines Restaurants Demonstrant*innen, die vor der Polizei fliehen, während Esther die Handlung eines Films beschreibt. Die Diskrepanz zwischen Esthers fiktionaler Erzählung und dem realen Geschehen, das durch die Scheibe des Fensters wahrgenommen wird, lösen eine ähnliche Dissoziation aus, wie die Gleichzeitigkeit des Verschiedenen, das über digitale Medien vermittelt wird:

> Zwei Männer rannten zu schnell, in echter Angst vorbei. Ein paar Sekunden später folgte eine Menge schwarzgekleideter Frauen und Männer mit Motorradhelmen. Die Verfolgten versteckten sich in einem Café. Aus dem Nichts tauchten Eisenstangen auf. Die schwarzgekleideten Frauen und Männer schlugen das Schaufenster des Cafés ein. Arnold blickte eine unbeteiligte Frau mit Einkäufen an. Sie zuckte mit den Achseln. Die schwarze Funktionskleidung, die die meisten trugen, war von ein und derselben Trekking-Marke. Wut, Aktivismus, Interesse für die Weltlage, dachte Arnold, auch alles potentielle Konsumzapfhähne.[53]

Die Gleichgültigkeit, mit der Arnold die politischen Kämpfe auf der Straße im Zusammenspiel mit kapitalistischen Interessen betrachtet, ist ein Hinweis darauf, dass in der Konsumlogik des Kapitalismus auch Aufstände und Revolutionen letztlich konsumierbare Ereignisse sind. In einem Reiseführer wird der Stadtteil als „von sogenannten Anarchisten regiert"[54] beworben, Arnold empfindet die Umgebung als eine „Kulisse für linksalternative Tourismuserfahrung" und beobachtet eine „alternative Krisen-Stadtführung", bei der die Tourist*innen aufgefordert werden, mit den Straßenhändler*innen um Second-Hand-Kleidung zu feilschen.[55] Die „angenehme folkloristische Abwechslung",[56] als die Arnold die Zurschaustellung politischer Kämpfe empfindet, verweist auf eine Logik des Kapitalismus, der er sich selbst nicht entziehen kann. Ähnlich wie der Terroranschlag in Paris lösen auch die teilweise gewalttätigen Demonstrationen bei Arnold keine entsprechende Reaktion aus. Beide Ereignisse erscheinen auf die gleiche Weise als konsumierbare Gegenwart.

Selbst als er sich einige Tage später selbst mitten in gewalttätigen Ausschreitungen wiederfindet, empfindet er keine entsprechende emotionale Reaktion zu den Ereignissen, die er weiterhin eher als medial vermitteltes Spektakel

---

53 Ebd., S. 123.
54 Ebd., S. 118.
55 Ebd.
56 Ebd.

denn als die potenzielle und von ihm erhoffte Zäsur der Gegenwartserfahrung wahrnimmt: „Arnold stellte sich zu einer Gruppe Touristen mit China-Nudeln in der Hand, die sich fragten, wo der lustige Junkie mit der Fuck-the-Police-Flagge war, mit dem sie sich eben noch unterhalten hatten. Irgendjemand hatte den *Redemption Song* angemacht."[57] Obwohl Arnold sich in einer durchaus gefährlichen Situation befindet, erscheinen die Gewalt, das Feuer, die fliegenden Steine und Flaschen um ihn herum lediglich als Teil eines Spektakels für Tourist*innen, die teilweise auch selbst daran teilnehmen. Als sich die Situation um Arnold beruhigt, stellt er wie nach dem Ende eines Konzerts oder einer Veranstaltung fest: „Das scheint es für heute gewesen zu sein."[58] In dieser indifferenten Haltung Arnolds gegenüber den Straßenkämpfen, dem aktiven politischen Kampf, der sich in seiner direkten Umgebung abspielt, ist eine Unfähigkeit erkennbar, zwischen der physischen Realität der Gewalt und ihrer medialen Repräsentation zu unterscheiden. Genauso wie Arnold das Attentat in Paris und weitere aktuelle Ereignisse mehr oder weniger emotionslos auf seinem Laptop oder seinem iPhone beobachtet, registriert er auch die Gewalt um ihn herum als medial vermitteltes Schauspiel. Die Szene während der Demonstration und der Straßenkämpfe wirkt wie ein Verweis auf einen Moment wenige Tage zuvor in Paris, als er noch lediglich Videos von Demonstrationen angeschaut hatte:

> Er schaute sich ein paar Videos der Unruhen von 2005 an, und er dachte, wie zufrieden ihn die Aufnahmen plündernder Menschen damals gestimmt hatten. Die Bilder waren ihm wichtig oder neu vorgekommen, weil er dieses schaukelnde, rauschende Schwarz-Weiß-Bild einer Kameradrohne nie zuvor gesehen hatte. Sein jugendliches Ich war davon überzeugt gewesen, dem Beginn von etwas sehr Großem beizuwohnen, zum Beispiel dem Ende des Kapitalismus. Arnold wusste damals noch nicht, dass alles verebbt, alle Aufstände und jedes Gefühl.[59]

Rückblickend scheint dieser Moment ein proleptischer Verweis auf Arnolds Wahrnehmung der tatsächlichen Proteste wenige Tage später in Athen zu sein. Hatte er über zehn Jahre zuvor Unruhen als bedeutend wahrgenommen, nicht zuletzt, weil die Imperfektion der Videoaufnahmen Relevanz und Authentizität suggeriert hatte, sieht er sich nun – selbst als teilweise partizipativer Teil von politischen Unruhen – nicht in der Lage ihre Bedeutung zu erkennen oder sich emotional in Beziehung zu ihr zu setzen. Was hier angedeutet scheint, ist eine Unfähigkeit die Realität als solche wahrzunehmen, weil sie bereits durch mediale Vermittlung mehrfach in ähnlicher Form erlebt wurde. Die Hyperrealität

---

57 Ebd., S. 154.
58 Ebd., S. 157.
59 Ebd., S. 17.

medial vermittelter Ereignisse löst bei Arnold eine Ent-Täuschung im Wortsinn aus: Die Realität wirkt im Vergleich zu ihrem Simulacrum nicht realistischer. Erst als er die sich ihm darbietende Szenerie mit dem iPhone fotografieren will, wird das reale Geschehen der Proteste wieder ästhetisiert: „In einer dunklen Gasse nahm er sein iPhone und schoss ein Foto: im Vordergrund eine geschmolzene Plastikmülltonne vor Athener Apartmenthäusern, im Hintergrund Sirenenlicht und sich neu zusammenrottende Polizisten."[60] Das digitale Festhalten der Realität erzeugt in dem Moment die „simulierende Dimension der Hyperrealität"[61] im Sinne Baudrillards. Dass Arnold jedoch bevor er das Foto tatsächlich machen kann, das iPhone von einem Polizisten weggerissen und er selbst in Gewahrsam genommen wird, ist nur folgerichtig in der Konsequenz der Zeitwahrnehmung, die erneut am Erleben einer Zäsur scheitert.

5 Die Gegenwart als zeitlose Schwellenphase

Das Ende des Romans ist geprägt von einem Gefühl von Zeitlosigkeit, die Arnold zunächst in Folge des verlorenen iPhones überkommt. Mit dem Verlust der permanenten Verbindung zu einer medial vermittelten Gegenwart setzt für Arnold eine Form der Zeitwahrnehmung ein, die zwar nicht mehr geprägt ist von einer starren Gegenwart, die jedoch auch nicht in eine sinnhafte Zukunft reicht. Nicht in die Möglichkeit einer Zeit- oder Gegenwartserfassung in Form digitaler Medien eingebunden zu sein, erzeugt hier Zeitlosigkeit. Als er, nachdem die Polizei ihn freigelassen hat, auf einer Anhöhe über die Stadt blickt, denkt er „an die simple Ordnung des Universums zu seiner Anfangszeit. An den Beginn der Zeit. Und Arnold wurde klar, dass er ein Ausdruck von Komplexität war, den das Universum erreicht hatte. Ihm wurde klar, dass die silberne Kette, die Odile und er sich vor weniger als einem Jahr online bestellt hatten, von einer Supernova vor Milliarden Jahren geschmiedet worden war."[62] Der Zeitraum, der hier aufgerufen wird, ist weniger ein Blick in eine konkrete Vergangenheit, sondern vielmehr auf eine temporal losgelöste Ebene, in der eine Gegenwart, wie sie Arnold bisher erfahren hat, keine Rolle mehr spielt: „Er wusste nicht, wie lange er dort stand."[63]

---

60 Ebd., S. 157.
61 Jean Baudrillard: *Der symbolische Tausch und der Tod*. München 1982, S. 116.
62 Goldhorn: *Park*, S. 162.
63 Ebd.

Als er sich schließlich am Flughafen von Athen wieder von Esther und Odile verabschiedet, besteht keinerlei Verbindung mehr zu einer digital vermittelten Gegenwart; während Arnold über kein Smartphone mehr verfügt, haben die anderen beiden keine Netzverbindung. Beinahe überzogen symbolisch tritt Arnold damit in ein Umfeld ein, das außerhalb von Zeit stattfindet. In Folge der Aufstände der Nacht zuvor sind sämtliche Strom- und Kommunikationsnetze der Stadt zusammengebrochen und Arnold ist gezwungen in einem Hotel zu übernachten, das aber selbst über keine Elektrizität oder einen Internetzugang verfügt. Während er dort darauf wartet, in sein Zimmer gehen zu können, stößt er in einem Kunstkatalog auf das Gemälde *Abend über Potsdam* von Lotte Laserstein aus dem Jahr 1930, in dessen zentraler weiblicher Figur er Odile zu erkennen meint. Die Bedeutung, die damit am Ende des Romans auf dieses Gemälde gelegt wird, rückt die bisherige Gegenwartserfahrung Arnolds in einen historischen und politischen Kontext.

Lasersteins Darstellung eines mondänen Abends vor dem Hintergrund Potsdams ist, so Kristin Schroeder in einer ausführlichen Analyse des Gemäldes, die Darstellung des „political hangover in the aftermath of Weimar's decadent years".[64] Laserstein zeige einen Moment des Übergangs, indem sie einerseits durch Anklänge an Vermeer und Leonardo da Vinci auf die Kunsthistorie verweise, andererseits aber einen konkreten Moment ihrer Gegenwart abbilde. Die Positionierung junger Menschen aus der gegenwartsbegeisterten Metropole Berlin in einem historischen Vorstadtumfeld deutet zudem die Spannungen zwischen der Gegenwart der Weimarer Republik und der bereits dräuenden gesellschaftlichen und politischen Umwälzungen und Verbrechen in der nahen Zukunft der dreißiger Jahre an.[65] Die Zeit scheint in dem Gemälde ebenso stillzustehen, wie die Gegenwart, in der Arnold sich befindet. Die abgebildeten Personen in *Abend über Potsdam* sind eben nicht in der pulsierenden Großstadt, sondern im ländlichen und ruhigen Potsdam. Der dargestellte Moment wird zusätzlich eingefroren, darauf weist Schroeder hin, da die Flüssigkeit, die die junge Frau rechts im Bild in ein Glas gießen will, im Moment, da sie über den Rand des Krugs fließen will, im Stillstand des Gemäldes eingefangen ist: „Laserstein decelerates time and delays the completion of the event, thwarting progress indefinitely. As time lags and the figures linger, the apparent solidity of the scene begins to crumble, offering a deceptively incohesive world in suspension."[66] Das

---

64 Kristin Schroeder: „An Ambivalent Elegy: Lotte Laserstein's *Evening Over Potsdam* (1930)". In: *Art History*. 42/4 (2019), S. 808–826, hier S. 812.
65 Vgl. ebd.
66 Ebd.

Gemälde spiegelt daher in seiner rückblickenden Symbolhaftigkeit[67] im Kontext des Romans in gewisser Weise die Situation, in der sich Europa am Übergang zum kommenden Jahrzehnt, den zwanziger Jahren des 21. Jahrhunderts, befindet. Besonders symbolisch mutet da das Ende des Romans in Athen an. Athen, als die Hauptstadt Griechenlands, ist mit der Finanzkrise von 2010 beinahe zum Symbol für die ersten große Risse im europäischen Selbstbild dieses Jahrhunderts geworden und steht durch die menschenunwürdigen Camps für Geflüchtete auf Lesbos gleichzeitig für die aktuelle Identitäts- und Humanitätskrise der EU am Übergang zu den 2020er Jahren. Arnold jedoch sieht in der zentralen Figur des Gemäldes lediglich Odile, die er in dem Moment als „die erste Bewohnerin seiner Zukunft"[68] zu erkennen meint. Er steht damit in seinem Scheitern an Erkenntnis auch in der Tradition eines berühmten Protagonisten deutscher Popliteratur.

Von ersten Rezensionen wurde *Park* in den Bereich der Popliteratur gerückt und an seine dementsprechenden Vorgänger angebunden.[69] Bereits Christian Krachts namenloser Protagonist in *Faserland* reiste 1995 auf der Suche nach etwas, das sich nie genau manifestierte, und zeigte sich als junger Mann ohne Halt und Bewusstsein für die eigene Position in der unmittelbaren Gegenwart. Es erscheint daher beinahe zu naheliegend Arnold als die für das Jahr 2020 aktualisierte Version dieser übermächtigen Repräsentationsfigur der deutschen Popliteratur zu verstehen. Goldhorn strukturiert aber gerade das Ende seines Romans mit Nachdruck auf diesen Vergleich hin. Krachts Erzähler sucht im letzten Teil von *Faserland* vergeblich auf einem Züricher Friedhof nach dem Grab von Thomas Mann und verschwindet danach ohne Hinweis auf eine Zukunft in der Mitte des Züricher Sees. Die ergebnislose Suche nach der Ruhestätte des deutschen Großschriftstellers Mann wurde auch als die symbolische, scheiternde Suche nach einer deutschen Identität – gemäß dem Mann-Zitat „Where I am, there is Germany" – interpretiert.[70] Parallel dazu ist Arnold am Ende von *Park* unfähig in dem Gemälde *Abend über Potsdam* etwas anderes zu erkennen als seine Freundin und zeitweise Geliebte Odile, mit der er eine Zukunft imagi-

---

[67] Das Städelmuseum beschreibt das Gemälde „[a]us unserer heutigen Perspektive [...] geradezu als Symbol einer Zeitenwende." Alexander Eiling: „Zeitenwende. Lasersteins Abend über Potsdam" In: *Städelblog. Städel Museum Frankfurt a.M.*. https://blog.staedelmuseum.de/lotte-laserstein-abend-ueber-potsdam/, 2019 [zuletzt eingesehen am 7.6.2021].
[68] Goldhorn: *Park*, S. 173.
[69] Siehe dazu: Carla Kaspari: „Ich kann Bedürfnisse viel besser online ausdrücken". In: *Die Zeit* 47/2020 (12.11.2020), S. 56.
[70] Vgl. Michael Peter Hehl: „Kracht, Christian: Faserland. Roman". In: Heribert Tommek u.a (Hg.): *Wendejahr 1995. Transformationen der deutschsprachigen Gegenwartsliteratur*. Berlin/Boston 2015, S. 426–437, hier S. 433.

niert, die angesichts der Trennung und des dargestellten Verhältnisses als äußerst unwahrscheinlich erscheint. In der Konsequenz dieser Unfähigkeit den entscheidenden Hinweis auf seine Suche nach Zukunft zu erkennen, verschwindet Arnold ähnlich wie der *Faserland*-Erzähler in der Zeitlosigkeit eines Hotelzimmers ohne Strom und Internetverbindung.

Als er schließlich mit seinem Laptop auf dem Hotelbett sitzt und alle Programme außer dem TextEdit-Programm geschlossen hat, markiert nun der schwächer werdende Akku die vergehende Zeit:

> Bei 71 % hatte er drei Gedichte geschrieben.
> Bei 56 % hatte er sieben Gedichte geschrieben.
> Bei 23 % hatte er mit einem Website-Generator eine Internetseite gebaut.
> Bei 22 % schrieb er das Gedicht seines Traumes aus Paris neu.[71]

Damit wird schließlich zum Ende des Romans der Verlauf von Zeit in der Wahrnehmung Arnolds konkret an ein digitales Gerät gebunden. Als der Akku leer ist und Arnold ihn aufgrund fehlender Elektrizität auch nicht mehr laden kann, scheint auch die Zeit um Arnold herum stillzustehen: „Arnold bewegte sich nicht."[72] So lautet der letzte Satz und bringt damit auch die Zeit für Arnold zu einem Ende. Entscheidend für die Wahrnehmung und Darstellung von Zeit innerhalb von *Park* ist jedoch, dass Arnold vor diesem letztendlichen Stillstand aus dem Fenster Menschen sieht, die den Flughafen stürmen. Es wird also eine Zukunft geben, vielleicht sogar eine grundlegend neue Zukunft in Form der Zäsur, die Arnold herbeigesehnt hat. Die Zeit bleibt nur in Arnolds Wahrnehmung stehen. Damit steht am Ende des Romans eine Trennung zwischen der starren Gegenwartswahrnehmung von Arnold in einem digitalen Umfeld und dem tatsächlichen Verlauf der Zeit, der unabhängig von dieser Wahrnehmung geschieht und damit auch eine Zukunft enthält.

6 Fazit – Nicht neu, aber gegenwärtig

Heinrich Heine und Rainer Maria Rilke leben und schreiben im 19. und zu Beginn des 20. Jahrhunderts beide in einer Zeit des rasanten technischen Fortschritts. In der Lebenszeit von Heine in der ersten Hälfte des 19. Jahrhunderts wird nicht nur die dampfbetriebene Eisenbahn erfunden, die bald weit voneinander entfernte Orte verbindet, sondern auch das erste elektrische Licht entwi-

---

71 Goldhorn: *Park*, S. 177.
72 Ebd., S. 179.

ckelt, sowie die Telegrafie im größeren Umfang ausgebaut. In den ersten Lebensjahrzehnten von Rilke wird das Telefon patentiert, elektrisches Licht wird nun kommerziell verfüg- und dadurch verbreitet nutzbar, das Auto wird erfunden und die Brüder Lumière entwickeln den Kinematographen. Gleichzeitig und dadurch bedingt und beschleunigt entwickelt sich die Großstadt als Lebensraum und gesellschaftliches Konzept und quasi als eigene Form des Zusammenlebens.[73] In den zu Anfang zitierten Passagen aus Heines Pariser Zeitungsartikeln und aus Rilkes fiktionalisierten Aufzeichnungen der eigenen Großstadterfahrungen scheint etwas hindurch, was zumindest bei Rilke durchaus eine zentrale Rolle spielt, was sich aber insbesondere durch den gesamten Roman *Park* zieht: Eine perzeptive Überforderung aufgrund der technischen Entwicklung und dadurch veränderter Wahrnehmungsverhältnisse. Und sowohl bei Heine und Rilke als auch bei Goldhorns Protagonisten Arnold hängt diese Überforderung zusammen mit einer Verschiebung des Zeit-Raum-Verhältnisses. Während sich diese Auseinandersetzung mit temporalen und spatialen Kategorien in den Texten von Heine und Rilke lediglich am Rande zeigt, steht sie bei Goldhorn im Zentrum der Narration.

Die Rückgriffe auf die Zeit eines rasanten technischen Fortschritts im 19. Jahrhundert und damit einhergehende Überforderungen, die unter anderem Georg Simmel 1903 als eine „*Steigerung des Nervenlebens*, die aus dem raschen und ununterbrochenen Wechsel äußerer und innerer Eindrücke hervorgeht",[74] beschreibt, zeigen jedoch, dass die perzeptive Überforderung angesichts ständig wechselnder und neuer Sinneseindrücke keine grundlegend neue Erfahrung des digitalisierten 21. Jahrhunderts ist. Gerade die Frage, die Schivelbusch aufwirft, ob die „Eisenbahn, der Beschleuniger der industriellen Revolution, und der Computer verschiedene Punkte auf derselben Kurve der Entwicklung von Maschinen einnehmen",[75] ist ein Hinweis darauf, dass Erfahrungen einer Überforderung aufgrund technischer Entwicklung keine genuine Erfahrung des frühen 21. Jahrhunderts sind. Schivelbusch stellt am Beispiel von Heines Wahrnehmung der brandenden Nordsee vor seiner Haustür in Paris fest, dass die beiden Orte – Paris und die Nordseeküste – „ihr altes Hier und Jetzt"[76] verlieren. Diese Fähigkeit Orte, die weit voneinander entfernt sind, medial zu vereinen und dadurch im ersten Moment eine Überforderung zu erzeugen, haben nicht nur die Eisenbahn,

---

[73] Siehe dazu auch Georg Simmel: „Die Großstädte und das Geistesleben". In: Ders.: *Gesamtausgabe. Aufsätze und Abhandlungen 1901–1908*. Hg. v. Otthein Rammstedt, Bd. 7/I, Frankfurt a.M. 2017, S. 116–131.
[74] Ebd., S. 116.
[75] Schivelbusch: „Weltmaschinen", S. I.
[76] Schivelbusch: *Geschichte der Eisenbahnreise*, S. 39.

sondern in größerer Intensität und anderer Form auch der Computer und das Internet. Die Vernichtung von Zeit und Raum, die Schivelbusch konstatiert, und die dadurch hervorgerufene Überforderung erfährt auch Arnold in *Park*. Simmels Beschreibung einer solchen Überforderung in „Die Großstädte und das Geistesleben" lässt sich beinahe ohne Veränderung auf Arnolds Gegenwartswahrnehmung in den Großstädten des 21. Jahrhunderts mit permanentem Internetzugang übertragen:

> Der Mensch ist ein Unterschiedswesen, d. h. sein Bewußtsein wird durch den Unterschied des augenblicklichen Eindrucks gegen den vorhergehenden angeregt; beharrende Eindrücke, Geringfügigkeit ihrer Differenzen, gewohnte Regelmäßigkeit ihres Ablaufs und ihrer Gegensätze verbrauchen sozusagen weniger Bewußtsein, als die rasche Zusammendrängung wechselnder Bilder, der schroffe Abstand innerhalb dessen, was man mit einem Blick umfaßt, die Unerwartetheit sich aufdrängender Impressionen.[77]

Zwar lässt sich im Zuge des technischen Fortschritts, der Digitalisierung und der weiter beschleunigten Informations- und Kommunikationsinfrastruktur eine Forcierung und Zuspitzung dieser Entwicklung über den Verlauf des 20. und die ersten Jahrzehnte des 21. Jahrhunderts nicht leugnen, das ändert jedoch nicht die prinzipielle Feststellung, dass die Diagnose einer Überforderung nicht grundsätzlich neu ist. Sie wird lediglich an gegenwärtige technische und inzwischen auch digitale Umwelten angepasst. *Park* thematisiert so einen aktuellen theoretischen Diskurs über Zeitwahrnehmung und Gegenwart und bewegt sich dabei in dem Spektrum von Fortschrittsüberforderung und der Diagnose eines entropischen Stillstands durch Digitalisierung, das zahlreiche Debatten zu Gesellschaft und Digitalisierung der letzten Jahrzehnte geprägt hat. Mit Blick auf die Zeit der Industrialisierung lassen sich diese Erfahrungen auch an Diskurse des 19. Jahrhunderts anschließen.

Marius Goldhorns *Park* ist damit in gewisser Weise ein Zeitroman für das 21. Jahrhundert im umgekehrten Sinne. Er bildet einen gegenwärtigen gesellschaftlichen Zustand im Europa des frühen 21. Jahrhunderts durch die Perspektive einer einzelnen Person anhand aktueller Gegenwartsdiskurse ab. Anders als die Zeitromane des 19. und frühen 20. Jahrhunderts stellt er damit nicht durch verschiedene Repräsentationsfiguren ein gesellschaftliches Panorama dar, sondern geht den umgekehrten Weg, den einer Perspektivenverengung. Er ist zudem ein Zeitroman in dem Sinne, dass *Zeit* als Diskursthema und als entscheidender Parameter im Zentrum dieser Auseinandersetzung mit Gegenwart stehen. Zeit ist dabei in der personal eingeschränkten Perspektive der Narration keine unabhängige Größe, sondern grundlegend der Wahrnehmung des Protag-

---

77 Simmel: „Die Großstädte und das Geistesleben", S. 116 f.

onisten unterworfen. Im Fokus dieser Zeitwahrnehmung steht der Einfluss von Medien. Hervorzuheben ist dabei vor allem, wie deutlich sich *Park* an Thesen wie der des *Present Shock* von Rushkoff anlehnt. Gleichzeitig schließt der Roman an die genannten Theorien von Großklaus und Meyrowitz an und verbindet die permanente medial vermittelte Gegenwart im Zuge der Digitalisierung mit der Hyperrealitätstheorie von Baudrillard. Der Roman verengt damit seine Gegenwartsdiagnose auf eine Reihe medien- und zeittheoretischer Diskurse.

Gleichzeitig ist die These eines präsentischen, gesellschaftlichen Stillstands in Form einer Fokussierung auf die Gegenwart nicht zuletzt aufgrund von umfassender Digitalisierung, wie sie Rushkoff aufstellt und Goldhorn literarisch umsetzt, insofern in Frage zu stellen, als sie die zukunftsorientierten Nutzungs- und Partizipationsmöglichkeiten des Internets und der Digitalisierung ignorieren muss, um ihre Aussage untermauern zu können. Politische und gesellschaftliche Bewegungen wie *Fridays For Future* oder *Black Lives Matter*, ebenso wie Social-Media-basierte Aktionen wie *#metoo* haben in den letzten Jahren gezeigt, wie gerade der technische und digitale Fortschritt und damit einhergehende Kommunikationsstrukturen dafür genutzt werden, Zukunftsperspektiven aufzuzeigen, statt gegenwärtige Zustände der Gesellschaft zu akzeptieren.

Park verbleibt somit in seiner zeitdiagnostischen Aussage in einem engen Bereich eines kulturpessimistischen Theoriediskurses, der in Teilen bereits im ausgehenden 19. Jahrhundert geführt wurde und der zu Beginn des 21. Jahrhunderts lediglich einen Teil des digitalen Fortschritts erfasst und seinen Blick nicht auf einen zukunftsorientierten Umgang damit richtet. Zwar steht am Ende des Romans durch das Gemälde von Laserstein auf Seiten der Erzählinstanz der Ausdruck eines Bewusstseins für eine Schwellenzeit, da diese jedoch von Arnold nicht erkannt wird, bleibt am Ende der Stillstand.

Ann-Marie Riesner
„Dem mitnehmbaren Internet heimlich einsagen, was ich mir wirklich denke"
Dokumentarisches Echtzeit-Erzählen und fiktionale Devianz bei Stefanie Sargnagel

> 31. September 2013
> Ich wurde gerade auf meiner Fahrt vom Reumannplatz in der vollgestopften U-Bahn 10 Minuten angeatmet von jemandem, der etwas mit Wurst gefrühstückt hat. Es war schon ganz warm und feucht auf meiner Wange.[1]

So erzählt Stefanie Sargnagel[2] 2013 eine just erlebte Begebenheit im ÖPNV. Obgleich eine synästhetisch nah am Erlebten geschilderte Episode, wird diese erzählerisch in die Vergangenheitsform gesetzt. Gerechtfertigt wird dies durch die Erzählsituation, die erst nachträglich von zu Hause aus, „vorm Computer",[3] die „gerade" noch erlebte Episode wieder aufruft. Versteht man diese erzählerische Tempus-Entscheidung auch als eine medientechnisch bedingte, so lässt sich vermuten, dass das Erscheinen der mobilen Medien in Sargnagels Schaffen zum Paradigmenwechsel wird. Am 13. Februar 2014 schreibt Sargnagel, sie habe „jetzt ein Smartphone"[4] und tatsächlich wächst unmittelbar die Zahl der Posts an, in denen Sargnagel direkt aus der Situation heraus im Präsens zu erzählen scheint: „Die Menschen torkeln strange durch die U-Bahn",[5] schreibt Sargnagel am 1.3.2014, und gut zwei Wochen später: „18.3.2014 Ich sitze gerade allein im Dunkeln im Park".[6]

Für Stefanie Sargnagels schriftstellerische Praxis auf Facebook[7] könnte also gelten, was Roberto Simanowski 2016 in seinem Essay zur *Facebook-Gesell-*

---

[1] Stefanie Sargnagel: *In der Zukunft sind wir alle tot. Neue Callcenter-Monologe.* Berlin 2014, S. 20.
[2] Durch die Übernahme des Künstlernamens „Stefanie Sargnagel" wird hier die Annahme adaptiert, dass es sich um eine in den Sozialen Medien geschaffene und sich dort stetig weiter produzierende Kunstfigur handelt.
[3] Sargnagel: *In der Zukunft sind wir alle tot*, S. 27.
[4] Ebd., S. 9. Vorherige Posts zum Erwerb eines Smartphones bei Sargnagel werden weiter unten besprochen.
[5] Ebd., S. 18.
[6] Ebd., S. 28.
[7] Im Folgenden wird vor allem auf Stefanie Sargnagels Schaffen auf Facebook eingegangen. Obwohl die Autorin auch auf Twitter und Instagram täglich aktiv ist und mittlerweile letztere

---

Open Access. © 2022 Ann-Marie Riesner, publiziert von De Gruyter. Dieses Werk ist lizenziert unter einer Creative Commons Namensnennung - Nicht-kommerziell - Keine Bearbeitung 4.0 International Lizenz.
https://doi.org/10.1515/9783110758603-010

schaft schrieb: Simanowski beobachtet auf Facebook, „dass immer mehr Menschen so gut wie alles, was sie erleben, auch dokumentieren und einander präsentieren".[8] Dies würde durch mobile Geräte und perspektivisch „durch immersive Augmented-Reality-Technologie"[9] enorm verstärkt. Die mobilen Medien führen zu einer erhöhten Frequenz des Postens, da auch von unterwegs geschrieben werden kann.[10] Solche Technologien ermöglichen zudem eine zunehmend intuitive und widerstandsfreie, auf *tacit knowledge* basierende Medienhandhabe, welche sich auch „in unmittelbarer Mitteilung des Erlebten"[11] in nebenher erzeugten Posts äußert, wobei letztere gar nicht mehr getippt werden müssen, sondern teils durch Sprachdiktierfunktion generiert, teils durch Bilder, Ton und Video ersetzt werden. Diese Medienhandhabe, der höher getaktete Zugang zu Sozialen Medien und das medientechnisch vereinfachte Posten führten dazu, dass man in einem nahezu synchron geposteten *Stream-of-Consciousness* „die Gegenwart [...] permanent festhält",[12] wie Simanowski weiter ausführt. Die erzählerischen Entscheidungen für Präsens und Ich-Perspektive, wie sie auch in Sargnagels Schreiben zu bemerken sind, ergeben sich dabei – im Anschluss an das Phantasma eines stetig mitschreibenden Aufzeichnungsdispositivs – quasi von selbst, könnte man im Anschluss behaupten. So beschreibt die Narratologin Ruth Page, die weitaus häufigste Ausformung der Statusmeldung im englischsprachigen Facebook seien so genannte „Breaking News", also im „Present Tense" verfasste Posts zu „Events, External States, or Internal States".[13] Die Aneinanderreihung solcher Updates ergeben nach Philipp Lejeune einen Präsens-ori-

---

beiden Plattformen präferiert, ist nach wie vor Facebook „de[r] Kanal mit dem sie am häufigsten in Verbindung gebracht wird". Antonia Thiele: *Stefanie Sargnagel: Autorin. Burschenschaftlerin. Matriarchin. Rotkäppchen.* Frankfurt a.M./Basel 2019, S. 13. Auf Facebook hat Sargnagel ihr Schreiben entwickelt und dabei vor allem eine Heterogenität an Textgenres, Schreibweisen aber auch Textlängen aufgebaut, die im Folgenden genauer betrachtet werden sollen. Diese Vielzahl an Textsorten hätte Sargnagel auf Twitter wegen der Zeichenbeschränkung und auf Instagram wegen der Bilddominanz niemals erschaffen können.
8 Roberto Simanowski: *Facebook-Gesellschaft.* Berlin 2016, S. 16.
9 Ebd.
10 „The devices represent an additional point of internet contact for those with access to laptops and desktops, and they allow first-time connectivity for those without. This means more opportunities to contribute content to the social Web through taking and uploading photos, audio, or video; commenting on or editing sites; writing posts; and updating status through Twitter or Facebook. The social Web is amplified by adding physical information." Alexander Bryan: *The New Digital Storytelling: Creating Narratives with New Media.* Westport 2011, S. 142.
11 Simanowski: *Facebook-Gesellschaft*, S. 16.
12 Ebd., S. 15.
13 Ruth Page: „Re-examining narrativity: small stories in status updates". In: *Text & Talk* 30/4 (2010), S. 423–444, hier 431 f.

entierten Zeitsog, welcher die „Vergangenheit auslöscht und die Zukunft leugnet".[14] Stefanie Sargnagels Praktiken auf Facebook gehen jedoch über die üblichen Kommunikationspraktiken hinaus, bei denen User*innen tagein, tagaus stoisch die Frage „Was machst du gerade?" beantworten und damit plattformkonform und zu Zwecken der „Selbstvermarktung"[15] ein Profil bespielen. Mit Stephan Porombkas Ausführungen zu „Schreiben unter Strom" muss man „die Facebookseite als großen Schreib- und Produktionsraum […] begreifen, in dem man die Vorgaben des Mediums nutzen kann, um eigene Erzählformate zu entwickeln."[16] Wie ich unter dem Schlagwort ‚Schreibszene Soziale Medien' bereits anderswo argumentiert habe,[17] basiert das Schreiben auf Sozialen Medien auf einem Wissen um die technischen, inhaltlichen und sozialen Regeln und Konjunkturen der jeweiligen Plattform, welche aber eher zur kreativen – bei Sargnagel auch subversiven – Nutzung anregen als das Schreiben, technikdeterministisch gedacht, vorherzubestimmen. Dass das Schreiben auf Facebook auch in eigenen technischen Umgebungen stattfindet, nämlich vor allem auf mobilen Geräten, führt zu neuen Konzepten von Autorschaft, Stimme und vor allem der Mittelbarkeitsbedingungen des Schreibens. Die dort bereits angeführte These, dass das Erzählen in sozialen Netzwerken und von mobilen Geräten aus nun ständig „den Ort des Erlebens, den Ort des Schreibens und den Ort des Publizierens zusammen[führt]", wodurch „die Möglichkeit des quasi zum Erleben deckungsgleichen Erzählens in greifbare Nähe rückt",[18] soll im Folgenden erzähltheoretisch im Schreiben Stefanie Sargnagels näher untersucht werden: Steigert die Verwendung von mobilen Geräten und das Schreiben auf Sozialen Medien Phänomene wie zeitdeckendes Erzählen, Erzählen in Echtzeit, das Erzählen im Präsens und in der Ich-Perspektive, wie es gerade genannte Studien nahelegen? Wird dadurch der Eindruck des Erzählens als Momentaufnahme und

---

14 Philippe Lejeune: „Autobiography and New Communication Tools". In: Anna Poletti/Julie Rak (Hg.): *Identity Technologies. Constructing the Self Online.* Madison 2014, S. 247–258, hier S. 250. Zitiert nach: Roberto Simanowski: „Soziale Netzwerke (Social Media)." In: Matías Martínez (Hg.): *Erzählen.* Stuttgart 2017, S. 95–98, hier S. 95.
15 Ramón Reichert: „‚Biografiearbeit' und ‚Selbstnarration' in den Sozialen Medien des Web 2.0." In: Alexandra Strohmaier (Hg.): *Kultur – Wissen – Narration.* Bielefeld 2013, S. 511–535, hier S. 513.
16 Stephan Porombka: *Schreiben unter Strom. Experimentieren mit Twitter, Blogs, Facebook & Co.* Mannheim 2012, S. 106.
17 Ann-Marie Riesner: „Stefanie Sargnagels *Statusmeldungen* (2017) – oder Die Aushandlung einer ‚Schreibszene Soziale Medien'." In: Anne-Rose Meyer (Hg.): *Internet – Literatur – Twitteratur.* Berlin 2019, S. 37–59.
18 Ebd., S. 43.

als authentische Dokumentation befördert? Steht das Präsens für die Faktualität der Inhalte oder welche Spiele mit Fiktion entwickelt Sargnagel aus ihrer Erzählperspektive? Welche Funktionen haben dann andere Tempus-Verwendungen und Erzählperspektiven, die bei Sargnagel weiterhin häufig auftreten?

Im Folgenden wird in zwei Schritten auf das Schreiben Stefanie Sargnagels in Sozialen Medien, vor allem auf Facebook, zugegangen. Zuerst werden das Smartphone und das Posten von unterwegs in Stefanie Sargnagels Posts als häufig reflektierte Gegenstände inhaltlich untersucht. Die mobilen Geräte werden bei ihr, dies ist die These, in dem Spannungsfeld kommentiert, welches für das sogenannte *Intimate Computing* typisch ist: Die enge Bindung an die Medientechnik führt in der Nutzer*innen-Wahrnehmung zu entweder dem gefühlten Verschwinden der Technik, oder aber dazu, dass diese „affektiv aufgeladen oder sogar libidinös besetzt"[19] ist, wobei durch mediale Störung jederzeit beide Zustände durchbrochen werden können. So thematisiert Sargnagel das mobile Schreiben als Kippfigur zwischen dem Phantasma einer immer mitschreibenden Aufzeichnungstechnologie und der aufreibenden Kollaboration mit störungsanfälligen nicht-menschlichen Akteuren, wobei sie nicht ohne satirische Seitenhiebe auf Smartphone-Nutzung im Allgemeinen auskommt. Dieses Spannungsverhältnis soll in einem ersten Analyseschritt nachvollzogen werden. Des Weiteren wird die erzählerische Nutzung des Tempus Präsens und der Ich-Perspektive in Sargnagels Schreiben in der diachronen Entwicklung und im Kontrast zu anderen von Sargnagel verwendeten Tempora untersucht. Beobachten lässt sich, dass seit der Verwendung mobiler Medien durch die Autorin ein klarer Anstieg der Verwendung des Tempus Präsens zu beobachten ist, wobei aber andere Tempora nicht gänzlich verdrängt werden. Experimente mit zeitdeckendem Erzählen und mit dem Präsens werden dabei einerseits zur Erzeugung von Authentizität und Faktizität, andererseits aber gerade zur Fiktionalisierung und grotesken Übertreibung genutzt, wobei die Grenzen fließend sind. Damit lässt sich die These formulieren, dass die Effekte des Präsens bei Sargnagel ihr polemisches Schreiben befördern, welches gegen die auf Sozialen Medien herrschenden Codes wie Authentizität und Faktizität verstößt.

---

19 Timo Kaerlein: „Intimate Computing. Zum diskursiven Wandel eines Konzepts der Mensch-Maschine-Interaktion". In: *Zeitschrift für Medienwissenschaft* 15/2: Technik | Intimität (2016), S. 30–40, hier S. 32.

1 Kunst, die „nebenher geschieht" – das Smartphone als mobiles Aufzeichnungsgerät?

Nach ihrer Arbeitsweise befragt, gibt Sargnagel seit Jahren ähnliche Antworten: sich stundenlang an den Schreibtisch zu setzen und Inhalte lang zu reflektieren, bevor man sie niederschreibe, sei gar nicht ihr Ansatzpunkt. Dies könnten ja „Romanautorin[nen]" tun, „die sich zu einer festen Zeit an den Schreibtisch setz[en]",[20] erzählt sie im Juli 2017 in der *Zeit*. Sie hingegen habe ihre Ideen unterwegs und poste diese dann sogleich: „Ich hab auch keinen Entwurfsordner für meine Posts, alles wird direkt veröffentlicht, höchstens nachträglich ein wenig korrigiert."[21] So lautet der Werkstattbericht der Social-Media-Künstlerin, die mit der Fremdzuschreibung „Street Artist"[22] durch ihre Kommiliton*innen der Kunsthochschule Wien glücklicher war als mit ihrer Vereinnahmung in den Literaturmarkt:

> Eigentlich liegen mir Schreibaufträge überhaupt nicht, da ich mich eigentlich auch nicht als Schriftstellerin sehe und meinem Bedürfnis nach Ausdruck und meinem Erzähldrang durch Zeichnungen oder Text ohnehin immer gleich im Internet gebündelt, reduziert und möglichst pointiert nachgehe und das schwammige Schwafeln zu jedem Thema oder das Ausdenken von Geschichten lieber Leuten überlasse, die das können oder gerne tun.[23]

Ihre eigene Praxis des „Postens" stellt Sargnagel somit wiederholt der mühsamen Arbeit klassischer „Schriftsteller*innen" entgegen. Anstatt „zehn Stunden lang allein vor dem PC zu sitzen und zu tippen, [...] unternehme sie lieber einfach was mit Leuten – die Kunst passiere dann eher, irgendwie nebenher"[24], erzählt Sargnagel 2018 im Interview mit Antonia Thiele – zu einem Zeitpunkt also, an dem die Autorin bereits viele mehrseitige Texte veröffentlicht hat und schon fleißig an ihrem Roman *Dicht* arbeitet, der im Oktober 2020 erschien.[25] Dennoch bleibt die Ablehnung gegen Schreibtisch-Arbeit bestehen und die ausführliche Dokumentation des Romanschreibens als Leidensprozess auf Facebook und Twitter zei-

---

20 Eva Biringer: „Stefanie Sargnagel: ‚Das Matriarchat muss her'. Stefanie Sargnagels neues Buch besteht aus ihren Statusmeldungen in sozialen Netzwerken. Ein Gespräch über Therapien, die Quarterlife Crisis und Körperkult. Interview vom 27. Juli 2017". In: *Die Zeit*. http://www.zeit.de/kultur/2017-07/stefanie-sargnagel-statusmeldungen-buch-facebook, 2017 [zuletzt eingesehen am 7.6.2021].
21 Ebd.
22 Thiele: *Stefanie Sargnagel*, S. 69.
23 Sargnagel: *In der Zukunft sind wir alle tot*, S. 10 f.
24 Thiele: *Stefanie Sargnagel*, S. 20.
25 Stefanie Sargnagel: *Dicht. Aufzeichnungen einer Tagediebin*. Hamburg 2020.

gen ein ähnliches Bild. Kurz vor der Buchpublikation 2020 schreibt Sargnagel beispielsweise auf Twitter: „ich hatte 2 jahre zeit für das buch und plötzlich sind es 2 Wochen lol soll ich lieber doch schnell noch facebook copypasten".[26]

Dass Kunst „nebenher" geschieht und von der widerständigen Tätigkeit des Schreibens befreit wird, ermöglicht Sargnagel, indem sie in ihren inszenierten Schreibszenen sowohl den zeitlichen Abstand zwischen Erleben und Schreiben sowie den Aufwand des Verfassens gegen Null tendieren lässt. Posten wird dabei in die unmittelbare Nähe von reinem Denken gerückt, als wortwörtlich unmittelbar geäußerte Gedanken: „22.6.2016 Meine wahren Gedanken hört man nur im Internet und im Vollrausch."[27] Gekoppelt wird dies mit der medientechnischen Annahme, dass Gedanken ungehindert in ein widerstandslos aufzeichnendes Mediendispositiv fließen, welches sogleich Text erzeugt und diesen auch veröffentlicht. Bei Sargnagel wird dieses ideale Dispositiv metonymisch verkürzt als „das mitnehmbare Internet" beschrieben:

> das mitnehmbare Internet erweitert meine wirklichkeitswahrnehmung immer um ein leichtes gefühl einer irrealen erzählung. alles knistert dann mehr und wird zu einem fantasieland, wenn ich das Internet dabei hab, dem ich heimlich einsag, was ich mir wirklich denke bei der klagenfurt Stadtrundfahrt und an was mich der hydrant erinnert.[28]

Dementsprechend diktiert Sargnagel dem vernetzten Smartphone ein, was sie erlebt, was sich beispielsweise wie folgt liest: „16.9.2016: Ich sitz gerade im Kimono in einem Tempel im Pilgerort Koyasan. Ich war im heißen Onsen nackt baden und trinke jetzt am Boden sitzend Grüntee mit Blick auf einen Garten."[29]

Gleichzeitig häufen sich, vor allem zwischen 2015 und 2017, medienreflexive Posts, in denen Sargnagel zum Ausdruck bringt, dass ihre Schreibszene von einer Vielzahl an Faktoren sowie menschlichen und technischen Akteuren abhängt. Das Schreiben auf dem Smartphone ist vor allem auf einen vollgeladenen Akku angewiesen („Ich geh dann mit meiner mama ins burgtheater und

---

26 Stefanie Sargnagel [@stefansargnagel] (15.02.2020): „ich hatte 2 jahre zeit für das buch und plötzlich sind es 2 Wochen lol soll ich lieber doch schnell noch facebook copypasten". [Tweet]. https://twitter.com/stefansargnagel/status/1228644295697162240. [zuletzt eingesehen am 7.6.2021].
27 Stefanie Sargnagel: *Statusmeldungen*. Berlin 2017, S. 181.
28 Stefanie Sargnagel [Stefanie Sprengnagel] (23.7.2017): „das mitnehmbare Internet erweitert meine wirklichkeitswahrnehmung immer um ein leichtes gefühl einer irrealen erzählung. alles knistert dann mehr und wird zu einem fantasieland". [Facebook Statusmeldung]. https://www.facebook.com/stefanie.sargnagel/posts/10155043550808037 [zuletzt eingesehen am 7.6.2021].
29 Sargnagel: *Statusmeldungen*, S. 221.

mein akku wird leer sein, deshalb schreib ich mal jetzt schon: mir is so fad ich will sterben"[30]), Textverarbeitungsprogramme mischen sich in die Textproduktion ein („2.9.2016 mein Autocorrekt verbessert Façon immer zu Favoriten aus."[31]) und ohne WLAN oder mobilen Internetzugang wird kein Text veröffentlicht („7.6.2016 Gibt's in Wien einen Wald mit WLAN?"[32]). So hatte Sargnagel bereits 2011 gepostet, nun ein Smartphone zu besitzen, wenn dieses jedoch nicht ständig mit dem Internet verbunden ist, ermöglicht auch dieses Gerät keine „mobile Aufzeichnungsszene".[33] Des Weiteren fließen auch Sargnagels Reflexionen zum Verhalten anderer Autor*innen („7.9.2015: Soll ich auch so einen Social-Media-Text über Begegnungen mit Flüchtlingen schreiben?"[34]) und Leser*innen („31.10.2016 Ich krieg immer nur 5000 likes für: rechts ist schlecht, links ist gut, alle Kinder geben die Hände um den Planeten im Kreis."[35]) in den Sozialen Medien in ihr Schreiben ein. Auf Twitter hat Sargnagel des Weiteren Screenshots von „Tweetberatung mit Freunden"[36] gepostet. Schreiben in Sozialen Medien wird damit eine höchst voraussetzungsvolle Tätigkeit, deren komplexes Zusammenwirken von menschlichen und nichtmenschlichen Akteuren erst im Fall des Nicht-Funktionierens offenbar wird. So sind es materielle, diskursive und soziale Akteure, die Inhalt, Form, Zeitpunkt, Verbreitungsgrad, Einbettung, Kontextualisierung etc. ihrer Texte mitbestimmen. Jeder Post emergiert als eine im Latour'schen Sinne flüchtige ‚Inskription',[37] die ohne die Arbeit dieser vielzähligen Akteure undenkbar ist.

---

30 Stefanie Sargnagel [Stefanie Sprengnagel] (21.9.2014): „ich geh dann mit meiner mama ins burgtheater und mein akku wird leer sein, deshalb schreib ich mal jetzt schon". [Facebook Statusmeldung]. https://www.facebook.com/stefanie.sargnagel/posts/10152403668393037 [zuletzt eingesehen am 7.6.2021].
31 Sargnagel: *Statusmeldungen*, S. 214.
32 Ebd., S. 177.
33 Martin Stingelin/Matthias Thiele: „Portable Media: von der Schreibszene zur mobilen Aufzeichnungsszene". In: Dies. (Hg.): *Portable Media: Schreibszenen in Bewegung zwischen Peripatetik und Mobiltelefon*. München 2010, S. 7–27.
34 Sargnagel: *Statusmeldungen*, S. 36.
35 Ebd., S. 244.
36 Stefanie Sargnagel [@stefansargnagel] (14.06.2020): „Tweetberatung mit Freunden". [Tweet]. https://twitter.com/stefansargnagel/status/1272223736222138369/photo/1 [zuletzt eingesehen am 7.6.2021].
37 Vgl. hierzu u. a. Bruno Latour: „Drawing Things Together: Die Macht der unveränderlich mobilen Elemente". In: Andréa Bellinger/David J. Krieger (Hg.): *ANThology. Ein einführendes Handbuch zur Akteur-Netzwerk-Theorie*. Bielefeld 2006, S. 259–308.

Ähnlich hat der Medienwissenschaftler Jörgen Schäfer die Akteur-Netzwerk-Theorie in seiner Interpretation der Netzliteratur fruchtbar gemacht:

> Im Anschluss an Überlegungen der Akteur-Netzwerk-Theorie liegt der Unterschied zur Literatur in biblionomen Werkmedien vielmehr darin, dass netzliterarische Werke als flüchtige Materialisierungen eines zwischen menschlichen Akteuren als Textproduzenten, -vermittlern und -rezipienten, Programmierer, Designer etc. und nicht- menschlichen Akteuren wie Computern als programmierbaren Maschinen, Interfaces etc. verteilten Kommunikationshandelns mit einem veränderlichen Text emergieren.[38]

Vergleichbares gilt auch für das Schreiben von Stefanie Sargnagel, wenn diese von ihrem Zusammenarbeiten mit Akkus, Plattformlogiken, Sperr- und Lösch-Praktiken, sozialer Gruppenbildung, Algorithmen, Autokorrektur, Diktierfunktion und Schreibprogrammen, Fan-Erwartungen, intertextuellen Bezügen, Handyempfang und Internetverbindung berichtet. Damit aber wird nicht nur die von ihr selbst erzeugte Illusion der Widerstandslosigkeit der Medientechnik wieder in Zweifel gezogen, sondern auch die Illusion der Unmittelbarkeit der Übertragung. Nicht nur produktionsästhetisch, auch zeitlich gesehen schieben sich Vermittlungsschritte zwischen Erleben, Schreiben und Posten, was den Effekt des Echtzeiterzählens reflexiv unterläuft.

Sargnagels Umreißen des vorgestellten Spannungsfeldes ist auch ein Kommentar zum Umgang mit Medientechnologien wie Smartphones und mit digitalen Umgebungen. Das Smartphone ist bei Sargnagel unentbehrliches Schreib-, Kommunikations- und Informationsgerät und dabei gleichzeitig das „kleine Tor zur Hölle, in der die Menschen ohne Augen, Nase und speichelnden Münder allein ihre moralischen Vorstellungen, stressigen Meinungen und optimierte aktivierte Selbstwahrnehmung sind".[39] Das wohlbekannte Prokrastinieren in Sozialen Medien oder den Weiten des Internet allgemein ermöglicht den „Müßiggang",[40]

---

38 Jörgen Schäfer: „Netzliteratur". In: Natalie Binczek u. a. (Hg.): *Handbuch Medien der Literatur*. Berlin/New York 2013, S. 481–501, hier S. 481.
39 Sargnagel: *Statusmeldungen*, S. 192.
40 Sargnagel erzählt im Interview mit der *Zeit*: „Mich inspiriert Müßiggang, herumspazieren, Schabernack. Nichts tun finde ich immer gut. Und natürlich das Internet. Der Nachteil ist, dass dadurch meine Aufmerksamkeitsspanne sinkt. Selbst wenn mir ein Buch voll taugt, lege ich es nach sechs Seiten weg, weil ich nur kurz was am Handy schaue und dann eine Stunde im Internet bin." Was sie im Internet gern tue sei „[h]erumspringen bei Instagram, Facebook, selbst was rausposten, schauen, was kommentiert wurde. Wenn ich aus irgendwelchen Gründen zwei Wochen mal nicht im Internet war, weiß ich oft gar nicht, was ich dann im Internet machen soll. Trotzdem bin ich voll Anti-Internet-Bashing. Schon deshalb, weil sich im Internet alles von selbst archiviert. So unordentlich wie ich bin, würde sich das sonst alles verlieren." Biringer: „Stefanie Sargnagel: ‚Das Matriarchat muss her'".

den Sargnagel als Inspirationsquelle für Texte schätzt, sorgt aber auch nach übermäßigem Konsum für regelmäßige Überreizung der Nerven: „Kann mir bitte jemand das internet wegnehmen?",[41] fragt Sargnagel daher äußerst regelmäßig. Eben diese polemischen Aussagen zum Internet sowie der ausgelöste Müßiggang stellen aber wiederum genau das Material, welches Sargnagels Leser*innen so an ihr schätzen: „mich nervt Facebook so aber ich weiß nicht womit ich sonst prokrastinieren soll",[42] schreibt sie am 31. März 2017.

2 Erzähltechniken: Posten als Transmission reinen Denkens?

Das aufwendig inszenierte und immer wieder besprochene Mediendispositiv ist bei Sargnagel eng an erzählerische Verfahren gekoppelt, die ebenso vielfältig und in sich widersprüchlich sind wie die beschriebenen Reflexionen zur Schreibszene am Smartphone. Im Folgenden soll zuerst die Inszenierung von Posten als Transmission reinen Denkens in scheinbar dokumentarisch verfahrenden, zeitdeckend und im Präsens verfassten Posts untersucht werden. Nachvollzogen wird der medientechnische wie erzählerische Wandel hin zu einem klaren Anstieg an Posts, die diese Effekte hervorbringen. Schnell schlägt diese Zuspitzung jedoch in ihr Gegenteil um, da Sargnagels Experimente mit zeitdeckendem Erzählen und mit dem Präsens immer wieder ins Fiktionale bis Fantastische kippen und sich des Weiteren nach wie vor eine hohe Anzahl an Posts in Vergangenheitsformen und anderen Textmodi nachweisen lassen.

Die Inszenierung des Postens als Transmission reinen Denkens ermöglicht Stefanie Sargnagel eine ganz eigene Erzählperspektive, die Unmittelbarkeit, Gegenwärtigkeit und dokumentarische Authentizität aufruft. Für ihre kurzen Erzähleinheiten auf Facebook nutzt sie gern die 1. Person Singular und das Präsens – wie in diesem Post: „10.8.2015: Ich liege vor dem Ventilator und atme schwer, mein Kopf pocht, und ich kontrolliere minütlich, ob sich die Wetterlage schon geändert hat."[43] Mit dieser Tempus-, Modus- und Fokalisierungswahl kann

---

41 Stefanie Sargnagel [Stefanie Sprengnagel] (11.5.2016): „Kann mir bitte jemand das internet wegnehmen?". [Facebook Statusmeldung]. https://www.facebook.com/stefanie.sargnagel/posts/10153695822923037 [zuletzt eingesehen am 7.6.2021].
42 Stefanie Sargnagel [Stefanie Sprengnagel] (31.3.2017): „mich nervt Facebook so aber ich weiß nicht womit ich sonst prokrastinieren soll". [Facebook Statusmeldung]. https://www.facebook.com/stefanie.sargnagel/posts/10154651038488037 [zuletzt eingesehen am 7.6.2021].
43 Sargnagel: *Statusmeldungen*, S. 28.

zumindest theoretisch zeitdeckendes Erzählen erreicht werden, also die 1:1 Wiedergabe eines Erlebnisses aus der Situation selbst.

In diesem zeitdeckenden und in Echtzeit aus der Situation geposteten Erzählen spielt das Smartphone die Rolle, die auch in der Vergangenheit „Schreibszenen in Bewegung"[44] als Hoffnungsträger gespielt haben. Ende des 18. Jahrhunderts werden die Erfindungen einer in der Tasche tragbaren Schreibvorrichtung mit direkt einsetzbarem Stift lautbar – später der stets schon mit Tinte versehene Füllfederhalter –, die auf Reisen das unbemerkte ‚Mitschreiben' in der Situation erlauben, beispielsweise verdeckt in einer mitgeführten Umhängetasche. Daran knüpften sich die Versprechen, sich nicht mehr auf das unzulängliche Gedächtnis verlassen zu müssen, sowie die Vorstellung „einer unmittelbaren, unverfälschten und möglichst vollständigen Fixierung äußerer Wirklichkeit".[45] Diese Form der „Simultanprotokolle"[46] assoziierte man mit der gleichen Authentizität wie den ebenfalls mobil-medial geprägten Briefroman oder die Inszenierung von eingesprochenen Tagebucheinträgen in Bram Stokers *Dracula* (1897). Auch letztere berufen sich in ihrer Nähe – wenn auch nicht Übereinstimmung – von Erleben, Erzählen, Distribuieren und Rezipieren auf die medialen Möglichkeiten des gewählten Datenträgers und sind von Experimenten mit zeitdeckendem Erzählen in Echtzeit gekennzeichnet. Aufzeichnungsmedien sind dabei auch als intermediale Inspiration Motoren der Entwicklung von erzählerischen Verfahren der Echtzeit-Dokumentation gewesen: Die Fotografie löst im Naturalismus den hyperrealistischen Sekundenstil aus, die Telefonie verbreitet den genau niedergeschriebenen Dialog auch in erzählerischen Texten, im Internet beglaubigt das gepostete Foto das behauptete Ereignis.

Sargnagels Schreiben am Smartphone führt nun diese Bewegung „von der Schreibszene zur mobilen Aufzeichnungsszene" weiter, indem die Aufnahmen des „wandelnden Medienverbunds"[47] von Sargnagel nun häppchenweise direkt gepostet werden können. Auch innerhalb von Sargnagels Schreiben, welches seit 2002 auf dem eigenen Blog, seit 2007 bei Facebook, seit 2009 bei Twitter und seit 2014 bei Instagram stattfindet, haben sich Schreiborte und -geräte und dabei auch Schreibweisen beträchtlich gewandelt. Die Erzählperspektive des in Präsens verfassten, zeitdeckenden und in Echtzeit aus der Situation geposteten

---

44 Vgl. Stingelin/Thiele (Hg.): *Portable Media: Schreibszenen in Bewegung zwischen Peripatetik und Mobiltelefon*.
45 Andreas Hartmann: „Reisen und Aufschreiben". In: Hermann Bausinger (Hg.): *Reisekultur. Von der Pilgerfahrt zum modernen Tourismus*. München 1991, S. 152–159, hier S. 152.
46 Ebd., S. 153.
47 Stingelin/Thiele: „Portable Media: von der Schreibszene zur mobilen Aufzeichnungsszene", S. 25.

Erzählens basiert auf der weitreichenden Annäherung von Erleben, Reflektieren und Posten, welche der Schriftstellerin nur an Orten mit Internet-Zugang möglich ist. Dies beschränkt sich in Sargnagels frühem Schreiben bis ca. 2013 auf stationäre Geräte. So entstammen Posts, in denen Handlungen direkt aus dem Moment in Präsens-Form und Ich-Perspektive abgefasst sind, ihren Arbeitsplätzen in ihrer Wohnung, im Callcenter, im Internetcafé oder anderen bereitgestellten vernetzten Rechnern: „8. Dezember 2013 / Irgendwas musste ich ganz dringend im Internetcafé erledigen, aber jetzt sitze ich seit zwei Stunden hier, rauche Tsching, trink mein zweites Cola und frage mich, was es war."[48] Das Präsens ist in Sargnagels Schreiben zu dieser Zeit zwar vertreten, aber wird nur selten bei Schilderungen von Erlebnissen eingesetzt, sondern im eher aphoristischen Schreiben von Beobachtungen und Kommentaren, welches Sargnagels Schreiben von Beginn an geprägt hat: „7.6.2009 faszinierend ist, dass ich theoretisch Milch geben kann."[49] Häufig sind diese Kommentare durch Schlagworte wie „immer" oder „niemals" als über-zeitliche und damit auch einem konkreten Tempus enthobene Aussagen gekennzeichnet:

25. Oktober 2013
Immer, wenn ich mit dem Fahrrad am Akkordeon-Spieler beim Kreisky-Park mit meiner roten Baskenmütze vorbeifahre, würde ich am liebsten die Hand heben und zu allen Passanten „BONJOUR MADAME, BONJOUR MONSIEUR" rufen.

25. Oktober 2013
Immer, wenn ich an den schlipstragenden Businesstypen vorbeigehe, die aus den Ringstraßenhotels kommen, um in ihre fetten Autos zu steigen, denk ich mir mitleidig: „so ein fantasieloses Leben."[50]

Ansonsten war das Präsens im frühen Schreiben Sargnagels den Callcenter-Anrufen vorbehalten, die Sargnagel in ihrem Nebenjob entgegennahm, mehr oder weniger verändert aufschrieb und kurz darauf unkommentiert auf Facebook postete:

13. Oktober 2013
„Rufnummernauskunft, Stefanie Fröhlich, was kann ich für Sie tun?"
„Hallo, wieso habe ich keinen Ton?"
„Ich weiß wirklich nicht, was Sie damit meinen. Sie sind bei der Rufnummernauskunft."
„Aha, naja, ich habe keinen Ton. Warum?"

---
48 Sargnagel: *In der Zukunft sind wir alle tot*, S. 50.
49 Stefanie Sargnagel: *Binge Living. Callcenter-Monologe*. Wien 2013, S. 9.
50 Sargnagel: *In der Zukunft sind wir alle tot*, S. 30.

> „Das weiß ich nicht."
> (10 Sekunden beharrlichen Schweigens vergehen.)
> „Achso."[51]

Bekanntermaßen ist das exakte Wiedergeben von dramatischen Dialog-Szenen, inklusive Momenten des Stotterns oder Schweigens, das Genre schlechthin, das zeitdeckendes Erzählen im Präsens ermöglicht.[52] Abgesehen von den niedergeschriebenen Callcenter-Anrufen und aphoristischen Stellungnahmen wurden das Präsens sowie die Effekte des zeitdeckenden Erzählens oder Erzählens in Echtzeit eher selten benutzt. In der Regel erzählte Sargnagel mit einem kurzen zeitlichen Abstand zum gerade Erlebten und gab die Ereignisse dann in einem Post als abgeschlossenes Ereignis im Präteritum wieder, wie beispielsweise hier:

> 9. Januar 2014
> Gestern begegnete mir also zum zweiten Mal der Mann, der in der U4 alle Frauen fragt: „Darf ich dich auf ein Bier einladen?", und wenn man nein sagt, einfach wortlos zur nächsten geht. Ich war etwas angetrunken und seitdem neugierig was passiert, wenn man nicht nein sagt. Der Mann kam zu mir, schaute mich an, fragte: „Darf ich dich auf ein Bier einladen?" Ich sagte: „Ok. Wo?" Er sagte: „Keine Ahnung." Und ging wortlos ans andere Ende des Waggons.[53]

Dass der Besitz eines Smartphones noch nicht bedeutet, dass nun immer aus der Situation heraus in Echtzeit erzählt wird, wird in Posts aus dem Veröffentlichungszeitraum von *Binge Living* deutlich. So schrieb die Autorin am 16.6.2011 auf Facebook:

> Fuck, ich hab ein Smartphone. Es ist einfach so passiert, ich bin in den Shop, um das Display von meinem Handy reparieren zu lassen. Der Typ hat mich nur ausgelacht und ehe ich michs versah, hatte ich ein Smartphone. Ich konnte mich nicht wehren, ich hab vor lauter Angst fast zu weinen begonnen. Ein Internetgefängnis![54]

Dennoch wurden außer Haus erlebte Begebenheiten weiterhin nahezu immer rückblickend erzählt; auch Erfahrungen mit dem Smartphone wurden nicht „live" vom Gerät aus erzählt, sondern rückschauend und reflektierend vom stationären Gerät aus:

---

51 Ebd., S. 26.
52 „Eine annähernde Übereinstimmung von Erzählzeit und erzählter Zeit liegt wohl nur dann vor, wenn im eigentlichen Sinne nicht mehr erzählt, sondern szenisch dargestellt wird, das heißt wenn z. B. in einer Dialogszene die Figurenrede ohne Auslassungen oder Erzählereinschübe wörtlich wiedergegeben wird." Matías Martínez/Michael Scheffel: *Einführung in die Erzähltheorie*. München 2016, S. 42.
53 Sargnagel: *In der Zukunft sind wir alle tot*, S. 63.
54 Sargnagel: *Binge Living*, S. 44.

6.10.2011 Wenn ich hin und wieder an der U-Bahnhaltestelle ziellos auf mein Smartphone schaue, komm ich mir immer wie ein stumpfer Unterhaltungssklave vor und rufe mir in Erinnerung, dass ich gern die Welt um mich beobachte. Dann packe ich es schnell weg und schäme mich sogar ein bisschen. Dann fällt es mir aber auf, dass fast alle Leute rund um mich, den Kopf Richtung Hand geneigt halten, alle in derselben Körperhaltung. Vielleicht lesen sie die Blogs der einzigen Leute, die noch geradeaus schauen.[55]

Das frühe Smartphone als noch nicht dauerhaft mit dem Internet verbundenes, aber dennoch ans Internet anschließbares Gerät[56] bahnt in der Folge den Weg für ein zunehmendes Echtzeit-Erzählen im Präsens direkt aus der erlebten Situation heraus. Nachdem die Autorin am 13. Februar 2014 nochmals schreibt, sie habe „jetzt ein Smartphone",[57] wächst unmittelbar die Zahl der Posts an, in denen Sargnagel direkt aus der Situation heraus im Präsens zu erzählen scheint: „In der U-Bahn reden dicke junge Männer über Meetings und Das Team und Das Mitarbeitergespräch nächste Woche und ich starre sie an",[58] schreibt Sargnagel beispielsweise am 26.2.2014. Zunehmend wird auch das Erlebte in kürzere Einheiten zerlegt und nacheinander in mehreren Posts erzählt. So geht Sargnagel auch bei dieser Schilderung eines Schreibnachmittags vor:

> 24.1.2017 Ich liebe dieses kriminelle Café am Praterstern, in das ich jetzt zum Arbeiten gegangen bin. [...] der nervöse Junkie am Nebentisch, dessen Dealer immer ins Lokal kommt, hat meinen neuen Laptop beim Auspacken gerade angeschaut wie ein hungriger Löwe ein sterbendes Gnu.
> 24.1.2017 Jetzt hat er mich gefragt, ob ich Hasch kaufen will.
> 24.1.2017 Seit ich da bin, hat er schon mit drei verschiedenen Handys telefoniert.
> 24.1.2017 Jetzt hat er gefragt, ob ich meinen Laptop verkaufe.
> 24.1.2017 Ich bin gespannt, ob ich meinen Laptop noch habe, wenn ich hier gehe.
> [...]
> 24.1.2017 Habe in die Bücherei gewechselt. Sitze nun neben den ganzen Studenten und bin extrem fasziniert davon, wie man es schafft, so fade Sachen zu lernen.
> 24.1.2017 Jetzt habe ich ins Café Weidinger gewechselt. Gegenüber von mir sitzt ein berühmter Schauspieler. Ich starre ihn aber nur an, weil ich sehen möchte, ob er in mir eine berühmte Autorin erkennt.[59]

---

55 Ebd., S. 57.
56 Manchmal konnte die Autorin sich mit offenen WLAN-Zugängen verbinden und erzählte dann auch hin und wieder schon von unterwegs, z. B. am 3.8.2011: „Dieses Zuggespräch ist gerade sehr erquickend. Eine 40-Jährige erzählt ihrer Freundin seit einer Stunde vom Pauschalurlaub in allen nur vorstellbaren Details. Ich bin gleichermaßen angewidert, gelangweilt und fasziniert. Mein Lieblingsteil bis jetzt war, dass man in Spanien nirgends eine gescheite Extrawurst findet." Sargnagel: *Binge Living*, S. 49. In Sargnagels Posts aus dieser Zeit kommen solche mobilen Momentaufnahmen jedoch noch nicht oft vor.
57 Sargnagel: *In der Zukunft sind wir alle tot*, S. 9.
58 Stefanie Sargnagel: *Fitness*. Wien 2015, S. 13.
59 Sargnagel: *Statusmeldungen*, S. 278.

Deutlich wird hier aus der Situation heraus erzählt, teilweise mit minimaler Verzögerung (da Sargnagel sich nicht gleichzeitig mit dem Sitznachbarn unterhalten und dies erzählen kann), teilweise werden Beobachtungen und Handlungen direkt niedergeschrieben. Es ergibt sich eine Kürze der Posts und Nähe am Geschehen, die an einen Live-Ticker erinnert, aber auch an Stefanie Sargnagels Schreiben auf Twitter. Ist Stefanie Sargnagel damit im Jahr 2017 dank Smartphone und dauerhafter Netzverbindung beim perfektionierten Erzählen in Echtzeit angelangt? Dokumentiert sie seither ihr Leben im endlosen Live-Ticker? Zweierlei Gegenargumente lassen sich anführen: Erstens bleibt die Echtzeit-Dokumentation nur eine von vielen Schreibweisen und Genres, die Sargnagel auf Facebook nutzt, auch wenn die Anzahl an solchen Echtzeit-Posts seit Beschaffung der passenden medialen Ausstattung stetig angestiegen ist. Zweitens deutet die gerade zitierte Szene des Schreibnachmittags bereits in eine Richtung, die im nächsten Abschnitt noch genauer beleuchtet werden soll: das Verwischen der Grenzen zwischen faktualen und fiktionalen, nahezu fantastischen Inhalten, welches gerade durch das Tempus Präsens erzeugt wird.

3 Präsens – Dokumentation und Fiktion

Die Verwendung des Tempus Präsens scheint – beispielsweise in der Szene des Schreibnachmittags – auf den ersten Blick die Echtzeit-Dokumentation zu unterstützen; die Leser*innen werden im Modus des Live-Kommentars über die aktuellen Verweilorte, Beobachtungen und Erlebnisse der Autorin auf dem Laufenden gehalten. Gleichzeitig würde diese Lesart, die einen medialen Wandel 1:1 in einer authentischen Erzählsituation aufgehen lässt, Stefanie Sargnagels subversiver Poetik nicht gerecht und müsste außerdem die ebenfalls zahlreichen Marker der Fiktion und der Ironie übergehen, die Sargnagel dem dokumentarischen Erzählen zugefügt hat.[60] So erscheint es unwahrscheinlich, wenn auch nicht unmöglich, dass einer jungen Frau im Abstand von wenigen Minuten der Kauf von Haschisch und der Verkauf des Laptop angeboten werden. Stefanie Sargnagel zeigt in ihren Posts eine Vorliebe für diese Gratwanderungen

---

[60] Vgl. hierzu auch Rupert Gaderer: „Statusmeldungen. Stefanie Sargnagels Gegenwart sozialer Medien". In: Hajnalka Halász (Hg.): *Sprachmedialität: Verflechtungen von Sprach- und Medienbegriffen*. Bielefeld 2019, S. 385–403. Sowie: Ann-Marie Riesner: "Satire and Affect. The Case of Stefanie Sargnagel in Austria." In: Sara Polak/Daniel Trottier (Hg.): *Violence and Trolling on Social Media. History, Affect, and Effects of Online Vitriol*. Amsterdam 2020, S. 179–196.

zwischen Fiktion und Fakt, welche manchmal erkennbar in die Fiktion kippen,[61] oft aber absichtlich uneindeutig bleiben. Dieses Spiel mit Fakt und Fiktion wird, so die These, durch die Wahl verschiedener Tempora begleitet und verstärkt.

Dabei zeigt sich, dass Erlebnisse, die ostentativ in einem stark literarischen, epischen Präteritum erzählt werden, häufig ins Phantastische abgleiten. Dies ist eines der Stilmittel, mit denen Sargnagel sich über die allzu seriöse und dabei klischeebehaftete Literarizität der „echten Romanautor*innen" mokiert: indem sie kleine Ereignisse in typisch literarischen Floskeln[62] und im hohen Stil des epischen Präteritum erzählt,[63] dabei auch noch ins Groteske oder Phantastische abschweift, wird der hohe Stil verlacht.

---

[61] Beispielsweise in diesem Post vom 16.3.2016: „Wär ich daheim würde ich jetzt den lautesten schas ever lassen. Aber ich bin nicht daheim. Daher behalte ich die gase in mir. Schieb sie tief in mein inneres, das sich nach und nach aufbläst bis ich in die luft steige wie ein heißluftballon. Langsam über neuköln aufsteige bis in den himmel. Über die wolken schwebe zur sonne bis ich durch die hitze platze und sich ein kleiner schauer aus kot und blut über der erde ergießt für ein paar sekunden an einem unbekannten ort vielleicht einfach unbemerkt ins meer oder auf einen kopf in nicaragua." Stefanie Sargnagel [Stefanie Sprengnagel] (16.3.2016): „Wär ich daheim würde ich jetzt den lautesten schas ever lassen. Aber ich bin nicht daheim. Daher behalte ich die gase". [Facebook Statusmeldung]. https://www.facebook.com/stefanie.sargnagel/posts/10153555790613037 [zuletzt eingesehen am 7.6.2021].

[62] Sargnagel mokiert sich immer wieder über nieder- bis hochliterarische Genres, beispielsweise mit „7.1.2016 Mein nächstes Buch wird ein frecher Frauenroman für die selbstbewusste Singlefrau ab 30." Stefanie Sargnagel: *Statusmeldungen*, S. 111. Assoziiert werden diese Klischees mit literarischen Plattitüden, welche sich auch durch eine naive Nutzung des Präteritums auszeichnen: „Habe schon einen Schlusssatz für den Text: ‚Dann wachte ich auf, und es war alles nur ein Traum'". Stefanie Sargnagel: *Statusmeldungen*, S. 133. Vgl. ebenfalls: „29.5.2016 Heute bin ich stundenlang durchs ausgestorbene Neustrelitz spaziert und dachte die ganze Zeit solche Sachen: ‚Es war ein Sonntag wie jeder Sonntag in Neustrelitz, die Läden waren geschlossen, die Straßen menschenleer und die Sonne brannte auf den Asphalt. Ich wollte Malte abholen um gemeinsam mit dem Fahrrad zum See zu fahren. Heute würde ich mit ihm zu ersten Mal Petting machen mit allem drum und dran. Mein Name ist Maike und das ist mein Sommer in Neustrelitz.'" Stefanie Sargnagel [Stefanie Sprengnagel] (23.7.2016): „Heute bin ich stundenlang durchs ausgestorbene Neustreltitz [!] spaziert und dachte die ganze Zeit solche Sachen:‚Es war ein Sonntag wie". [Facebook Statusmeldung]. https://www.facebook.com/stefanie.sargnagel/posts/10153734663543037 [zuletzt eingesehen am 7.6.2021].

[63] 2016 erzählt Sargnagel beispielsweise von einem Hip Hop Festival, welches sie unter Drogeneinfluss als mehrwöchiges Event erlebt und nacherzählt: „Vorgestern bin ich auf dieses Hip Hop Festival nach Wiesen gefahren, um mir das Battle mit G-udit anzuschauen. Eigentlich kiff ich seit 10 Jahren nicht mehr, weil die Wirkung bei mir irgendwann zu verrückt halluzinogen wurde, die Realität sich beim kleinsten Zug ins Groteske verzerrt und mir dann alle Menschen wie seltsame Irre vorkommen (die sie auch sind). [...] Aber am Hip Hop Fest dachte ich mir nach 3, 4 Bier, ich nehme auch mal einen Zug. [...] ich fühlte mich so desorientiert beim auf und abgehen an der sitzenden Menge, dass ich beschloss mich lieber hinzusetzen [...]".

Hingegen deviieren Sequenzen, die im Echtzeit-Präsens aus der Situation erzählt werden und dadurch Dokumentation und Authentizität vermitteln, vermehrt ins Fantastische, zuweilen Groteske, sodass der dokumentarische Charakter der Posts wieder in Zweifel gezogen werden muss. Zwei Ausformungen sind hierbei zu bemerken. Einerseits wird der in der Echtzeit-Erzählung mögliche Überschuss an lieferbaren Informationen zur Stimulation für exzessive Beschreibung, wobei die extreme Nahschau sich bei Sargnagel als Verzerrung statt als objektive Präzision äußert. Das genau Hinsehen führt mitunter, so Sargnagels Inszenierung, zu halluzinatorischen Aufzählungen von immer unwahrscheinlicheren Details – der Übergang ins Fiktionale und auch Fantastische ist dabei fließend. Dieser Post aus *Binge Living* veranschaulicht den beschriebenen Mechanismus bei Sargnagel:

> 27.9.2011 Ich gehe gern durch überladene Einkaufsstraßen, diese dichten Menschenströme wirken wie Valium auf mich. Wenn man nämlich versucht, wirklich jeder einzelnen Person ins Gesicht zu schauen, wird die Eigenartigkeit der individuellen Physiognomie so stark hervorgehoben und überzeichnet, dass die Gesichter immer mehr zu karikaturhaften Fratzen werden. Eine große nach einer kaum vorhandenen Nase zu sehen, ein schmales Gesicht mit Krauselocken gefolgt von einem kahlen Wasserkopf, löst einen unterhaltsam psychedelischen Effekt aus, der mich angenehm stimuliert.[64]

Ein besonders beliebter Post Sargnagels, welcher auch in den zum Bachmann-Preis 2016 eingereichten Text „Penne vom Kika"[65] einfloss, liefert genau solchen Informationsreichtum, der sich ins Groteske verkehrt:

> 25.1.2016 Im vollgestopften Sechser halte ich mich an einer Stange fest. Eine Frau steigt ein, hält sich an derselben Stange fest. Ihr kleiner Finger legt sich dabei auf meinen Zeigefinger. Meine Nackenhaare stellen sich auf, und ich rutsche ein bisschen nach unten,

---

Nach ca. 14 Tagen regungslosem Schneidersitz fand mich G-udit und ich war wieder in Sicherheit. Wir gingen zum Bahnhof, um zurück nach Wien zu fahren. Da der Zug noch nicht da war, wurde noch ein Ofen gebaut und wir beschlossen einfach querfeldein in ein Maisfeld zu gehen. Immer tiefer wie bei einer Dschungelexpedition schlugen wir uns durch riesige wuchernde Pflanzen ins dunkle Unbekannte. Nach weiteren vier Tagen ohne Essen und Wasser fanden wir wieder raus. Es war immer noch Nacht und wir setzten uns in den nächsten Zug, den wir am Bahnhof erwischten, auf Richtung Heimat. Entspannt fuhren wir los, passierten Station nach Station." Stefanie Sargnagel [Stefanie Sprengnagel] (23.7.2016): „Vorgestern bin ich auf dieses Hip Hop Festival nach Wiesen gefahren, um mir das Battle mit G-udit anzuschauen". [Facebook Statusmeldung]. https://www.facebook.com/stefanie.sargnagel/posts/10153864516413037 [zuletzt eingesehen am 7.6.2021].

64 Sargnagel: *Binge Living*, S. 54 f.
65 Stefanie Sargnagel: „Penne vom Kika". In: *Bachmannpreis 2016*. https://files.orf.at/vietnam2/files/bachmannpreis/201619/sargnagel_penne_vom_kika_439811.pdf, 2016. [zuletzt eingesehen am 7.6.2021].

"Dem mitnehmbaren Internet heimlich einsagen, was ich mir wirklich denke" — 211

> in Sicherheit. Sie will ihren Griff ändern und setzt erneut an, legt diesmal ihre GANZE Hand auf meine. Spürt die Oide gar nichts mehr?? Ich ziehe die Hand entsetzt weg, es schüttelt mich. Die Frau bemerkt den Ruck und hält sich nun ganz weit oben an der Stange fest, ich unten. Entspannt lehnt sie ihren Körper fest an die Stange, auf meine Hand. Meine Hand versinkt tief in ihrem Bauch, immer tiefer, und ich gebe auf, ertaste ihre Leber, spüre ihre Organe, untersuche ihren Magen, sie hat einen ganzen Hühnerknochen verschluckt und ein paar Legosteine.[66]

Das zeitdeckende Erzählen wird hier bis in die Zeitdehnung überreizt, wobei die überschüssige Zeit – Sargnagels Blick auf die Welt entsprechend – mit Fantastischem gefüllt wird.

Die zweite Ausformung der Verkehrung des Echtzeit-Erzählens im Präsens in Fiktion und Fantastisches hängt mit einer desillusionierten Sicht auf die Mechanismen der Erzähl-Medien und -Plattformen zusammen, die nicht als simple Aufzeichnungsapparate von Erlebnissen fungieren, sondern in ihrer Eigenlogik exponiert werden. Ein Post, welcher mit dem zeitdeckenden Erzählen als Echtzeit-Aufzeichnung satirisch umgeht, soll dies direkt veranschaulichen: In ihrer Zeit als Klagenfurter Stadtschreiberin, so erzählt Sargnagel im Februar 2017, sei sie bei einem Ausflug

> immer tiefer in den Wald geraten, und das Wurzelwerk wird immer grotesker. Weit und breit weder Lichtung noch Weg. Nun bin ich endlich auf einen Menschen gestoßen und habe ihn nach dem Weg gefragt, doch das Mandele redete nur wirr. Die Augen ganz gelb und fiebrig, murmelt es in seinen verfilzten Bart, es wäre der Stadtschreiber von 1983 und ob ich ihm den Weg nach Wien zeigen könne. Erschrocken bin ich weggerannt, so schnell mich meine Füße tragen. Ich melde mich, wenn ich eine Straße finde, der Empfang wird immer schwä[67]

Die Autorin inszeniert hier eine unmittelbare Übertragung ihres Erlebens in ein Facebook-Post, das parallel zu den Ereignissen generiert wird. Das Augenmerk lenkt sie einerseits auf die mediale Verfasstheit des zeitdeckenden Erzählens: ihr Stream kann nur dann zum endlosen Post werden, wenn Empfang bzw. mobile Daten nicht abreißen. Wieder wird dabei auf das Spannungsfeld aus scheinbar widerstandslos aufzeichnender Medientechnologie und voraussetzungsreicher Aufzeichnungsszene hingewiesen. Andererseits werden inhaltlich ganz offenkundig fiktionale, auch fantastische Elemente aufgerufen. Hier wird bei Sargnagel wirksam, was auch in der Erzählforschung zum dokumentarischen Status der Präsens-Erzählung Konsens ist: dass die ursprüngliche Authentizität und Faktizität erzeugende Verwendung des Präsens sich auch unvermittelt in ihr Gegenteil verkehren kann. Armen Avanessian und Anke Hennig observieren in *Präsens. Poetik eines*

---

66 Sargnagel: *Statusmeldungen*, S. 121 f.
67 Ebd., S. 289.

Tempus (2012) einen starken Zuwachs an Präsens-Erzählungen in der Printliteratur und deuten dessen Verwendung als neue Insignie hochgradiger Fiktionalität.[68] Während die Avantgarden 100 Jahre zuvor das Präsens-Tempus noch in Abgrenzung zum fiktionalen, für sie verstaubten Roman wählten und dadurch, so Avanessian und Hennig, größere Nähe zum Geschehen und höhere Faktualität erreichen wollten, exponiere die Verwendung des Präsens in der Gegenwartsliteratur die niemals zu überwindende Differenz zwischen persönlichem Erleben, Übermitteln und Rezipieren durch einen anderen und sei heute ein klarer Marker der Fiktionalität. Irmtraud Huber schreibt in ihrer Studie *Present-Tense Narration in Contemporary Fiction* von 2016, früher habe die Literatur „believable and realistic narrative situations"[69] anvisiert, weswegen das Präsens in der Regel ausgeschieden sei: „After all, in real life, we cannot experience and narrate both at the same time. It is only ever possible to tell of events that happened to us in retrospect, since we need time and leisure to narrate them or write them down."[70] Heute sei das Präsens als Erzähltempus etabliert, aber nicht mehr als „non-narrative and non-fictional tense"[71], sondern als „signpost of fictionality".[72]

Für die am Smartphone schreibende Sargnagel sieht die Lage etwas anders aus: Ihre Erzählsituation erlaubt medial einen Echtzeit-Bericht der Ereignisse. Gleichzeitig müssen Leser*innen der Sozialen Medien naiv sein, wenn sie denken, Inhalte dieser Plattformen seien lediglich abfotografierte, gefilmte und erzählte Ausschnitte eines jenseits der Sozialen Medien stattfindenden Lebens. Stattdessen wird deutlich, dass die Möglichkeit des Fotografierens, Filmens und Erzählens und die existierenden Genres der Sozialen Medien sich als potenzielle Narrationen bereits in die Lebensführung von User*innen einmischt: „5.6.2014 Wenn der Akku von meinem Smartphone leer ist, verliert mein Leben diese fiktive Komponente",[73] schreibt Sargnagel, die auch gern mit der in Sozialen Medien immer hochgehandelten Authentizität spielt: „Seit wann ist eigentlich ‚selbstinszenierung' bei künstlerisch tätigen menschen was schlechtes? Jeder inszeniert sich selbst, die meisten sind halt einfach unoriginell und fad dabei."[74]

---

68 Armen Avanessian/Anke Hennig: *Präsens. Poetik eines Tempus*. Zürich 2012.
69 Irmtraud Huber: *Present-Tense Narration in Contemporary Fiction. A Narratological Overview*. London 2016, S. 6.
70 Ebd.
71 Ebd., S. 13.
72 Ebd., S. 14.
73 Sargnagel: *Fitness*, S. 9.
74 Stefanie Sargnagel [Stefanie Sprengnagel] (30.3.2016): Seit wann ist eigentlich ‚selbstinszenierung' bei künstlerisch tätigen menschen was schlechtes? Jeder inszeniert sich selbst, die meisten sind halt einfach unoriginell und fad dabei." [Facebook Statusmeldung]. https://www.facebook.com/stefanie.sargnagel/posts/10153601870058037 [zuletzt eingesehen am 7.6.2021].

Ein Abbildungsverhältnis zwischen Leben und Erzählung wird daher gar nicht angestrebt, vielmehr bilden performative Alltagshandlungen Sargnagels gemeinsam mit ihren Erzählungen über angebliche Ereignisse gemeinsam die Kunstfigur Stefanie Sargnagel heraus. So kreieren auch gerade die im Präsens erzählten Posts, die dann offensichtlich ins Fiktionale abgleiten, den subversiven Umgang Sargnagels mit den Sozialen Medien, deren Funktionsweisen sie absichtlich immer wieder unterläuft, um zu provozieren und Reaktionen hervorzurufen: „12.11.2015 Der Frauenarzt sagt, er hat mich im Fernsehen gesehen, und fragt, wann die Buchpremiere ist, während seine Hand in meiner Scheide ist."[75] Die ohnehin komische Situation, die auf einer Gleichzeitigkeit von Smalltalk und gynäkologischem Eingriff beruht, wird durch die inszenierte Behauptung einer noch dazu gleichzeitigen Beschäftigung mit einem Schreibgerät gänzlich satirisch und in ihrer Fiktionalität ausgestellt. Indem die Leser*innen die Unmöglichkeit der Koinzidenz von Erleben und Schreiben in diesem Post sogleich erfassen, wird auch die Frage aufgeworfen, welchen authentisch und dokumentarisch inszenierten Posts man überhaupt Glauben schenken kann.

4 Schlussbetrachtungen

Die Ausgangsfrage, ob der Einsatz zunehmend mobiler und immer widerstandsfreierer Schreibgeräte beim Schreiben auf Facebook zu Schreibweisen führt, die ein Posten in Echtzeit aus der Situation heraus postulieren, wurde in zwei Schritten angegangen. Inhaltlich zeigte sich in den Posts ein produktionsästhetisches wie medienpraxeologisches Spannungsfeld, das Sargnagel um die Entstehung ihrer Social-Media-Beiträge eröffnet: Einerseits inszeniert Stefanie Sargnagel ihr Schreiben wiederholt als eine reine Geistestätigkeit, die sich vollkommen unvermittelt zu Tweets oder Statusmeldungen materialisiert. Andererseits verdeutlicht Sargnagel in zahlreichen weiteren Posts ihr Bewusstsein für die Vielzahl an menschlichen und nicht-menschlichen Akteuren, die zusammenkommen müssen, damit ein einzelner Post als flüchtiges Resultat emergiert. Auch in ihren Schreibweisen wird die Frage nach dem unvermittelten Übertragen, dem dokumentarischen Aufzeichnen im Schreiben auf Facebook eine Kippfigur, wenn der Einsatz des Präsens einerseits für gesteigerte Authentizität und Echtzeit-Dokumentation einsteht, andererseits als Stimulation für groteskes Detailreichtum für neue Verfremdungsstrategien sorgt.

---

75 Sargnagel: *Statusmeldungen*, S. 85.

Die Zeitreflexion in Stefanie Sargnagels Posten auf Facebook ist somit eng mit einer Reflexion über die Mittelbarkeitsbedingungen von Medien verknüpft. Genau wie sich eine mobile und möglichst widerstandsfreie Aufzeichnungsszene mit dem Smartphone aus einem Zusammenspiel aus multiplen menschlichen und nicht-menschlichen, materiellen, sozialen und diskursiven Akteuren konstituiert, entsteht auch die dokumentarische, authentische Schreibweise als „Simultanprotokoll" durch ein Set an klar benennbaren erzählerischen Stilmitteln: das Tempus des Präsens und die Ich-Perspektive, deiktische Angaben des Ortes und Moments sowie ein Einstieg *in medias res* sind typische Elemente eines unvermittelten Erzählens aus der Situation heraus, die auch Sargnagel nutzt, dabei aber gern ihr Vorgehen durch Verfremdungsstrategien exponiert. Auch das Erzählen in Echtzeit aus der Situation heraus wird dadurch als literarisches Konstrukt sichtbar. Bei dieser Entlarvung belässt es Sargnagel jedoch nicht, sondern schöpft gerade aus den entstehenden Störungen ihr ganz eigenes humoristisches und erzählerisches Potential, welches sie berühmt gemacht hat.

Magdalena Pflock
„nicht NUR Twitter & nicht NUR das Internet"
Prozesshaftes Schreiben mit und auf Sozialen Medien am Beispiel von Sarah Berger

1 „always-on"?

„[F]ür mich ist es nicht NUR Twitter & nicht NUR das Internet, es ist der gesamte künstlerische & aktivistische Schaffensprozess der letzten 12 Jahre, der jetzt einfach weg ist & zwar nicht, weil ich das selbst entschieden habe",[1] schrieb die Berliner Autorin und Fotografin Sarah Berger in ihrer Instagram-Story, nachdem am Tag zuvor ihr Twitter-Account @fem_poet gehackt und umbenannt wurde. Der Gedanke, dass es „nur das Internet" sei, scheint ähnlich antiquiert wie die Vorstellung von einer analogen und einer digitalen Welt, einem Offline- und einem Online-Leben. Legacy Russell nimmt beispielsweise die Kritik von Nathan Jurgenson auf und führt in *Glitch Feminism* die Formel ,Away From Keyboard' (AFK) als treffendere Alternative für ,offline' ein:

> In 2011, the theorist Nathan Jurgenson presented his critique of ,digital dualism,' identifying and problematizing the split between online selfdom and ,real life.' Jurgenson argues that the term IRL (,In Real Life') is a now-antiquated falsehood, one that implies that two selves (e.g. an *online* self) operate in isolation from each other, thereby inferring that any and all online activity lacks authenticity and is divorced from a user's identity offline. Thus, Jurgenson advocates for the use of AFK in lieu of IRL, as AFK signifies a more continuous progression of the self, one that does not end when a user steps away from the computer but rather moves forward out into society away from the keyboard.[2]

Offline-Person und Online-Persönlichkeit sind genauso wenig voneinander losgelöste Einheiten, wie Offline und Online zwei verschiedene Welten sind. Auch AFK bewegen wir uns in einem Umfeld, das ebenso stark von ,Online-Erfahrungen' geprägt ist wie Eigen- und Fremdwahrnehmung. Trotzdem gibt es Positio-

---

[1] Sarah Berger [@milch_honig]. (16.2.2021) „für mich ist es nicht NUR Twitter & nicht NUR das Internet, es ist der gesamte künstlerische & aktivistische Schaffensprozess". [Instagram-Story]. https://www.instagram.com/milch_honig/ [zuletzt eingesehen am 7.6.2021]. – Der vorliegende Aufsatz ist im Rahmen des Forschungsprojekts „Schreibweisen der Gegenwart. Zeitreflexion und literarische Verfahren nach der Digitalisierung" entstanden, gefördert durch die Deutsche Forschungsgemeinschaft (DFG) – Projektnummer 426792415.
[2] Legacy Russell: *Glitch Feminism. A Manifesto*. London/New York 2020, S. 30 f.

∂ Open Access. © 2022 Magdalena Pflock, publiziert von De Gruyter. [CC BY-NC-ND] Dieses Werk ist lizenziert unter einer Creative Commons Namensnennung - Nicht-kommerziell - Keine Bearbeitung 4.0 International Lizenz.
https://doi.org/10.1515/9783110758603-011

nen und auch Online-Dienste, die den Fokus stark auf das vom Online-Rhythmus determinierte Momenthafte legen. So erläutert Douglas Rushkoff, dass wir „always-on" sind, „alles im Liveticker, in Echtzeit [erleben]"[3] und sich „unsere Gesellschaft [...] auf den gegenwärtigen Moment [konzentriert]",[4] eine Fokussierung, die auch den Nachrichtendienst Twitter mit seinem Slogan „Alles, was gerade los ist" und der beim Verfassen eines neuen Tweets erscheinenden Frage „Was passiert gerade?" charakterisiert. Twitter spiegelt vor, ganz nah am Geschehen zu sein, fast live dabei, also eine unmittelbare Gegenwart zu erzeugen. Die Momente des Schreibens, Veröffentlichens und Gelesen-Werdens liegen dort so nah zusammen, dass der Eindruck des Instantanen entsteht, das von der Verlegerin und Autorin Christiane Frohmann in *Präraffaelitische Girls erklären das Internet* wie folgt beschrieben wird:

> Das Instantane ist der Unmittelbarkeits-Zeit-Raum, der sich in sozialen Medien mit chronologischer Timeline eröffnet, worin in Wirkungsschleifen Lesen, Schreiben und Publizieren, Beobachten, Sichbeobachten und Beobachtetwerden, Monolog und Dialog, Leben und Dokumentation, Nähe und Ferne, Reiz und Reaktion, Erfahrung und Erinnerung, Kommunikation und Literatur, Symbolisches und Virtuelles sowie Autorin und Figur ineinanderfließen.[5]

Daraus folgt eine unmittelbare und unvermittelte Nähe zwischen Schreibenden und Lesenden, die zu einer Verschiebung der herkömmlichen Rollen des Literaturbetriebs wie Verleger*in und Autor*in führt und deren Auswirkungen sich eben keinesfalls nur auf die Online-Personen beziehen, sondern sich auch AFK erstrecken: „Im Netz erscheinen Menschen als Lesende, Schreibende und Publizierende."[6] Das Instantane bietet Schreibenden neue Möglichkeiten und ist dennoch abhängig vom Leseverhalten der User*innen, da es sich zum einen nur auf die chronologische Timeline anwenden lässt, die bei Twitter erst seit 2018 wieder eine Option zur Darstellung des Feeds ist,[7] und zum anderen damit kollidiert, dass Nutzer*innen nicht nur ihre Timeline lesen, sondern ein individuelles Leseverhalten vorliegt, das sehr sprunghaft zu sein scheint: So wird bei-

---

3 Douglas Rushkoff: *Present Shock. Wenn alles jetzt passiert.* Freiburg 2014, S. 12.
4 Ebd.
5 Christiane Frohmann: *Präraffaelitische Girls erklären das Internet.* Berlin 2018, S. 136.
6 Christiane Frohmann: „Instantanes Schreiben" [Verschriftlichung eines am 29. Mai 2015 am Literaturinstitut Leipzig gehaltenen Impulsreferats]. In: *Leander Wattig.* https://leanderwattig.com/wasmitbuechern/frohmann/2015/instantanes-schreiben-christiane-frohmann-literaturinstitu-leipzig-20150529, 2015 [zuletzt eingesehen am 7.6.2021].
7 Tanja Banner: „Twitter bringt chronologische Timeline zurück". In: *Frankfurter Rundschau.* https://www.fr.de/kultur/twitter-bringt-chronologische-timeline-zurueck-10964725.html, 19.9.2018 [zuletzt eingesehen am 7.6.2021].

spielsweise vom Feed zu einzelnen Profilen und von dort aus weiter gesprungen, oder es werden gezielt einzelne Profile aufgerufen und an einem Stück nachgelesen.[8] Hinzu kommt, dass Schreibende in den Sozialen Medien zumindest theoretisch Einfluss auf das Rezeptionsverhalten haben können. Während „[d]as Buch zwar ein Medium der Zeit [ist], die aber in ihm eingeschlossen [bleibt]; außerhalb des Textes ist der Autor machtlos über die Rezeptionssituation",[9] haben Twitter*-innen Einfluss auf den frühestmöglichen Lesezeitpunkt, entweder durch direktes Twittern, oder durch die Funktion, einen Tweet zu planen. So können im Fall von fortlaufender Narration auf einem Account Zeitabstände nicht nur erzählt, sondern auch wiedergegeben werden. Gleichzeitig lässt sich auf dieses Phänomen eine Theorie aus der Hypertextzeit anwenden:

> [...] die Autorschaft des Mischens. Denn im Hypertext klicken die Leser nach eigenem Gutdünken auf einen der angebotenen Links und fügen so den Text selbst zusammen. Das führt notwendig zu einer Geschichte, deren Kohärenz nicht mehr vom Autor gesichert ist, [...]. Mit dem Hypertext ist es nicht schwer, die Logik von Handlung und Figurenentwicklung zu unterminieren und die Leser mit einer ungeordneten, von der Autorin nur vage kontrollierten Montage an Text-Segmenten zu konfrontieren.[10]

Das Instantane erzeugt unplanbare Interaktionen und unkontrollierbare Dynamiken und ein Vermischen von zunächst gegensätzlichen Positionen wie u. a. „Nähe und Ferne" und „Autorin und Figur", aber auch von Leser*innen abhängigen Texten. In der Einleitung der ersten Ausgabe der Grazer Literaturzeitschrift *mischen* beschreiben die Herausgeber*innen Raffael Hiden und Julia Knaß dieses: „Mischen, der Akt, ist Interagieren von Substanzen, Florieren von Elixieren miteinander, füreinander, auch gegeneinander. Aus diesem Beziehungsgeflecht heraus hat das Mischen keinen äußeren Lenker, sondern lenkt aus sich heraus ein, auf das, was am Weg kommt."[11] Für dieses Beziehungsgeflecht scheint sich besonders das soziale Netzwerk Twitter zu eignen, was zum einen auf den Ursprung als reines Textmedium und zum anderen auf seinem offenen Followerprinzip beruht. Hier unterscheidet sich Twitter maßgeblich von anderen Sozialen Medien wie Facebook, Instagram und TikTok: Anders als bei Facebook geht es nicht um beidseitige Freundschaften, ein öffentlicher Account kann auf Twitter von jeder*m gelesen und nur einseitig gefolgt wer-

---

8 Vgl. Johannes Paßmann: *Die soziale Logik des Likes. Eine Twitter-Ethnografie.* Frankfurt a.M. 2018, S. 133.
9 Roberto Simanowski: „Autorschaft und digitale Medien. Eine unvollständige Phänomenologie". In: Lucas Marco Gisi u. a. (Hg.): *Medien der Autorschaft. Formen literarischer (Selbst-)Inszenierung von Brief und Tagebuch bis Fotografie und Interview.* München 2013, S. 247–262, hier S. 247.
10 Ebd., S. 249.
11 Raffael Hiden/Julia Knaß: *mischen* 1. (2019), S. 6 f.

den.[12] Auch wenn Twitter mit der Zeit immer mehr Funktionen hinzugefügt hat, so zuletzt 2020 die an die Storyfunktion von Instagram und Snapchat erinnernden und sich nach 24 Stunden selbst löschenden Fleets (welche nach Fertigstellung dieses Beitrags am 3. August 2021 von der Plattform entfernt wurden), liegt der Fokus immer noch auf den Kürzesttexten in 280 Zeichen.[13] Das pointierte Schreiben und das Instantane scheinen Faktoren zu sein, die Twitter sowohl bei Literaturschaffenden und -begeisterten beliebt und das Netzwerk nicht zu einem bloßen Nachrichten- oder Microbloggingdienst, sondern auch zu einem Ort für literarisches und kreatives Schreiben und somit interessant für die Literaturwissenschaft macht. Hierbei stellt sich schnell die Frage, wie sich Statusmeldungen – im konkreten Fall also Tweets – literarisch verorten lassen. Holger Schulze versucht mit *Ubiquitäre Literatur* (2020) einen Lösungsansatz und definiert diese als „Momentliteratur": „Eine marginale, instantane, situative Literatur, meist ohne Ziel. Sie nimmt eine Gelegenheit – und verewigt sie."[14] Rushkoff, Frohmann und Schulze bestärken besonders die Abhängigkeit vom Augenblick, die Unmittelbarkeit, womit nicht das ganze zeitliche Spektrum erfasst wird. Social-Media-Dienste wie beispielsweise Instagram und Facebook erinnern an sich jährende Postings, ein Add On, das auch bei Twitter eingesetzt werden kann und wodurch User*innen Erinnerungen aus ihrem Posting-Archiv erneut posten und aktualisieren können. Gleichzeitig wird außer Acht gelassen, dass durch Statusmeldungen und Interaktionen, durch Tweets, Likes, Retweets und Replys auf den Sozialen Medien eine Spur gelegt wird, der nachgegangen werden kann. Diese Spur und die aufgeworfene Frage, welche Rolle Twitter und von dort ausgehend auch andere Soziale Medien in schriftstellerischen Prozessen einnehmen, soll in einer Fallstudie der Autorin Sarah Berger (mit ihrem Pseudonym Sarah Süßmilch) genauer verfolgt werden. Diese bringt in dem vorherigen Zitat auf Instagram den für sie weitreichenden Verlust ihres Accounts zum Ausdruck und verdeutlicht damit die Bedeutung ihres Twitter-Accounts für ihre Arbeit. „Der gesamte künstlerische & aktivistische Schaffensprozess" sammle sich nach dieser Aussage also in ihrem Twitter-Account und tatsächlich ist es so, dass sich in ihren Printveröffentlichungen immer wieder Bezüge auf

---

12 Mehr zu den Plattformeinheiten in Paßmann: *Die soziale Logik des Likes*, S. 14.
13 Bis 2017 betrug die Maximallänge von Tweets noch 140 Zeichen.
14 Holger Schulze: *Ubiquitäre Literatur. Eine Partikelpoetik*. Berlin 2020, S. 100. Schon 2016 prägte Schulze den Begriff der ‚Kleinen Formen' für das Medium Twitter bzw. für die Umsetzung von Tweets in Büchern im Sinne des Frohmann Verlags, welcher auch Namensgeber für die Reihe in diesem Verlag war. Vgl. Holger Schulze: „Trinken gehen, Bus fahren- E-Books und kleine Formen". In: *Merkur* 70 (Januar 2016). Zu Schulze vgl. auch den Beitrag von Karin Krauthausen in diesem Band.

und Zitate aus ihrem Account, um genauer zu sein ihren Accounts, finden. Doch dazu später mehr, zunächst ist es wichtig, sich die Hintergründe des Veröffentlichens in und mit den Sozialen Medien und somit die Rahmenbedingungen für Schreibende anzusehen.

2 „Weißt du noch damals, das Netz vor den Trollkriegen?"[15]

Neue Medien führen nicht nur zu neuen Formaten, sondern auch, zumal mit Blick auf die Sozialen Medien, zu neuen Strukturen. Zu diesen Strukturen gehören auf der einen Seite jene hinter den Sozialen Medien und auf der anderen Seite die eben schon erwähnten durch die Sozialen Medien veränderten Strukturen im Prozess der Veröffentlichung von literarischen Texten. Zur Seite der Sozialen Medien zählt u. a. die Abhängigkeit von dem Sozialen Medium, auf dem publiziert wird, und das Mitwirken an der Generierung von Profiten kapitalistischer Großunternehmen. Allein der Besitz eines Accounts in den Sozialen Medien führt auf vier Ebenen zur kostenlosen Mitarbeit für das entsprechende Unternehmen:[16] Auf Ebene der Produktion kreieren Nutzer*innen gratis Content, der wieder andere User*innen anzieht und an das Medium bindet, und sie konsumieren auf Ebene der Rezeption gleichzeitig die von dem jeweiligen Dienst verkaufte Werbung. Ebenso sind es die User*innen, die sich mit einer Metawährung bestehend aus Interaktionen (Likes, Retweets, Kommentare, Followings, etc.) gegenseitig „bezahlen" und so zu weiterer Content-Produktion anregen.[17] An vierter Stelle sind die persönlichen Daten zu nennen, die wiederum an Unternehmen verkauft werden und für das Targeting des Marketings genutzt werden.[18] Im Vordergrund stehen also nicht soziale Aspekte, sondern „politische und ökonomische Ziele"[19] der Plattformbetreiber: Der einfache Zugang zu den Sozialen Medien spielt eine Barrierefreiheit und eine demokratische Möglichkeit zur Teilhabe vor, welche sich bei genauerer Betrachtung nicht erfüllt. Auf der einen Seite führen bestimmte Praktiken zum Ausschluss von Personengruppen (beispielsweise

---

15 Frohmann: *Präraffaelitische Girls*, S. 129.
16 Vgl. Martin Andree/Timo Thomson: *Atlas der digitalen Welt*. Frankfurt a.M. 2020, S. 137 f.
17 Vgl. Paßmann: *Die soziale Logik des Likes*, S. 65 f.
18 Vgl. Andree/Thomson: *Atlas der digitalen Welt*, S. 137 f.
19 Rupert Gaderer: „Statusmeldungen. Stefanie Sargnagels Gegenwart sozialer Medien". In: Hajnalka Halász/Csongor Lörincz (Hg.): *Sprachmedialität. Verflechtung von Sprach- und Medienbegriffen*. Bielefeld 2019, S. 385–403, hier S. 388.

das Posten von Bildern ohne Bildbeschreibung oder Emojis, die von Screenreadern nicht gelesen werden können, Sprache, Memes, Ironie, etc.), auf der anderen Seite aber auch die Algorithmen der Plattformen, die bestimmen, was und wer gesehen wird – so werden z. B. Fotos von weißen Menschen bevorzugt gezeigt.[20] Die Abhängigkeit vom jeweiligen Anbieter bezieht sich aber auch auf die Kontrolle über den eigenen Account: Die Social-Media-Präsenz der Wiener Schriftstellerin Stefanie Sargnagel (eigentlich Stefanie Sprengnagel) wurde immer wieder eingeschränkt – im März 2017 ihre Facebook-Seite, im Februar 2019 ihr Twitter-Account.[21] Beide Male war eine enorme Anzahl von Meldungen ihrer Seiten der Grund: 2017 ergoss sich über Sargnagel ein Shitstorm, der von der österreichischen *Kronen Zeitung* angezettelt wurde, 2019 war ein sarkastischer, überspitzter Tweet zum österreichischen Vorentscheid für den Eurovision Song Contest der Auslöser, der eine große Empörungswelle und im Zuge dessen wieder die Meldung und darauffolgende Sperrung ihres Twitter-Accounts zur Folge hatte.

Es ist nicht nur der Sarkasmus in Sargnagels Schreiben, sondern auch das Politische, das auch andere in den Sozialen Medien aktive Autor*innen wie Berger oder Verleger*innen wie Frohmann zur Zielscheibe von Trollangriffen und Shitstorms werden lässt. Diese Hate Speech stellt einen Gewaltakt dar,[22] der neben und in Folge von Auswirkungen auf physische und psychische Unversehrtheit Einfluss auf die künstlerische Arbeit hat. Sogenannte Troll-Wars setzen gezielt Twitter- und andere Social-Media-Accounts außer Gefecht, indem sie zum einen diese mit Hassnachrichten und Kommentaren so überschwemmen, dass keine andere Interaktion mit dem eigenen Profil mehr wahrgenommen werden kann und der Account vorübergehend nicht mehr nutzbar ist, und zum anderen, indem sie in Gruppen organisiert Tweets und Postings melden, die vermeintlich gegen die Richtlinien des Netzwerks verstoßen.[23] Ist die

---

20 Chris Köver: „Twitter prüft Rassismus in der Bildvorschau. Automatische Diskriminierung." In: *Netzpolitik.org*. https://netzpolitik.org/2020/automatisierte-diskriminierung-twitter-prueft-rassismus-in-der-bildervorschau/, 21.9.2020 [zuletzt eingesehen am 7.6.2021].

21 O.V.: „Gegenwehr gegen Shitstorm endet mit Facebook-Sperre." In: *Der Tagesspiegel*. https://www.tagesspiegel.de/kultur/oesterreichische-schriftstellerin-sargnagel-gegenwehr-gegen-shitstorm-endet-mit-facebook-sperre/19516356.html, 14.3.2017 [zuletzt eingesehen am 7.6.2021] und O.V.: „Shitstorm und Twitter-Sperre gegen Sargnagel nach ‚Huankind'-Tweet". In: *futurezone.at*. https://futurezone.at/digital-life/shitstorm-und-twitter-sperre-gegen-sargnagel-nach-huankind-tweet/400395098, 1.2.2019 [zuletzt eingesehen am 7.6.2021]. Zu Sargnagels Schreiben vgl. auch den Beitrag von Ann-Marie Riesner in diesem Band.

22 Vgl. Judith Butler: *Haß spricht. Zur Politik des Performativen*. Frankfurt a.M. 2006, S. 52–55.

23 Diese Gewalt bezieht sich nicht rein zufällig am häufigsten auf Frauen und Mitglieder marginalisierter Gruppen und tritt auch in weiteren Formen auf: Zum Cyberstalking, zur „Figu-

Anzahl der Meldungen in einem kurzen Zeitraum groß genug, werden diese von den Netzwerken ungeprüft gesperrt. Problematisch erscheint außerdem, dass Algorithmen Ironie, Sarkasmus und Zynismus nicht erkennen und daher Tweets und Äußerungen, die sich dieser Stilmittel bedienen, oft selbst als Hate Speech einordnen, was wiederum zur Accountsperrung oder einem Shadowban[24] führen kann. Im Fall der Autorin und Fotografin Berger führen Aktfotografien dazu, dass viele ihrer Inhalte als sensibel deklariert, erst nach nochmaliger Bestätigung den Follower angezeigt und das wohl wichtigste Social-Media-Gut Sichtbarkeit und gleichzeitig ihre künstlerischen Ausdrucksmöglichkeiten einschränkt werden.[25]

Große Sichtbarkeit, die eng verknüpft mit großer Reichweite ist, führt häufig zu persönlichen Angriffen, die sich über Jahre ziehen können und bei Berger im Hacking ihres Accounts im Februar 2021 gipfelten. In diesem Fall zeigt sich auch die Abhängigkeit vom Unternehmen Twitter deutlich, denn nur durch den persönlichen Kontakt zu Twitter konnten der Account und damit dessen öffentliche und private Inhalte wieder an die Autorin zurückgegeben werden.[26] In der Zeit des Erscheinens ihres ersten Buches *Match Deleted. Tinder Shorts* (2017) fanden sich sowohl Berger als auch die Verlegerin und Autorin Frohmann Angriffen ausgesetzt. Angestachelt von dem offenen Umgang mit Sexualität, Körpern und dem Selfpublishing ließen Trolle Shitstorms auf deren Accounts los und nahmen ihnen damit ihre Funktionen. Diese fanden wiederum ihren Weg in die Texte beider

---

r(ation) des Troll(en)s" und „Shitstorms" vgl.: Jennifer Eickelmann: *„Hate Speech" und Verletzbarkeit im digitalen Zeitalter. Phänomene mediatisierter Missachtung aus Perspektive der Gender Media Studies*. Bielefeld 2017, S. 149–186.

24 Ein Shadowban bezeichnet das (vorrübergehende) Blockieren einzelner User*innen (oder auch einzelner Postings). Meistens handelt es sich hierbei um einen Automatismus, der das Teilen von nicht den Regeln der Plattform entsprechenden Inhalten eindämmen soll. Den Betroffenen stehen weiterhin alle ihre Funktionen zur Verfügung, jedoch erscheint ihr Account weder über die Suchfunktion noch im Feed/der Timeline anderer User*innen. So soll auch vermieden werden, dass User*innen neue Accounts erstellen, um die bereits als problematisch erkannten Inhalte weiter zu teilen.

25 Ähnliches lässt sich auch bei Instagram beobachten, das nach eigenen Maßstäben als unangebracht definierte Fotos löscht, so beispielsweise Aktfotografien, die weibliche Brustwarzen zeigen. Berger und auch andere Künstler*innen sind dadurch gezwungen, diese unkenntlich zu machen und die eigentliche Arbeit nur aufgrund der Plattform-Politik zu verändern. Somit schränken die Unternehmen Künstler*innen in ihrer Arbeitsfreiheit ein.

26 Herzstückverlag [@_herzstueck]. (18.2.2021): „UPDATE: Dank eurer Unterstützung ist es uns gelungen, Twitter zu kontaktieren! Der langjährige Account von Sarah Berger/Sarah Süßmilch wurde erfolgreich gelockt & wird in ein paar Tagen an Sarah zurück gebenden! [sic!]" [Tweet]. https://twitter.com/_herzstueck/status/1362315695304900610?s=20 [zuletzt eingesehen am 7.6.2021].

Autorinnen, so fragen die *Präraffaelitischen Girls* von Frohmann: „Weißt du noch damals, das Netz vor den Trollkriegen?"[27]

Diese direkte und unvermittelte Art von Angriffen und Bedrohungen wird auch durch das Instantane begünstigt. Daraus folgt eine unvermittelte Nähe zwischen Lesenden und Schreibenden, die auch den Schwall an negativen Nachrichten verstärkt und erst ermöglicht, dass diese ‚Kritik' ungefiltert auf Schreibende einprasselt. Jedoch hat diese Nähe zwischen User*innen auch positive Interaktionen zur Folge, durch welche sich Communities, auf Twitter oft ‚Bubbles' genannt, ergeben und zu gegenseitiger Inspiration und gemeinschaftlichen Arbeiten führen können.

Es sind also auf der einen Seite Methoden und Richtlinien der Netzwerke und auf der anderen Seite die unmittelbare Nähe zu den Leser*innen, die nicht zu vernachlässigende Auswirkungen auf den Auftritt und die künstlerischen Schaffensprozesse in den sozialen Netzwerken haben. Ebenso verschwimmen, wie Renate Giacomuzzi schreibt, die von Pierre Bourdieu als konkurrierende Felder „beschriebenen Bereiche der Kunst und der Ökonomie scheinbar in dem Maße […], als Autoren zunehmend die Aufgabe der Vermarktung selbst übernehmen".[28] Giacomuzzi sieht jedoch die Sozialen Medien hauptsächlich als ein Marketinginstrument, den Autor also als „Manager seines Werks" und fragt nach den „Strategien der Selbstvermarktung".[29] Was aber, wenn das nur ein Teil der Social-Media-Präsenz ist und diese gleichzeitig auch als Publikationsort für Literarisches genutzt wird oder eben im Fall von Sargnagel als „Kreativnotizbuch"?[30] Wie sehen kreativ Schreibende Twitter und wieso wählen sie überhaupt dieses soziale Netzwerk?

3 „Prokrastination in Reimform"[31]

Vielleicht war es schon immer so; das Netz schon immer vorhanden; lag unbemerkt über den Dingen und hat sich mit dem Computer und dessen Zusammenschluss mit anderen

---

27 Frohmann: *Präraffaelitische Girls*, S. 129.
28 Renate Giacomuzzi: „Der ‚soziale' Autor. Zur Autorrolle im Kontext digitaler Kommunikationsmodelle". In: Sebastian Böck u. a. (Hg.): *Lesen X.0. Rezeptionsprozesse in der digitalen Gegenwart*. Göttingen 2017, S. 109–125, hier S. 109.
29 Vgl. ebd.
30 Matze Hielscher: „Stefanie Sargnagel – Wie angepasst bist du?" In: *Mit Vergnügen: Hotel Matze* [Podcast]. https://mitvergnuegen.com/hotelmatze/stefanie-sargnagel/, 2021 [zuletzt eingesehen am 7.6.2021].
31 Sarah Berger [@milch_honig]. (12.1.21) „Prokrastination in Reimform". [Tweet]. https://twitter.com/milch_honig/status/1348979135574646788?s=20 [zuletzt eingesehen am 7.6.2021].

Computern erst realisiert. Wie es ja vor dem Buchdruck mit beweglichen Lettern schon Romane gab und vor der Edisonwalze schon Songs von drei Minuten Länge. Aber durch die Edisonwalze, die genau drei Minuten speichern konnte, wurde diese Länge zur Norm. Denn vor dem Netz gab es schon Kurz- und Kürzesttexte, Miniaturen, Aphorismen und Maximen. Aber im Blog, auf Twitter oder Facebook laufen sie zu neuer Form auf.[32]

Auf das soziale Netzwerk Twitter bezogen, stellt sich diese neue Form als Folge eines spontanen, unvermittelten und dialogischen Schreibens dar, das sich in Tweets manifestiert, die wie aus dem Moment gegriffen und scheinbar im selben Augenblick veröffentlicht, teil- und kommentierbar sind und das mit einem Limit von 280 Zeichen. Obwohl er einer der an den User*innenzahlen gemessene kleinsten sozialen Netzwerke ist, zieht der Mikrobloggingdienst Twitter mit seiner primären Fokussierung auf Texte gleichermaßen Autor*innen und Literaturbegeisterte mit unterschiedlichen Positionierungen zu Literatur, dem Literaturbetrieb oder der -wissenschaft an.[33] Werden diese kreativ Schreibenden zu Twitter und ihrer Faszination befragt, wie es Stephan Porombka 2014 tat, stellt sich schnell heraus, dass es ein schwieriges Unterfangen ist, diese zu erklären: „Twitter ist eine *Blank Box*, die sich gar nicht so leicht beschreiben lässt."[34] Jedoch finden sich in den Antworten und auch bei anderen Social-Media-Schreibenden fünf immer wiederkehrende Assoziationen: 1. Twitter als Notizbuch: Die Schriftstellerin Stefanie Sargnagel bezeichnet die Sozialen Medien als „Kreativnotizbuch",[35] eine Funktion, die auch @gallenbitter kurz nach der Errichtung seines Twitter-Accounts, der sein altes Notizbuch abgelöst hat, bemerkt: „Mein Moleskine hat sich mit einem Gummiband stranguliert. Nicht sehr einfallsreich."[36] Eng verbunden ist damit die nächste Lesart: 2. Twitter als Tagebuch: „Twitter. Das Tagebuch, das dir antwortet und deine Gedanken bewertet."[37] In diese Lesart fällt, neben dem täglichen, seriellen Posten, wie es auch bei der von Torsten Rohde geschaffenen Online-Omi @RenateBergmann zu finden ist, auch

---
32 Jan Kuhlbrodt: *Über die kleine Form. Schreiben und Lesen im Netz.* Berlin 2017, S. 23.
33 Vgl. Elias Kreuzmair/Magdalena Pflock: „Mehr als Twitteratur – Eine kurze Twitterliteraturgeschichte". In: *54books*. https://www.54books.de/mehr-als-twitteratur-eine-kurze-twitter-literaturgeschichte/, 24.9.2020 [zuletzt eingesehen am 7.6.2021].
34 @Anousch: „Blank Box". In: Stephan Porombka (Hg.): *Über 140 Zeichen – Autoren geben Einblick in ihre Twitterwerkstatt.* E-Book, Berlin 2014, S. 70–87, hier S. 71.
35 Matze Hielscher: „Stefanie Sargnagel – Wie angepasst bist du?".
36 @gallenbitter (27.10.2009): „Mein Moleskine hat sich mit einem Gummiband stranguliert." [Tweet]. https://twitter.com/gallenbitter/status/5205569915?s=20 [zuletzt eingesehen am 7.6.2021].
37 Nina. @liebundso (6.8.2012): „Twitter. Das Tagebuch, das dir antwortet und deine Gedanken bewertet." [Tweet]. https://twitter.com/liebundso/status/232388125865934848?s=20 [zuletzt eingesehen am 7.6.2021].

noch die Möglichkeit, durch Likes, Retweets, Quotes und Replies mit den eigenen oder den Tweets anderer zu interagieren, wodurch nicht nur eine Vernetzung untereinander, sondern auch ein kreativer Austausch entstehen kann, der zur nächsten Funktion führt: 3. Twitter als Inspirationsquelle. Nicht nur der Output ist für viele Twitteruser*innen wichtig, sondern auch der Austausch mit und das Lesen von anderen – eben der soziale Aspekt des Dienstes, wie @Chouxsie ausführt: „Meine Ideen und mein Stil verändern sich einerseits dauernd durch die breite Inspiration von Tweets weiterer Twitterer, andererseits auch durch das Verhalten meines Publikums."[38] Die Inspiration kommt zum einen von anderen Twitterern und zum anderen aus dem Alltag, denn durch die Möglichkeit der mobilen Nutzung über Smartphones wird Twitter schnell zum ständigen Begleiter und der Besuch der App stellt die nächste Assoziation dar. 4. Twitter als Auszeit im Alltag: „Twitter ist für mich manchmal, die Tür aus den Angeln der Realität zu nehmen und eine auf 140 Zeichen eingedampfte Geschichte zu erzählen."[39] Ähnliches findet sich bei Schulze wieder, der von einem Schreiben spricht,

> das sich im täglichen Leben bildet und sich daraus speist, für ein Schreiben, das nicht aus den Momenten und Materialien der Gegenwart entfliehen, sondern diese markieren, konturieren und archivieren will, für dieses Schreiben ist kaum eine bessere Grundlage denkbar als genau das zerstreute, fahrige, dieses abdriftende, auch unglaubwürdige, sich verquast verstrickende Leben.[40]

Schulze spricht dabei nicht nur das Festhalten des Augenblicks an, sondern auch die Unplanbarkeit Twitters und den damit oft zerstreuenden Feed, der aus Tweets verschiedener Accounts zu unterschiedlichen Themen gespeist wird und zu einem Abbild des „verquast verstrickende[n] Leben[s]" wird. Durch diese so fortlaufende Kommunikation miteinander und die Einblicke in das Leben anderer, entsteht schnell ein ‚Wir-Gefühl', die ‚Bubble', was auch Christiane Frohmann aufgreift und zur nächsten Assoziation führt: 5. Twitter als Spiel: „Der Frohmann-Flow speist sich aus der unaufhörlichen Kommunikation dieses Wir. Die dahinterstehende Konstellation aus individuellen Menschen wird von Inspiration und Freundschaft zusammengehalten. Das klingt schrecklich pathetisch. ‚Pathos' hat in meinem Twitterspiel keine Bedeutung."[41] Nicht selten las-

---

38 @Chouxsie: „Scheitern oder Wahn, Organe und Bildungsabsicht, Monologe über Dialoge. In: Stephan Porombka (Hg.): *Über 140 Zeichen – Autoren geben Einblick in ihre Twitterwerkstatt*. E-Book. Berlin 2014, S. 18–25.
39 Ebd.
40 Schulze: *Ubiquitäre Literatur*, S. 102.
41 @FrohmannVerlag: „Twitter durchspielen". In: Stephan Porombka (Hg.): *Über 140 Zeichen – Autoren geben Einblick in ihre Twitterwerkstatt*. E-Book. Berlin 2014, S. 128–140.

sen User*innen verlauten, dass sie Twitter nun durchgespielt hätten, weil eine bestimmte Person sie gefavt[42] hätte, sie eine bestimmte Followerzahl erreicht hätten, etc. Mit der Assoziation eines Spiels geht zum einen ein kompetitiver Gedanke einher, das Rennen um die Follower- und Fav-Zahl, aber auch das Aufsteigen durch verschiedene Level, was vor allem zur Zeit der Plattform Favstar. fm[43] sehr offen ausgelebt wurde:

> Mein Twitter-Jump-'n'-Run-Spiel, mein Twitter-Lernspiel, mein Twitter-Strategiespiel, mein Twitter-Wir-Ego-Shooter-Spiel und all die anderen Twitterspiele, an die ich jetzt gerade oder noch nicht denke, lassen sich nicht isoliert verstehen. Schon für konventionelle Computerspiele gibt es keine klar umrissenen Genreregeln. In meinem hybriden Twitterspiel fließen auch noch die Vorstellungen von Versionen und Levels zusammen. Wie man Twitter richtig spielt, bestimmt man selbst. (Möglicherweise ist dies ein Satz, der nur für mich wahr ist. Für uns. Oder nicht für immer. Ich kann es nicht wissen. Weil ich nicht das Ganze überblicke. Nur einen winzigen Ausschnitt. Der voller blinder Flecken ist. Und einfach nicht stillhält.) Durchgespielt haben werde ich Twitter nie. Aber vielleicht lösche ich es eines Tages.[44]

Festzuhalten bleibt also, dass Twitter eben nicht nur ein Kurznachrichten- oder Microbloggingdienst, sondern auch Publikationsort und Ausdrucksmöglichkeit für literarisch Schreibende ist – und das eben nicht nur als bloßer Marketingkanal, sondern als ein wichtiger Baustein des Schreibprozesses. In diesem Feld eröffnet sich ein sehr breites Spektrum, das jedes Genre abdeckt: Beispielsweise der schon erwähnte Autor und Schöpfer von @RenateBergmann mit einer mittlerweile über 12-teiligen Buchreihe ebenso wie die Jugendbuchautorin der Science-Fiction Serie *Cronos Cube* @TheklaTheWriter oder die Autorin Jasmin Schreiber, @lavievagabonde, die mit ihrem ersten Roman *Marianengraben* (2020) von der *FAZ* als „[d]ie Autorin der Stunde"[45] bezeichnet wurde und die *Spiegel*-Bestsellerliste stürmte. ‚Twitterature' ist ein von Alexander Aciman durch das gleichnamige Buch geprägter und von Elias Kreuzmair genauer unter die Lupe genommener Begriff: „Was war also Twitteratur? Eine neue sprachli-

---

42 Bis 2015 wurden Likes auf Twitter nicht mit Herzen, sondern mit Sternen dargestellt und Favorisierungen genannt, wobei sich schnell die Kurzform eines ‚Favs' etablierte.
43 Bei Favstar.fm handelte es sich um eine Website, auf der nicht nur die besten und neusten Tweets angezeigt wurden, sondern gegen einen monatlichen Betrag ein Pokal pro Tag für besonders gelungene Tweets verteilt werden konnte. Das „Twitter-Game" war bis zur API-Änderung Twitters und der damit verbundenen Abschaltung Favstars 2018 stark von diesem Ranking- und Belohnungssystem geprägt. Vgl. dazu auch: Paßmann: *Die soziale Logik des Likes*, S. 42–46.
44 @FrohmannVerlag: „Twitter durchspielen".
45 Jörg Thomann: „Willkommen im Dschungel. Bestsellerautorin Schreiber." (31.3.2020) In: *faz.net*. https://www.faz.net/aktuell/gesellschaft/menschen/marianengraben-jasmin-schreiber-ist-die-autorin-der-stunde-16701455.html, 31.3.2020 [zuletzt eingesehen am 7.6.2021].

che Verdichtung der Fantasie, es gäbe eine literarische Form, die die Gegenwart – das Leben – zu fassen vermöge."[46] ‚Twitteratur' wirkt spätestens seit der ‚Start-Up-Bubble' um @DaxWerner und @StartUpClaus veraltet. „Der Band *Mindstate Malibu* (2018) dokumentiert schon eine der nächsten Phasen dieser Ästhetik, die einerseits – bezogen etwa auf ironische Formen – eine Fortsetzung der ersten Phase bildet und andererseits – etwa durch den Import von Ausdrücken aus Computerspielforen – neue Entwicklungen anstößt."[47] Der Grind und das Gegenwärtige prägt ihr Schreiben und ihre Sprache ebenso wie das von Sebastian Hotz (@elhotzo) und Ilona Hartmann (@zirkuspony) und schlägt einen Bogen zu aktuellen Autoren wie Joshua Groß, Leif Randt und Juan S. Guse – „denn der Grind ist die absolute Gegenwart. Also darf er sich nicht vor der Vergänglichkeit fürchten. Seine Zeit ist durch sein Ziel begrenzt. Ist es erreicht, ist zwar alles noch auf irgendwelchen Servern dokumentiert, aber ähnlich weit weg wie der große grüne Teddybär im Greifautomaten auf dem Jahrmarkt".[48] Durch die Vielseitigkeit ist es kaum möglich allgemeingültige Aussagen über eine literarische Twitternutzung zu treffen, weshalb für diesen Aufsatz eine konkrete Fallstudie an Sarah Berger durchgeführt wird. Ihr Prosa-Schreiben findet hauptsächlich auf den Sozialen Medien und vor allem auf Twitter statt, während ihre veröffentlichten Printbücher gleichzeitig auf verschiedenen Ebenen stark verwoben mit dem Schreiben auf und in Sozialen Medien sind. Zeugnisse dafür sind ihre Twitter- und Instagram-Accounts ebenso wie Veröffentlichungen über ihren persönlichen Blog *milchhonig.wordpress.com* und *downbyberlin.de*, den Blog des Herzstückverlags, und eine Auswahl ihrer Printveröffentlichungen: *Match Deleted. Tinder Shorts* (2017), *bitte öffnet den Vorhang* (2020), *Sex und Perspektive* (2020) und *Lesen und Schreien* (2020).

4 „Ich poste Ich poste Ich poste. Ich twittere Ich twittere Ich twittere"[49]

Ich kann mich nur schreibend zum Ausdruck bringen, in dieser artifiziellen Situation Text. Als Schriftsteller_in will ich immer und immer wieder in die anderen ein-greifen

---

46 Elias Kreuzmair: „Was war Twitteratur?" In: *Merkur Blog*. https://www.merkur-zeitschrift.de/2016/02/04/was-war-twitteratur/, 4.2.2016 [zuletzt eingesehen am 7.6.2021].
47 Kreuzmair/Pflock: „Mehr als Twitteratur – Eine kurze Twitterliteraturgeschichte".
48 Vgl. Johannes Hertwig: „Grinden wie Delphine im Interwebs". In: Joshua Groß u. a. (Hg.): *Mindstate Malibu. Kritik ist auch nur eine Form von Eskapismus*. Fürth 2018, S. 16–39, hier S. 22.
49 Frohmann: „Instantanes Schreiben".

[sic!], ihnen auf den Grund gehen, sie ganz und gar mit mir erfüllen, also reinfassen ins Fleisch, in den Abgrund blicken. Aber ich komme ja doch nicht los von meinen Wahrnehmungsparametern. Es ist eine Krux. Mich einschreiben oder darüber hinweg schreiten will ich.[50]

Das Selbst und die anderen, Zwischenmenschliches, Körperlichkeit und im Zusammenhang mit allem immer wiederkehrende Abgründe sind charakteristische Themen für Bergers Schreiben. Besonders die Verbindung von Körperlichkeit und Schreiben und die ständige Kombination ist prägend für ihre Texte, da durch diese gleichzeitig auch Schreibprozesse zum Ausdruck gebracht werden. In diesem Abschnitt wird die Spur der Schreibprozesse auf zwei Arten verfolgt: Es wird den Fragen nachgegangen, wie einzelne Texte entstehen und wie sich das Werk über verschiedene Medien konstruiert.

Berger gehört zu den Pionierstimmen des deutschsprachigen literarischen Twitters. Mit ihren Accounts schreibt sie seit 2009 feministische Kürzesttexte, in denen sie sich mit dem Selbst und dem Kollektiv, Literatur und Literaturbetrieb und den Geschlechterverhältnissen unter den Bedingungen digitaler Kommunikation auseinandersetzt. So aktualisiert sie ihre Texte, indem sie beispielsweise über die durch die Coronapandemie erschwerten Bedingungen für Künstler*innen schreibt: Wegfallende Lesungen[51] und die damit einhergehende gesicherte Finanzierung. Dass diese schon vor Krisenzeiten problematisch war, bezeugen Tweets, die während des Verfassens von Motivationsschreiben entstanden sind: „Sich auf Stipendien in Städten bewerben, die man weder kennt noch kennen will, in denen man sicher nicht kreativ sein kann, nur wegen Geld."[52] Damit gibt sie auf Twitter stellenweise einen sehr genauen Einblick in das Arbeiten als Schriftstellerin und Fotografin: So dokumentiert sie nicht nur kreative, sondern auch rein ökonomische Aspekte, wie eben die Suche nach Finanzierung und die darauf folgende Resonanz und verarbeitet diese dann wiederum in ihrem literarischen Schreiben: „[K]eine Förderung bekommen, nicht mal irgendwo ein Text angenommen wurden, [sic!] dafür eine neue Kollektion an Absageschreiben, die sich wahrscheinlich früher oder später in einem literarisch verfremdeten

---

50 Sarah Berger: *bitte öffnet den vorhang. milch_honig 2019–2009*. Berlin 2020, S. 106.
51 Sarah Berger [@sei_riots]: „Meine Lesungen in Berlin sind erst mal abgesagt". [Tweet]. https://twitter.com/sei_riots/status/1238118728799305729?s=20 [zitiert nach einer am 1.1.2021 abgespeicherten Fassung, die nicht mehr verfügbar ist].
52 Sarah Berger [@sei_riots]: „Sich auf Stipendien bewerben." [Tweet]. https://twitter.com/sei_riots/status/922851608211451904?s=20 [zuletzt eingesehen: 7.6.2021].

Werk finden dürften".[53] Fragment 564 in *bitte öffnet den vorhang* gibt die negative Antwort auf eine Bewerbung Bergers wieder: „Für manche aus der Redaktion drückte sich darin allerdings auch etwas Negatives aus. Manche Passagen wurden als zu drastisch oder zu nihilistisch bezeichnet. Diese Zuschreibung als weitere Stärken des Textes zu betrachten, davon konnte die Mehrheit allerdings nicht überzeugt werden."[54] Sowohl auf Twitter als auch in ihren Printveröffentlichungen reflektiert sie kritisch die Anforderungen des Literaturbetriebs, hinterfragt ihre künstlerische Arbeit, ihren Stil und die Festlegung auf kleine Formen und auch immer wieder die Notwendigkeit und Möglichkeit einen Roman zu schreiben. Auch in *bitte öffnet den vorhang* geht sie wieder darauf ein: „Arbeitstitel des Romans, von dem ich behaupte, ich würde ihn schreiben, den ich aber nicht schreiben kann, weil mich langes Erzählen langweilt: Die abgeschnittene Person." Auf @milch_honig schreibt sie im Januar 2021: „I killed my novell [sic!]".[55] Zum Roman kam es bisher aber nicht, stattdessen ist ihr Schreiben von einer ständigen Aktualisierung am Puls der Zeit geprägt: Bereits geteilte Inhalte werden neu kombiniert, weiterentwickelt, an sich veränderte Gegebenheiten angepasst und wieder veröffentlicht – die Formen unterscheiden sich dabei sehr. Ein Zeugnis für diese beständige Veränderung ist ihr Twitter-Account, dessen Handle im Laufe der Zeit immer wieder von der Autorin geändert wurde und dessen Überarbeitungen gleichzeitig auch Einschnitte in ihrem Schreiben erkennbar machen. Um diese Prozesse besser sichtbar zu machen, zunächst eine Übersicht über die verschiedenen Account-Handles.

Chronologie des Twitter-Accounts von Sarah Berger (2009–2021):

2009–2019	@milch_honig
2019–2020	@sei_riots
Januar 2021	@fem_poet
Februar 2021	Hackerangriff

Wie einleitend bereits erwähnt, verlor die Autorin Anfang 2021 von einem Moment auf den anderen ihren Account und damit ihre Follower, ihre privaten

---

53 Sarah Berger [@sei_riots]: „In diesem Jahr habe ich mich auf fünf verschiedene Stipendien". [Thread]. https://twitter.com/sei_riots/status/1337401871951163392?s=20 [zitiert nach einer am 1.1.2021 abgespeicherten Fassung, die nicht mehr verfügbar ist].
54 Berger: *bitte öffnet den vorhang*, S. 12.
55 Sarah Berger [@milch_honig]. (27.1.21) „I killed my novell". [Tweet]. https://twitter.com/milch_honig/status/1354466582840430600?s=20 [zuletzt eingesehen am 7.6.2021].

Nachrichten und den Sammelplatz all ihrer Tweets, gleichzeitig rief sie über ihren privaten Account dazu auf, den nun gehackten Account zu blockieren und sicherte das Handle @fem_poet in einem neu angelegten Account.[56] Da dieser Hack noch während der ersten Bewerbungsphase um die Twitter-API[57] für Wissenschaftler*innen durchgeführt wurde, sind die Daten des Accounts bisher nur von der Autorin selbst in Form eines Twitter-Archivs gesichert und der Zugang für die literaturwissenschaftliche Forschung, die im Fall von Bergers Werk, das sich eben nicht nur auf Printveröffentlichungen erstreckt, sondern untrennbar auch mit diesem Twitter-Account verbunden ist, erschwert. Das Internet, das nichts verliert, ein Twitter-Account als das Archiv des literarischen Prozesses, stehen an dieser Stelle einem unkontrollierbaren Verlust gegenüber. Hanjo Berressem bezeichnet „Tweets [als] Ausdruck eines Künstlerlebens, nicht seine Darstellung oder seine Performance"[58], was im Fall der Autorin Berger nicht wirklich zuzutreffen scheint, da ihr Twitter-Account gleichzeitig zum Finden von Figuren und Stimmen dient und somit ein wichtiger Bestandteil ihres Schreibaktes ist. So unterscheidet sie mittlerweile stark zwischen öffentlichen und nur teilöffentlich geteilten Texten und führt für letztere einen auf privat gestellten Account. Die Neugestaltung ihrer Website, sowie die der Accounts @fem_poet auf Instagram und Twitter sind ebenso Zeugnisse von einer klareren Trennung, welche sich seit der Veröffentlichung von *bitte öffnet den vorhang* und der Umbenennung ihres Twitter-Accounts von @milch_honig in @sei_riots angekündigt hat.

Ihre Twitter-Accounts nutzt – wahrscheinlich müsste es seit dem letzten Einschnitt ‚nutzte' heißen – Berger nach eigenen Angaben, um kleine Texte vor einem Publikum zu testen und Stimmen von Figuren zu entwickeln,[59] wie beispielsweise die Figur @milch_honig. Die wichtigsten Funktionen, die sich bei

---

56 Sarah Süßmilch [@fem_poet] [Twitter-Account]. https://twitter.com/fem_poet?s=20 [zuletzt eingesehen am 7.6.2021].
57 Die Application Programming Interfaces (API) ermöglichen die Kommunikation von Programmen untereinander und somit das Abrufen von durch Twitter erhobenen Daten. 2019 änderte Twitter die Zugriffsmöglichkeiten auf diese Daten für Drittanbieter, woraufhin sie hauptsächlich Unternehmen zu Werbezwecken zur Verfügung standen. Seit dem 26.1.2021 ist es nun auch Wissenschaftler*innen möglich, sich mit Ihrer Forschung um einen Academic Research Zugang zur API zu bewerben. Vgl. Adam Tornes/Leanne Trujillo: „Enabling the future of academic research with the Twitter API". In: *Developer Blog*. https://blog.twitter.com/developer/en_us/topics/tools/2021/enabling-the-future-of-academic-research-with-the-twitter-api.html, 26.1.2021 [zuletzt eingesehen am 7.6.2021].
58 Hanjo Berressem: „,Follow me on Twitter'. Das Bild des Schriftstellers in der neuen Medienökologie." In: Robert Leucht/Markus Wieland (Hg.): *Dichterdarsteller. Fallstudien zur biographischen Legende des Autors im 20. und 21. Jahrhundert*. Göttingen 2015, S. 192.
59 Unveröffentlichtes Gespräch zwischen Sarah Berger und der Verfasserin, am 25.8.2020.

Berger über die Jahre beobachten lassen, sind der Austausch und die Inspiration mit anderen. Seit ungefähr 2018 nimmt sie sich aus dieser Rolle immer mehr zurück, im Pop-Talk mit Nabil Atassi bestätigt sie, dass sie sich viel mehr „in der progressiven Anwender*innenrolle, als in der belehrenden Rolle"[60] sieht. Selbst benennt sie Twitter als ein Mittel, um der Einsamkeit des Schriftstellerinnenlebens zu entkommen. Jedoch entstand mit der Zeit auch ein großflächiges Netzwerk mit anderen Literaturschaffenden, was Veröffentlichungen beispielsweise bei Sukultur oder in der Literaturzeitschrift *mischen* – die hauptsächlich Twitterautor*innen druckt – zeigen.

Das Jahr 2020 beendete Sarah Berger mit einer ihr liebgewordenen Tradition, deren Ergebnis sie mit ihren Follower über Ihren Twitter-Account @sei_riots teilt: „Traditionell lese ich jetzt mein Vogue Jahreshoroskop; letztes Jahr behauptete es, das Ich würde nicht mehr so wichtig (stimmt, ich hab aufgehört, in der Ich-Perspektive zu schreiben) & das Wir konnte wachsen, der sonst sehr gepflegte Individualismus befand sich im Auflösezustand".[61] Schon in den Texten seit 2009 lässt sich ein steter Wandel in Bergers Schreiben erkennen, die Auseinandersetzungen mit dem Ich und den Anderen, mit Körper und Identität spitzen sich immer weiter zu. Während *Match deleted* das Selbst noch in Gesprächen und in Beziehungen auf der Folie von Tinder-Chat-Dialogen verhandelt („Brauche ich die Bestätigung von Anderen, um überhaupt zu existieren oder muss ich mir selbst genug sein."[62]), beinhaltet *bitte öffnet den vorhang* einen Archiv-Versuch und die literarische Weiterentwicklung ihres Twitter-Accounts @milch_honig von 2019–2009. Dass die einzelnen Kürzesttexte in umgekehrt chronologischer Reihenfolge, vom neusten zum ältesten Eintrag, gedruckt wurden, erinnert zum einen an das Scrollen durch eine zeitlich geordnete Timeline und erzeugt zum anderen einen Aktualisierungseffekt, indem eine aus dem Digitalen bekannte Art der Textordnung in ein Printbuch übertragen wird. Der Fokus vom Ich im Zusammenhang mit anderen verschiebt sich viel stärker auf das Selbst, was in *Sex und Perspektive* noch weitergetrieben wird, weil hier die Auseinandersetzung mit dem Ich, dem eigenen Körper, dem Konzept Geschlecht und der eigenen Sexualität am weitesten – bis hin zur Auflösung eines geschlechterspezifischen Schrei-

---

60 Nabil Atassi: „Sarah Berger. Autorin". In: *Der Pop-Talk. Die Gesprächssendung im Netz.* https://www.pop-talk.de/de/pop-talks/sarah-berger-literatur/, 2020 [zuletzt eingesehen am 7.6.2021].
61 Sarah Berger [@sei_riots]: „Traditionell lese ich jetzt mein Vogue-Jahreshoroskop". [Tweet]. https://twitter.com/sei_riots/status/1344409040869326848?s=20 [zitiert nach einer am 1.1.2021 abgespeicherten Fassung, die nicht mehr verfügbar ist].
62 Sarah Berger: *Match Deleted. Tinder Shorts.* Berlin 2017, S. 10.

bens[63] – geführt wird. Berger verwendet neutrale Bezeichnungen, verzichtet auf ‚man' und ersetzt dieses wie auch das Pronomen ‚niemand' mit Alternativen, wie „niemensch",[64] was in *Sex und Perspektive* reflektiert wird: „Sag Kunstschaffende oder Kunstperson, im Kontext ist das verständlich, nimm neutrale Begriffe, kein Sternchen oder Unterstrich, vor allem beim Schreiben!"[65] An dieser Stelle gilt hinzuzufügen, dass *Sex und Perspektive* eine Trilogie abschließt, die Vorgänger *Sein Zimmer für mich allein* (Frohmann) und *Folgen* (Sukultur) erschienen bereits 2018. Diese Bücher zeichnet ein narratives Erzählen in Kürzestgeschichten aus, das sich sehr von dem fragmentarischen und situativen Schreiben in *Match Deleted* und *bitte öffnet den vorhang* unterscheidet. Ebenfalls ändert sich die Erzählstimme. Während in *Match Deleted* und *bitte öffnet den vorhang* autofiktionale Elemente vorliegen, die darauf schließen lassen, dass Berger das bis 2019 auf Twitter so geführte Erzählen weiterführt, handelt es sich bei *Sex und Perspektive* um eine namenlose, weiblich gelesene Erzählfigur. *Sex und Perspektive* ist nach *Folgen* und *Sein Zimmer für mich allein* der dritte Teil einer Reihe, in der sich keine Fragmente, sondern Kurzgeschichten finden, die sich thematisch mit dem Selbst, dem Erwachsenwerden und dem Fügen oder Ausbrechen aus Strukturen beschäftigen. *Lesen und Schreien* ist die dritte Neuerscheinung aus dem Jahr 2020 und enthält Social-Media-Collagen, bei denen die Grenzen zwischen den einzelnen Medien genauso verschwimmen wie in Bergers anderen Arbeiten. In all ihren Arbeiten findet sich der Konflikt zwischen dem Ich und dem Anderen sowie die Möglichkeit der Kommunikation, wenn das Selbst die Vorstellung des Ich im Anderen darstellt, wieder, aber auch die enge Verbindung dieser Kommunikation mit den Sozialen Medien und dem eigenen Körper und der Darstellung des eigenen Körpers in den Sozialen Medien. Die Trilogie grenzt sich von den anderen Texten unter anderem durch das narrative Erzählen ab. In *Sex und Perspektive* werden elf Prosastücke aus der Ich-Perspektive einer weiblich gelesenen Figur,[66] die in allen Texten konstant bleibt, erzählt. Diese kleinen Geschichten sind zwar in sich abgeschlossen, greifen aber durch Themen und Figuren ineinander und verweisen aufeinander. Autofiktionale Elemente finden sich hier kaum noch. Mit der namenlosen Erzählerin wird eine Figur entwickelt, die sich im Heranwachsen immer mehr mit Geschlechterrollen und Sexualität auseinandersetzt und aus einer unterschwelligen Wut gegenüber der Gesellschaft versucht, sich die Fragen zu beantworten, was Sex und Sexualität ist. Anhand von

---

63 Vgl. hierzu auch: Nabil Atassi: „Sarah Berger. Autorin".
64 Sarah Berger: *Sex und Perspektive*. Berlin 2020, S. 11 u. 104.
65 Ebd., S. 9.
66 Ebd., S. 94.

verschiedenen Beziehungskonstellationen wird diesen Fragen nachgegangen. Das konservative Verhältnis innerhalb der Familie der Protagonistin bildet den Ausgangspunkt, von dem aus heteronormative Verhältnisse hinterfragt werden und von dem aus sich die Beziehungen der Protagonistin hin zu nicht monogamen und nicht cis-hetero Beziehungen entwickeln. Die Figur macht eine Entwicklung in ihren schriftstellerischen Tätigkeiten durch, die in einem inneren Entschluss gipfelt, der stark an die erste Veröffentlichung *Match Deleted* erinnert: „Ich werde mir keine Geschichten mehr ausdenken über unbekannte Liebhaber_innen mit Namen, die ich google: Skandinavische Vornamen. Ich sitze am Laptop und designe mir Chats und andere Szenarien, während ich warte, Luca, und ich warte viel beim Schreiben von Geschichten."[67]

In *bitte öffnet den vorhang* finden sich mehr autofiktionale Elemente: Protagonistin und Autorin teilen sich den Vornamen und das Alter[68] und ebenfalls die abgedruckten Selbstporträts wie weitere biografische Parallelen. „Zielen postmoderne Autofiktionen im Kern darauf ab, die Grenzen einer auf Wahrheit angelegten Lebensbeschreibung zu problematisieren, nutzen die gegenwärtigen Autofiktionen den (möglichen) Bezug zum Verfasser vielmehr für eine textinterne Stilisierung bzw. Inszenierung ihrer Person."[69] Das betont die Rolle des Individuums bei Berger noch stärker, das nach Birgit Nübel „über seine biologische Einzigartigkeit hinaus (Gencodierung, Fingerabdrücke, etc.) sowohl Funktion eines Prozesses, d. h. einer unumkehrbaren geschichtlichen Entwicklung bzw. Transformation, als auch Funktion einer Figuration, d. h. einer komplexen Struktur von Interdependenz-, Arbeits-, Trieb- und Affektketten zwischen Menschen"[70] ist. Diese Schreibprozesse zeigen zum einen Bergers persönlichen kreativen Weg, aber auch die Entwicklungs- und Individualisierungsprozesse ihrer Figuren, die wie in *Sex und Perspektive* hinterfragen, wer dieses Ich ist, „wenn alle sozialen Zwänge wegfallen".[71] Das autofiktionale Schreiben verdeutlicht die Nähe zum Sozialen Medium, in dem die Grenzen zwischen privater und öffentlicher Person ähnlich fließend sind wie die von autobiografischem und fiktionalem Schreiben. Berger erklärt ihre Motivation dafür wie folgt: „Die Autofiktion ist eine für mich spannende Form, in der ich auf ein größeres Narrativ und Figurenentwicklung verzichten

---

67 Ebd., S. 117.
68 Ebd., S. 536.
69 Brigitta Krumrey: *Der Autor in seinem Text. Autofiktion in der deutschsprachigen Gegenwartsliteratur als (post-)postmodernes Phänomen*. Göttingen 2015, S. 13.
70 Birgit Nübel: *Autobiographische Kommunikationsmedien um 1800. Studien zu Rousseau, Wieland, Herder und Moritz*. Tübingen 1994, S. 6.
71 O.V.: „Sex und Perspektive". In: *Herzstückverlag*. http://herzstueckverlag.de/sex-und-perspektive.html, 2020 [zuletzt eingesehen am 7.6.2021].

kann. Fragmente, die kleine Szenen des Alltags umreißen oder die situativen Gedanken und Gefühle einer Figur wiedergeben, lassen den Leser_innen Raum, sich selbst ein Narrativ zwischen den Absätzen zu spinnen."[72]

Sex und Perspektive ist stark geprägt von postdigitalen Elementen, wie dem selbstverständlichen Umgang mit Dating und Social Media Apps, die aus dem Alltag der Protagonistin nicht wegzudenken sind. Auf Gepflogenheiten von Twitter, wie das Verfassen eines „Montagstweets" oder das sonntägliche gemeinsame Twittern über den neusten Tatort,[73] wird ebenso referiert, wie auf den Umgang mit Gleichzeitigkeit simulierenden Medien: „Ich starre so lange auf das Chatfenster, bis unter Tobias 3 Tinder schreibt ... erscheint. Dann schließe ich unverzüglich WhatsApp."[74] Der Bezug auf digitale Medien wird durch Einschübe, die vom Twitterbot @femobot inspiriert sind, noch weiter konkretisiert. Bei diesen handelt es sich um die satirische Aneinanderreihung von klischeehaften Alltagsbeschreibungen von Frauen, die Berger nicht nur verlängert, sondern auch extremer fortführt: „blowjob kochen blowjob abtreiben kochen aufstehen schreien schwangerschaftstest gebären kinder erziehen"[75]. Beim Gegenüberstellen von Account und Printveröffentlichung fällt auf, dass die unterschiedlichen Accountnamen nicht nur die Weiterentwicklungen und Phasen der Autorin widerspiegeln, sondern sich anhand der Tweets ein Zeitstrahl entwickeln lässt, der Themenvariationen und Fortschritt im Schreiben in Korrelation zu Bergers aktivistischen und politischen Leben sichtbar macht.

Im Interview erklärte Berger,[76] dass sie alles archiviere: ihre eigenen Tweets, Notizen, Chat-Verläufe, Fotos, alles. Vieles davon sähe sie sich nie wieder an, anderes sei ihr Material, das sie immer wieder kombiniere. Hinzu kommt in diesem Fall auch noch die Inspiration durch den @femobot. Nach Porombka geht es bei digitaler Literatur „darum, digitales Material herzustellen, zu sammeln, zu bearbeiten und dann über Vernetzung so zu kombinieren (oder kombinieren zu lassen), dass sich daraus etwas überraschend Neues ergibt, mit dem man weiterarbeiten kann".[77] So verfährt auch Berger in ihrem Arbeiten. Im geschriebenen Wort würde sie oft das Literarische sehen und mache das dann auch für sich produktiv. Die Grenzen des digitalen Raums überschrei-

---

72 O.V.: „Interview mit Sarah Berger". In: *Lettretage*. https://www.lettretage.de/sarah-berger-im-interview/, 2020 [zuletzt eingesehen am 7.6.2020].
73 Vgl. Berger: *Sex und Perspektive*, S. 44.
74 Ebd., S. 81.
75 Ebd., S. 77.
76 Unveröffentlichtes Gespräch zwischen Sarah Berger und der Verfasserin, am 25.8.2020.
77 Stephan Porombka: *Schreiben unter Strom. Experimentieren mit Twitter, Blogs, Facebook & Co*, Berlin 2011, S. 21.

tet sie zum einen durch das Verlassen der Sozialen Medien, aber auch durch das Kombinieren von Texten über die sozialen Netzwerke hinweg. So erscheinen Texte auf Twitter, auf Facebook und dann in überarbeiteter Form in der nächsten Printveröffentlichung. Das Überführen von Inhalten, die zuerst auf den Sozialen Medien geteilt wurden, in die Form einer Printveröffentlichung sorgt gleichzeitig für eine Archivierung von Inhalten, aber auch von gängigen Social-Media-Schreibweisen und -Bräuchen, oder wie es der Frohmann-Verlag formuliert: „Das Netz vergisst nichts, aber es verbirgt vieles, wenn man nicht weiß, dass man danach suchen muss. Deshalb werden in Gestalt der Frohmann-Reihe KLEINE FORMEN seit 2016 besonders schöne und eigensinnige Kürzesttexte aus dem digitalen Flow herausgelöst und auf klassische Weise, als Buch, zugänglich gemacht."[78]

Diese Rekombinationen und die Tilgung des auf den Sozialen Medien durch einen Zeitstempel markierten Veröffentlichungszeitpunkts sind zentrale Elemente – wie zuletzt auch an der Neugestaltung ihres Hauptaccounts zu beobachten ist: „ich twittere alles, was ich in den letzten 10 jahren getwittert habe, noch mal, in gleicher reihenfolge aber ohne auf die genaue chronologie zu achten".[79] Die erneute Publikation von bereits geteilten Inhalten auf Twitter ruft eine erneute Reaktion von Leser*innen auf die Texte hervor und wirft gleichzeitig neue Leerstellen auf – und somit neue Aktualisierungsmöglichkeiten in der erneuten Lektüre. Der Wechsel ihrer Accounts ist ein anschauliches Beispiel für die Prozesshaftigkeit und starke Reflexion, auf welche auch die Texte selbst referieren:

> Ich bin die Schlange, die sich selbst verschlingt, home fere individuationis ad placitum institutas, das bin ich, das einzige wahre perpetuum mobile, ich fange immer und immer wieder von vorne an, obgleich ich verstanden habe, ich habe verstanden, dass der Sinn sinnlos ist, dass ich die Wiederholung bin, jede_r wähnt sich selbst am Ende der Geschichte, denn wie bitte soll die Welt weiter gehen ohne mich, wo ich doch das Einzige bin, also das Einzige, worauf ich mich beziehen kann, ohne mich kann es nicht weiter gehen, das bin ich die letzte Frage, also 8 Milliarden Fragen bin ich, ich bin die Durchlässigkeit, die Öffnung, der Versuch nach Nähe in der Negation. Wir nennen das Kommunikation, statt Selbstgespräch, wir nennen das Gesellschaft, statt Monaden, wir nennen das sozial, statt immanent, ich bin das Zweck-verfehlte-Denken, gefangen im repetierenden Akt der Selbstidentifikation, ich bin die Mise-en-abyme meiner selbst, immer und immer wieder und wieder und wieder, ich bin am Ende.[80]

---

78 Berger: *Match Deleted*, Klappentext.
79 Sarah Berger [Privataccount]: „ich twittere alles, was ich in den letzten 10 jahren getwittert habe". [zuletzt eingesehen am 12.1.21].
80 Berger: *Sex und Perspektive*, S. 77.

Auf *down by berlin*, dem Blog des Herzstückverlags, ist am 28.5.2020 ein Ausschnitt aus einem Projekt Bergers mit dem Titel *Wie wir heute Freiheit neu erfinden müssten* erschienen. Bei diesem handelt es sich um den ersten von ihr veröffentlichten literarischen Text, der nicht in Ich-Perspektive geschrieben ist, was vermuten lässt, dass sich nicht nur das Kapitel der Ich-Perspektive, sondern auch das des poetisch-autofiktionalen Schreibens, das eng verbunden mit der Figur @milch_honig ist, für sie geschlossen hat.

5 „Vom Vermischen wollte ich schreiben, vom Vermischen unserer Teile, von den unendlichen Kombinationsmöglichkeiten unserer Teile wollte ich schreiben"[81]

„Laß dir keinen Gedanken inkognito passieren und führ dein Notizheft so streng wie die Behörde das Fremdenregister",[82] so lautet eine These zur Technik des Schriftstellers von Walter Benjamin – was sich Berger sehr zu Herzen zu nehmen scheint: Im Zeitraum vom 16. bis 28. Februar 2021 veröffentlichte sie auf dem Twitter-Account @fem_poet 180 Tweets (inklusive Retweets), hinzu kommen noch einige Instagramstories und -posts und wenige Facebookpostings, ebenso wie Tweets über ihren auf privat gestellten Account. Ihr Notizbuch ist zwar nicht „beliebig", jedoch auch nicht mehr auf Benjamins „gewisse Papiere, Federn, Tinten"[83] angewiesen, weil es komplett digital ist. Nachdem Berger 2018 den 3. Preis beim deutsch-georgischen PenMarathon gewonnen hat, hörte sie auf, mit der Hand zu schreiben: Seit diesem Zeitpunkt gibt sie an, nur noch digital mit Schreibprogrammen zu schreiben, die sich mit all ihren Devices synchronisieren, sodass sie jederzeit und an jedem Ort schreiben kann.[84] Unterwegs sammelt sie meistens nur Notizen und Ideen, teils auf Twitter, teils über das Schreibprogramm, gleichzeitig ist Twitter auch beim Schreiben am Laptop zuhause immer einer der zahlreich geöffneten Tabs – es ist also ständig dabei, mal im Vordergrund, mal im Hintergrund. Diese oft auch getwitterten Notizen, diese Moment- oder in Schulzes Sinne Ubiquitäre

---

[81] Berger: *bitte öffnet den vorhang*, S. 9.
[82] Walter Benjamin: „Ankleben verboten! Die Technik des Schriftstellers in dreizehn Thesen" [1928]. In: Ders.: *Einbahnstraße*. Berlin 2016. S. 24 f., hier S. 24.
[83] Ebd.
[84] Unveröffentlichtes Gespräch zwischen Sarah Berger und der Verfasserin, am 25.8.2020.

Literatur hält Situationen fest und gibt gleichzeitig einen Einblick ich das Vorgehen der Autorin: Der Tweet: „Passant_innen starren mich verwundert an, wenn ich weggeworfene Kassenzettel aus dem Supermarkt Müll fische, um sie ausführlich zu studieren",[85] gibt zum einen die situationsgebundene Inspirationsquelle, zum anderen aber auch Bergers Neugierde und Informationsdurst und ihren oft von ihr selbst hinterfragten Platz in der Gesellschaft wieder. Weggeworfene Kassenzettel sind Dokumente über das Einkaufsverhalten anderer, also ein Blick in deren Privatheit, was Berger in diesem Fall leicht voyeuristisch darstellt, und welcher durch die Blicke der Außenstehenden sogleich vom gesellschaftlichen Konsens kommentiert wird. Selbst in diesem kleinen Schnipsel ist schon die werkimmanente Auseinandersetzung mit den *Anderen* zu erkennen. Wie der Kassenzettel im ausgewählten Tweet dienen auch andere Textarten (Tweets, Chats, Mails und Fotos) als ihr Material, welches sie sammelt, archiviert und immer wieder in und zu Texten kombiniert. So finden sich beispielsweise Textfragmente aus einem WhatsApp-Chatverlauf auf Twitter und Instagram wie auch in *Match Deleted* und *bitte öffnet den vorhang*. Schon hier wird klar, dass ihre Arbeit sowohl rein inhaltlich – der Titel ihres ersten Buches *Match Deleted. Tinder Shorts* referiert auf die sehr erfolgreiche Online-Dating-App Tinder – als auch konzeptionell stark in unserer postdigitalen Gegenwart verankert ist und in enger Verbindung zu den Sozialen Medien und den technischen Gegebenheiten steht. Ebenso stellt sich ein Mischen ihrer Texte und Figuren dar, dass über Frohmanns Instantanes noch hinausgeht und sich auch in ihren Texten wiederfindet, in denen die körperliche Verbindung zwei Menschen als allegorisierte Medialität gelesen werden kann:

> Ich wollte vom Übergang schreiben, vom Übergehen: wie ich in dich übergehe. Vom Vermischen wollte ich schreiben, vom Vermischen unserer Teile, von den unendlichen Kombinationsmöglichkeiten unserer Teile wollte ich schreiben, weil du, DU behauptest, es gäbe unendliche Versionen unserer selbst, solange sich nur unsere Atome ein kleines bisschen anders anordnen: Die Ordnung macht aus uns Personen, Personen, die sich Vermischen und Kombinieren und ineinander übergehen, darüber wollte ich schreiben, vom Einführen, Gleiten, vom Berühren wollte ich schreiben, dass wir uns nur an unseren Köperöffnungen berühren können.[86]

Der Übergang zwischen verschiedenen (Sozialen) Medien, ebenso das Vermischen verschiedener (Text)teile und die „unendlichen Kombinationsmöglichkeiten" als Ausdrucksmöglichkeit sind wichtige Bestandteile der Entstehungsprozesse und Grundlage der Texte, die ein Berühren von Autorin und Text sowie Text und Le-

---

[85] Berger: *bitte öffnet den vorhang*, S. 43.
[86] Ebd., S. 9f.

ser*innen ermöglichen. Der Text stellt sich als das Bindeglied dar und tritt an die Stelle der „Körperöffnungen", wobei Gleichzeitigkeit nicht mehr gewährleistet, sondern höchstens wie beispielsweise bei Twitter vorgespiegelt werden kann. „In der Art und Weise, wie das Schreiben die Autor_innen von den Menschen trennt, bringt der Text die Menschen zu den Autor_innen."[87] Der Text bildet die Grundlage für die Kommunikation zwischen Lesenden und Schreibenden, die in den Sozialen Medien weiter- und zu neuen Texten führt. Berger arbeitet über verschiedene Medien hinweg und passt sich den jeweiligen medialen Gegebenheiten an: Die schon erwähnten Blogs *milchhonig.wordpress.com*, auf dem sie von 2013–2019 Texte und Fotos teilte, die sich mit den Themen Körper, Selbst und Feminismus auseinandersetzen, und downbyberlin.de formen wie ihre Präsenz in den sozialen Netzwerken, auf Facebook und auch Soundcloud unter ihrem Pseudonym als Sarah Süßmilch, auf Twitter aktuell unter @milch_honig und @fem_poet ebenso wie auf Instagram ihr Portfolio. Während bei Twitter der Fokus logischerweise nicht auf dem Bildmedium liegt, sondern Bergers schriftstellerische Tätigkeiten oder Hintergrundberichte zu Fotoshootings wiedergegeben werden, verhält sich das bei Instagram anders. Neben ihrem hauptsächlich fotografisch genutzten Account @milch_honig führt sie auf @fem_poet weiter, was zunächst in den Stories auf @milch_honig begann und dort auch noch unter dem Story Highlight „poetry" zu finden ist: Collagen aus Texten und Bild, die in der Instagramstory entstehen und 2020 vom Frohmann Verlag auch in *Lesen und Schreien*[88] gesammelt wurden. Instagram ist das Soziale Medium, in dem Berger nicht nur mit Texten, sondern auch mit der Darstellung und Ordnung dieser experimentiert, hierbei unterscheidet sie sich stark von anderen Twitterautor*innen wie Ilona Hartmann, Sebastian Hotz oder auch Sophie Passmann, die auf Instagram lediglich Screenshots ihrer besten Tweets posten. Bei Schreibenden, die jedoch stärker mit Berger in Berührung kommen, etwa über den Blog des Herzstückverlags *downbyberlin.de* oder Julia Knaß' und Raffael Hidens Literaturzeitschirift *mischen*, zeichnet sich das Experimentieren mit auf das jeweilige Social-Media-Format zugeschnittenen Texten ab, so etwa bei Sonja Seidel (auf Twitter @f_tosse und @frauktose auf Instagram) und Julia Knaß (@liaghtsout auf Twitter und @balkonage auf Instagram) selbst: Hier wird vor allem in letzter Zeit vermehrt mit Texten in Form von Screenshots aus Arbeitsprozessen, Bild- und Text- oder Farb- und Textkombinationen gespielt. Bei Berger zeichnete sich diese Vorgehensweise schon in der ersten beim Frohmann Verlag erschienenen Printveröffentlichung ab, aus der auch schon das Motiv der Chatgespräche be-

---

[87] Ebd. S. 11.
[88] Vgl. Sarah Berger: *Lesen und Schreien*, Berlin 2020.

kannt ist. *Match Deleted* referiert nicht nur mit dem Untertitel *Tindershorts*, sondern mit dem Titel selbst direkt auf die Dating-App Tinder, bei welcher sich Paare finden, indem sie Fotos vom jeweils anderen nach links (dislike – also: der nächste bitte) und rechts (like) wischen. Liken sich zwei Parteien, gibt es die Option über private Nachrichten miteinander in Kontakt zu treten. Diese Konversation lässt sich bei einem schlechten Verlauf durch die Option „Match auflösen" beenden, wodurch keine Kontaktaufnahme mehr möglich ist. Genau auf diesen Konversationsabbruch bezieht sich der Titel, der innerhalb der Kürzesttexte immer wieder aufgenommen wird: „You can't write this person any further. Match deleted."[89] Dieses ist angelehnt an Chats der Online-Dating-Plattform Tinder, sprengt aber nicht nur den inhaltlichen, sondern auch den Zeichenrahmen der App. Des Weiteren besteht der Mittelteil aus 42 Fotos, die bereits auf Instagram gepostet wurden und an Notizzettel erinnern. Mit einer breiten Serifenschrift auf hellgrauem, leicht zerknittertem Grund wird eine Schreibmaschinenästhetik erzeugt, die einerseits im Kontrast zum ursprünglichen digitalen Veröffentlichungsort Instagram steht (dort sind sie mittlerweile wieder gelöscht) und andererseits gleichzeitig mit der Retro-Affinität des Sozialen Mediums, die eine Parallele zur analogen Polaroid Kamera bildet, spielt (vgl. Abb. 1).

Diese Fotos enthalten eine Mischung aus kleinen Formen, so finden sich Schnipsel aus einem Dramentext,[90] an Postings erinnernde Texte und Aphorismen: „Wenn der Typ neben dir liegt, behauptet Tinder im Übrigen, er sei drei Kilometer entfernt und irgendwie stimmt das ja auch."[91] In *Lesen und Schreien* hingegen wurden keine Postings, sondern Stories abgedruckt – die neben dem formalen Unterschied (nicht mehr das Seitenverhältnis 1:1, sondern 16:9) auch kurzlebiger sind, da sie 24 Stunden nach dem Teilen in der Instagramstory wieder aus dieser verschwinden. Durch das Speichern in den Highlights können diese jedoch wie in einem Album gesammelt und später noch angesehen werden. Während die Notizzettel-Postings nicht in der App entstanden, sondern nur nachträglich dort geteilt wurden, entstehen die „Social-Media-Collagen", wie sie in der Printveröffentlichung bezeichnet werden, direkt in der Story auf Instagram: Berger verwendet dafür einen Screenshot als Hintergrund, meist handelt es sich hierbei um Chats oder Online-Artikel, und legt in mehreren Ebenen Text in verschiedenen Farben darüber, der die unteren Ebenen teils verdeckt und das Lesen erschwert. Damit erinnern die „Social-Media-Collagen" an provozierende Montagen, die sich „den Konventionen organologi-

---

[89] Berger: *Match Deleted*, S. 19.
[90] Vgl. ebd., S. 52.
[91] Ebd., S. 65.

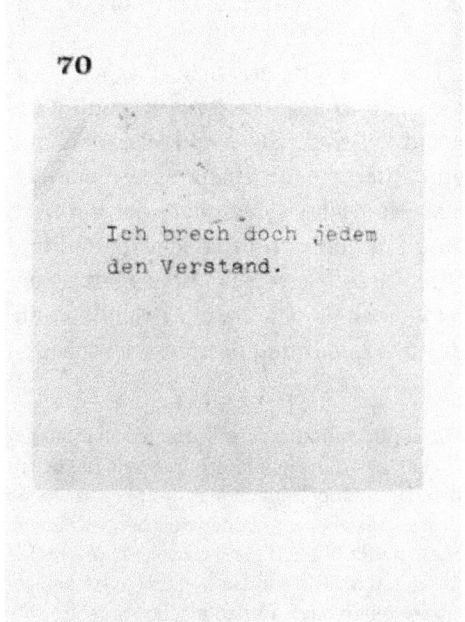

Abbildung 1: Instagrampost in Sarah Berger: *Match Deleted. Tinder Shorts* (2017) – © Frohmann Verlag.

scher Ästhetik"[92] widersetzen. Es ist kaum rekonstruierbar, ob Berger nur eigenes Material (Screenshots aus verschiedenen Messengern und Apps) verwendet oder Fremdmaterial mit einbezieht, jedoch geht es durch die hinzugefügten Texte der Autorin über das Anordnen und Auswählen einer Collage im Sinne von Peter Handke[93] oder auch Peter Weiss[94] hinaus. Viel mehr erinnert dieses für Irritation sorgende Chaos an die kulturelle Montage,[95] in der „der scheinhafte Zusammenhang zerstört [und] ein neuer gebildet [wird], der das ‚Durcheinander' hinter der Oberfläche gesellschaftlicher Ordnung sichtbar macht."[96] Viktor Žmegač stellt in diese Reihe auch Theodor W. Adornos Deutung der Montage: „Der Schein der Kunst, durch Gestaltung der heterogenen Empirie sei sie mit dieser versöhnt, soll zerbrechen, indem das Werk buchstäbliche, scheinlose Trümmer der Empirie in sich einläßt, den Bruch einbekennt und in ästhetische Wirkung

---

92 Viktor Žmegač: „Montage/Collage". In: Dieter Borchmeyer/Viktor Žmegač (Hg.): *Moderne Literatur in Grundbegriffen.* Berlin 2013, S. 286–291, hier S. 287.
93 Vgl. Peter Handke: *Die Innenwelt der Außenwelt der Innenwelt.* Frankfurt a.M. 1969.
94 Vgl. *Peter Weiss: Der Schatten des Körpers des Kutschers. Mikro-Roman.* Frankfurt a.M. 1960.
95 Vgl. Ernst Bloch: *Erbschaft dieser Zeit* [1935]. erw. Ausgabe Frankfurt a.M. 1962.
96 Žmegač: „Montage/Collage", S. 287.

umfunktioniert." Und: „Das Montageprinzip war, als Aktion gegen die erschlichene organische Einheit, auf den Schock angelegt."[97]

Bergers Stories setzen auf Irritation, Überforderung und Schock durch Überladung an Textmenge und Farbe und lassen bei konzentrierter Betrachtung das Vorführen eines Gesellschaftsbildes, das auf Rollenklischees und Misskommunikation fußt, erkennen (vgl. Abb. 2). Dafür zitiert sie mit einem Screenshot beispielsweise den Twitterbot von Thomas Hainscho @femobot, der satirisch überspitzt in Tweets die Tätigkeiten einer Frau eines sehr klischeehaften und konservativen Rollenbildet aneinanderreiht. Diesen Screenshot überlagert sie mit einer Ebene Text im Stil des Bots, hierbei handelt es sich um eine leicht abgeänderte und abgeschnittene Textstelle, die auch in *Sex und Perspektive* wieder zu finden ist:

> weinen schreien kopfschmerzen lachen freundin treffen rauchen arbeiten heißhunger denken schreien essen kochen blowjob kochen blowjob koch blowjob abtreiben kochen aufstehen schreien schwangerschaftstest gebären kinder erziehen schminken anziehen sich lecken lassen ausziehen sich lecken lassen anziehen zunehmen duschen aufräumen masturbieren rauchen kochen stress aufstehen diät blumen gießen zunehmen schreien beine rasieren tanzen frieren aufstehen ficken haare färben aufstehen diät abtreiben kochen zunehmen schreien beine raiseren tanzen feiern haare färben macho-sprüche anhören, blowjob kochen schwangerschaftstest kochen gebären schreien stress aufstehen sorgen machen kinder erziehen sich lecken lassen anziehen zunehmen duschen aufräumen masturbieren kopfschmerzen lachen[98]

Und mit einer weiteren Ebene Text:

> don't say no to me you can't say no to me because it's such a relief to have love again and to lie in bed and be held and touches and kissed and adored and your heart will leap when you hear my voice and see my smile and feel my breath on your neck and your heart will race when I want to see you and I will lie to you from day one and use you and screw you and break your heart because you broke mine first and you will love me more each day until the weight is unbearable and your life is mine and you'll die alone because I will take what I want then walk away and owe you nothing it's always there it's always been there and you cannot deny the life you feel fuck that life fuck that life fuck that life fuck that life I have lost you now.[99]

Diese zweite Ebene bringt nicht nur durch die Sprache etwas Neues hinzu, sondern vor allem durch den Inhalt. Fast wie ein Mantra erscheint diese Aussage, die keinem erkennbaren Geschlecht zuordenbar ist, von Verletzung, emotionaler

---

[97] Theodor W. Adorno: *Ästhetische Theorie*. Frankfurt a.M. 1970, zitiert in Žmegač: „Montage/Collage", S. 287.
[98] Berger: *Sex und Perspektive*, S. 102 f.
[99] Sarah Berger @milch_honig: „poetry" [Story-Highlight]. https://instagram.com/milch_honig [zuletzt eingesehen am 7.6.21].

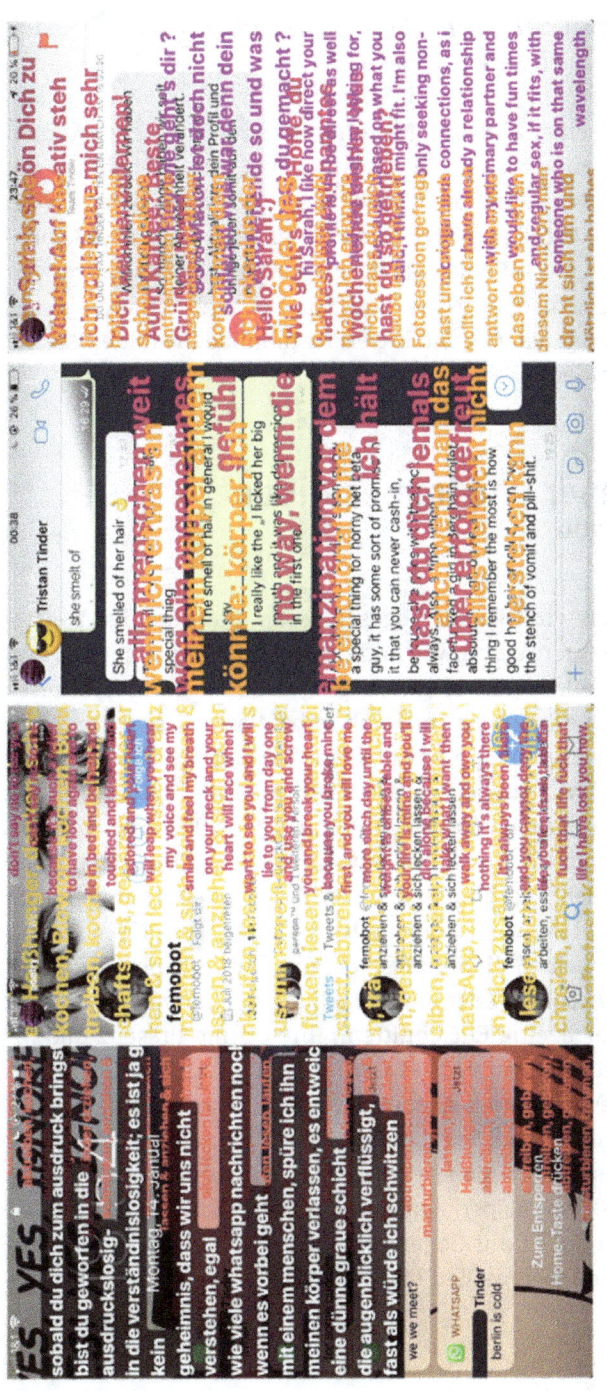

Abbildung 2: Screenshots der Instagramstories von Sarah Berger Account @milch_honig (2019) – © Sarah Berger.

Abhängigkeit und Unterdrückung spricht, Enge Freiheit gegenübergestellt und am Schluss den Verlust der anderen Person bemerkt. In dieser einzigen Story werden Frau-Sein und die damit verbundenen gesellschaftlichen Konventionen mit emotionaler Unterdrückung in einer Beziehung verknüpft, durch die grellen Farben scheint die Ungleichheit zu schreien. Die Überlagerung der Ebenen erzeugt gleichzeitig eine zeitliche Perspektive, denn durch das Überschreiben von bereits Geschriebenem werden die Vergänglichkeit und konträr dazu die gleichbleibenden Handlungsmöglichkeiten von Frauen als Stagnation verbildlicht. Berger verbindet in den Stories verschiedene Neue und Soziale Medien miteinander, verknüpft eigenes und Fremdmaterial und kreiert textüberladene Bilder, die die Betrachter*innen herausfordern.

6 „ich fange immer und immer wieder von vorne an"[100]

Keiner von Bergers Texten wirkt jemals abgeschlossen, das ständige Weiterschreiben über die Mediengrenzen hinweg kreiert ein breit aufgefächertes und ineinander vernetztes ‚Werk', welches gleichzeitig die Entstehungsprozesse und die Konzeption dokumentiert, sich auf sich selbst bezieht, sich archiviert und aktualisiert. Die Prozesse finden sowohl auf den Sozialen Medien, vor allem auf Instagram und Twitter, aber auch in ihren anderen Texten statt. Die Veröffentlichungen in den Sozialen Medien sind durch viele Faktoren von diesen abhängig, was wiederum die künstlerische Freiheit einschränkt: Zum einen verkleinern Sperrungen oder Einschränkungen der Sichtbarkeit eventuell auch durch die Plattformen die Reichweite, zum anderen führen Angriffe in technischer und verbaler Form zu einem Handlungszwang der Autorin, der sich durch die Umbenennung eines Accounts oder die Umstellung auf „privat" ausdrückt. Diese Wechsel stellen gleichzeitig Einschnitte in ihre Online-Präsenz und ihr Schreiben dar, wie der letzte bewusste Wechsel im Januar 2021, die Überarbeitung der Website und des Instagram-Accounts und die Reaktion auf den Accounthack zeigen. Statt an der auf dem Literaturmarkt so beliebten Form des Romans festzuhalten, positioniert sich Berger mehr und mehr als Autorin von Kürzesttexten und Social-Media-Experimenten auf inhaltlicher und technischer Ebene mit einem starken Fokus auf Gegenwärtigkeit, zum einen mit Dating-Apps, zum anderen mit den technischen Möglichkeiten von Instagram, welche

---

[100] Berger: *Sex und Perspektive*, S. 77.

zum einen zu einer neuen Textform „Tinder Shorts" und zum anderen zu einer neuen Art von Montagen, „Social-Media-Collagen", führen. Auf diese Art archiviert sie das Dating-Verhalten ihrer Generation über Apps ebenso wie das pointierte Schreiben auf und mit sozialen Netzwerken. Ihre Sprache aktualisiert sie in enger Verknüpfung zu feministischen Diskursen, welche sie aufgreift und mit ihren Figuren verhandelt. Für Bergers Schreiben sind es also wirklich nicht „NUR Twitter & nicht NUR das Internet", sondern wichtige Faktoren für ihre Schreibprozesse.

Elias Kreuzmair, Johannes Paßmann
Ständige Selbst- und Fremdbeobachtung
Ein E-Mail-Wechsel über Twitter

Dieses Gespräch hat zwei Ausgangspunkte: Die Studie *Die soziale Logik des Likes* (2018) von Johannes Paßmann und den Workshop „Schreibweisen der Gegenwart: Digitale Lektüren, digitale Texte" des DFG-Projekts „Schreibweisen der Gegenwart. Zeitreflexion und literarische Verfahren nach der Digitalisierung", der am 10. Dezember 2020 in digitaler Form an der Universität Greifswald stattgefunden hat.[1] Es handelt sich um die schriftliche Reinszenierung und Fortsetzung eines Gesprächs, das Elias Kreuzmair dort mit Johannes Paßmann geführt hat. Im Zentrum steht die Frage, was Twitter aus Sicht der Medienwissenschaften einerseits und der Literaturwissenschaften andererseits ausmacht.

> *Deine Dissertationsschrift* Die soziale Logik des Likes *ist eine „Twitter-Ethnografie". Wie kamst Du zum Thema Twitter? Und bist Du im akademischen Umfeld auch auf Widerstände gestoßen?*

Ich habe 2010 eigentlich eine Dissertation zu einem ganz anderen Thema begonnen, im Graduiertenkolleg „Locating Media". „Mediale Grenzen" war der Arbeitstitel, ich habe mich damals mit der Frage befasst, welche Qualitäten nicht-digitaler Medien von Dauer bleiben. Meine Ausgangsbeobachtung war: Digitale Medien können alles emulieren, allerdings nicht die Begrenztheit der alten Medien. Ich war vorher Hilfskraft in einem Projekt von Jörg Döring und Tristan Thielmann zu Geomedien; dort war diese Frage ebenfalls virulent: Was hat die Papierkarte, was Google Maps nicht hat?

Vor diesem Hintergrund war Twitter besonders interessant, denn ich verfolgte eine Art Kompensationsthese: Weil digitale Medien sozusagen einen Grenzmangel haben, müssen sie und ihre Nutzung pragmatische Grenzen ziehen. Dass Twitter mit seiner harten 140-Zeichen-Grenze damals so ungeheuer erfolgreich war, hat mich deshalb interessiert: Offenbar, so dachte ich, ,braucht' digitale Kommunikation eine Logik der begrenzten Einheit, die alte Medien qua Materialität immer schon hatten. Das war aber gar nicht mal der Hauptgrund. Letztlich

---

[1] Vgl. Johannes Paßmann: *Die soziale Logik des Likes. Eine Twitter-Ethnografie.* Frankfurt a. M./New York 2018.

habe ich damit begonnen, weil ein Freund schon ziemlich lang dabei war und öfters Ideen in Tweets ‚umwandelte', das war spannend, da wollte ich dabei sein.

Twitter hat mich damit ziemlich schnell aufgesogen, diese ‚Umwandlung' von Beobachtungen in Tweets hat in dieser Zeit regelrecht Besitz von meinem Denken ergriffen. Ich bemerkte, wie ich für ein ganz anderes Beobachten sensibilisiert wurde – ein Vorgang, der mir aus der phänomenologischen Gestalttheorie bekannt vorkam. Ich hatte meine Diplomarbeit kurz vorher über den Begriff des Feldes bei Kurt Lewin, Wolfgang Köhler und Ernst Cassirer geschrieben. Ohne darauf jetzt zu weit eingehen zu wollen: Diese Frage neuer, alltäglich wirksamer Deutungsschemata, also neuer Hinsichten, unter denen Beobachtung organisiert wird, ist dort zentral. Lewin beschreibt etwa in „Kriegslandschaft", einer phänomenologischen Studie von 1917, wie sich Raumwahrnehmung dadurch transformiert, dass man eine Landschaft statt in Friedenszeiten in Kriegszeiten durchschreitet.[2] Das ist natürlich ein ganz anderer Fall, allerdings geht es bei beidem – der „Kriegslandschaft" wie dem Twittern – um eine funktionalisierte Beobachtung von Umwelt: *X kann ich neuerdings für Y brauchen.* Mir fiel auf, wie ich durch Twitter die Nachrichten anders lese, die Menschen und ihr Tun an der Supermarktkasse anders beobachte, ihr Verhalten im Zug. Dabei kam mir dann stets der Gedanke: „Ist es nicht auch komisch, dass …". Da habe ich versucht, sie in Tweets ‚umzuwandeln', und da merkt man schnell, was funktioniert und was nicht. Daran passt man die Beobachtung dann an, versucht, anders ‚umzuwandeln', nimmt andere Aspekte an Alltagsbeobachtungen wahr.

Der Freund, der mich als Novize bei Twitter eingeführt hat, hatte mir nämlich einen ganz bestimmten Teil Twitters gezeigt, wie ich erst später bemerkte. Zentral für die Gruppe war etwas, was Jahre später zentral für ganz Twitter und viele andere Plattformen wurde: Die Beobachtung der Popularität der eigenen Texte durch Retweets, Favs, später Likes und so weiter. Twitter zeigte erhaltene Favs und Retweets damals noch nicht so an wie heute, der Drittanbieter *Favstar.fm* allerdings sehr wohl (und sogar in größerem Umfang – so hatte man eine persönliche *Best of*-Liste mit den populärsten Tweets, die einem je gelungen sind). Das hat einerseits zu einer ganz bestimmten Sensibilisierung der Beobachtung geführt, denn wenn man sieht, wie erfolgreich so ein Tweet werden kann, will man natürlich wissen, wie weit man es schaffen kann, warum es die anderen schaffen und so weiter. Man beobachtet die Welt daher immer mehr hinsichtlich der Frage, was sich in einen populären Tweet umwandeln lässt.

---

[2] Kurt Lewin: „Kriegslandschaft" [1917]. In: *Feldtheorie. Werkausgabe.* Hg. v. Carl Friedrich Graumann. Bd. 4. Bern/Stuttgart 1982, S. 315–325.

Andererseits passiert bei diesen Popularitätsmarkern ja mehr als eine bloße Messung der Popularität eines Tweets. Man bekommt den Fav, Like und Retweet ja immer von jemand ganz bestimmtem und beobachtet dann natürlich auch diese*n Andere*n auf ganz bestimmte Weise. Das kam mir aus der Ethnologie der Gabe sehr bekannt vor, mit der sich der Sprecher unseres Graduiertenkollegs Erhard Schüttpelz intensiv befasst hat. Mich hat das eigentlich nie so recht interessiert und auch Schüttpelz' medientheoretische Arbeiten schienen mir damals eher abwegig, aber nun merkte ich, wie viel man über Twitter lernen kann, wenn man Theorien der Gabe liest.[3] Ich berichtete ihm daher von meinen Twitterbeobachtungen. Er sagte mir, diese Dissertation über mediale Grenzen, das wäre vielleicht nicht die beste Idee, viel interessanter wäre doch eine Ethnografie über das Twittern. Ich hatte ihm auch von Twitter-Treffen erzählt, wie die Online-Interaktion in die Krise kam, wenn man sich jenseits der Plattform begegnete, und da war er so entflammt, dass mir kaum noch eine Wahl blieb.

Dass ich auf Widerstände gestoßen bin, kann ich insofern wirklich nicht sagen. Ganz im Gegenteil, mein akademisches Umfeld wollte, dass ich genau diese Arbeit schreibe. Der größte Widerstand dabei kam eigentlich von mir selbst. Ich wollte ein großer Medientheoretiker werden und kein Twitter-Versteher.

Mir fällt auf, dass Du in Deiner Antwort immer wieder den Begriff ‚umwandeln' benutzt. Ich würde den Begriff gerne mit einem Satz in Verbindung bringen, den Du an anderer Stelle in einem gemeinsam mit Cornelius Schubert verfassten Aufsatz zur „Technographie als Methode der Social-Media-Forschung" geschrieben hast: „Technik und Medien sind immer Medium und Resultat gesellschaftlicher Prozesse, d. h. sie konstituieren Gesellschaft und werden durch sie konstituiert."[4] Ist die ‚Umwandlung', wie Du sie beschreibst, nicht auf Mikroebene das, was ihr hier auf der Makroebene beschreibt? Und was hieß das wiederum für das methodische Vorgehen der „Twitter-Ethnografie"?

Mit der ‚Umwandlung' meine ich zunächst, dass das Twittern einem eine Entwicklung poetischer Skills nahelegt, sei es durch Verdichtung, Zuspitzung, Verkettung einzelner ‚Bullet Points' oder eben den Verzicht darauf, durch Pointen, den Entwurf einer bestimmten Persona und so weiter. Jeder dieser Texte ist öffentlich, begrenzt, und in jeden dieser Texte sind Bewertungsparatexte eingebaut. Egal, was man von Likes hält, jeder Tweet hat einen Like-Counter. Man kann sich dazu entscheiden, sich davon nicht beeindrucken zu lassen, aber selbst dann positioniert man sich schon zu einer Bewertung. Man darf diese Praktiken natürlich nicht allein auf deren zählbare Bewertung reduzieren, auch

---

3 Siehe für einen instruktiven Überblick Iris Därmann: *Theorien der Gabe*. Hamburg 2010.
4 Johannes Paßmann/Cornelius Schubert: „Technografie als Methode der Social-Media-Forschung." [Preprint] In: Netzwerk Diskurse Digital (Hg.): *Handbuch Diskurse Digital*. Berlin/Boston 2021, i.Beg. DOI: 10.13140/RG.2.2.22738.50883, S. 8.

all die anderen Reaktionen, Nicht-Reaktionen und Präsenzen motivieren dazu, eigene Techniken des Schreibens zu entwickeln.

Was Du beschreibst, wäre schon ein Element dessen, was Du als „soziale Logik des Likes" bezeichnet hast, wenn ich es richtig sehe. Wie schließen die vorhin schon angesprochenen Überlegungen zur Theorie der Gabe an diese Analyse der „poetischen Skills" der Twitternden an?

Ganz genau, bei der „sozialen Logik" geht es nicht darum, dass die Plattform-Einheiten bestimmte, determinierbare Effekte haben, sondern dass sie Praktiken der wechselseitigen Beobachtung initiieren und verstetigen können. Der erhaltene Like, der erhaltene Follower regt zu der Frage an, welche Bedeutung diese Gabe hat. Ist dies eine Auszeichnung für einen hochwertigen Text, den ich geschrieben habe? Ist es ein wertloses, inflationär vergebenes Werbegeschenk, das mich nur dazu bringen soll, mich verpflichtet zu fühlen und mich zu revanchieren? Alle Social-Media-Plattformen regen diesen Kreislauf aus Gabe und Gegengabe an; immer gibt es Texte, Bilder, Klänge, die mit Plattform-Einheiten bewertet werden, die selbst wiederum konkreten Accounts mit Kopf und Zahl zugeordnet sind. Das heißt natürlich nicht, dass daraus ein reziprokes Verhältnis erwächst. Die quantitativen Daten zeigen meist gar eher das Gegenteil: Es gibt meist „Power-Law-Distributions",[5] bei denen ganz wenige ganz viel erhalten und ganz viele ganz wenig. Aber auch das ist ja typisch für viele Gabentausch-Beziehungen, dass sie asymmetrisch bleiben.

Es gibt also eine ständige Selbst- und Fremdbeobachtung der eigenen Texte, dies nicht nur, weil sie ständig bewertet werden und ständig von Accounts mit unterschiedlicher Bedeutung bewertet werden (es gibt etwa Accounts, deren Anerkennung wir sehr wertschätzen, weil wir die Betreiber*innen selbst sehr anerkennen),[6] sodass wir auch ständig beobachten können, wer genau uns beobachtet. Vielmehr können wir auch mit jedem Like, jedem Retweet und so weiter unsere eigenen Texte immer wieder neu und immer wieder anders lesen. Denn im Notifications-Tab wird uns der Post jedes Mal neu vorgelegt, sodass wir ihn im Lichte der Bewertung neu wahrnehmen können.

Das hat Folgen für die Texte, da ja die Plattformeinheiten wie Retweets und Likes eben stets für einzelne Texte vergeben werden. Man kann sich etwa ermutigt fühlen, so zu schreiben, dass ein Tweet viral geht oder so, dass man nur in

---

[5] Albert-László Barabási/Eric Bonabeau: „Scale-Free Networks". In: *Scientific American* 288/1 (2003), S. 60–69. Auch bekannt als ‚Long Tail': Chris Anderson: *The Long Tail – der lange Schwanz. Nischenprodukte statt Massenmarkt – Das Geschäft der Zukunft*. München 2007.
[6] Siehe hierzu das Kapitel „Die Autoritätsbindung" in Heinrich Popitz: *Phänomene der Macht* [1986], 2., st. erw. Aufl. Tübingen 2009, S. 104–131.

einem bestimmten Milieu Anklang findet. Man kann sich für ausbleibende Reaktion schämen oder so schreiben, dass die Texte nicht auf Popularität angelegt scheinen. Wie auch immer Texte auf diese digitalen Paratexte reagieren, die Möglichkeiten sind vielfältig; bloß eine Möglichkeit gibt es nicht: Sie unwirksam zu machen.

Wir forschen im Projekt „Schreibweisen der Gegenwart" insbesondere zu Zeitkonzepten in literarischen und zeitdiagnostischen Texten, die in Bezug zur Digitalisierung stehen. Deswegen ist eine Passage aus der Einleitung von Die soziale Logik des Likes *auf unser besonderes Interesse gestoßen. In Bezug auf Soziale Medien schreibst Du: „Jede und jeder dort hat ein großes soziales Netz mit schwachen Verknüpfungen, die man aus guten Gründen etwas verstetigen kann – allein schon, um sich zu Parties einzuladen, für Lern- oder Sexualkontakte und all die anderen zentralen Praktiken des Studierens. Sozialpsychologisch besonders wichtig ist dafür die Zeitlichkeit der Plattformen."[7] Warum ist die Zeitlichkeit besonders wichtig? Und wie genau würdest Du sie beschreiben?*

An der Stelle des Buchs geht es um die Frage, warum die Social-Media-Plattformen erst an den Universitäten groß wurden; die ersten wirklich populären Plattformen in Europa und den USA waren ja StudiVZ und Facebook. Meine These dort ist, dass in den Universitätskulturen schon lange Praktiken und Technologien etabliert waren, die für diese Plattformen sehr gut anschlussfähig waren. Ein Großteil der Studierenden, und zwar gerade die, die das Studium beginnen, ist in einer Liminalitätsphase. Die Stabilisierung all der vielen neuen und oft nur flüchtigen Beziehungen ist da ebenso wichtig wie die Selbstbeobachtung im Lichte der Beobachtung der Anderen. Diese Form der Beobachtung ermöglichen die Plattformen auf besondere Weise, indem sie Interaktion extrem verlangsamen. Die Erwiderung eines Kontaktangebots kann ja durchaus Tage dauern.

Mit dieser Langsamkeit der Plattformen gehen nicht nur Subjektivationspraktiken einher, sondern gleichzeitig immer auch solche der Objektivation.[8] Die Langsamkeit der Beobachtung bezieht sich ja etwa auch auf die Beobachtung und Herstellung von Texten, Bildern und Klängen. Wenn uns etwa mit jedem Like derselbe Tweet noch einmal vorgelegt wird, kehrt man ja immer wieder zu denselben zwei, drei Sätzen zurück. Und wenn dasselbe eine Bild Bernie Sanders' bei der US-Präsidentschaftsinauguration zigtausendfach ein- und ummontiert wird, ist das zwar einerseits eine unheimliche Flut unterschiedlicher

---

7 Paßmann: *Die soziale Logik des Likes*, S. 13.
8 Siehe auch Johannes Paßmann/Cornelius Schubert: „Objektivation online. Subjekte und Objekte sozialer Medien". In: *MedienJournal. Zeitschrift für Medien- und Kommunikationsforschung.* Special Issue: *Medien als Dinge denken. Zur Materialität des Digitalen* Hg. v. Anja Peltzer u. a., 2020/4 (i. E. 2021), DOI: 10.13140/RG.2.2.11361.74085.

Bilder in enger Taktung, aber eben auch eine enorme Beschäftigung mit dieser einen Person in dieser einen Pose, mit der sich jede*r, die oder der Sanders in ein Bild montiert, intensiv befasst: Wo muss ich den freigestellten Bernie genau positionieren? Passt dieser eine Hintergrund perfekt oder sollte es lieber ein anderer sein? Was ist dieser Bernie eigentlich für ein straighter Typ, da mit diesen Strickfäustlingen zu sitzen, während selbst die Dichterin Prada trägt?[9]

Und wenn wir drei Bernie-Bilder gelikt haben, wissen wir auch schon ziemlich genau, wie seine Handschuhe aussehen oder seine FFP1-Maske in dieser Sekunde saß. Das hat auch mit der Art und Weise zu tun, wie uns diese Bilder, Texte und Klänge immer wieder vorgelegt werden. Wir können Zoomen, wir können das Tempo manipulieren, wir können Elemente de- und rekomponieren – und wir werden gebeten uns dazu zu positionieren, per Like, Kommentar oder Weiterscrollen. Während mir also ziemlich offenkundig scheint, dass die Plattformen Medien der Beschleunigung sind, so scheint mir der erwähnenswerte Aspekt vor allem ihre gleichzeitige Verlangsamung zu sein.

Diese Gleichzeitigkeit der verschiedenen Geschwindigkeiten steckt meines Erachtens im Begriff der ‚ballistischen Ästhetik', über die Maren Jäger auf unserer gemeinsamen Tagung gesprochen hat.[10] Ballistik ist die Lehre der geworfenen Körper und hat insofern eine natürliche Nähe zur Geschwindigkeit. Man kann Ballistik aus meiner Sicht allerdings auch als eine Technik der extrem verlangsamten Beobachtung dieses Geworfenen verstehen. Ballistik schießt und wirft ja nicht nur, sie zeichnet vor allem die Bahnen ihrer geworfenen und geschossenen Objekte minutiös nach und fragt, wieso die Verlaufsbahn gerade diese eine und nicht eine andere Form hat. Genau das tun wir jeden Tag auf den Plattformen. Im Notifications-Tab, in Buzzfeed-Artikeln, im Entrollen von Threads oder in der Entscheidung, uns nach diesem Diskussionsverlauf doch lieber nicht auch noch einzumischen. Oder indem wir uns den dreitägigen Hype um die Bernie-Memes nacherzählen. Immer zeichnen wir die Trajektorie dieser Texte, Bilder und Klänge nach. Diese Verlaufsbahnen beschreib- und be-

---

9 Vgl. O.A.: „Bernie Sanders Wearing Mittens Sitting in a Chair". In: *Know Your Meme*. https://knowyourmeme.com/memes/bernie-sanders-wearing-mittens-sitting-in-a-chair, Februar 2021 [zuletzt eingesehen am 7.6.2021].
10 Es geht um den in der Einleitung angesprochenen Workshop „Schreibweisen der Gegenwart: Digitale Lektüren, digitale Texte" am 10. Dezember 2020. Einen Überblick über die dortige Diskussion geben Elias Kreuzmair/Magdalena Pflock: „Über Twitterliteraturwissenschaft". In: *Schreibweisen-Blog*. https://germanistik.uni-greifswald.de/institut/arbeitsbereiche/neuere-deutsche-literatur/dfg-projekt-schreibweisen-der-gegenwart/schreibweisen-blog/n/ueber-twitterliteraturwissenschaft-81958/, 17.12.2020 [zuletzt eingesehen am 7.6.2021].

obachtbar zu machen, war vielleicht schon immer die entscheidende Stärke der Social-Media-Plattformen.

Bei Maren Jäger, die den Begriff der ‚ballistischen Ästhetik' von Joseph Vogl entleiht, ging es mit Blick auf kurze Texte seit der Antike um Text-Geschosse, die ein*e Sender*in in Richtung eines*-einer Empfänger*in abschießt. Auf Twitter wäre damit wohl die Rhetorik von Donald Trump angesprochen, der mit seinen Tweets immer wieder politische Gegner*innen angegriffen hat. Insofern finde ich an deiner Wendung des Ballistik-Begriffes interessant, dass du ihn als ein Verfahren der Beobachtung einführst. Man müsste dann aber sagen, dass die Verlaufsbahnen, die man beobachten kann, sich in komplexeren Zirkulationsmustern bewegen als nur von einer Person oder Gruppe zu einer anderen Person oder Gruppe. Die Verlaufsbahnen entstehen doch eher in einem Prozess, in der viele durch die Aktionen beteiligt sind, die Du beschreibst. Zudem stellt sich mit der Ballistik als Technik der Beobachtung von Verlaufsbahnen die Frage, wie man diese neuen Plattformen im Allgemeinen und Twitter im Speziellen überhaupt adäquat beobachten kann. Was waren methodische Leitideen für deine Studie? Was zeichnet die Ethnografie als Verfahren der Medienwissenschaft aus? Lassen sie sich in Bezug zu einer Ballistik stellen, wie Du sie jetzt beschreibst?

Genau, man kann das Ballistische als Schreib- und als Beobachtungstechnik verstehen, und vor allem darf man die Metapher nicht überladen; allein schon, weil die Kraft der Bewegung beim Tweet nicht nur vom Text und seinem Ursprung ausgeht, sondern auch von dem Netzwerk, das ihn zirkuliert und insofern mehr ist, als die Wind- und Wasserverhältnisse der Ballistik. Das heißt, so sehr Ballistik für die Verfahren der Beobachtung sensibilisiert, so sehr rückt sie Sender*in und Empfänger*in über Gebühr in den Mittelpunkt – und degradiert das restliche Netzwerk zu passiven Objekten.

In meiner Twitter-Ethnografie habe ich ja vor allem auch zu zeigen versucht, dass es nicht nur darauf ankommt, die richtigen Texte über die Plattform zu schießen, sondern dass es spezifischer sozialer Skills bedarf, durch die man ein Netzwerk aktiv aufbaut, eine Community von Followern und Gefolgten, mit denen man regelmäßig in Austausch tritt. Teils funktioniert das per Gabe und Gegengabe von Likes und anderen Plattform-Einheiten, mit denen man sein Netzwerk täglich (re-)produziert, pflegt und erweitert, teils durch andere Praktiken. In dem Feld, das ich untersucht habe (die ‚*Favstar*-Sphäre' zwischen 2011 und 2015) gab es auch viele persönliche Treffen, die diese wechselseitigen Verpflichtungen angebahnt, verstärkt oder teils auch zerstört haben. Dabei fiel mir dann aber auf, dass ich zwar als Teilnehmer sehen konnte, wie stark wechselseitige Verhältnisse aufgebaut wurden, dass darüber aber niemand sprach; und wenn doch, dann wurde in diesem Reden über die Praktiken der Reziprozität meist eher verdeckt, als das erläutert wurde, wie sie funktionieren. Es war nicht nur so, dass die User*innen nicht erklären wollten, wie es funktioniert, sie suchten sogar Ausreden, wieso es anders funktioniert, als es scheint: Die Favs, Retweets und Follower hätten alle keine Bedeutung für sie, es kränke sie nicht, wenn jemand ihre Tweets plagiiere und damit selbst Anerkennung einheimse, die ihnen gebühre und natürlich erwarte man nicht, dass andere sich revanchierten, wenn man etwas für die Zirkulation ihrer Tweets tat.

Das ist aber doch erst einmal ein Problem für Forscher*innen, wenn die User*innen nicht erklären wollen, wie es funktioniert. Beziehungsweise: Man macht gewissermaßen erst einmal eine Beobachtung zweiter Ordnung, merkt aber, dass man an die eigentliche Praxis nicht herankommt. Auf welche Weise werden diese Praktiken, abgesehen von der Beobachtung des eigenen Vorgehens, sichtbar? Gibt es bestimmte Situationen, in denen sie doch thematisiert werden?

In eigentlich allen Kulturtheorien anthropologisch stabiler sozialer Medien wie verschiedenen Formen des Geldes und der Gabe gibt es genau dieses Problem, das in diversen Varianten der Regel aufscheint, diese Medien selbst nicht zu thematisieren. Insofern etwa die Gabe häufig Anerkennung erzeugt, kann es leicht zum Problem werden, ihre Bedeutung und Genese explizit zu machen, vornehmlich aus zwei Gründen. Zum einen kann die Explikation Fragen aufwerfen, die den symbolischen Akt der Anerkennung zunichte machen: Ein Geschenk, nach dem gefragt wird, wird nicht mehr aus freien Stücken übergeben. Ein Geschenk, dessen Funktion und Ziel erklärt wird, kann leicht mit imaginierten Zielen konfligieren. Und ein empfangenes Geschenk, dessen Funktion und Ziel hinterfragt werden, kann die Nehmer*in sehr leicht als abhängig von diesem Geschenk, als heteronom erscheinen lassen. Während Heteronomie gegenüber unseren Formen des Geldes allerdings relativ weit akzeptiert ist, gerät man mit dem Eingeständnis einer Heteronomie gegenüber den empfangenden Followern und Likes leicht ins Lächerliche.

Der zweite Grund ist, dass Soziale Medien ihre Kraft oft aus einer Vagheit beziehen, einer Vagheit, die nicht aufgelöst wird. Bei Karl H. Hörning habe ich für solche Phänomene den Begriff der ‚produktiven Unbestimmtheit' gefunden,[11] das fand ich für die Plattformeinheiten ebenso passend wie für viele Emojis und Sticker in Chatprogrammen wie WhatsApp, Telegram oder Signal, und nicht zuletzt halte ich dies für eine allgemeine Stärke vieler Sozialer Medien: Ihre Produktivität liegt häufig darin, bestimmte Information gerade nicht zu übertragen; dies Mal, weil sie ‚vorhandene' aber den sozialen Prozess störende Information ‚schlucken', und mal, weil sie Konkretion schaffen, wo ohne sie keine vorläge. Denken wir neben den Likes und Favs etwa an all die Tierchen- und Gemüse-

---

[11] Karl H. Hörning: „Lob der Praxis. Praktisches Wissen im Spannungsfeld zwischen technischen und sozialen Uneindeutigkeiten". In: Gerhard Gamm/Andreas Hetzel (Hg.): *Unbestimmtheitssignaturen der Technik. Eine neue Deutung der technisierten Welt.* Bielefeld 2005, S. 297–310, hier S. 308.

Emojis, an all die Sticker-Varianten, die selbst wiederum an die Emojis rückgekoppelt sind. Dort geht es ja gerade nicht um präzise Informationsübertragung und auch nicht unbedingt um eine Komplexitätsreduktion, sondern häufig um ebendiese produktive Unbestimmtheit. Die kann freilich im Gebrauch in bestimmten Kontexten enorme Bedeutungsstabilität erlangen, wie etwa im Fall der Aubergine oder des Pfirsichs, dies ist aber nur der Fall, weil dies eine situative Aneignung des prinzipiell Unbestimmten ist, dem seine symbolische Unbestimmtheit immer noch anhaftet. Wenn es etwa ein Emoji eines erigierten Penis gäbe, würden viele vermutlich doch lieber bei der Aubergine bleiben.

Wenn es also ein zentrales Charakteristikum Sozialer Medien ist, ihre Funktion in der Latenz zu belassen, resultiert daraus das Problem, dass sich zwar ihre Praxis, aber nicht ihre Praktiken beobachten lassen: Ich sehe zwar, was geschieht, habe aber keinen Zugriff auf das, was die Regelmäßigkeit dieses Geschehens ausmacht. Das Sprechen über diese Praktiken ist so eine ganz eigene Praktik mit ganz eigener Funktion: Ebendiese Latenz zu erhalten.

Dies verweist auf ein Grundproblem, das Medienwissenschaft und Praxeologie gleichermaßen schon immer hatten, das Medium entzieht sich im Gebrauch, wie wir schon bei Fritz Heider lesen können[12] und bereits für Talcott Parsons ist es zentral, dass die reproduzierten Wertmuster in der Latenz bleiben – das L seines AGIL-Schemas steht ja für die „Latency".[13] Die Lösung für dieses Problems ist meist recht ähnlich: Bei Fritz Heider macht die Störung das Medium beobachtbar, und Parsons' Schüler Harold Garfinkel ist auch dadurch bekannt geworden, dass er die latenten Muster der Praxis durch die ‚breaching experiments' – die Krisenexperimente – aufschließbar machte.[14]

Solche absichtlichen Disruptionen sind heute aus forschungsethischen Gründen nicht mehr üblich, sie sind aber für den Fall der Social-Media-Ethnografie aus meiner Sicht auch nicht nötig. Denn solche Disruptionen ereignen sich so oder so ständig. Meine Forschungsmaxime war deshalb, mich für solche Momente der Störung zu sensibilisieren und hinzuschauen, wenn sie geschehen. Es gibt ja eine Reihe ethnografischer Maximen, die je Abwandlungen von Bronisław Malinowskis „Follow the Natives" darstellen, wie Bruno Latours „Follow the Actors" oder die ganze Reihe von Folgeimperativen, die George E. Marcus in *Ethnography through Thick & Thin* genannt hat: „Follow the People, Follow the Thing, Follow the Metaphor, Follow the Plot, Story, or Allegory, Follow the Life or Biogra-

---

12 Vgl. Fritz Heider: *Ding und Medium*. Berlin 2005 [1926].
13 Vgl. Talcott Parsons: *The Social System*. London 1951.
14 Harold Garfinkel: „Studien zu den Routinegrundlagen von Alltagstätigkeiten" [1967]. In: Ders.: *Studien zur Ethnomethodologie*. Übers. v. Brigitte Luchesi, hg. v. Erhard Schüttpelz u. a.. Frankfurt a.M./New York 2020, S. 77–126.

phy" und so weiter.[15] Für die Social-Media-Ethnografie habe ich mir in diesem Sinne die Maxime „Follow the Disruptions" vorgenommen und drei Typen von Disruptionen unterschieden: (1) Technische Störungen, wie Defekte oder Updates, (2) Störungen sozialer Regeln, die etwa durch Tabubrüche entstehen oder teils in sogenannten Shitstorms beobachtbar werden und (3) Störung durch technischen Entzug, wie sie etwa dann eintritt, wenn man User*innen, die man teils seit Jahren über Twitter kennt, zum ersten Mal persönlich trifft.

Wenn man die Liste von George E. Marcus liest, kommen dort einige Begriffe vor, die man durchaus mit literarischen Texten assoziieren könnte. Zum Beispiel ‚story', ‚plot', ‚metaphor' oder ‚allegory'. Ich habe mich in diesem Zusammenhang gefragt, ob man nicht auch literarische Texte als eine Form der Störung verstehen könnte, in der das Medium reflektiert wird. Ein Beispiel: Der Schriftsteller Saša Stanišić schreibt am 12. Juli 2020 auf Twitter: „Ahnenpaß hamburg wo fälschen" und ergänzt diesen Tweet kurz darauf mit „sorry falsceh [sic!] suchmaske"[16]. Stanišić schließt damit thematisch lose an seinen im Jahr 2019 veröffentlichten Roman Herkunft *an und greift zugleich die Debatte über von Seiten der AfD mit mehr oder weniger deutlichem Bezug zu entsprechenden in nationalsozialistischer Terminologie formulierten Fantasien über eine vermeintliche „deutsche Leitkultur" auf.[17] Die kurze Erzählung in zwei Tweets – ein Mann aus Hamburg will einen „Ahnenpass" fälschen und „sucht" versehentlich bei Twitter statt mit einer Suchmaschine – lässt doch einige Rückschlüsse auf das Medium zu, in dem sie erzählt wird. Sie inszeniert verschiedene Schreibkonventionen in unterschiedlichen Medien und stellt diese gegeneinander: Im ersten Tweet wird gezeigt, wie Suchmaschinen befragt werden, im zweiten wird der Ton auf Twitter als umgangssprachlich markiert, wobei Flüchtigkeitsfehler die Regel sind und nicht sanktioniert werden. Die mangelnde Medienkompetenz des Protagonisten dieser Kürzestgeschichte akzentuiert zugleich die Medienkompetenz des Autors Saša Stanišić, der eben weiß, wo man sich wie zu artikulieren hat und damit umzugehen versteht. In diesem Sinn verweist die Veröffentlichung der Kürzestgeschichte auch darauf, dass auf Twitter intimere Kommunikation mit Autor*innen möglich ist, dass man sich aber nie sicher sein kann, wie authentisch deren Selbstinszenierung ist. Insofern dient diese Erzählung auch dazu, die von dir beschriebene produktive Unbestimmtheit zu erhalten, würde ich sagen. Zuletzt könnte man das Thema der Kürzestgeschichte als Beleg dafür heranziehen, dass Twitter ein Ort der Kommunikation über politische Themen ist, die auch in dieser Erzählung aufgegriffen werden. Oder würde das der Medienwissenschaftler alles ganz anders sehen?*

Das ist ein sehr interessantes Beispiel, wie die Imitation als bekannt vorausgesetzter digitaler Schreibpraktiken literarisch produktiv gemacht wird. Dabei inszeniert er aber noch eine andere Schreibkonvention: Die alte Rechtschreibung

---

15 George E. Marcus: *Ethnography through Thick & Thin*. Princeton, NJ 1998, S. 89 ff.
16 Saša Stanišić [@sasa_s]: „Ahnenpaß hamburg wo fälschen" [Tweet]. https://twitter.com/sasa_s/status/1282278175788150786, 12.7.2020 [zuletzt eingesehen am 7.6.2021].
17 Etwa hier: Carsten Korfmacher: „AfD-Rechtsprofessor fordert arische Leitkultur". In: *Nordkurier*. https://www.nordkurier.de/mecklenburg-vorpommern/afd-rechtsprofessor-fordert-arische-leitkultur-2527728904.html, 2017 [zuletzt eingesehen am 7.6.2021].

(„Ahnenpaß") lässt sich ja als Hyperkorrektur lesen und insofern als Signal, dass es sich bei dem Protagonisten um jemanden handelt, der seine eigene ‚nicht-arische' Herkunft verbergen will: Warum auch immer der ‚Migrant' sich die Rechtschreibregeln des alten Deutschlands angeeignet hat, er schreibt dadurch sozusagen ‚deutscher' als die meisten ‚Deutschen' – ist es laut seiner familiären Herkunft allerdings nicht. Mit der scheinbaren Medienverwechslung Twitter/Suchmaschine wird die Panik des verunsicherten Hyperangepassten vermittelt, dessen Lebenslüge aufzufliegen droht.

In diese Deutung lassen sich auch die Flüchtigkeitsfehler einreihen: Er will das Versehen schnell korrigieren, wobei weitere Fehler passieren – nicht nur der Buchstabendreher und die „suchmaske" (statt „Fenster" oder „Eingabefeld"), sondern überhaupt, dass er wie in einem Chat die vorherige Nachricht korrigieren zu wollen scheint (statt den Tweet zu löschen).

Dies ist ja eine gängige Psychologisierung vieler Rechter: Ihr Rassismus ist demnach auch die Hyperkorrektur des*derjenigen, der*die sich seiner*ihrer eigenen Rolle unsicher ist und daher die Traditionen der Gesellschaft, deren Werte er*sie zu verteidigen glaubt, stärker vertritt als jene, deren Zugehörigkeit unzweifelhaft ist: Er schreibt so, wie es im alten Deutschland Regel war (heute aber nicht mehr). Ich interpretiere den Tweet deshalb als Psychogramm eines verunsicherten Rechten, der einen ungelösten inneren Zugehörigkeitskonflikt in politisierte Aggression überführt. Dies gelingt Stanišić, indem er dessen Ängste in seinem situativen Mediengebrauch sichtbar macht: dem panischen Googeln.

Man könnte nun nach weiteren Tweets suchen, die panisches Googeln inszenieren und würde dann vermutlich weitere mehr oder weniger gelungene Fälle finden die zeigen, dass Stanišić damit an einer etablierten Twitterpraktik teilnimmt; panisches Googeln von Krankheiten, Fristen, was auch immer, womit stets ein*e sich unbeobachtet glaubende*r Protagonist*in einen unbeabsichtigten Einblick in seine*ihre psychische Lage gibt. Eventuell finden sich noch besser gelungene Fälle, die sich etwa dadurch auszeichnen könnten, dass die panischen Vertipper solche sind, die einem tatsächlich häufig begegnen. „falsceh" scheint mir zum Beispiel kein allzu häufiger Vertipper von „falsche" zu sein – „flasche" kommt möglicherweise häufiger vor.

Jedenfalls erweist sich der Autor selbst als registerkompetent: Er hat digitales Schreiben verstanden, sowohl das panische Googeln wie auch die Twitterpraktik, panisches Googeln per vermeintlicher Eingabefeld-Verwechslung zu inszenieren; er kann bei den kuranten Social-Media-Praktiken mindestens ebenso sehr mitspielen, wie im Literaturbetrieb. Statt also zu versuchen, Twitterpraktiken in Buchschreibepraktiken zu überführen, tut er beides an seinem jeweiligen Ort. Von Versuchen, das Twittern in Buchform zu überführen gibt es ja viele Beispiele.

Ein ästhetisch überzeugendes ist mir nicht bekannt, und das liegt aus meiner Sicht daran, dass sich Medienpraktiken nicht verlustfrei verpflanzen lassen. Dies verstanden zu haben, scheint mir Stanišićs Registerkompetenz mit auszumachen, aber eben auch, sich auf Twitter zu bedienen, sich irritieren und inspirieren zu lassen – was ja viele Autor*innen tun, wie etwa zuletzt Amanda Gorman, die beschrieb, wie sie durch die Tweets zur Kapitolstürmung ein Verständnis für die Situation bekommen habe, die sie dann poetisch verarbeitet hat.

> *Interessant, dass du die Kürzestgeschichte ganz anders liest. Dein Protagonist ist ein Rechter, während in meiner Lesart eine autofiktionale Figur auftritt, die gerade aus Furcht vor Rechten agiert. Meine Lesart ist dadurch eng an die Kopplung der Tweets an den Account des Autors geknüpft. Das könnte auf Twitter doch zu Problemen führen, wenn sich andere diese Kürzestgeschichte aneignen: Du hast in deiner Studie auch über die Geschichte des Retweets geschrieben. Wirkt sich diese Praxis nicht auch auf das Verständnis von Autorschaft aus? Was kann jemand damit ausdrücken, dass er oder sie Stanišićs Kürzestgeschichte retweetet? Käme man da schon in die Nähe von kollektiven Praktiken der Autorschaft? Oder ist der Retweet eher eine erweiterte Form des Likes?*

Möglicherweise liege ich mit dieser Interpretation daneben, denn auch Deine Auslegung scheint mir plausibel: Die Hyperkorrektur „Ahnenpaß" würde der Protagonist demnach aus Angst vor den Rassisten vornehmen: Er schreibt sozusagen ‚deutscher als die Deutschen', um nicht aufzufallen. Aber auch unabhängig davon würde ich den Tweet dem Genre des gekonnten Nachäffens zuordnen – man imitiert einen Typus des Sprechens oder auch einen Typus einer Person, dessen Widersprüchlichkeit man in einer Pointe entlarvt. Accounts wie @1A_Entrepreneur, @andykassier oder @DaxWerner sind so etwa um 2017 damit bekannt geworden, Startup- und andere Formen des mehr oder weniger gut getarnten Macho-Unternehmersprechs nachzuäffen. Wenn so ein Verfahren nicht nur als Text populär wird, sondern als Praktik, weil sie „mitspielfähig" wird, wie dies Thomas Alkemeyer und Nikolaus Buschmann nennen,[18] strahlt sie aus. Andere Accounts eignen sich solche Schreibpraktiken an, formen daraus ihren eigenen Stil, imitieren ihn in den Replies und signalisieren so, dass sie verstanden haben. Dabei spielen Buchautor*innen häufig gern mit, nicht nur Saša Stanišić, auch Jasmin Schreiber zum Beispiel war bereits früh bei diesen Praktiken dabei und hat sogar ihren Twitternamen an einen Slang angepasst, der sich in diesem Milieu entwickelt hat.

---

18 Thomas Alkemeyer/Nikolaus Buschmann: „Praktiken der Subjektivierung – Subjektivierung als Praxis". In: Hilmar Schäfer (Hg.): *Praxistheorie. Ein soziologisches Forschungsprogramm*. Bielefeld 2016, S. 115–136.

Es handelt sich insofern schon um ein kollektives Tun, um eine Praktik im engsten Sinne: Eine Operationskette wird nicht nur wiederholt, sie wird jedes Mal anders wiederholt, in neue Kontexte eingepasst, kreativ erweitert oder oft auch schlecht imitiert. Gleichzeitig wird diese Ausführung der Praktik ständig bewertet; es gibt Maßstäbe, die gute Versionen der Schreibpraktiken von schlechten unterscheidet. Es bilden sich emische High-Low-Axiologien heraus, die zwar nicht mehr so viel mit der Unterscheidung hoher und niederer Literatur zu tun haben, aber dennoch von den Teilnehmenden nach ästhetischen Regeln als hoch- oder niederwertig unterscheidbar werden. Das macht die Freude und den Spaß am sprachlich ambitionierten Twittern aus, man *findet* die schönen Texte und vergemeinschaftet sich mit ihnen; mal – und das ist riskant – durch schreibendes Mitspielen, mal – und das ist relativ voraussetzungslos – durch liken oder retweeten. Je mehr man mitspielen will, umso mehr muss man sich auf Augenhöhe begeben und einen Text produzieren; einen anspruchsvollen Paratext, der die Ästhetik des Haupttextes spiegelt. Die Teilnahme an der Praktik per Like oder Retweet hingegen ist ziemlich vage, es lässt sich meist nicht feststellen, wie weit das Verständnis der Schreibpraktik geht.

Auch beim niedrigen Mitspielniveau per Plattform-Einheiten wie Likes und Retweets handelt es sich natürlich um einen Paratext, und einen sehr wichtigen sogar. Denn die Einheiten und ihre Counter stellen die Popularität des Textes fest. Das hat dann wieder Auswirkungen auf die Bedeutung der Haupttexte; wenn man sieht, wie populär @DaxWerners Tweets werden, liest man ein zweites Mal, versucht zu verstehen, was daran so beachtenswert sein soll und entwickelt eine Sensibilität für diese spezifische Ästhetik. Indem man mit Plattform-Einheiten also solche niedrigschwelligen, Popularität indizierenden Paratexte produziert, nimmt man in der Summe doch ganz erheblich an der Bedeutungsproduktion teil, indem man mitentscheidet, welche Texte einer genaueren Beobachtung unterzogen werden.

Von kollektiver Autorschaft würde ich dennoch nicht sprechen wollen, denn die Unhaltbarkeit scharfer Grenzen bedeutet ja nicht die Abwesenheit von Unterscheidbarkeit. Die einzelne Handlung – man tippt einen Text in ein Eingabefeld – wird von einzelnen Personen vollzogen. Sie nimmt aber – wie jede Handlung – zugleich an Praktiken teil. Und sie nimmt auch häufiger und intensiver an Praktiken teil – dies auch mit mehr verschiedenen Teilnehmenden – als wir es aus der Literaturgeschichte kennen. Diese mitspielfähige und mitspielende Form der Autorschaft ist insofern kollektiver als früher und dennoch nicht schlechterdings kollektiv. Vielleicht sollten wir deshalb statt von kollektiver Autorschaft von kollektiverer Autorschaft sprechen. Andererseits ist sie aber auch weniger kollektiv, weil Plattformen stets eine strikte Kopplung zwischen Account, Post und Plattformeinheiten herstellen. Jeder Text ist Text eines einzelnen Accounts, jeder Like ist der Like eines einzelnen Tweets, der selbst wiederum einem einzelnen Account zugeordnet ist. Tweets in Co-Autorschaft sind nicht vorgesehen, Likes auch nicht. Wie bei der klassischen Münze ist jeder Einheit immer genau ein Kopf zugeordnet, der für sie verantwortlich zeichnet.

> *Ich finde den Gedanken, von „kollektiverer" Autorschaft zu sprechen sehr spannend. Ist es nicht ähnlich wie bei den sozialen Beziehungen, die durch die Plattform sichtbarer werden? Also: Werden hier nicht Prozesse der Bedeutungs- und Textproduktion (und da schließe ich jetzt die paratextuelle Rahmung, etwa durch Retweets, ein) sichtbar, die es möglicherweise im Fall von in Buchform veröffentlichten Texten auch gibt, die aber dort nicht so auffallen, weil die Konventionen, Normen und Affordanzen andere sind? Als literarische*r Autor*in ein Buch zu veröffentlichen heißt ja, dass ein Name auf dem Cover steht und alle anderen bestenfalls in einer möglichen Danksagung erwähnt werden. Unter anderem deswegen ist eine Übertragung vom einen ins andere Medium auch so schwierig: Auf der einen Seite steht die enge Kopplung von Autorschaft und abgeschlossenem Text im Fall des Buches, auf der anderen Seite die Veröffentlichung von Text in einem Medium, in dem jeder Text innerhalb eines sichtbaren sozialen Geflechts und in enger Nachbarschaft zu Texten anderer Autor*innen erscheint.*

Ja genau, und man könnte noch viele weitere Unterschiede und Ähnlichkeiten finden. Im Sonderforschungsbereich „Transformationen des Populären"[19] interessieren wir uns vor allem für die ‚Popularisierung zweiter Ordnung' die dabei passiert: Die Social-Media-Posts machen sich nicht irgendwie selbst populär, sie schaffen dies vor allem auch, indem sie ihre eigene Popularität popularisieren. Mehr Follower führen zu mehr Followern, mehr Retweets zu mehr Retweets und dies wirft jeweils die Frage von Wertigkeit auf. Vorformen davon findet man vor allem ab etwa 1950 mit den Charts. Auch vorher gibt es natürlich Verkaufszahlen und ähnliches, die Wertigkeitsfrage war aber in der Regel schnell beantwortet: Was populär ist, ist nieder. Eine Art ‚Umkehrung der Beweislast' findet etwa nach dem zweiten Weltkrieg statt. ‚High' und ‚low' lösen sich nicht auf, aber deren Verhältnisse werden anders aushandelbar, unter anderem auch, weil Popularitätskennzahlen immer mehr immer schon bereits vorliegen. Das qualitative Argument ist gewissermaßen konstitutiv *late to the party* – was nicht heißt, dass es sich nicht durchsetzt, aber es steht unter anderer Begründungspflicht, die eben nicht immer geleistet werden kann.

Typisch für die Social-Media-Plattformen scheint mir nun, dass es keinen zeitlichen Unterschied mehr gibt – oder zumindest nur noch einen marginalen – zwischen der Publikation eines Textes und dessen Popularisierung zweiter Ordnung. Hier wirkt sich zudem ein Effekt aus, der mich als Medienwissenschaftler

---

[19] O.V.: „SFB 1472 ‚Transformationen des Populären'". https://gepris.dfg.de/gepris/projekt/438577023, 2021 [zuletzt eingesehen am 7.6.2021].

sehr interessiert: Das Internet im Allgemeinen und die Social-Media-Plattformen im Besonderen sind skalenfreie Netze, das heißt, es gibt kaum eine Begrenzung der Verknüpfungshäufigkeit zwischen Knotenpunkten. Im Straßennetz kommen in der Regel bis zu vier, vielleicht auch sechs oder acht Linien an einem Knotenpunkt zusammen. In skalenfreien Netzen hingegen macht es keine größeren Probleme, zehn, zehntausend oder zehn Millionen Linien in einem Knoten zu versammeln.[20]

Man hat dadurch eine Art Paradoxie der freien Wahl, durch die sich die Häufigkeitsverteilung in diesen skalenfreien Netzen erklären lässt. Es gibt immer – und diesmal meine ich tatsächlich immer – eine sogenannte Power-Law-Distribution aus einem Long-Tail, mit extrem vielen Knoten und sehr wenigen Verknüpfungen (zum Beispiel Twitter-Accounts mit wenigen Followern), einem Middle-Tail einiger Knoten mit mittelvielen und dann einem extrem steilen Short-Tail oder ‚Head' mit sehr wenigen Knotenpunkten und extrem vielen Verknüpfungen. In der Ökonomie des Netzes bildet das ‚Winner-takes-all markets' aus (wenige Firmen beherrschen globale Märkte, aber viele kleine besetzen viele kleine Nischen). In der digitalen Kultur erzeugt dies extrem populäre Akteur*innen und gleichzeitig eine extrem große Menge an gewissermaßen leicht Populären, und dies hängt mit der Popularisierung zweiter Ordnung zusammen: Populäres wird noch populärer, auch weil seine Popularität reflexiv inszeniert wird und Nicht-Populäres findet seine Nische auch weil seine Nischigkeit inszeniert wird.

So groß also die Kontinuitäten langer Dauer sind, so spezifisch ist doch die Popularitätsdynamik skalenfreier Netze: Etablierte Praktiken, die auf der Plattform reproduziert werden, ändern sich. Die Wiederholung des Alten im neuen Milieu ist eine Transformation.

Da läge also eine eigentlich paradoxe Kopplung von Verlangsamung und Geschwindigkeit: Die ständige Wiedervorlage einzelner Tweets durch die Benachrichtigung über Likes und Retweets etc. steht der minimalen zeitlichen Distanz zwischen Publikation von Tweets und deren Popularisierung zweiter Ordnung gegenüber, die die Wiedervorlagen überhaupt erst erzeugt. Schnelligkeit übersetzt sich in Langsamkeit und Langsamkeit in Schnelligkeit, weil die Benachrichtigungen sowohl die „Dauer" des einzelnen Tweets anzeigen als auch die Schnelligkeit seiner Popularisierung.

Ich möchte in dieser Hinsicht noch einmal auf literarische Texte zurückkommen. Es gibt auf Twitter eine ganze Reihe von Literatur-Bots. Im Zentrum steht für diese Bots, die selten andere Tweets liken oder anderen User*innen folgen, nicht das Soziale am sozialen Netzwerk. Manche posten einfach vorhandenes Textmaterial wie die Joyce-Bots @finnegansreader oder @ulyssesreader, andere modifizieren ihr Ausgangsmaterial wie die Proust-Bots @BotRecherche oder @LongtempsP. Auch hier würde der Satz „Die Wiederholung des Alten im neuen Milieu ist eine Transformation" passen. Während die Joyce-Bots mit über 9.000 bzw. 15.000 Followers

---

20 Vgl. Barabási/Bonabeau: „Scale-Free Networks".

relativ beliebt sind, führen die Proust-Bots eine Nischenexistenz weit jenseits vierstelliger Follower-Zahlen. Besonders interessant sind die Tweets, gerade die der Proust-Bots, nicht, sie sind aus dem Kontext gerissen, oft nicht pointiert genug, teilweise ergeben sie keinen Sinn. Die, die ihnen folgen, stellen damit letztlich nur ihre Zugehörigkeit zu einer bestimmten high brow culture aus. Im Fall der Proust-Bots etwa: „Ich weiß, was eigentlich der erste Satz der Recherche ist, deswegen verstehe ich das Konzept des Bots." Bots wären also, in deinen Worten, eine „Inszenierung von Nischigkeit", die gerade funktioniert, weil sie sich nicht an die Konventionen des Schreibens auf Twitter halten. Trotzdem werden sie letztlich in die Logik der Plattform eingespeist. Gibt es denn deiner Ansicht nach Strategien, die es schaffen diese Logik, die letztlich die „Winner-takes-all markets" fundiert, zu unterlaufen? Könnte sie in der Überspitzung des „Macho-Unternehmersprechs" der Start-Up-Bubble liegen? Oder hilft da einfach: abmelden?

Zur Geschwindigkeit: Ganz genau, wobei ich das Verhältnis weniger als paradox bezeichnen würde; vielmehr als skalierbar. Als User*in kann man ständig zwischen den Tempi wählen, im Kleinen versinken, während man das Große unbesehen vorbeirauschen lässt (und anders herum).

Die Joyce-Bots scheinen mir ebenfalls eher kultursoziologisch interessant als literaturwissenschaftlich. Mich erinnert das ein wenig an den Joyce-Tourismus in Dublin, wo die Leute in Sweny's Pharmacy pilgern, um Zitronenseife zu kaufen und dann in Davy Byrne's Pub weiterziehen, um wie Leopold Bloom ein Gorgonzola-Sandwich einzunehmen. Kommodifizierte Signale der Hochkultur, die möglicherweise ein Gefühl kulturellen Dabeiseins vermitteln, vielleicht auch tatsächlich bei der persönlichen Werkerschließung helfen, sich selbst aber dem Text gegenüber eher trivialisierend verhalten. Allerdings ist das aus meiner Sicht gar nicht mal so nischig, denn diese Hochkultursignale sind ja tatsächlich das, was große Teile des Kulturbetriebs am Laufen halten; ihn nicht nur finanzieren, sondern ihm auch seine gesellschaftliche Legitimität verleihen.

Dazu in aller Kürze eine Vignette jenseits von Twitter: Mein letzter Museumsbesuch vor der Corona-Pandemie war im Wallraf-Richartz in Köln, dort waren vor allem Arbeiten aus dem Umfeld Rembrandts ausgestellt, denen sich ansehen ließ, was an Rembrandts Formen und Verfahren damals in diesem Milieu zirkulierte, also was eben etablierte, mitspielfähige Praktik war, an der auch Rembrandt teilnahm.[21] Gleichzeitig wurde dann im Vergleich am Fall einiger weniger Rembrandts sichtbar, was den alten Meister dann doch von seinem Umfeld unterscheidet. Als ethnografisch Interessierter habe ich natürlich an einer Führung teilgenommen, und es war wie immer: Der allergrößte Teil des zahlenden

---

21 Wallraf-Richartz Museum & Fondation Corboud: o.T. https://www.wallraf.museum/ausstellungen/rueckblick/2020/2019-11-01-inside-rembrandt/information/, o.J. [zuletzt eingesehen am 7.6.2021].

Publikums interessiert sich nur für die Blockbuster, zählt durch, wie viele Rembrandts denn nun geboten werden, und ob das eigentlich genug ist. Diejenigen, die solche Ausstellungen konzipieren, wissen natürlich genau, dass es stets ein Drahtseilakt ist: Um eine interessante Ausstellung ermöglichen zu können, muss gleichzeitig die Blockbuster-Culture bedient werden. Mehr oder weniger heimlich wird dem Publikum dann aber das kunsthistorisch Interessante untergejubelt.

High culture als populärer Blockbuster ist also längst Teil der Kalkulation, die man oft produktiv zu wenden versucht. Für die bildende Kunst funktioniert das auch auf Twitter gut, wie etwa durch den Account @PP_Rubens, der täglich Bilder mal mehr, mal weniger kanonischer Kunst postet, wenn die*der Künstler*in Geburtstag hat und so eine große Vielfalt auch jenseits der Blockbuster erreicht. Der Account hat 30.000 Follower, darunter viele unserer Kolleg*innen – ich bin auch dabei und nehme die Tweets oft zum Anlass, mir bestimmte Arbeiten und den*die Maler*in genauer anzusehen. Literatur hingegen hat es da auf Twitter ungleich schwerer als bildende Kunst, weil der Literaturblockbuster viel leichter zur Farce gerät. Bildende Kunst funktioniert viel eher auch als Schnipsel, große Teile unserer ästhetisch anspruchsvollen Bildkultur basieren schon immer auf (schlechten) Kopien, die zirkulieren – das ist ja auch Bruno Latours Kommentar zu Benjamins Aura-Aufsatz: Es ist die Vielzahl schlechter Kopien, die die Aura des Originals mithervorbringt.[22] Der literarische Schnipsel allerdings funktioniert bestenfalls noch als Insider-Joke, mit dem man sich wechselseitig versichern kann, seinen Kafka gelesen zu haben – oder zumindest den ersten Satz aus *Die Verwandlung* (1915).

In mancher Hinsicht könnte man also sagen, dass gerade die textzentrierte Plattform Twitter geradezu unliterarisch ist, weil der Anschluss an die ästhetische Erfahrung größter Teile der Literatur – im Gegensatz zu anderen Kunstformen – ziemlich unwahrscheinlich ist. Gerade deshalb erscheint es mir interessant, wie mit diesem Problem umgegangen wird; ich würde sogar sagen, dass es für die Literaturinszenierung auf Twitter praxisleitend ist, selbst kaum literarisch sein zu können. Autor*innen wie Stanišić oder Gorman spielen daher ganz anders mit Twitter, als sie literarisch schreiben. Dennoch sind wir uns sicher einig, dass es auf der Plattform schon auch poetische Erfahrung gibt, und die verlangt auch eine ziemliche Kunstfertigkeit des Schreibens – und auch des Lesens. Die geschieht aber nicht, oder eher in Ausnahmefällen, durch Anschluss an das literarische Feld. Aus meiner Sicht funktioniert das viel mehr wie Rap, also

---

22 Vgl. Bruno Latour/Adam Lowe: „Das Wandern der Aura – oder wie man das Original durch seine Faksimiles erforscht" [2008]. Übers. v. Gudrun Dauner/Johannes Paßmann. In: Tristan Thielmann/Erhard Schüttpelz (Hg.): *Akteur-Medien-Theorie*. Bielefeld 2013, S. 511–530.

eine Kunstform, die gerade nicht versucht, mit etablierten Verfahren mitzuhalten und sich nicht mit deren Maßstäben messen lässt.

Deshalb haben sie auch keine größeren Probleme mit der Popularitätslogik der Plattform, sie müssen nicht nischig sein. Wer allerdings als Literat*in gelten will, muss dann auf dem Papier etwas anderes liefern. Und das finde ich oft auffällig, wie schlecht manche brillante Twitterer werden, wenn es an den langen Text geht. Aber das ist eben auch ein anderes Spiel. Erstaunlich ist dann eher, dass es Multitalente wie Stanišić gibt, die beide Register bedienen können. Mit anderen Worten geht es aus meiner Sicht nicht darum, die Popularitätslogiken zu unterlaufen, sich zu wehren, das wären ja höchst heteronome Akte, und natürlich geht es ebenso wenig darum, sich dem Like-Counter an den Hals zu werfen. Zentral scheint mir eher die Indifferenz, oder genauer: die Inszenierung von Indifferenz.

Liste der Beiträger*innen

Lilla Balint ist Assistant Professor of German am Department of German an der University of California, Berkeley. Arbeitsschwerpunkte: Gegenwartsliteratur und Medien, Ästhetik und Politik, Transnationalität, europäische jüdische Literaturen, Literatur- und Kulturtheorie. Zuletzt erschienen: „Parallelen kreuz und quer: Péter Nádas' *Parallelgeschichten*." In: *Die Wiederholung* 11 (Winter 2020); „The Contemporary as Multilingual: Tomer Gardi's *broken german*." In: *Gegenwartsliteratur: A German Studies Yearbook* 20 (2021), S. 233–255.

Klaus Birnstiel, geboren 1983, ist Juniorprofessor für Neuere deutsche Literatur am Institut für Deutsche Philologie der Universität Greifswald. Arbeitsschwerpunkte: Literatur der Frühen Neuzeit, insbesondere des 18. Jahrhunderts, Literaturtheorie des Poststrukturalismus. Zuletzt erschienen: „'Alle deutsche Prosa tendenzirt zur kritischen.' Romantheorie und kritisches Dispositiv im langen Jahrhundert der Aufklärung." In: Oliver Bach/Michael Multhammer (Hg.): *Historia pragmatica. Der Roman des 18. Jahrhunderts zwischen Gelehrsamkeitsgeschichte und Autonomieästhetik*. Heidelberg 2020, S. 251–271.

Karin Krauthausen ist Literatur- und Kulturwissenschaftlerin. Seit 2019 arbeitet sie als Wissenschaftliche Mitarbeiterin im Projekt „Weaving" des Exzellenzclusters „Matters of Activity. Image Space Material" an der Humboldt-Universität zu Berlin, wo sie zu „3D-Writing" forscht. Zu ihren Arbeitsschwerpunkten gehören die Wirklichkeitsproduktion in der Literatur, die unruhigen Konstellationen zwischen Künsten und Wissenschaften und die Medien und Materialien des Entwurfs. Zuletzt erschienen: Stephan Kammer/Karin Krauthausen (Hg.): *Make it real. Für einen strukturalen Realismus*. Zürich 2020; Peter Fratzl/Michael Friedman/Karin Krauthausen/Wolfgang Schäffner (Hg.): *Active Materials*. Berlin 2021.

Elias Kreuzmair, geboren 1986, ist Wissenschaftlicher Mitarbeiter im DFG-Projekt „Schreibweisen der Gegenwart. Zeitreflexion und literarische Verfahren nach der Digitalisierung" am Institut für Deutsche Philologie an der Universität Greifswald. Arbeitsschwerpunkte: Gegenwartsliteratur, Pop und Literaturtheorie sowie die Geschichte des Lesens. Zuletzt erschienen: *Pop und Tod. Schreiben nach der Theorie*. Stuttgart 2020.

Philipp Ohnesorge, geboren 1987, ist Wissenschaftlicher Mitarbeiter am Institut für Deutsche Philologie der Universität Greifswald. Arbeitsschwerpunkte: Geschichte und Theorie des Realismus, Zeitkonzepte und literarische Verfahren nach der Digitalisierung, Theorien des Strukturalismus. Zuletzt erschienen: mit Annica Brommann, Elias Kreuzmair, Magdalena Pflock und Eckhard Schumacher: „Tag für Tag festhalten, reflektieren, revidieren – Notizen zur Zeitwahrnehmung in Corona-Tagebüchern". In: *54books*. www.54books.de/tag-fuer-tag-festhalten-reflektieren-revidieren-notizen-zu-zeitwahrnehmung-gegenwart-und-aktualitaet-in-corona-tagebuechern/, 2020; mit Philipp Pabst und Hannah Zipfel: „*Whither Realism?* New Sincerity – Realismus der Gegenwart". In: Moritz Baßler u.a. (Hg.): *Realisms of the Avant-Garde*. Berlin/Boston 2020, S. 603–618.

Johannes Paßmann, geboren 1984, ist Wissenschaftlicher Mitarbeiter am Lehrstuhl für Digitale Medien und Methoden der Universität Siegen und gemeinsam mit Anne Helmond Leiter des DFG-Projekts „Historische Technografie des Online-Kommentars". Er wurde 2016 mit einer „Twitter-Ethnografie" promoviert, erschienen als *Die soziale Logik des Likes*. Neben sozialen Medien und ihren Plattformen befasst er sich mit Methoden der Medienwissenschaft. Zuletzt erschienen: „Medien-theoretisches Sampling. Digital Methods als Teil qualitativer Methoden". In: *Zeitschrift für Medienwissenschaft* 25 (2021), S. 128–140 und, gemeinsam mit Cornelius Schubert, „Liking as taste making. Social media practices as generators of aesthetic valuation and distinction." In: *New Media & Society*, online first, ins Deutsche übersetzt als: „Kritik der digitalen Urteilskraft. Soziale Praktiken der Geschmacksbildung im Internet." In: *Mittelweg 36* 1/2021, S. 60–84.

Magdalena Pflock, geboren 1991, ist Wissenschaftliche Mitarbeiterin im DFG-Projekt „Schreibweisen der Gegenwart. Zeitreflexion und literarische Verfahren nach der Digitalisierung" am Institut für Deutsche Philologie an der Universität Greifswald. Arbeitsschwerpunkte: Literatur und Soziale Medien, Literatur des 21. Jahrhunderts. Zuletzt erschienen: mit Elias Kreuzmair: „Mehr als Twitteratur. Eine kurze Twitterliteraturgeschichte". In: *54books*. https://www.54books.de/mehr-als-twitteratur-eine-kurze-twitter-literaturgeschichte/, 24.09.2020.

Ann-Marie Riesner, geboren 1987, ist Wissenschaftliche Mitarbeiterin am Institut für Germanistik der Heinrich-Heine-Universität Düsseldorf. Arbeitsschwerpunkte: Schriftlichkeit, Medialität von Schreibmedien, Akteur-Netzwerk-Theorie, digitale und Soziale Medien, Erzählen von und nach der Digitalisierung. Zuletzt erschienen: „Satire and Affect. The Case of Stefanie Sargnagel in Austria." In: Sara Polak/Daniel Trottier (Hg.): *Violence and Trolling on Social Media. History, Affect, and Effects of Online Vitriol*. Amsterdam 2020, S. 179–196; „Who made the Internet? Betrachtungen zum Ursprung des Internet im Musikvideo Welcome to the Internet (Fraktus) mit Bruno Latours Akteur-Netzwerk-Theorie." In: Imme Bageritz u.a. (Hg.): *Fordschritt und Rückblick. Verhandlungen von Technik in Literatur und Film des 20. und 21. Jahrhunderts*. Göttingen 2019, S. 81–96.

Simon Sahner, geboren 1989, ist Wissenschaftlicher Mitarbeiter am Institut für Deutsche Philologie an der Universität Greifswald und Mitherausgeber von *54books*. Arbeitsschwerpunkte: Gegenwartsliteratur, Digitalität und Literatur, Literatursoziologie. Zuletzt erschienen: „Wer liest was?: Die Konstruktion des männlichen Lesers in der Gegenwartsliteratur." In: *Unterstellte Leseschaften: Tagung, Kulturwissenschaftliches Institut Essen, 29. bis 30. September 2020*. https://doi.org/10.37189/duepublico/74182, 2021; „Das Hinterland des Paradieses – Erzählungen aus den Abgründen des Hippietraums." In: Mathis Lessau/Theresa Hiergeist (Hg.): *Glücksversprechen. Inszenierung und Instrumentalisierung alternativer Lebensentwürfe in den Gegenwartskulturen*. Bielefeld 2021, S. 109–123.

Eckhard Schumacher, geboren 1966, ist Professor für Neuere deutsche Literatur und Literaturtheorie am Institut für Deutsche Philologie an der Universität Greifswald. Er ist Sprecher des Internationalen DFG-Graduiertenkollegs „Baltic Peripeties" und leitet das DFG-Projekt „Schreibweisen der Gegenwart. Zeitreflexion und literarische Verfahren nach der Digitalisierung". Weitere Arbeitsschwerpunkte: Literatur- und Medientheorie, Gegenwartsliteratur, Pop. Zuletzt erschienen: Hg. mit Moritz Baßler: *Handbuch Literatur & Pop*. Berlin/Boston 2019; „Instantanes Schreiben. Momentaufnahmen nach der Digitalisierung." In: Birgit Erdle/Annegret Pelz (Hg.): *Augenblicksaufzeichnung – Momentaufnahme. Kleinste Zeiteinheit, Denkfigur, mediale Praktiken*. Berlin 2021, S. 167–179.

Eva Stubenrauch, geboren 1991, ist Wissenschaftliche Mitarbeiterin am Leibniz-Zentrum für Literatur- und Kulturforschung in Berlin. Arbeitsschwerpunkte: Geschichte der Literaturtheorie, Zeitästhetik und -semantik, Politische Literatur. Zuletzt erschienen: „Kontrapunkt moderner Historizität. Erschöpfung als Gegenwartsdiagnose bei Görres, Nietzsche und Gumbrecht." In: Julian Osthues/Jan Gerstner (Hg.): *Erschöpfungsgeschichten. Kehrseiten und Kontrapunkte der Moderne.* München 2021, S. 27–48.

Namensregister

@1A_Entrepreneur 256
@andykassier. *Siehe auch* Kassier, Andy 256
@Anousch 223
@balkonage 237
@BotRecherche 259
@Chouxsie 224
@DaxWerner 226, 256, 257
@elhotzo. *Siehe auch* Hotz, Sebastian 226
@femobot 233, 240
@fem_poet. *Siehe auch* @milch_honig, @sei_riots, Berger, Sarah *sowie* Süßmilch, Sarah 215, 228, 229, 235, 237
@finnegansreader 259
@frauktose 237
@FrohmannVerlag. *Siehe auch* Frohmann, Christiane 224, 225
@f_tosse 237
@gallenbitter 223
@lavievagabonde 225
@liaghtsout 237
@liebundso 223
@LongtempsP 259
@mediumflow 26
@milch_honig. *Siehe auch* @fem_poet, @sei_riots, Berger, Sarah *sowie* Süßmilch, Sarah 215, 222, 228–230, 235, 237, 240, 241
@PP_Rubens 261
@RenateBergmann 223, 225
@sasa_s. *Siehe auch* Stanišić, Saša 254
@sei_riots. *Siehe auch* @fem_poet, @milch_honig, Berger, Sarah *sowie* Süßmilch, Sarah 227–230
@StartUpClaus 28, 226
@stefansargnagel. *Siehe auch* Sargnagel, Stefanie *sowie* Sprengnagel, Stefanie 200, 201
@TheklaTheWriter 225
@ulyssesreader 259
@zirkuspony 226

Aciman, Alexander 23, 225
Adorno, Theodor W. 77, 239, 240
Agamben, Giorgio 17, 69
Alkemeyer, Thomas 256
Andritzky, Michael 63
Aristoteles 116–117
Assmann, Aleida 3, 116
Atassi, Nabil 230
Austin, John L. 74, 80
Avanessian, Armen 2, 8, 27, 33, 36, 51–55, 56, 211, 212

Bajohr, Hannes 4, 156, 158, 159, 165, 169, 171
Barabási, Albert-László 248, 259
Basar, Shumon 2
Baßler, Moritz 47, 169
Baudelaire, Charles 11
Baudrillard, Jean 188, 194
Begemann, Christian 166
Benjamin, Walter 235, 261
Berardi, Franco Bifo 33
Berger, Sarah. *Siehe auch* @fem_poet, @milch_honig, @sei_riots *sowie* Süßmilch, Sarah 11, 58, 215, 218, 220–222, 226–243
Berressem, Hanjo 229
Bertalanffy, Ludwig von 91, 96
Biringer, Eva 199, 202
Boltzmann, Ludwig 91, 95
Bonabeau, Eric 248, 259
Borges, Jorge Luis 42, 43
Bourdieu, Pierre 222
Bösch, Frank 34
Brinkmann, Rolf Dieter 85–87
Buschmann, Nikolaus 256
Butler, Judith 74, 80, 81, 220

Cage, John 152
Calvino, Italo 26
Cascone, Kim 34, 150, 152, 155
Cassirer, Ernst 246
Clausius, Rudolf 91, 93, 94, 96
Coupland, Douglas 2
Cramer, Florian 4, 34, 150, 155, 156
Crary, Jonathan 129, 131

da Vinci, Leonardo 189
Deleuze, Gilles 83
Derrida, Jaques 36, 74, 80, 81, 118, 161, 162, 165
Dillinger, Johannes 76
Döring, Jörg 245
Drosten, Christian 17

Elias, Norbert 113, 176
Elsässer, Tobias 61–64, 67
Eisenberg, Peter 105, 106
Encke, Julia 17
Engell, Lorenz 175
Esposito, Elena 39, 55, 56

Fastabend, Anna 30
Fisher, Mark 48, 118, 119, 171
Foucault, Michel 129
Friedrich, Alexander 57
Fröhlich, Gerhard 57
Fröhlich, Jürgen 57
Frohmann, Christiane. *Siehe auch* @FrohmannVerlag 24–26, 36, 87, 88, 103, 108, 156, 216, 218–222, 224, 226, 231, 234, 236, 237
Fukuyama, Francis 36, 38, 44

Gaderer, Rupert 208, 219
Garfinkel, Harold 253
Genette, Gérard 99–103
Giacomuzzi, Renate 222
Gibson, William 2
Giordano, Paolo 20
Glanz, Berit 25, 58, 121, 122
Glissant, Édouard 49, 50
Goetz, Rainald 12, 18, 141, 145, 156
Goldhorn, Marius 12, 157, 158, 173–194
Goriunova, Olga 154
Gorman, Amanda 256, 261
Groß, Joshua 12, 13–15, 16, 27–29, 157, 158, 226
Großklaus, Götz 175–177, 179–180, 194
Groys, Boris 2, 7, 182
Guattari, Félix 83
Gumbrecht, Hans Ulrich 1, 24, 60, 68–71, 73, 77, 115–116, 120–122, 179, 180
Guse, Juan S. 5, 12, 13, 27, 30, 31, 147–150, 160, 162, 166–170, 171, 226

Hainscho, Thomas 240
Haiyti 28
Han, Byung-Chul 9
Handke, Peter 239
Hartmann, Andreas 204
Hartmann, Ilona 226, 237
Hartog, François 9
Hauer, Thomas 63
Helmholtz, Hermann von 91, 93, 94
Heider, Fritz 253
Heine, Heinrich 173–177, 180, 191, 192
Hennig, Anke 8, 211, 212
Hennig von Lange, Alexa 12
Herrndorf, Wolfgang 109, 156
Hertwig, Johannes 27–29, 158, 226
Hielscher, Matze 222, 223
Hiden, Raffael 217, 237
Hilzinger, Sonja 70
Horn, Eva 33–34, 36, 37, 40–42, 44, 50, 55, 56
Hörning, Karl H. 252
Hotz, Sebastian. *Siehe auch* @elhotzo 226, 237
Huber, Irmtraud 212

Jäger, Ludwig 150, 160, 163, 164, 169–171
Jäger, Maren 250, 251
Janata, Sebastian 48, 50
Ja, Panik 33, 36, 47–51, 56
Joyce, James 259, 260

Kaerlein, Timo 198
Kafka, Franz 23, 261
Kammer, Stephan 62, 109
Kane, Carolyn L. 151–153, 160, 162
Kasprowicz, Dawid 157
Kassier, Andy. *Siehe auch* @andykassier 27, 28
Kastberger, Klaus 14
Kaufmann, Stefan 57, 59
Kehlmann, Daniel 77–81
Knaß, Julia 217, 237
Köhler, Wolfgang 246
Korfmacher, Carsten 254
Kormann, Eva 133, 139
Koselleck, Reinhart 115
Kracht, Christian 190

Kraft, Charlotte 27
Krämer, Sybille 163, 165, 168
Krauthausen, Karin 38, 104, 109, 133, 137, 144
Krekeler, Elmar 112
Kremer, Christian 132
Kreuzmair, Elias 9, 23, 156, 225, 226
Kriwet, Ferdinand 85
Krusche, Lisa 12, 13, 15, 28, 157, 158
Kuhlbrodt, Jan 223
Kühn, Ralf 3
Kümmel, Albert 153
Kümmel, Anja 30

Landergott, Laura 50
Landwehr, Achim 3, 35, 43
Laschet, Armin 16
Laserstein, Lotte 189, 194
Latour, Bruno 201, 253, 261
Lejeune, Philipp 196, 197
Levinas, Emmanuel 163
Lewin, Kurt 246
Luhmann, Niklas 55
Lumière, Auguste 192
Lumière, Louis 192

Malik, Suhail 51, 52
Malinowski, Bronislaw 253
Mann, Thomas 190
Mangold, Ijoma 11, 44
Manon, Hugh G. 152, 154
Marcus, George E. 253, 254
Maxl, Johanna 118, 119
McLuhan, Marshall 175
MC Smook 28
Meier, Anika 28
Meinecke, Thomas 12
Meyrowitz, Joshua 179, 180, 183, 194
Moser, Christian 69, 70, 71
Münkner, Jörn 57

Nassehi, Armin 33, 36, 41–44, 46, 47, 51, 52, 56, 174, 175, 180
Navratil, Michael 137, 138
Negroponte, Nicholas 155
Neumeister, Andreas 12, 85
Nietzsche, Friedrich 114, 116

Noltze, Holger 137
Nübel, Birgit 232

Obrist, Hans-Ulrich 2

Pabst, Stephan 48, 50
Page, Ruth 196
Pahlberg, Kyra 135
Parsons, Talcott 253
Paßmann, Johannes 217–219, 225, 247, 249
Passmann, Sophie 237
Peltzer, Ulrich 125, 128
Pepys, Samuel 18
Pierce, Signe 28
Porombka, Stephan 4, 22–26, 197, 223, 233
Prade-Weiss, Juliane 29
Prigogine, Ilya 91, 94, 95–99
Prödel, Kurt 28
Proust, Marcel 102, 259, 260

Quent, Marcus 2, 9, 27

Rabe, Jens-Christian 11, 44
Randt, Leif 10–12, 13, 28, 33, 36, 44–47, 56, 111, 114, 117, 118, 120, 226
Reichert, Ramón 197
Rensin, Emmett 23
Richter, Gerhard 152
Rieger, Stefan 157
Riesner, Ann-Marie 197, 208
Rilke, Rainer Maria 173–177, 191, 192
Röggla, Kathrin 5, 18–21, 33, 36–40, 41, 44, 46, 47, 50, 52, 56, 99, 104–109, 113, 125–145
Rushkoff, Douglas 2, 8–10, 22, 24, 35, 116, 122, 178–180, 194, 216, 218
Russell, Legacy 151, 153, 215
Russolo, Luigi 152

Sadi Carnot, Léonard 93
Sanders, Bernie 249, 250
Sanyal, Mithu 123
Sargnagel, Stefanie. *Siehe auch* @stefan-sargnagel *sowie* Sprengnagel, Stefanie 11, 195–214, 220, 222, 223
Schäfer, Jörgen 202

Schellbach, Miryam 13
Schivelbusch, Wolfgang 174, 175, 180, 192, 193
Schlak, Stephan 137
Schonfield, Ernest 133, 137
Schreiber, Jasmin 225, 256
Schroeder, Kristin 189
Schubert, Cornelius 247
Schulz, Lavinia 121
Schulze, Holger 25, 26, 83–91, 96, 98, 99, 103, 108, 218, 224, 235
Schumacher, Eckhard 1, 4, 8, 12, 18, 22, 34, 68, 88, 89, 109, 114, 122, 148, 156
Schüttpelz, Erhard 153, 247
Seidel, Sonja 237
Setz, Clemens J. 12, 28
Shakespeare, William 162
Shulgin, Alexei 154
Simanowski, Roberto 2, 24, 75–77, 195, 196, 217
Simmel, Georg 192, 193
Sina, Kai 64, 66
Šklovskij, Viktor 150, 161, 163, 170
Sloterdijk, Peter 17
Spechtl, Andreas 48–51
Spengler, Oswald 114
Sprengnagel, Stefanie. *Siehe auch* @stefansargnagel *sowie* Sargnagel, Stefanie 200, 201, 203, 209, 210, 212, 220
Stalder, Felix 2, 4, 59
Stangl, Thomas 20
Stanišić, Saša. *Siehe auch* @sasa_s 254–256, 261, 262
Stengers, Isabelle 91, 95–99
Stephan, Felix 28, 30
Sternburg, Judith v. 11
Stingelin, Martin 201, 204

Stoker, Bram 204
Stuckrad-Barre, Benjamin v. 12
Stüssel, Kerstin 3, 159
Süß, Dietmar 113
Süßmilch, Sarah. *Siehe auch* @fem_poet, @milch_honig, @sei_riots *sowie* Sarah Berger 218, 221, 229, 237

Tellkamp, Uwe 64–67
Temkin, Daniel 152, 154
Thiele, Antonia 196, 199
Thiele, Matthias 201, 204
Thielmann, Tristan 245
Thomann, Jörg 225
Trump, Donald 75, 76, 251
Tolle, Eckhart 11
Tolstoj, Lew 161

van Rijn, Rembrandt 260
Vermeer, Jan 189
Vogl, Joseph 84, 251

Wagner, Sabrina 64
Warhol, Andy 152
Watzka, Michael 30
Weiss, Peter 239
Werner, Dax. *Siehe auch* @DaxWerner 28
Wilke, Insa 13, 14

Zange, Julia 7–9, 10, 12
Zeh, Juli 60, 71–73
Žižek, Slavoj 17
Žmegač, Viktor 239
Zuckerberg, Mark 75, 76

www.ingramcontent.com/pod-product-compliance
Lightning Source LLC
Chambersburg PA
CBHW050530300426
44113CB00012B/2034